21 世纪高职高专规划教材·机电系列

信号与系统

陈后金　胡　健　薛　健　编著

清华大学出版社

北京交通大学出版社

·北京·

内 容 简 介

  本书主要阐述确定性信号的时域分析和频域分析，线性时不变系统的描述与特性，以及信号通过线性时不变系统的时域分析与变换域分析，并简要介绍了信号与系统的基本理论和方法在通信系统中的应用。本书根据信息科学与技术发展趋势，结合近年来教学改革的成果，按照连续和离散并行、先时域后变换域的结构体系，对课程的内容做了较大幅度的更新。从信号表示的视角阐述信号的变换，进而引入相应的系统描述，通过分析系统响应揭示信号作用于系统的内在机理，突出了信号变换的数学概念和工程概念，引入 MATLAB 作为信号与系统分析的工具，淡化了繁杂的计算。

  本书可作为高职高专电子信息工程、通信工程、信息工程、自动化、计算机等专业的教材，也可供有关科技工作者自学参考。

图书在版编目(CIP)数据

信号与系统/陈后金，胡健，薛健编著 . —北京：北京交通大学出版社：清华大学出版社，2018.7

 ISBN 978 - 7 - 5121 - 3521 - 5

 Ⅰ. ①信… Ⅱ. ①陈… ②胡… ③薛… Ⅲ. ①信号系统 - 高等学校 - 教材

Ⅳ. ①TN911.6

 中国版本图书馆 CIP 数据核字 (2018) 第 056953 号

信号与系统

XINHAO YU XITONG

责任编辑：韩 乐 严慧明

出版发行：清 华 大 学 出 版 社 邮编：100084 电话：010 - 62776969 http://www.tup.com.cn

     北京交通大学出版社 邮编：100044 电话：010 - 51686414 http://www.bjtup.com.cn

印 刷 者：北京时代华都印刷有限公司

经 销：全国新华书店

开 本：185 mm×260 mm 印张：19.75 字数：500 千字

版 次：2018 年 7 月第 1 版 2018 年 7 月第 1 次印刷

书 号：ISBN 978 - 7 - 5121 - 3521 - 5/TN · 117

印 数：1～3 000 册 定价：43.00 元

本书如有质量问题，请向北京交通大学出版社质监组反映。对您的意见和批评，我们表示欢迎和感谢。

投诉电话：010 - 51686043，51686008；传真：010 - 62225406；E-mail：press@bjtu.edu.cn。

出 版 说 明

高职高专教育是我国高等教育的重要组成部分，它的根本任务是培养生产、建设、管理和服务第一线需要的德、智、体、美全面发展的高等技术应用型专门人才，所培养的学生在掌握必要的基础理论和专业知识的基础上，应重点掌握从事本专业领域实际工作的基本知识和职业技能，因而与其对应的教材也必须有自己的体系和特色。

为了适应我国高职高专教育发展及其对教学改革和教材建设的需要，在教育部的指导下，我们在全国范围内组织并成立了"21世纪高职高专教育教材研究与编审委员会"（以下简称"教材研究与编审委员会"）。"教材研究与编审委员会"的成员单位皆为教学改革成效较大、办学特色鲜明、办学实力强的高等专科学校、高等职业学校、成人高等学校及高等院校主办的二级职业技术学院，其中一些学校是国家重点建设的示范性职业技术学院。

为了保证规划教材的出版质量，"教材研究与编审委员会"在全国范围内选聘"21世纪高职高专规划教材编审委员会"（以下简称"教材编审委员会"）成员和征集教材，并要求"教材编审委员会"成员和规划教材的编著者必须是从事高职高专教学第一线的优秀教师或生产第一线的专家。"教材编审委员会"组织各专业的专家、教授对所征集的教材进行评选，对列选教材进行审定。

目前，"教材研究与编审委员会"计划用2～3年的时间出版各类高职高专教材200种，范围覆盖计算机应用、电子电气、财会与管理、商务英语等专业的主要课程。此次规划教材全部按教育部制定的"高职高专教育基础课程教学基本要求"编写，其中部分教材是教育部《新世纪高职高专教育人才培养模式和教学内容体系改革与建设项目计划》的研究成果。此次规划教材编写按照突出应用性、实践性和针对性的原则编写并重组系列课程教材结构，力求反映高职高专课程和教学内容体系改革方向；反映当前教学的新内容，突出基础理论知识的应用和实践技能的培养；适应"实践的要求和岗位的需要"，不依照"学科"体系，即贴近岗位，淡化学科；在兼顾理论和实践内容的同时，避免"全"而"深"的面面俱到，基础理论以应用为目的，以必要、够用为度；尽量体现新知识、新技术、新工艺、新方法，以利于学生综合素质的形成和科学思维方式与创新能力的培养。

此外，为了使规划教材更具广泛性、科学性、先进性和代表性，我们希望全国从事高职高专教育的院校能够积极加入到"教材研究与编审委员会"中来，推荐"教材编审委员会"成员和有特色、有创新的教材。同时，希望将教学实践中的意见与建议及时反馈给我们，以便对已出版的教材不断修订、完善，不断提高教材质量，完善教材体系，为社会奉献更多更新的与高职高专教育配套的高质量教材。

此次所有规划教材由全国重点大学出版社——清华大学出版社与北京交通大学出版社联合出版，适合于各类高等专科学校、高等职业学校、成人高等学校及高等院校主办的二级职业技术学院使用。

21世纪高职高专教育教材研究与编审委员会

21 世纪高职高专规划教材·机电系列
编审委员会成员名单

主 任 委 员	陈后金	李兰友	边莫英	
副主任委员	周学毛	崔世钢	王学彬	丁桂芝	赵 伟
	韩瑞功	汪志达		

委　　员

万志平	万振凯	马春荣	马 辉	丰继林
王一曙	王永平	王建明	尤晓昕	尹绍宏
左文忠	叶 伟	叶 华	叶建波	付晓光
付慧生	冯平安	江 中	刘 炜	刘建民
刘 晶	刘 颖	曲建民	孙培民	邢素萍
华铨平	吕新平	佟立本	陈国震	陈小东
陈月波	陈跃安	李长明	李 可	李志奎
李 琳	李源生	李群明	李静东	邱希春
沈才梁	宋维堂	汪 繁	吴学毅	张文明
张宝忠	张家超	张 琦	金忠伟	林长春
林文信	罗春红	苗长云	竺士蒙	周智仁
孟德欣	柏万里	宫国顺	柳 炜	钮 静
胡敬佩	姚 策	赵英杰	高福成	贾建军
徐建俊	殷兆麟	唐 健	黄 斌	章春军
曹豫莪	程 琪	韩广峰	韩其睿	韩 劼
裘旭光	童爱红	谢 婷	曾瑶辉	管致锦
熊锡义	潘玫玫	薛永三	操静涛	鞠洪尧

前　言

我校"信号与系统"课程 2003 年被评为首批国家精品课程，2016 年被认定为国家精品资源共享课程（http://www.icourses.cn/sCourse/course_3343.html）。建成了信号与系统慕课（MOOC），并在中国大学 MOOC 平台免费开放（https://www.icourse163.org/course/NJTU-359003），该慕课 2017 年被评为首批国家精品在线开放课程。该教材具有以下特色。

1. 在教育思想上，符合学生的认知规律，体现教材不仅是知识的载体，也是思维方法和认知过程的载体。人类学习的过程既是知识获取，也是认知能力提升和综合素质培养的过程。教材不应只展现静态的知识，应能够展现科学的思维方法和认知过程。

2. 在教材体系上，改变传统的电路与系统课程体系，建立了信号与系统、数字信号处理的新体系。先时域分析再变换域分析，侧重时域分析与变换域分析的相互关系以及各自的适用范畴。先信号分析再系统分析，突出信号分析是系统分析的基础，因为只有通过信号分析确定其特征，才能正确选择和设计相应的系统，对信号进行有效的处理。

3. 在教学内涵上，淡化传统的"系统响应"和"三大变换"的计算，突出"信号表示"和"系统描述"的教学内涵。基于"信号表示"和"系统描述"，揭示了信号和系统在时域和变换域的作用机理，得到了不同域中输入、输出、系统之间的内在关系，为信号分析和系统设计奠定理论基础。

本书由陈后金、胡健、薛健编著。课程组黄琳琳、陶丹、李艳凤、彭亚辉等老师提供了许多素材，作者在此表示衷心的感谢。

限于水平，书中错误及不妥之处在所难免，恳请读者批评指正。

作者
2018 年 4 月
于北京交通大学

目　录

第1章　信号与系统分析导论

> **内容提要：** 本章介绍了信号与系统的基本概念，以及信号与系统的分类与特性，重点讨论线性系统和时不变系统的特性，并以此为基础介绍信号与系统分析的基本内容和方法。

1.1　信号的描述及分类

1.1.1　信号的定义与描述

"信号"一词在人们的日常生活与社会活动中有着广泛的含义。严格地说，信号是指消息的表现形式与传送载体，而消息则是信号的具体内容。但是，消息的传送一般都不是直接的，而需借助某种物理量作为载体。例如通过声、光、电等物理量的变化形式来表示和传送消息。因此，信号可以广义地定义为随一些参数变化的某种物理量。在数学上，信号可以表示为一个或多个变量的函数。例如：语音信号是空气压力随时间变化的函数 $f(t)$，图 1-1 所示为语音信号"你好"的波形；图 1-2 所示的静止单色图像是亮度随空间位置变化的函数 $B(x,y)$。而静止的彩色图像则是三基色红（red）、绿（green）、蓝（blue）随空间位置变化的函数 $I(x,y)=[I_R(x,y),I_G(x,y),I_B(x,y)]$。

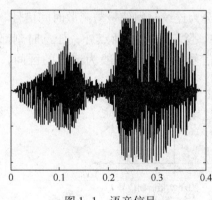

图 1-1　语音信号

图 1-2　静止单色图像

在可以作为信号的诸多物理量中，电是应用最广的物理量。因为电易于产生与控制，传输速率快，也容易实现与非电量的相互转换。因此，本课程主要讨论电信号。电信号通常是随时间变化的电压或电流（电荷或磁通）。由于是随时间而变化的，在数学上常用时间 t 的函数来表示，故本书中"信号"与"函数"这两个名词常交替地使用。

1.1.2　信号的分类和特性

信号的分类方法很多，可以从不同的角度对信号进行分类。在信号与系统分析中，根据信号和自变量的特性，信号可以分为确定信号与随机信号、连续时间信号与离散时间信号、周期信号与非周期信号、能量信号与功率信号等。

1. 确定信号与随机信号

按照信号的确定性来划分，信号可分为确定信号与随机信号。确定信号是指能够以确定的时间函数表示的信号，其在定义域内的任意时刻都对应有确定的函数值。图1-3（a）所示的正弦信号就是确定信号的例子。随机信号也称为不确定信号，它不是时间的确定函数。其在定义域内的任意时刻没有确定的函数值。图1-3（b）所示混合有噪声的正弦信号就是随机信号的一个例子，它无法以确定的时间函数来描述，也无法根据过去的记录准确地预测未来的情况，而只能用统计规律来描述。

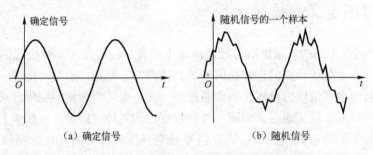

（a）确定信号　　　　　　　（b）随机信号

图1-3　确定信号与随机信号波形

2. 连续时间信号与离散时间信号

按照信号自变量取值的连续性划分，信号可分为连续时间信号与离散时间信号。连续时间信号（亦称连续信号）是指在信号的定义域内，除有限个间断点外，任意时刻都有确定函数值的信号，如图1-4（a）所示。连续时间信号的定义域一般为连续的区间，通常以$f(t)$表示连续时间信号。

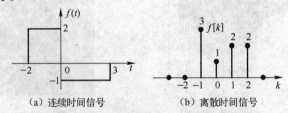

（a）连续时间信号　　　　　　（b）离散时间信号

图1-4　连续时间信号与离散时间信号波形

离散时间信号（亦称离散信号）是指信号的定义域为一些离散时刻，通常以$f[k]$表示。离散时间信号最明显的特点是其定义域为离散的时刻，而在这些离散的时刻之外信号无定义，如图1-4（b）所示。比如人口统计中的一些数据，股票市场指数等。

连续信号的幅值可以是任意取值（也称连续取值），也可以只是一些有限的数值（也称离散取值）。自变量和信号幅值均连续的信号称为模拟信号。离散时间信号的幅值也可以是连续的或离散的。自变量和幅值均离散的信号称为数字信号。

3. 周期信号与非周期信号

按照信号的周期性划分，信号可以分为周期信号与非周期信号。周期信号都是定义在区间 $(-\infty, +\infty)$ 上，且每隔一个固定的时间间隔重复变化。连续周期信号与离散周期信号的数学表示式分别为

$$f(t) = f(t + T_0), \quad -\infty < t < \infty \tag{1-1}$$

$$f[k] = f[k + N], \quad -\infty < k < \infty, \quad k \text{ 取整数} \tag{1-2}$$

满足以上式中的最小正数 T_0 和最小正整数 N 称为周期信号的基本周期（fundamental period），简称周期。

非周期信号就是不具有重复性的信号。

[例 1-1] 判断离散余弦信号 $f[k] = \cos(\Omega_0 k)$ 是否是周期信号。

解：由周期信号的定义，如果 $\cos\Omega_0(k + N) = \cos(\Omega_0 k)$，则 $f[k]$ 是周期信号。

因为

$$\cos\Omega_0(k + N) = \cos(\Omega_0 k + \Omega_0 N)$$

若为周期信号，应满足

$$\Omega_0 N = m2\pi, \quad m \text{ 为正整数}$$

或

$$\frac{\Omega_0}{2\pi} = \frac{m}{N} = \text{有理数}$$

因此，只有在 $|\Omega_0|/2\pi$ 为有理数时，$f[k] = \cos(\Omega_0 k)$ 才是一个周期信号。

由此可见，连续时间正弦（余弦）信号都是周期信号，而离散正弦（余弦）信号不一定是周期信号。

4. 能量信号与功率信号

按照信号的可积性划分，信号可以分为能量信号与功率信号。

如果把信号 $f(t)$ 看作是随时间变化的电压或电流，则当信号 $f(t)$ 通过 1Ω 的电阻时，信号在时间间隔 $-T/2 \leq t \leq T/2$ 内所消耗的能量称为归一化能量，即为

$$E = \lim_{T \to \infty} \int_{-T/2}^{T/2} |f(t)|^2 \mathrm{d}t \tag{1-3}$$

而在上述时间间隔 $-T/2 \leq t \leq T/2$ 内的平均功率称为归一化功率，即为

$$P = \lim_{T \to \infty} \frac{1}{T} \int_{-T/2}^{T/2} |f(t)|^2 \mathrm{d}t \tag{1-4}$$

对于离散时间信号 $f[k]$，其归一化能量 E 与归一化功率 P 的定义分别为

$$E = \lim_{N \to \infty} \sum_{k=-N}^{N} |f[k]|^2 \tag{1-5}$$

$$P = \lim_{N \to \infty} \frac{1}{2N+1} \sum_{k=-N}^{N} |f[k]|^2 \tag{1-6}$$

若信号的归一化能量为非零的有限值，且其归一化功率为零，即 $0 < E < \infty$，$P = 0$，则该信号为能量信号；若信号的归一化能量为无限值，且其归一化功率为非零的有限值，即

$E\rightarrow\infty$，$0 < P < \infty$，则该信号为功率信号。

[**例1-2**] 判断下列信号是否为能量信号或功率信号。

(1) $f_1(t) = A\sin(\omega_0 t + \theta)$　　　　(2) $f_2(t) = e^{-t}$　　　　(3) $f[k] = \left(\dfrac{4}{5}\right)^k$，　$k \geqslant 0$

解：(1) $f_1(t) = A\sin(\omega_0 t + \theta)$ 是基本周期 $T_0 = 2\pi/\omega_0$ 的周期信号，其在一个基本周期内的能量为

$$E_0 = \int_0^{T_0} |f_1(t)|^2 dt = \int_0^{T_0} A^2 \sin^2(\omega_0 t + \theta) dt$$

$$= A^2 \int_0^{T_0} \frac{1}{2}[1 - \cos(2\omega_0 t + \theta)] dt = \frac{A^2 T_0}{2}$$

由于周期信号有无限个周期，所以 $f_1(t)$ 的归一化能量为无限值，即

$$E = \lim_{n\rightarrow\infty} nE_0 = \infty$$

但其归一化功率

$$P = \lim_{T\rightarrow\infty} \frac{1}{T} \int_{-T/2}^{T/2} |f_1(t)|^2 dt = \lim_{n\rightarrow\infty} \frac{1}{nT_0} nE_0 = \frac{E_0}{T_0} = \frac{A^2}{2}$$

是非零的有限值，因此 $f_1(t)$ 是功率信号。

正弦信号 $A\sin(\omega_0 t + \theta)$ 和余弦信号 $A\cos(\omega_0 t + \theta)$ 的归一化功率都是 $A^2/2$，其只与幅值 A 有关，而与角频率 ω_0 和初相位 θ 无关。当 $\omega_0 = 0$ 时，$A\sin(\omega_0 t + \theta)$ 成为直流信号，故直流信号也是功率信号。

(2) 信号 $f_2(t)$ 的能量和功率可分别由式（1-3）和式（1-4）求出

$$E = \lim_{T\rightarrow\infty} \int_{-T/2}^{T/2} |f_2(t)|^2 dt = \lim_{T\rightarrow\infty} \int_{-T/2}^{T/2} e^{-2t} dt = \lim_{T\rightarrow\infty} -\frac{1}{2}[e^{-T} - e^{T}] = \infty$$

$$P = \lim_{T\rightarrow\infty} \frac{1}{T} \int_{-T/2}^{T/2} |f_2(t)|^2 dt = \lim_{T\rightarrow\infty} \frac{1}{T} \int_{-T/2}^{T/2} e^{-2t} dt$$

$$= \lim_{T\rightarrow\infty} \frac{1}{T} \frac{e^{T} - e^{-T}}{2} = \lim_{T\rightarrow\infty} \frac{e^{T}}{2T} = \lim_{T\rightarrow\infty} \frac{e^{T}}{2} = \infty$$

$f_2(t)$ 的归一化能量是无限值，归一化功率也是无限值，因此既不是能量信号也不是功率信号。

(3) 由式（1-5）得

$$E = \sum_{k=-\infty}^{\infty} |f[k]|^2 = \sum_{k=0}^{\infty} \left(\frac{4}{5}\right)^{2k} = \sum_{k=0}^{\infty} 0.64^k = \frac{1}{1 - 0.64} = 2.78 < \infty$$

$f[k]$ 的归一化能量为有限值，因此是能量信号。

由此可见，直流信号与周期信号都是功率信号。一个信号不可能既是能量信号又是功率信号，但却有少数信号既不是能量信号也不是功率信号，其归一化能量和归一化功率都为无限值，即 $E\rightarrow\infty$ 且 $P\rightarrow\infty$。

1.2　系统的描述及分类

系统是由相互作用和关联的若干单元组合而成的、具有对信号进行加工和处理功能的有机整体。如通信系统、计算机系统、机器人、软件等都称之为系统。在各种系统中，电系统

具有特殊的重要作用，这是因为大多数的非电系统可以用电系统来模拟或仿真。

1.2.1　系统的数学模型

既然系统的功能是对信号进行加工和处理，那么信号与系统就是相互依存的关系。待处理的信号称为系统的输入信号，处理后的信号称为系统的输出信号。若要分析一个系统，首先要建立描述该系统输入输出关系的数学模型。图 1-5 所示的系统由电阻、电感串联构成。若输入信号 $f(t)$ 是电压源，系统输出信号 $y(t)$ 为回路电流，根据元件的伏安特性与基尔霍夫电压定律（KVL）可建立如下的微分方程

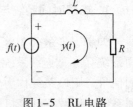

图 1-5　RL 电路

$$L\frac{\mathrm{d}y(t)}{\mathrm{d}t} + Ry(t) = f(t) \qquad (1-7)$$

这就是描述该系统输入输出关系的数学模型。

在建立系统模型时，通常可以采用输入输出描述法或状态空间描述法。输入输出描述法着眼于系统输入与输出之间的关系，适用于单输入、单输出的系统。状态空间描述法着眼于系统内部的状态变量，既可用于单输入、单输出的系统，又可用于多输入、多输出的系统。

系统的数学模型可以借助方框图表示，图 1-6 是连续系统基本单元方框图，图 1-7 是离散系统基本单元方框图。每个基本单元方框图反映某种数学运算，给出输入与输出信号之间的约束关系。若干个基本单元方框图组成一个完整的系统。式（1-7）所描述的一阶连续系统可以利用积分器、乘法器和加法器三个基本单元进行相应的联结而得到，如图 1-8 所示。

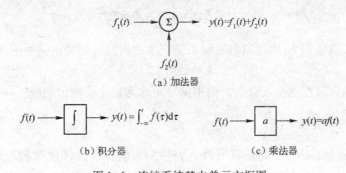

图 1-6　连续系统基本单元方框图

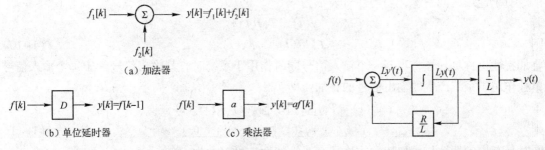

图 1-7　离散系统基本单元方框图　　　　图 1-8　图 1-5 所示电路的方框图表示

1.2.2　系统的分类

在信号与系统分析中，常以系统的数学模型和基本特性分类。系统可分为连续时间系统与离散时间系统；线性系统与非线性系统；时变系统与时不变系统；因果系统与非因果系统；稳定系统与非稳定系统等。

1. 连续时间系统与离散时间系统

如果一个系统要求其输入信号与输出信号都必须为连续时间信号，则该系统称为连续时间系统（亦称连续系统）。同样，如果一个系统要求其输入信号与输出信号都必须为离散时间信号，则该系统称为离散时间系统（亦称离散系统）。如图1-5所示的RL电路是连续时间系统，而数字计算机则是离散时间系统。一般情况下，连续时间系统只能处理连续时间信号，离散时间系统只能处理离散时间信号。但在引入某些信号转换的部件后，就可以利用离散时间系统处理连续时间信号。例如连续时间信号经过模数（A/D）转换器后就可以由离散时间系统处理。描述连续时间系统的数学模型是微分方程，描述离散时间系统的数学模型是差分方程。

连续时间系统与离散时间系统常采用图1-9所示符号表示。连续时间输入信号$f(t)$通过连续时间系统产生的连续时间输出信号$y(t)$记为

$$y(t) = T\{f(t)\} \tag{1-8}$$

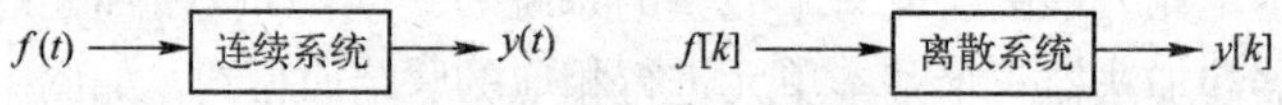

图1-9　连续时间系统与离散时间系统的符号表示

离散时间输入信号$f[k]$通过离散时间系统产生的离散时间输出信号$y[k]$记为

$$y[k] = T\{f[k]\} \tag{1-9}$$

输入信号也称为激励或输入激励，输出信号也称为响应或输出响应。

2. 线性系统与非线性系统

线性系统（linear system）是指具有线性特性的系统。线性特性包括均匀特性与叠加特性。均匀特性也称比例性或齐次性，当系统的输入增加K倍时，其输出响应也随之增加K倍。对于连续时间系统，均匀性可表示为

若 $y(t) = T\{f(t)\}$

则 $T\{Kf(t)\} = Ky(t) \tag{1-10}$

叠加特性也称可加性，当若干个输入信号同时作用于系统时，其输出信号等于每个输入信号单独作用于系统产生的输出信号的叠加，即：

若 $y_1(t) = T\{f_1(t)\}, \quad y_2(t) = T\{f_2(t)\}$

则 $T\{f_1(t) + f_2(t)\} = y_1(t) + y_2(t) \tag{1-11}$

同时具有均匀特性与叠加特性才称具有线性特性，可表示为

若 $y_1(t) = T\{f_1(t)\}, \quad y_2(t) = T\{f_2(t)\}$

则　　　　　　　　　$$T\{\alpha f_1(t) + \beta f_2(t)\} = \alpha y_1(t) + \beta y_2(t) \tag{1-12}$$

其中 α，β 为任意常数。

连续时间系统的线性特性如图 1-10 所示。

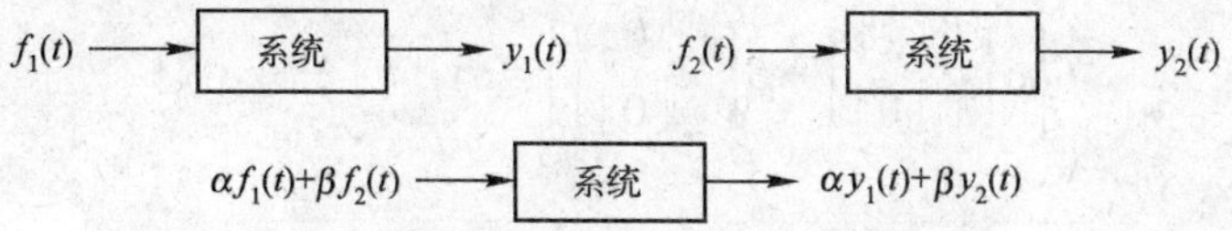

图 1-10　连续时间系统的线性特性示意图

同样，对于具有线性特性的离散时间系统

若　　　　　　　　　$$y_1[k] = T\{f_1[k]\}, \quad y_2[k] = T\{f_2[k]\}$$

则　　　　　　　　　$$T\{\alpha f_1[k] + \beta f_2[k]\} = \alpha y_1[k] + \beta y_2[k] \tag{1-13}$$

其中 α，β 为任意常数。

描述线性的连续时间系统的数学模型是线性微分方程，描述线性的离散时间系统的数学模型是线性差分方程。不具有线性特性的系统称为非线性系统。

[例 1-3]　判断图 1-11 所示系统是否为线性系统。

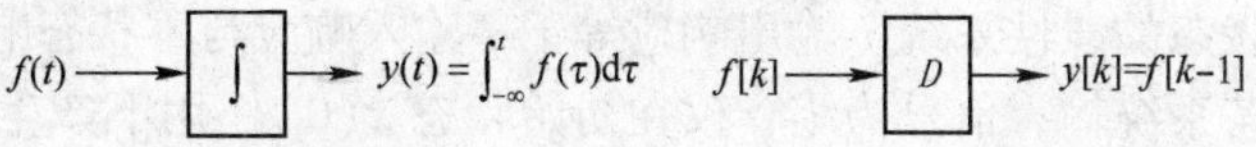

（a）积分器　　　　　　　　　（b）单位延时器

图 1-11　例 1-3 图

解：（1）图 1-11（a）为连续时间系统，可由式（1-12）判断系统是否为线性系统。设 $f(t) = \alpha f_1(t) + \beta f_2(t)$，则

$$
\begin{aligned}
y(t) = T\{f(t)\} &= \int_{-\infty}^{t} \left[\alpha f_1(\tau) + \beta f_2(\tau) \right] d\tau \\
&= \alpha \int_{-\infty}^{t} f_1(\tau) d\tau + \beta \int_{-\infty}^{t} f_2(\tau) d\tau = \alpha y_1(t) + \beta y_2(t)
\end{aligned}
$$

因此积分器为线性的连续时间系统。

（2）图 1-11（b）为离散时间系统，可由式（1-13）判断系统是否为线性系统。设 $f[k] = \alpha f_1[k] + \beta f_2[k]$，则

$$y[k] = T\{\alpha f_1[k] + \beta f_2[k]\} = \alpha f_1[k-1] + \beta f_2[k-1] = \alpha y_1[k] + \beta y_2[k]$$

因此单位延时器为线性的离散时间系统。

实际上，许多连续时间系统和离散时间系统都含有初始状态。当连续时间系统具有初始状态 $x(0)$ 时，线性系统定义为

若　　　　　　　　　$$y_1(t) = T\left\{ \begin{bmatrix} f_1(t) \\ x_1(0) \end{bmatrix} \right\}, \quad y_2(t) = T\left\{ \begin{bmatrix} f_2(t) \\ x_2(0) \end{bmatrix} \right\}$$

则　　　　　　　　　$$T\left\{ \alpha \begin{bmatrix} f_1(t) \\ x_1(0) \end{bmatrix} + \beta \begin{bmatrix} f_2(t) \\ x_2(0) \end{bmatrix} \right\} = \alpha y_1(t) + \beta y_2(t) \tag{1-14}$$

式中 α，β 为任意常数。

具有初始状态矢量 $x[0]$ 的离散时间系统也有同样的定义，

即

若
$$y_1[k] = T\left\{\begin{bmatrix} f_1[k] \\ x_1[0] \end{bmatrix}\right\}, \quad y_2[k] = T\left\{\begin{bmatrix} f_2[k] \\ x_2[0] \end{bmatrix}\right\}$$

则
$$T\left\{\alpha\begin{bmatrix} f_1[k] \\ x_1[0] \end{bmatrix} + \beta\begin{bmatrix} f_2[k] \\ x_2[0] \end{bmatrix}\right\} = \alpha y_1[k] + \beta y_2[k] \tag{1-15}$$

式中 α, β 为任意常数。

[例1-4] 判断系统 $y(t) = 4f(t) + 5y(0)$ 是否为线性系统，其中 $y(0)$ 为系统的初始状态。

解：因为

$$T\left\{\alpha\begin{bmatrix} f_1(t) \\ y_1(0) \end{bmatrix} + \beta\begin{bmatrix} f_2(t) \\ y_2(0) \end{bmatrix}\right\} = T\left\{\begin{bmatrix} \alpha f_1(t) + \beta f_2(t) \\ \alpha y_1(0) + \beta y_2(0) \end{bmatrix}\right\}$$
$$= 4[\alpha f_1(t) + \beta f_2(t)] + 5[\alpha y_1(0) + \beta y_2(0)]$$
$$= \alpha[4f_1(t) + 5y_1(0)] + \beta[4f_2(t) + 5y_2(0)]$$
$$= \alpha y_1(t) + \beta y_2(t)$$

满足式（1-14），所以系统是线性系统。

对于具有初始状态的线性系统，输出响应等于零输入响应与零状态响应之和。以连续时间线性系统为例，若系统输入信号为零，仅在初始状态 $\boldsymbol{x}(0)$ 作用下产生的输出响应称为零输入响应，记为 $y_x(t) = T\left\{\begin{bmatrix} 0 \\ \boldsymbol{x}(0) \end{bmatrix}\right\}$；系统初始状态 $\boldsymbol{x}(0)$ 为零，仅在输入信号 $f(t)$ 作用下产生的输出响应称为零状态响应，记为 $y_f(t) = T\left\{\begin{bmatrix} f(t) \\ 0 \end{bmatrix}\right\}$；则线性系统在系统输入信号 $f(t)$ 和初始状态 $\boldsymbol{x}(0)$ 共同作用下产生的完全响应 $y(t)$ 满足 $y(t) = y_x(t) + y_f(t)$。

证明：根据线性系统的叠加性，有

$$y(t) = T\left\{\begin{bmatrix} f(t) \\ \boldsymbol{x}(0) \end{bmatrix}\right\} = T\left\{\begin{bmatrix} 0 \\ \boldsymbol{x}(0) \end{bmatrix} + \begin{bmatrix} f(t) \\ 0 \end{bmatrix}\right\}$$
$$= T\left\{\begin{bmatrix} 0 \\ \boldsymbol{x}(0) \end{bmatrix}\right\} + T\left\{\begin{bmatrix} f(t) \\ 0 \end{bmatrix}\right\} = y_x(t) + y_f(t)$$

因此，在判断具有初始状态的系统是否为线性系统时，应从三个方面来判断。其一是可分解性，即系统的输出响应可分解为零输入响应与零状态响应之和；其二是零输入响应线性，系统的零输入响应必须对所有的初始状态呈现线性特性；其三是零状态响应线性，系统的零状态响应必须对所有的输入信号呈现线性特性。只有这三个条件都符合，该系统才为线性系统。

[例1-5] 已知系统的输入输出关系如下，其中 $f(t)$、$y(t)$ 分别为连续时间系统的输入和输出，$y(0)$ 为初始状态；$f[k]$、$y[k]$ 分别为离散时间系统的输入和输出，$y[0]$ 为初始状态。判断这些系统是否为线性系统。

(1) $y(t) = 4y(0) + 2\dfrac{\mathrm{d}f(t)}{\mathrm{d}t}$　(2) $y[k] = 4y[0] \cdot f[k] + 3f[k]$

(3) $y[k] = 2y[0] + 6f^2[k]$

解：（1）具有可分解性，即 $y(t) = y_x(t) + y_f(t)$，其中 $y_x(t) = 4y(0)$，$y_f(t) = 2\dfrac{\mathrm{d}f(t)}{\mathrm{d}t}$。

零输入响应 $y_x(t) = 4y(0)$ 具有线性特性。

对零状态响应 $y_f(t) = 2\dfrac{\mathrm{d}f(t)}{\mathrm{d}t}$，设输入 $f(t) = \alpha f_1(t) + \beta f_2(t)$，

则
$$
\begin{aligned}
y_f(t) &= T\{\alpha f_1(t) + \beta f_2(t)\} \\
&= 2\,\frac{\mathrm{d}[\alpha f_1(t) + \beta f_2(t)]}{\mathrm{d}t} \\
&= 2\alpha\,\frac{\mathrm{d}f_1(t)}{\mathrm{d}t} + 2\beta\,\frac{\mathrm{d}f_2(t)}{\mathrm{d}t} \\
&= \alpha T\{f_1(t)\} + \beta T\{f_2(t)\}
\end{aligned}
$$

也具有线性特性，故该系统为线性系统。

（2）不具有可分解性，即 $y[k]$ 无法分解为 $y[k] = y_x[k] + y_f[k]$，故系统为非线性系统。

（3）具有可分解性，即 $y[k] = y_x[k] + y_f[k]$，其中 $y_x[k] = 2y[0]$，$y_f[k] = 6f^2[k]$。

零输入响应 $y_x[k] = 2y[0]$ 具有线性特性。

对于零状态响应 $y_f[k] = 6f^2[k]$，设输入 $f[k] = f_1[k] + f_2[k]$，

则
$$
\begin{aligned}
y_f[k] &= T\{f_1[k] + f_2[k]\} = 6\{f_1[k] + f_2[k]\}^2 \\
&= 6f_1^2[k] + 6f_2^2[k] + 12f_1[k]f_2[k] \\
&\neq T\{f_1[k]\} + T\{f_2[k]\} = 6f_1^2[k] + 6f_2^2[k]
\end{aligned}
$$

不具有线性特性，因此，该系统为非线性系统。

[例1-6] 已知某线性系统，当其初始状态 $y(0) = 2$ 时，系统的零输入响应 $y_x(t) = 6\mathrm{e}^{-4t}$，$t \geq 0$。而在初始状态 $y(0) = 8$ 以及输入激励 $f(t)$ 共同作用下产生的系统完全响应 $y(t) = 3\mathrm{e}^{-4t} + 5\mathrm{e}^{-t}$，$t \geq 0$。试求：

（1）系统的零状态响应 $y_f(t)$；

（2）系统在初始状态 $y(0) = 1$ 以及输入激励为 $3f(t)$ 共同作用下产生的系统完全响应。

解：（1）由于已知系统在初始状态 $y(0) = 2$ 时，系统的零输入响应 $y_x(t) = 6\mathrm{e}^{-4t}$，$t \geq 0$。根据线性系统的特性，则系统在初始状态 $y(0) = 8$ 时，系统的零输入响应应为 $4y_x(t)$，即为 $24\mathrm{e}^{-4t}$，$t \geq 0$。而且已知系统在初始状态 $y(0) = 8$ 以及输入激励 $f(t)$ 共同作用下产生的系统完全响应为 $y(t) = 3\mathrm{e}^{-4t} + 5\mathrm{e}^{-t}$，$t \geq 0$。故系统仅在输入激励 $f(t)$ 作用下产生的零状态响应为
$$
y_f(t) = y(t) - 4y_x(t) = 3\mathrm{e}^{-4t} + 5\mathrm{e}^{-t} - 24\mathrm{e}^{-4t} = 5\mathrm{e}^{-t} - 21\mathrm{e}^{-4t}, \quad t \geq 0
$$

（2）同理，根据线性系统的特性，可以求得系统在初始状态 $y(0) = 1$ 以及输入激励为 $3f(t)$ 共同作用下产生的系统完全响应为
$$
\frac{1}{2}y_x(t) + 3y_f(t) = 3\mathrm{e}^{-4t} + 3 \times (5\mathrm{e}^{-t} - 21\mathrm{e}^{-4t}) = 15\mathrm{e}^{-t} - 60\mathrm{e}^{-4t}, \quad t \geq 0
$$

3. 时不变系统与时变系统

对于一个连续时间系统，如果在零状态条件下，其输出响应与输入激励的关系不随输入激励作用于系统的时间起点而改变时，就称为时不变系统（time-invariant system），也称非时变系统。换言之，就是当系统的输入延时 t_0 时，其输出也相应地延时 t_0。否则，就称为时变系统。时不变特性可表示为

若 $$y_f(t) = T\{f(t)\}$$

则 $$T\{f(t - t_0)\} = y_f(t - t_0) \tag{1-16}$$

式中 t_0 为任意值，如图 1-12 所示。

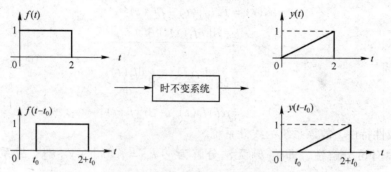

图 1-12 系统的时不变特性示意图

同样，对于时不变的离散时间系统，可以表示为

若 $$y_f[k] = T\{f[k]\}$$

则 $$T\{f[k - n]\} = y_f[k - n] \tag{1-17}$$

式中 n 为任意整数。

[**例 1-7**] 试判断例 1-3 系统是否为时不变系统。

解： 判断一个系统是否为时不变系统，只需判断当输入激励延时后，其输出响应是否也存在相同的延时。由于系统的时不变特性只考虑系统的零状态响应，因此，在判断系统的时不变特性时，都不涉及系统的初始状态。设 $y_1(t)$ 是由延时的输入信号 $f_1(t) = f(t - t_0)$ 产生的响应，则由系统的输入和输出关系可得

$$y_1(t) = T\{f(t - t_0)\} = \int_{-\infty}^{t} f(\tau - t_0) \, \mathrm{d}\tau$$

$$= \int_{-\infty}^{t - t_0} f(\lambda) \, \mathrm{d}\lambda = y(t - t_0)$$

可见，该连续时间系统为时不变系统。

设 $y_1[k]$ 是由延时的输入信号 $f_1[k] = f[k - k_0]$ 产生的响应，则

$$y_1[k] = T\{f_1[k]\} = f_1[k - 1] = f[k - 1 - k_0]$$

且 $$y[k - k_0] = f[k - k_0 - 1] = f[k - 1 - k_0] = y_1[k]$$

故该离散时间系统为时不变系统。

例 1-3 中的两个系统分别为连续时间系统的积分器和离散时间系统的延时器，由本例和例 1-3 可见，积分器和延时器均是线性时不变（linear time-invariant, LTI）系统。

[**例 1-8**] 试判断下列系统是否为时不变系统，其中 $f(t)$、$f[k]$ 为系统的输入信号，$y(t)$、$y[k]$ 为系统的零状态响应。

(1) $y(t) = \sin[f(t)]$ (2) $y(t) = \sin t \cdot f(t)$

(3) $y[k] = f[2k]$ (4) $y[k] = kf[k]$

解：（1）因为 $y_1(t) = T\{f(t - t_0)\} = \sin[f(t - t_0)] = y(t - t_0)$，所以该系统为时不变系统。

（2）因为 $y_1(t) = T\{f(t - t_0)\} = \sin t \cdot f(t - t_0)$，$y(t - t_0) = \sin(t - t_0) \cdot f(t - t_0) \neq$

$y_1(t)$，所以该系统为时变系统。

（3）因为 $y_1[k] = T\{f[k-k_0]\} = f[2k-k_0]$，$y[k-k_0] = f[2(k-k_0)] \neq y_1[k]$，所以该系统为时变系统。

（4）因为 $y_1[k] = T\{f[k-k_0]\} = kf[k-k_0]$，$y[k-k_0] = (k-k_0)f[k-k_0] \neq y_1[k]$，所以该系统为时变系统。

一般，若系统的输入输出关系表达式中，除输入 $f(t)$、$f[k]$ 和输出 $y(t)$、$y[k]$ 外还含有与 t、k 有关的变量，则系统为时变系统，如本例题中的（2）、（4）。

线性时不变系统（简称 LTI 系统）是系统分析中一类重要的系统，其具有的线性特性和时不变特性可以简化系统的分析，许多系统都可以近似地按照线性时不变系统进行分析。

[**例 1-9**] 已知某线性时不变连续时间系统在输入 $f_1(t)$ 的作用下，其零状态响应为 $y_1(t)$，试求在 $f_2(t)$ 作用下系统的零状态响应 $y_2(t)$。$f_1(t)$，$y_1(t)$ 和 $f_2(t)$ 分别如图 1-13（a）、（b）、（c）所示。

解： 若能够确定输入 $f_2(t)$ 与输入 $f_1(t)$ 的关系，则利用线性、时不变特性即可确定零状态响应 $y_2(t)$ 与 $y_1(t)$ 的关系。从图 1-13（a）、（c）可看出

$$f_2(t) = f_1(t) + f_1(t-1)$$

由时不变特性，有

$$T\{f_1(t-1)\} = y_1(t-1)$$

再由线性特性即可求出

$$y_2(t) = T\{f_1(t) + f_1(t-1)\} = T\{f_1(t)\} + T\{f_1(t-1)\} = y_1(t) + y_1(t-1)$$

$y_2(t)$ 的波形如图 1-13（d）所示。

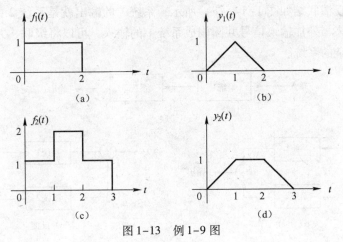

图 1-13　例 1-9 图

4. 因果系统与非因果系统

因果系统是指当且仅当输入信号激励系统时才产生系统输出响应的系统。不具有因果特性的系统称为非因果系统。

如某连续系统的零状态响应 $y_f(t) = 3f(t)$，$t > 0$，因该系统的输出不超前于输入（输出 $y_f(t)$ 与输入 $f(t)$ 同时），故为因果系统。再如某连续系统的零状态响应 $y_f(t) = 2f(t-1)$，$t > 0$，因该系统的输出也不超前于输入（输出 $y_f(t)$ 滞后输入 $f(t)$），故也为因果系统。而若某连续系统的零状态响应 $y_f(t) = 4f(t+2)$，$t > 0$，因该系统的输出 $y_f(t)$ 超前于输入 $f(t)$，

故为非因果系统。

此外，系统还可分为稳定系统与非稳定系统、记忆系统与非记忆系统（也称动态系统与即时系统）、集中参数系统与分布参数系统等。

在种类繁多的系统中，线性时不变系统的分析具有重要的意义。因为实际应用中的大部分系统属于或可近似地看作是线性时不变系统，而且线性时不变系统的分析方法已有较完善的理论。因此本课程重点讨论线性时不变的连续时间系统与线性时不变的离散时间系统。在本课程后续内容中，凡不作特别说明的系统，都是指线性时不变的系统。对于非线性系统和时变系统，近年来的研究也有较大进展，其应用领域也很广泛，将在其他的课程中作专门的介绍。

1.2.3　系统联结

很多实际系统往往可以看成是几个子系统相互联结而构成的。因此，在进行系统分析时，就可以通过分析各子系统特性，以及它们之间的联结关系来分析整个系统的特性。在进行系统设计和综合时，也可以先设计出简单的基本系统单元，再进行有效联结，以得到复杂的系统。

虽然系统联结的方式多种多样，但其基本形式可以概括为级联、并联和反馈联结三种。两个系统的级联如图1-14（a）所示，输入信号经系统1处理后再经由系统2处理。级联系统的联结规律是系统1的输出就是系统2的输入，可以按照这种规律进行更多个系统的级联。两个系统的并联如图1-14（b）所示，输入信号同时经系统1处理和系统2处理。并联系统的联结规律是系统1和系统2具有相同的输入，可以按照这种规律进行更多个系统的并联。两个系统的反馈联结如图1-14（c）所示，系统1的输出就是系统2的输入，而系统2的输出又反馈回来与外加输入信号共同构成系统1的输入。可以将级联、并联和反馈联结组合起来实现更复杂的系统。

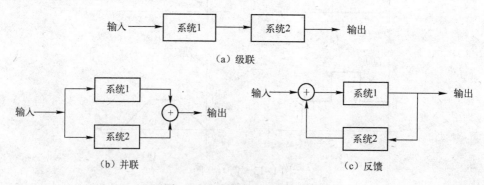

图1-14　系统联结的基本形式

1.3　信号与系统分析概述

1.3.1　信号与系统分析的基本内容与方法

信号与系统分析主要包括信号分析与系统分析两部分内容，如图1-15所示。信号分析的核心内容是信号表示，即将复杂信号表示为一些基本信号的线性组合，通过研究基本信号的特性来探究复杂信号的特性。系统分析的核心是系统描述，即对系统进行不同域的描述以实现对系统特性的有效分析。信号表示与系统描述紧密相联，在分析信号作用于系统产生的响应时，就是通过将信号表示为不同的基信号，相应地给出系统的不同描述，从而揭示信号与系统之间的内在机理，得到输出响应与输入激励和系统的相互关系。正是基于此内在机理和相互关系，可以实现信号的有效分析和处理。为了有效表示信号和描述系统，信号与系统课程中引用了 Fourier 变换、Laplace 变换、z 变换，以实现对信号进行不同域的表示和对系统进行不同域的描述。为了分析信号与系统之间的作用关系，我们通过求解不同域中的系统响应来获得系统与输入和输出之间的关系。由此可见，信号与系统课程中的三大变换和响应求解只是手段和途径，真正的目的是信号表示和系统描述，是探究信号与系统之间的内在作用机理。

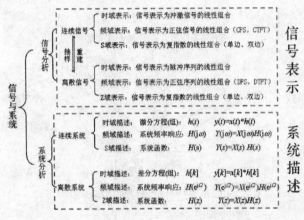

图 1-15　信号与系统分析的基本内容

信号与系统是相互依存的整体。信号必定由系统产生、发送、传输与接收，离开系统没有孤立存在的信号；同样，系统也离不开信号，系统的重要功能就是对信号进行加工与处理，离开信号的系统就没有存在的意义。因此，在实际应用中，信号与系统必须成为相互协调的整体，才能实现信号与系统各自的功能。信号与系统的这种协调一致称为信号与系统的"匹配"。

随着现代科学技术的迅猛发展，新的信号与系统的分析方法不断涌现，其中计算机辅助分析方法就是近年来较为活跃的方法。这种方法利用计算机进行数值运算，从而免去复杂的人工运算，且计算结果易于可视化，因而得到广泛应用和发展。本教材中，引入了广泛用于数值计算和可视化图形处理的 MATLAB 仿真工具，辅助信号与系统的分析。此外，计算机技术的飞速发展与应用，为信号分析提供了有力的支持，尤其促进了离散时间信号的分析与处理。

综上所述，本课程主要分析确定信号和线性非时变系统，通过信号表示和系统描述揭示输入信号、输出信号、系统三者之间的相互关系，为信号分析和系统设计奠定理论基础。该课程运用了较多的高等数学知识与电路分析的内容。在学习过程中，着重掌握信号与系统分析的基本概念，将数学概念、物理概念及其工程概念有机结合，注意其提出问题，分析问题与解决问题的方法。只有这样才可以真正理解信号与系统分析的实质内容，锻炼和提高学习能力和综合应用知识的能力，为以后的学习与应用奠定坚实的基础。

1.3.2 信号与系统理论的应用

大千世界，信号和系统无所不在、无所不用。从某种意义上说，世间万物都是通过信号和系统而相互联系、相互作用、相互依存的。我们自身的人体就是一个复杂的系统，而且是一个多输入多输出的系统。我们通过视觉、听觉、触觉、味觉等这些输入信号来获取外部信息，通过我们身体相应的组织或器官对输入信号进行分析处理，从而输出信号以控制协调相应的反应或动作。随着现代信息技术的发展，信号与系统的基本理论和基本概念在电子信息等领域得到广泛应用，如图1-16所示。因此，信号与系统课程是电子信息类专业的核心课程，其为后续的专业学习奠定了必要的理论基础。

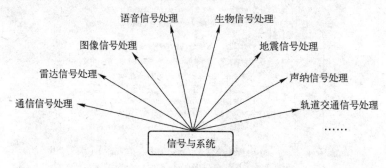

图1-16 信号与系统理论的应用

1. 通信领域

在通信系统中，许多信号不能直接进行传输，需要根据实际情况对信号进行适当的调制以提高信号的传输质量或传输效率。信号的调制有多种形式，如信号的幅度调制、频率调制和相位调制，但都基于信号与系统的基本理论。信号的正弦幅度调制可以实现频分复用，信号的脉冲幅度调制可以实现时分复用，复用技术可以极大地提高信号的传输效率，有效地利用信道资源。信号的频率调制和相位调制可以增强信号的抗干扰能力，提高其传输质量。此外，离散信号的调制还可以实现信号的加密，多媒体信号的综合传输等。由此可见，信号与系统的理论与方法在通信领域有着广泛的应用。

2. 控制领域

在控制系统中，系统的传输特性和稳定性是描述系统的重要属性。信号与系统分析中的系统函数可以有效地描述连续时间系统与离散时间系统的传输特性和稳定性。一方面通过分析系统的系统函数，可以清楚地确定系统的时域特性、频域特性，以及系统的稳定性等。另一方面在使用系统函数分析系统特性的基础上，可以根据实际需要调整系统函数以实现所需的系统特性。如通过分析系统函数的零极点分布，可以了解系统是否稳定。若不稳定，可以通过反馈等方法调整系统函数实现系统的稳定。系统函数在控制系统的分析与设计中有着重要的应用。

3. 信号处理

在信号处理领域中，信号与系统的时域分析和变换域分析的理论和方法为信号处理奠定了必要的理论基础。在信号的时域分析中，信号的卷积与解卷积理论可以实现信号恢复和信号去噪，信号相关理论可以实现信号检测和谱分析等。在信号的变换域分析中，信号的傅里叶（Fourier）变换可以实现信号的频谱分析，连续信号的拉普拉斯（Laplace）变换和离散信号的 z 变换可以实现系统的变换域描述等，信号的变换域分析拓展了信号时域分析的范畴，为信号的分析和处理提供了一种新的途径。信号与系统分析的理论也是现代信号处理的基础，如信号自适应处理、时频分析、Wavelet 分析等。

4. 生物医学工程

生物医学工程是信息学科与医学科的交叉，生物医学领域中许多系统描述和信号处理都是基于信号与系统的基本理论和方法。如在生物神经网络系统中，神经元的等效电路就是以非线性系统描述的，相应的数学模型为非线性时变微分方程或状态方程，其分析方法为解析方法或数值计算方法。近年来，随着生命科学和信息科学的迅速发展和渗透，信号与系统的分析在生物医学工程中的应用也日益深入而广泛。

习题

1-1　试指出图 1-17 所列各信号类型。

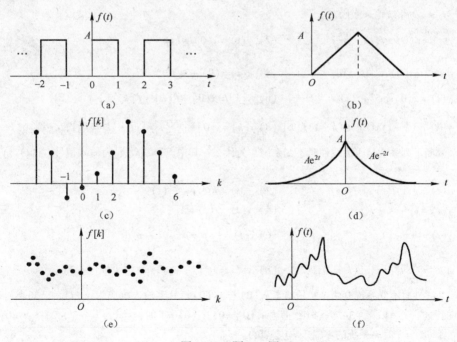

图 1-17　题 1-1 图

1-2　给定一个连续时间信号为

$$f(t) = \begin{cases} 1 - |t|, & -1 \leqslant t \leqslant 1 \\ 0, & \text{其他} \end{cases}$$

分别画出以 0.25 s 和 0.5 s 的抽样间隔对 $f(t)$ 均匀抽样所得离散时间序列的波形。

1-3 试判断下列信号是否是周期信号。若是周期信号，确定其周期。

(1) $f(t) = 3\sin(2t) + 6\sin(\pi t)$ (2) $f(t) = \cos\left(2t + \dfrac{\pi}{4}\right)$

(3) $f(t) = \cos(2\pi t), t \geqslant 0$ (4) $f[k] = e^{j[(k/4) - \pi]}$

(5) $f[k] = \cos\left(\dfrac{k}{2}\right)\cos\left(\dfrac{\pi k}{4}\right)$ (6) $f[k] = \cos\left(\dfrac{\pi k}{4}\right) + \sin\left(\dfrac{\pi k}{8}\right) - 2\cos\left(\dfrac{\pi k}{2}\right)$

1-4 已知虚指数信号

$$f(t) = e^{j\omega_0 t}$$

其角频率为 ω_0，基本周期为 $T = 2\pi / |\omega_0|$。如果对 $f(t)$ 以抽样间隔 T_s 进行均匀抽样得离散时间序列

$$f[k] = f(kT_s) = e^{j\omega_0 kT_s}$$

试求出使 $f[k]$ 为周期信号的抽样间隔 T_s。

1-5 已知正弦信号

$$f(t) = \sin(20t)$$

对 $f(t)$ 等间隔抽样，求出使 $f[k] = f(kT_s)$ 为周期序列的抽样间隔 T_s。

1-6 试判断下列信号中哪些为能量信号，哪些为功率信号，或者都不是。

(1) $f(t) = 5\sin(2t - \theta)$ (2) $f(t) = 5e^{-2t}$

(3) $f(t) = 10t, t \geqslant 0$ (4) $f[k] = (-0.5)^k, k \geqslant 0$

(5) $f[k] = 1, k \geqslant 0$ (6) $f[k] = e^{j2k}, k \geqslant 0$

1-7 判断下列系统是否为线性系统，其中 $y(t)$、$y[k]$ 为系统的完全响应，$x(0)$、$x[0]$ 为系统初始状态，$f(t)$、$f[k]$ 为系统输入激励。

(1) $y(t) = x(0) + f(t) \cdot \dfrac{df(t)}{dt}$ (2) $y(t) = x(0)\lg f(t)$

(3) $y(t) = \lg x(0) + \displaystyle\int_0^t f(\tau)\,d\tau$ (4) $y(t) = x(0) + 3t^2 f(t)$

(5) $y(t) = x(0)\sin 5t + f(t)$ (6) $y[k] = x[0] + f[k] \cdot f[k-1]$

(7) $y[k] = (k-1)x[0] + (k-1)f[k]$ (8) $y[k] = x[0] + \displaystyle\sum_{i=0}^{k+2} k^2 f[i]$ $(k = 0,1,2,\cdots)$

1-8 判断下列系统是否为线性时不变系统，为什么？其中 $f(t)$、$f[k]$ 为输入信号，$y(t)$、$y[k]$ 为零状态响应。

(1) $y(t) = g(t)f(t)$ (2) $y(t) = Kf(t) + f^2(t)$

(3) $y(t) = t \cdot \cos t \cdot f(t)$ (4) $y(t) \cdot f(t) = 1$

(5) $y(t) = f(t-1)$ (6) $y(t) = \displaystyle\int_{-\infty}^t f(\tau)\cos(t-\tau)\,d\tau$

(7) $y[k] = \displaystyle\sum_{i=0}^{k+2} k^2 f[i]$ $(k = 0,1,2,\cdots)$ (8) $y[k] = \alpha f[k] + \beta f[k-1] + \alpha f[k-2]$

1-9 某线性时不变系统有两个初始状态 $y_1(0)$ 与 $y_2(0)$，其零输入响应为 $y_x(t)$，已知当 $y_1(0) = 1$，$y_2(0) = 0$ 时，$y_{x1}(t) = 2e^{-t} + 3e^{-3t}, t \geqslant 0$；而当 $y_1(0) = 0$，$y_2(0) = 1$ 时，$y_{x2}(t) = 4e^{-t} - 2e^{-3t}, t \geqslant 0$；试求当 $y_1(0) = 5$，$y_2(0) = 3$ 时，系统的零输入响应 $y_x(t)$。

1-10 对于题 1-9，若系统输入激励为 $f(t)$ 时的零状态响应为 $y_f(t) = 2 + e^{-t} + 2e^{-3t}$，$t > 0$，试求当 $y_1(0) = 2$，$y_2(0) = 5$，且激励为 $3f(t)$ 时，系统的完全响应 $y(t)$。

1-11 已知描述某连续时间系统输入 – 输出关系为

$$y(t) = T\{f(t)\} = \frac{1}{T} \int_{t-T/2}^{t+T/2} f(\tau) \, d\tau$$

试确定该系统是否是（a）线性系统，（b）时不变系统，（c）因果系统。

1-12　已知某离散时间系统输入 – 输出关系为

$$y[k] = T\{f[k]\} = f^2[k]$$

试确定该系统是否为线性、时不变、因果系统。

1-13　下列方程描述的离散时间系统哪些具有（1）线性；（2）时不变；（3）因果性。

（1）$y[k] = 2^k f[k]$　　　　　　　　　（2）$y[k+3] - ky^2[k] = f[k]$

（3）$y[k] = f[k] + 3f[k-1] + 4f[k-2]$

第 2 章　信号的时域分析

内容提要: 本章是信号与系统的基础内容, 首先介绍信号与系统分析中常用的连续时间基本信号和离散时间基本信号, 详细阐述了单位冲激信号、单位脉冲信号及其特性。然后介绍了连续时间信号与离散时间信号的基本运算。在此基础上, 介绍了信号的时域分解和信号的时域表示。最后介绍了利用 MATLAB 表示基本信号、实现信号的基本运算。

本章介绍信号与系统分析中常用的基本信号、基本运算、基本分解以及信号的时域表示。连续时间基本信号包含有直流信号、实指数信号、虚指数信号、复指数信号、正弦信号、单位冲激信号、单位阶跃信号等, 离散时间基本信号包含有实指数序列、虚指数序列、复指数序列、正弦序列、单位脉冲序列、单位阶跃序列等。本章在时域介绍这些基本信号的定义、特性以及相互之间的关系, 注重连续信号与离散信号之间的区别与联系。连续时间信号的基本运算主要有翻转、平移、尺度变换、相加、相乘、微分、积分等, 离散时间信号的基本运算主要有翻转、位移、内插、抽取、相加、相乘、差分、求和等。基本信号和基本运算是进行信号表示的基础, 本章侧重其数学概念和物理概念的描述。信号可以分解为不同的分量, 如直流分量/交流分量、奇分量/偶分量、实部分量/虚部分量等, 从而分析信号中不同分量的特性。信号的时域表示是将连续时间信号表示为冲激信号的加权叠加, 离散时间信号表示为脉冲序列的加权叠加, 为信号作用于系统的分析奠定了理论基础。

通过基本信号、基本运算、基本分解, 将对复杂信号的分析转化为对基本信号的分析, 这是信号分析与处理的基本思想。基本信号也是信号频域分析与复频域分析的基本载体, 通过这些基本信号的时域与频域和复频域的对应关系, 有助于我们直观而清晰地理解信号时域与变换域之间的对应关系及其特性。通过基本运算, 有助于阐述频域变换和复频域变换的性质。因此, 本章是信号与系统的基础内容。

2.1　连续时间信号

在连续时间信号的分析中, 许多信号都可以用常见的基本信号以及它们的变化形式来表示。因此, 这些基本信号的时域定义和特性, 以及相互之间的关系是信号与系统分析的基础。连续时间基本信号可分为两类, 一类称为普通信号, 这类信号本身及其高阶导数不存在间断点; 另一类称为奇异信号, 这类信号本身或其高阶导数存在间断点。

在连续时间信号分析中, 根据连续时间信号 $f(t)$ 的自变量 t 的取值范围, 信号 $f(t)$ 又可分为双边信号、单边信号和时限信号。若 $f(t)$ 对所有 $t(t \in \mathbf{R})$ 都有非零确定值 (在信号的非零确定值之间可以出现零值), 则信号称为双边信号, 如图 2-1 (a) 所示。若 $f(t)$ 对部分 $t(t_1 < t <$

$+\infty$ 或 $-\infty < t < t_2$) 有非零确定值，则信号称为单边信号，如图 2-1（b）、（c）所示。若 $f(t)$ 仅在有限长区间 $t_1 \leqslant t \leqslant t_2$ 上具有非零确定值，则信号称为时限信号，如图 2-1（d）所示。单边信号又分为左边信号和右边信号。若信号 $f(t)$ 在 $-\infty < t < t_1$ 区间上 $f(t) = 0$，则信号称为右边信号（若 $t_1 = 0$，该右边信号称为因果信号），如图 2-1（b）所示；若信号 $f(t)$ 在区间 $t_2 < t < +\infty$ 上 $f(t) = 0$，则信号称为左边信号，如图 2-1（c）所示。

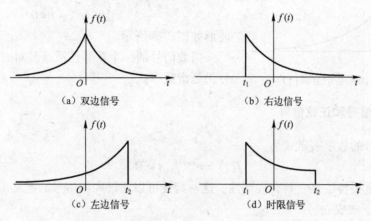

（a）双边信号　　　　　　　　　　（b）右边信号

（c）左边信号　　　　　　　　　　（d）时限信号

图 2-1　连续时间信号自变量的四类取值范围

2.1.1　典型普通信号

1. 实指数信号

实指数信号也简称为指数信号，其数学表示式为

$$f(t) = A\mathrm{e}^{\alpha t}, \quad t \in \mathbf{R} \tag{2-1}$$

式中，A 和 α 是实数，$\mathbf{R}$ 表示实数集。系数 A 是 $t = 0$ 时指数信号的初始值。在 A 为正实数时，若 $\alpha > 0$，则指数信号幅度随时间增长而增长；若 $\alpha < 0$，指数信号幅度随时间增长而衰减。在 $\alpha = 0$ 的特殊情况下，信号不随时间而变化，成为直流信号。指数信号的波形如图 2-2 所示。

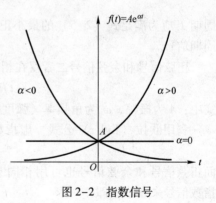

图 2-2　指数信号

指数信号为单调增或单调减信号，为了表示指数信号随时间单调变化的快慢程度，将 $|\alpha|$ 的倒数称为指数信号的时间常数，以 τ 表示，即

$$\tau = 1/|\alpha|$$

当 $\alpha < 0$，且 $t = \tau = \dfrac{1}{|\alpha|}$ 时，式（2-1）为

$$f(\tau) = A\mathrm{e}^{-1} = 0.368A$$

这表明当 $t = \tau$ 时，指数信号衰减为初始值 A 的 36.8%。显然 $|\alpha|$ 越大，τ 就越小，信号衰减得越快；反之，$|\alpha|$ 越小，τ 就越大，信号衰减得越慢。

同样，当 $\alpha > 0$ 时，指数信号随时间增长而增长，其增长快慢程度也取决于 $|\alpha|$ 或 τ 的

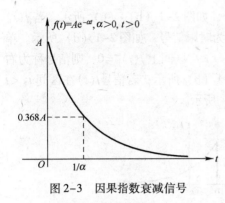

图 2-3　因果指数衰减信号

大小。

在实际中较多遇到的是因果指数衰减信号，如电路系统中电感和电容的放电过程，其数学表达式为

$$f(t) = \begin{cases} Ae^{-\alpha t}, & t>0, \alpha>0 \\ 0, & t<0 \end{cases} \tag{2-2}$$

波形如图 2-3 所示。

指数信号的一个重要性质是其对时间的微分和积分仍是指数形式。

2. 虚指数信号和正弦信号

虚指数信号的数学表示式为

$$f(t) = e^{j\omega_0 t}, \quad t \in \mathbf{R} \tag{2-3}$$

该信号的一个重要特性是它具有周期性。这一特性可以通过周期信号的定义加以证明。如果存在一个 T_0 使下式成立

$$f(t) = f(t+T_0) = e^{j\omega_0 t} = e^{j\omega_0(t+T_0)} \tag{2-4}$$

则 $e^{j\omega_0 t}$ 就是以 T_0 为周期的周期信号。因为 $e^{j\omega_0(t+T_0)} = e^{j\omega_0 t} e^{j\omega_0 T_0}$，要使其为周期信号，必须有 $e^{j\omega_0 T_0} = 1$，即 $\omega_0 T_0 = 2\pi m$，由此可得

$$T_0 = m\frac{2\pi}{\omega_0}, \quad m \text{ 为整数} \tag{2-5}$$

周期 T_0 应为满足式（2-5）的最小正数，因此，虚指数信号 $e^{j\omega_0 t}$ 是基本周期为 $2\pi/|\omega_0|$ 的周期信号。

正弦信号和余弦信号二者仅在相位上相差 $\pi/2$，通常统称为正弦信号，表示式为

$$f(t) = A\sin(\omega_0 t + \varphi), \quad t \in \mathbf{R} \tag{2-6}$$

式中：A 为振幅，ω_0 为角频率（弧度/秒），φ 为初始相位，其波形如图 2-4 所示。

利用欧拉（Euler）公式，虚指数信号可以用与其相同基本周期的正弦信号表示，即

$$e^{j\omega_0 t} = \cos(\omega_0 t) + j\sin(\omega_0 t) \tag{2-7}$$

而正弦信号和余弦信号也可用相同基本周期的虚指数信号来表示，即

$$\cos(\omega_0 t) = \frac{1}{2}(e^{j\omega_0 t} + e^{-j\omega_0 t}) \tag{2-8}$$

$$\sin(\omega_0 t) = \frac{1}{2j}(e^{j\omega_0 t} - e^{-j\omega_0 t}) \tag{2-9}$$

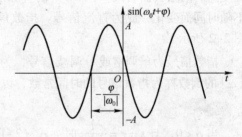

图 2-4　正弦信号

由此可见，正弦信号与虚指数信号之间可以相互线性表示，因而它们具有相同的特性。正弦信号与虚指数信号一样，其也是基本周期为 $2\pi/|\omega_0|$ 的周期信号。虚指数信号和正弦信号的另一个特性是对其时间的微分和积分后，仍然是同周期的虚指数信号和正弦信号。

3. 复指数信号

复指数信号的数学表示式为

$$f(t) = Ae^{st}, \quad t \in \mathbf{R} \tag{2-10}$$

式中 $s = \sigma + j\omega_0$，A 一般为实数，也可为复数。此处讨论时假定 A 为实数，利用欧拉公式将式（2-10）展开，可得

$$Ae^{st} = Ae^{(\sigma + j\omega_0)t} = Ae^{\sigma t}\cos(\omega_0 t) + jAe^{\sigma t}\sin(\omega_0 t) \tag{2-11}$$

式（2-11）表明，一个复指数信号可分解为实部、虚部两部分。实部、虚部分别为幅度按指数规律变化的正弦信号。若 $\sigma < 0$，复指数信号的实部、虚部为减幅的正弦信号，波形如图 2-5（a）、（b）所示。若 $\sigma > 0$，其实部、虚部为增幅的正弦信号，波形如图 2-5（c）、（d）所示。若 $\sigma = 0$，式（2-10）可写成纯虚指数信号

$$f(t) = e^{j\omega_0 t} \tag{2-12}$$

若 $\omega_0 = 0$，则复指数信号成为一般的实指数信号。若 $\sigma = 0$，$\omega_0 = 0$，复指数信号的实部、虚部均与时间无关，成为直流信号。

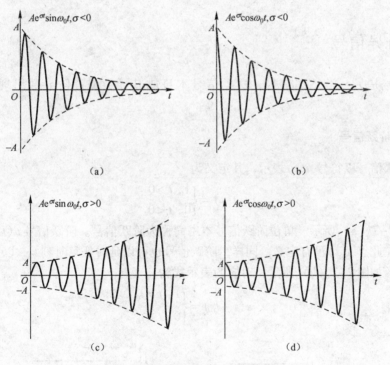

图 2-5　复指数信号的实部和虚部

可见复指数信号的内涵更加丰富，其蕴含了直流信号、实指数信号、虚指数信号（正弦信号）。或者说，直流信号、实指数信号和虚指数信号（正弦信号）都是复指数信号的特例。因此，复指数信号是信号分析中非常重要的基本信号。

4. 抽样函数

抽样函数的定义如下

$$\mathrm{Sa}(t) = \sin(t)/t \qquad\qquad (2-13)$$

抽样函数的波形如图 2-6 所示。抽样函数具有以下性质：

$$\mathrm{Sa}(0) = 1$$

$$\mathrm{Sa}(k\pi) = 0, k = \pm 1, \pm 2, \cdots$$

$$\int_{-\infty}^{\infty} \mathrm{Sa}(t)\,\mathrm{d}t = \pi$$

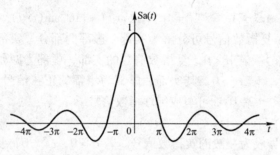

图 2-6　抽样函数

2.1.2　奇异信号

奇异信号是另一类基本信号，这类信号本身或其导数或高阶导数出现奇异值（趋于无穷）。

1. 单位阶跃信号

单位阶跃信号以符号 $u(t)$ 表示，其定义为

$$u(t) = \begin{cases} 1, & t > 0 \\ 0, & t < 0 \end{cases} \qquad\qquad (2-14)$$

其波形如图 2-7 （a） 所示。单位阶跃信号本书简称为阶跃信号。阶跃信号 $u(t)$ 在 $t = 0$ 处存在间断点，在此点 $u(t)$ 没有定义。同样，阶跃信号也可以延时任意时刻 t_0，以符号 $u(t - t_0)$ 表示，其波形如图 2-7 （b） 所示，对应的表示式为

$$u(t - t_0) = \begin{cases} 1, & t > t_0 \\ 0, & t < t_0 \end{cases} \qquad\qquad (2-15)$$

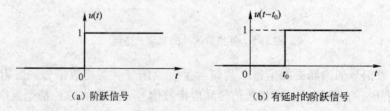

（a）阶跃信号　　　　　　　　　　（b）有延时的阶跃信号

图 2-7　阶跃信号

应用阶跃信号与延时阶跃信号，可以表示任意的矩形脉冲信号。例如，图 2-8 （a） 所示的矩形信号可由图 2-8 （b） 表示，即 $f(t) = u(t - T) - u(t - 3T)$。

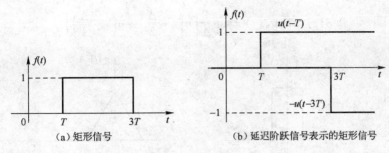

(a) 矩形信号　　　　　　　　　(b) 延迟阶跃信号表示的矩形信号

图 2-8　矩形信号

阶跃信号具有单边性, 任意信号与阶跃信号相乘即可截断该信号。若连续时间信号 $f(t)$ 在 $-\infty < t < +\infty$ 范围内取值, 该信号与阶跃信号相乘后即成为单边信号 $f(t)u(t)$, 其在 $-\infty < t < 0$ 范围内取值为零。如式 (2-2) 的因果指数信号可表示为 $f(t) = Ae^{-\alpha t}u(t), \alpha > 0$。

2. 单位冲激信号

1) 单位冲激信号 (δ 函数) 的定义

单位冲激信号可由不同的方式来定义, 其一种定义是采用狄拉克 (Dirac) 定义, 即

$$\begin{cases} \int_{-\infty}^{\infty} \delta(t)\,\mathrm{d}t = 1 \\ \delta(t) = 0, t \neq 0 \end{cases} \tag{2-16}$$

单位冲激信号本书简称为冲激信号。冲激信号用箭头表示, 如图 2-9 (a) 所示。冲激信号具有强度, 其强度就是冲激信号对时间的定积分值。在图中以括号注明, 以与信号的幅值相区分。

冲激信号可以延时至任意时刻 t_0, 以符号 $\delta(t - t_0)$ 表示, 定义为:

$$\begin{cases} \int_{-\infty}^{\infty} \delta(t - t_0)\,\mathrm{d}t = 1 \\ \delta(t - t_0) = 0, t \neq t_0 \end{cases} \tag{2-17}$$

其图形表示如图 2-9 (b)。

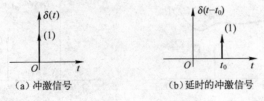

(a) 冲激信号　　　　　　　　(b) 延时的冲激信号

图 2-9　冲激信号

冲激信号 $\delta(t)$ 是作用时间极短, 但取值极大的一类信号的数学模型。例如, 阶跃信号加在不含初始储能电容两端, 从 $t = 0^- \sim 0^+$ 极短时刻, 电容两端的电压将从 0 伏跳变到 1 伏, 而流过电容的电流 $i(t) = C\mathrm{d}u(t)/\mathrm{d}t$ 为无穷大, 可以用冲激信号 $\delta(t)$ 描述。

为了较直观地理解冲激信号, 可以将其看成是某些普通信号的极限。首先分析图 2-10 (a) 所示宽为 Δ, 高为 $1/\Delta$ 的矩形脉冲, 当保持矩形脉冲的面积 $\Delta \cdot (1/\Delta) = 1$ 不变, 而使脉宽 Δ 趋于零时, 脉高 $1/\Delta$ 必为无穷大, 此极限情况即为冲激信号, 定义如下:

$$\delta(t) = \lim_{\Delta \to 0} f_{\Delta}(t) = \lim_{\Delta \to 0} \frac{1}{\Delta}\left[u\left(t + \frac{\Delta}{2}\right) - u\left(t - \frac{\Delta}{2}\right) \right] \tag{2-18}$$

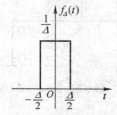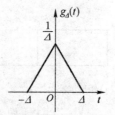

(a) 矩形脉冲表示的极限模型　　　　　　(b) 三角形脉冲表示的极限模型

图 2-10　冲激信号的极限模型

图 2-10 (b) 所示信号，当保持其面积等于 1，取 $\Delta \to 0$ 时其结果也可形成冲激信号 $\delta(t)$。即

$$\delta(t) = \lim_{\Delta \to 0} g_{\Delta}(t) \tag{2-19}$$

此外，还可以利用指数信号、抽样信号等信号的极限模型来定义冲激信号。

冲激信号的严格定义应按广义函数理论定义。依据广义函数理论，冲激信号 $\delta(t)$ 定义为

$$\int_{-\infty}^{\infty} \varphi(t)\delta(t)\,\mathrm{d}t = \varphi(0) \tag{2-20}$$

式中，$\varphi(t)$ 是测试函数，其为任意的连续函数。式（2-20）表明，冲激信号 $\delta(t)$ 与测试函数 $\varphi(t)$ 乘积的积分等于测试函数在零时刻的值 $\varphi(0)$。

2）冲激信号的性质

（1）筛选特性

如果信号 $f(t)$ 是一个在 $t = t_0$ 处连续的普通函数，则有

$$f(t)\delta(t - t_0) = f(t_0)\delta(t - t_0) \tag{2-21}$$

式（2-21）表明连续时间信号 $f(t)$ 与冲激信号 $\delta(t - t_0)$ 相乘，筛选出信号 $f(t)$ 在 $t = t_0$ 时的函数值 $f(t_0)$。由于冲激信号 $\delta(t - t_0)$ 在 $t \neq t_0$ 处的值都为零，故 $f(t)$ 与冲激信号 $\delta(t - t_0)$ 相乘，$f(t)$ 只有在 $t = t_0$ 时的函数值 $f(t_0)$ 对冲激信号 $\delta(t - t_0)$ 有影响，如图 2-11 所示。

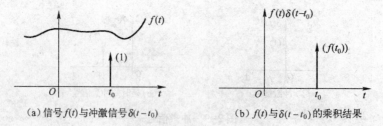

(a) 信号 $f(t)$ 与冲激信号 $\delta(t - t_0)$　　　　　　(b) $f(t)$ 与 $\delta(t - t_0)$ 的乘积结果

图 2-11　冲激信号的筛选特性

（2）取样特性

如果信号 $f(t)$ 是一个在 $t = t_0$ 处连续的普通函数，则有

$$\int_{-\infty}^{\infty} f(t)\delta(t - t_0)\,\mathrm{d}t = f(t_0) \tag{2-22}$$

冲激信号的取样特性表明，一个连续时间信号 $f(t)$ 与冲激信号 $\delta(t - t_0)$ 相乘，并在

（ $-\infty$ ， $+\infty$ ）时间域上积分，其结果为信号 $f(t)$ 在 $t = t_0$ 时的函数值 $f(t_0)$ 。

　　证明：利用筛选特性，有

$$\int_{-\infty}^{\infty} f(t)\delta(t - t_0)\,\mathrm{d}t = \int_{-\infty}^{\infty} f(t_0)\delta(t - t_0)\,\mathrm{d}t = f(t_0)\int_{-\infty}^{\infty}\delta(t - t_0)\,\mathrm{d}t$$

由于

$$\int_{-\infty}^{\infty}\delta(t - t_0)\,\mathrm{d}t = 1$$

故有

$$\int_{-\infty}^{\infty} f(t)\delta(t - t_0)\,\mathrm{d}t = f(t_0)$$

　　（3）展缩特性

$$\delta(at) = \frac{1}{|a|}\delta(t) \tag{2-23}$$

　　式（2-23）的证明可从冲激信号的广义函数定义来证明。即只需证明

$$\int_{-\infty}^{+\infty}\varphi(t)\cdot\delta(at)\cdot\mathrm{d}t = \int_{-\infty}^{+\infty}\varphi(t)\cdot\frac{1}{|a|}\delta(t)\cdot\mathrm{d}t$$

其中， $\varphi(t)$ 为任意的连续时间信号。证明过程如下：

$$\int_{-\infty}^{\infty}\varphi(t)\delta(at)\,\mathrm{d}t \xlongequal{at = x} \int_{-\infty}^{\infty}\varphi\left(\frac{x}{a}\right)\delta(x)\,\frac{\mathrm{d}x}{|a|} = \frac{\varphi(0)}{|a|}$$

$$\int_{-\infty}^{\infty}\varphi(t)\,\frac{\delta(t)}{|a|}\mathrm{d}t = \frac{\varphi(0)}{|a|}$$

　　故式（2-23）成立。

　　由展缩特性可得出如下推论：

　　推论 1：冲激信号是偶函数。取 $a = -1$ 即可得

$$\delta(t) = \delta(-t) \tag{2-24}$$

　　推论 2： $\delta(at + b) = \dfrac{1}{|a|}\delta\left(t + \dfrac{b}{a}\right)$ ， $a \neq 0$ \qquad\qquad (2-25)

　　（4）卷积特性

　　信号 $f(t)$ 与 $g(t)$ 的卷积积分定义为

$$f(t) * g(t) = \int_{-\infty}^{\infty} f(\tau)g(t - \tau)\,\mathrm{d}\tau \tag{2-26}$$

　　如果信号 $f(t)$ 是一个任意连续时间函数，则有

$$f(t) * \delta(t - t_0) = f(t - t_0) \tag{2-27}$$

式（2-27）表明任意连续时间信号 $f(t)$ 与冲激信号 $\delta(t - t_0)$ 相卷积，其结果为信号 $f(t)$ 的延时 $f(t - t_0)$ 。

　　证明：根据卷积的定义，有

$$f(t) * \delta(t - t_0) = \int_{-\infty}^{\infty} f(\tau)\delta(t - \tau - t_0)\,\mathrm{d}\tau$$

　　利用 $\delta(t)$ 偶函数特性和取样性质，可得

$$f(t) * \delta(t - t_0) = \int_{-\infty}^{\infty} f(\tau)\delta(\tau - (t - t_0))\,\mathrm{d}\tau = f(t - t_0)$$

　　（5）冲激信号与阶跃信号的关系

　　由冲激信号与阶跃信号的定义，可以推出冲激信号与阶跃信号的关系如下：

$$\int_{-\infty}^{t} \delta(\tau) \mathrm{d}\tau = \begin{cases} 1, & t > 0 \\ 0, & t < 0 \end{cases} = u(t) \tag{2-28}$$

$$\frac{\mathrm{d}u(t)}{\mathrm{d}t} = \delta(t) \tag{2-29}$$

这表明冲激信号是阶跃信号的一阶导数，阶跃信号是冲激信号的时间积分。从它们的波形可见，阶跃信号 $u(t)$ 在 $t=0$ 处有间断点，对其求导后，即产生冲激信号 $\delta(t)$。以后对信号求导时，信号在不连续点处的导数为冲激信号或延时冲激信号，冲激信号的强度就是不连续点的跳跃值。

冲激信号的上述特性在信号与系统的分析中有着重要的作用，下面举例说明。

[例 2-1] 计算下列各式的值。

(1) $\displaystyle\int_{-\infty}^{+\infty} \sin(t) \cdot \delta\left(t - \frac{\pi}{4}\right) \mathrm{d}t$ \qquad (2) $\displaystyle\int_{+4}^{+6} \mathrm{e}^{-2t} \cdot \delta(t+8) \mathrm{d}t$

(3) $\displaystyle\int_{-1}^{+2} \mathrm{e}^{-t} \cdot \delta(2-2t) \mathrm{d}t$ \qquad (4) $(t^3 + 2t^2 + 3) \cdot \delta(t-2)$

(5) $\mathrm{e}^{-4t} \cdot \delta(2+2t)$

解：（1）利用冲激信号的取样特性，可得

$$\int_{-\infty}^{+\infty} \sin(t) \cdot \delta\left(t - \frac{\pi}{4}\right) \mathrm{d}t = \sin\left(\frac{\pi}{4}\right) = \frac{\sqrt{2}}{2}$$

（2）由于冲激信号 $\delta(t+8)$ 在 $t \neq -8$ 时都为零，故其在区间 $[-4, 6]$ 上的积分为零，由此可得

$$\int_{-4}^{+6} \mathrm{e}^{-2t} \cdot \delta(t+8) \mathrm{d}t = 0$$

（3）利用冲激信号的展缩特性和取样特性，可得

$$\int_{-1}^{+2} \mathrm{e}^{-t} \cdot \delta(2-2t) \mathrm{d}t = \int_{-1}^{+2} \mathrm{e}^{-t} \cdot \frac{1}{2} \delta(t-1) \cdot \mathrm{d}t = \frac{1}{2\mathrm{e}}$$

（4）利用冲激信号的筛选特性，可得

$$(t^3 + 2t^2 + 3) \cdot \delta(t-2) = (2^3 + 2 \times 2^2 + 3) \cdot \delta(t-2) = 19 \cdot \delta(t-2)$$

（5）利用冲激信号的展缩特性和筛选特性，可得

$$\mathrm{e}^{-4t} \cdot \delta(2+2t) = \mathrm{e}^{-4t} \cdot \frac{1}{2} \delta(t+1) = \frac{1}{2} \mathrm{e}^{-4(-1)} \delta(t+1) = \frac{1}{2} \mathrm{e}^{4} \delta(t+1)$$

从以上例题可以看出，在冲激信号的取样特性中，其积分区间不一定都是 $(-\infty, +\infty)$，但只要积分区间不包括冲激信号 $\delta(t-t_0)$ 的 $t=t_0$ 时刻，则积分结果必为零。此外，对于 $\delta(at+b)$ 形式的冲激信号，要先利用冲激信号的展缩特性将其化为 $\dfrac{1}{|a|} \delta\left(t + \dfrac{b}{a}\right)$ 形式后，才可利用冲激信号的取样特性与筛选特性。

3. 斜坡信号

斜坡信号以符号 $r(t)$ 表示，其定义为

$$r(t) = \int_{-\infty}^{t} u(\tau) \mathrm{d}\tau = \begin{cases} t, & t \geq 0 \\ 0, & t < 0 \end{cases} \tag{2-30}$$

其波形如图 2-12 所示。

从阶跃信号与斜坡信号的定义，可以导出阶跃信号与斜坡信号之间的关系。即有

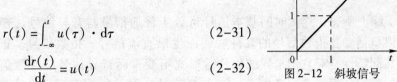

$$r(t) = \int_{-\infty}^{t} u(\tau) \cdot \mathrm{d}\tau \qquad (2-31)$$

$$\frac{\mathrm{d}r(t)}{\mathrm{d}t} = u(t) \qquad (2-32)$$

图 2-12　斜坡信号

应用斜坡信号与阶跃信号，可以表示任意的三角脉冲信号。

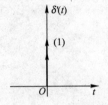

图 2-13　冲激偶信号

4. 冲激偶信号

1）冲激偶信号的定义

冲激信号 $\delta(t)$ 的时间导数即为冲激偶信号，其定义为：

$$\delta'(t) = \frac{\mathrm{d}\delta(t)}{\mathrm{d}t} \qquad (2-33)$$

冲激偶信号也有强度，其波形如图 2-13 所示。

2）冲激偶信号的性质

（1）取样特性

$$\int_{-\infty}^{\infty} f(t)\delta'(t - t_0)\mathrm{d}t = -f'(t_0) \qquad (2-34)$$

式中 $f'(t_0)$ 为 $f(t)$ 在 t_0 点的导数值。

（2）筛选特性

$$f(t)\delta'(t - t_0) = -f'(t_0)\delta(t - t_0) + f(t_0)\delta'(t - t_0) \qquad (2-35)$$

（3）展缩特性

$$\delta'(at) = \frac{1}{a\,|\,a\,|}\delta'(t)\,, a \neq 0 \qquad (2-36)$$

由展缩特性可推出，当 $a = -1$ 时，有

$$\delta'(-t) = -\delta'(t) \qquad (2-37)$$

这说明 $\delta'(t)$ 是奇函数，故有

$$\int_{-\infty}^{\infty} \delta'(t)\mathrm{d}t = 0 \qquad (2-38)$$

（4）卷积特性

$$f(t) * \delta'(t) = f'(t) \qquad (2-39)$$

（5）冲激偶信号与冲激信号的关系

$$\delta'(t) = \frac{\mathrm{d}\delta(t)}{\mathrm{d}t} \qquad (2-40)$$

$$\int_{-\infty}^{t} \delta'(\tau)\mathrm{d}\tau = \delta(t) \qquad (2-41)$$

[**例 2-2**] 计算 $\int_{-4}^{5} 4t^2 \delta'(-4t + 1)\mathrm{d}t$ 的值。

解：利用冲激偶信号的展缩特性，可得

$$\int_{-4}^{5} 4t^2 \delta'(-4t + 1)\mathrm{d}t = \int_{-4}^{5} \frac{4t^2}{(-4)\,|\,-4\,|}\delta'\left(t - \frac{1}{4}\right)\mathrm{d}t$$

再利用冲激偶信号的取样特性，可得

$$\int_{-4}^{5} 4t^2 \delta'(-4t+1)\,dt = -\frac{1}{4} \int_{-4}^{5} t^2 \delta'\left(t-\frac{1}{4}\right)dt = \frac{1}{4}(t^2)' \Big|_{t=\frac{1}{4}} = \frac{1}{8}$$

综上所述，连续时间基本信号可分为普通信号与奇异信号。普通信号以复指数信号加以概括，复指数信号的几种特例派生出直流信号、指数信号、正弦信号等，这些信号的共同特性是对它们求导或积分后形式不变；而奇异信号以冲激信号为基础，取其积分或二重积分而派生出阶跃信号、斜坡信号，取其导数而派生出冲激偶信号。因此，在基本信号中，复指数信号与冲激信号是两个核心信号，它们在信号与系统分析中起着十分重要的作用。

2.2 离散时间信号

2.2.1 离散时间信号的表示

离散时间信号也称离散序列，可以用函数解析式表示，也可以用图形表示，还可以用列表表示。图 2-14 为离散序列图形表示示例，该序列的列表表示为

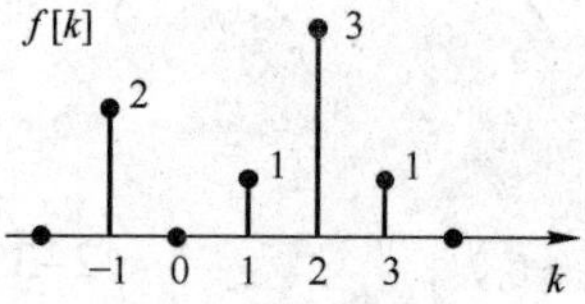

$$f[k] = \{0,2,\overset{\downarrow}{0},1,3,1,0\}$$

序列的 ↓ 表示 $k=0$ 对应的位置。

根据离散变量 k 的取值范围，序列又可分为双边序列、单边序列和有限序列。若 $f[k]$ 对所有 $k(k \in \mathbf{Z})$ 都有非零确定值（在序列的非零确定值之间可以出现有限个零值），则序列称为双边序列，如图 2-15（a）所示。若 $f[k]$ 对部分 $k(k \geqslant N_1$ 或 $k \leqslant N_2)$ 有非零确定值，则序列称为单边序列，如图 2-15（b）、（c）所示。若 $f[k]$ 仅在 $N_1 \leqslant k \leqslant N_2$ 区间有非零确定值，则序列称为有限序列，如图 2-15（d）所示。对于单边序列，若序列 $f[k]$ 在 $k \geqslant N_1$ 时有值，而在 $k < N_1$ 时 $f[k]=0$，则序列称为右边序列，如图 2-15（b）

图 2-14　离散序列

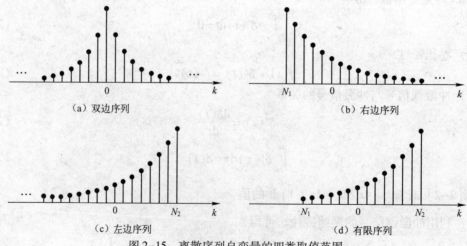

（a）双边序列

（b）右边序列

（c）左边序列

（d）有限序列

图 2-15　离散序列自变量的四类取值范围

所示；若序列 $f[k]$ 在 $k \le N_2$ 时有值，而在 $k > N_2$ 时 $f[k] = 0$，则序列称为左边序列，如图 2–15（c）所示。$k \ge 0$ 时有值的右边序列又称为因果序列；$k \le 0$ 时有非零值的左边序列又称为反因果序列。

2.2.2   基本离散序列

1. 实指数序列

实指数序列可表示为

$$f[k] = Ar^k, \quad k \in \mathbf{Z} \tag{2-42}$$

式中 A 和 r 均为实数。图 2–16 为 r 取不同值时实指数序列的变化趋势。

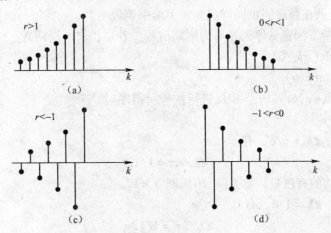

图 2–16   实指数序列

2. 虚指数序列和正弦序列

虚指数序列和正弦序列分别定义为

$$f[k] = e^{j\Omega_0 k}, \quad k \in \mathbf{Z} \tag{2-43}$$

$$f[k] = A\cos(\Omega_0 k + \varphi), \quad k \in \mathbf{Z} \tag{2-44}$$

正弦序列与余弦序列统称为正弦序列。利用欧拉公式可以将正弦序列和虚指数序列联系起来，即

$$e^{j\Omega_0 k} = \cos(\Omega_0 k) + j\sin(\Omega_0 k) \tag{2-45}$$

而

$$\cos(\Omega_0 k) = \frac{1}{2}(e^{j\Omega_0 k} + e^{-j\Omega_0 k}) \tag{2-46}$$

$$\sin(\Omega_0 k) = \frac{1}{2j}(e^{j\Omega_0 k} - e^{-j\Omega_0 k}) \tag{2-47}$$

值得注意的是，虽然连续时间虚指数信号 $e^{j\omega_0 t}$ 和离散时间虚指数信号 $e^{j\Omega_0 k}$ 看起来相似，但两者却存在很大的差异。

① 离散时间虚指数信号 $e^{j\Omega_0 k}$ 的角频率 Ω_0 增加时其振荡频率不一定增加，角频率为 Ω_0 的虚指数信号与角频率为 $\Omega_0 \pm n2\pi$ 的虚指数信号相同，即

$$e^{j(\Omega_0 + n2\pi)k} = e^{j\Omega_0 k} e^{j2\pi nk} = e^{j\Omega_0 k} \qquad (2-48)$$

因此，研究离散时间虚指数信号时，信号角频率 Ω_0 只在某一个 2π 间隔内取值即可。在实际中常将 Ω_0 限制在区间 $[-\pi, \pi]$ 或 $[0, 2\pi]$ 内，角频率在 0 或 2π 附近为低频，角频率在 π 附近为高频。

② 离散时间虚指数信号 $e^{j\Omega_0 k}$ 的周期性。要使信号 $e^{j\Omega_0 k}$ 为周期信号，必须有

$$e^{j\Omega_0(k+N)} = e^{j\Omega_0 k} e^{j\Omega_0 N} = e^{j\Omega_0 k} \qquad (2-49)$$

这就要求

$$e^{j\Omega_0 N} = 1$$

即

$$\Omega_0 N = m2\pi, \quad m \text{ 为整数}$$

或

$$\frac{\Omega_0}{2\pi} = \frac{m}{N}, \quad \frac{m}{N} \text{ 为有理数} \qquad (2-50)$$

亦即，如果 $|\Omega_0|/2\pi = m/N$ 且 N, m 是不可约的正整数，则 $e^{j\Omega_0 k}$ 是以 N 为周期的周期信号。

上述两点对离散正弦序列也同样成立。下面举例说明。

[例 2-3] 判断下列正弦序列是否为周期信号。若是，求出周期 N。

(1) $f_1[k] = \sin(\pi k / 6)$

(2) $f_2[k] = \sin(k/6)$

(3) 对 $f_3(t) = \sin(6t)$ 以 $f_S = 8\text{Hz}$ 进行抽样所得序列

解：

(1) 对 $f_1[k]$，$\Omega_0 = \pi/6$，有

$$\Omega_0/2\pi = 1/12$$

由于 $1/12$ 是不可约的有理数，故 $f_1[k]$ 的周期 $N = 12$。

(2) 对 $f_2[k]$，$\Omega_0 = 1/6$，有

$$\Omega_0/2\pi = 1/12\pi$$

由于 $1/12\pi$ 不是有理数，故 $f_2[k]$ 是非周期的。

(3) 对 $f_3(t)$ 以 $f_S = 8\,\text{Hz}$ 进行抽样，即以 $T = 1/f_S = (1/8)\,\text{s}$ 为时间间隔对信号抽样，可得

$$f_3[k] = f_3(t) \Big|_{t=\frac{1}{8}k} = \sin\left(\frac{3}{4}k\right)$$

对 $f_3[k]$，$\Omega_0 = 3/4$，有

$$\Omega_0/2\pi = 3/8\pi$$

由于 $3/8\pi$ 不是有理数，故 $f_3[k]$ 是非周期的。

可见，离散正弦序列不一定是周期序列，对连续周期信号进行抽样所得离散序列也不一定都是周期序列。

[例 2-4] 判断下列正弦序列是否为周期信号。若是，求出周期 N。

(1) 对 $\sin(2\pi t)$ 以 $T = (1/31)\,\text{s}$ 进行抽样所得序列 $f_1[k]$；

(2) 对 $\sin(2\pi t)$ 以 $T = (2/31)\,\text{s}$ 进行抽样所得序列 $f_2[k]$；

(3) 对 $\sin(2\pi t)$ 以 $T = (3/31)\,\text{s}$ 进行抽样所得序列 $f_3[k]$。

解：

(1)

$$f_1[k] = \sin(2\pi t) \Big|_{t=\frac{k}{31}} = \sin\left(\frac{2\pi}{31}k\right)$$

对 $f_1[k]$，$\Omega_0 = 2\pi/31$，有

$$\frac{\Omega_0}{2\pi} = \frac{2\pi}{31 \times 2\pi} = \frac{1}{31}$$

由于 1/31 是不可约的有理数，故 $f_1[k]$ 的周期为 $N = 31$，其波形如图 2-17（a）所示。

(2) $$f_2[k] = \sin(2\pi t)\Big|_{t=\frac{2k}{31}} = \sin\left(\frac{4\pi}{31}k\right)$$

对 $f_2[k]$，$\Omega_0 = 4\pi/31$，有

$$\frac{\Omega_0}{2\pi} = \frac{4\pi}{31 \times 2\pi} = \frac{2}{31}$$

由于 2/31 是不可约的有理数，故 $f_2[k]$ 的周期为 $N = 31$，其波形如图 2-17（b）所示。

(3) $$f_3[k] = \sin(2\pi t)\Big|_{t=\frac{3k}{31}} = \sin\left(\frac{6\pi}{31}k\right)$$

对 $f_3[k]$，$\Omega_0 = 6\pi/31$，有

$$\frac{\Omega_0}{2\pi} = \frac{6\pi}{31 \times 2\pi} = \frac{3}{31}$$

由于 3/31 是不可约的有理数，故 $f_3[k]$ 的周期为 $N = 31$，其波形如图 2-17（c）所示。

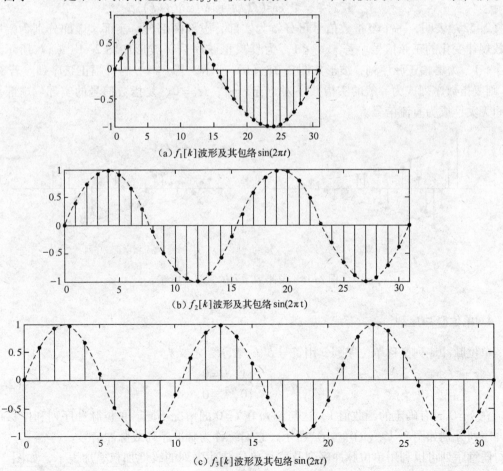

(a) $f_1[k]$ 波形及其包络 $\sin(2\pi t)$

(b) $f_2[k]$ 波形及其包络 $\sin(2\pi t)$

(c) $f_3[k]$ 波形及其包络 $\sin(2\pi t)$

图 2-17　例 2-4 图

本题抽样所得离散序列是周期序列，周期均为 $N = 31$，但从时间上来看，离散周期序列 $f_1[k]$ 波形重复出现的时间间隔为 $T_d = NT = 31 \times (1/31)\text{s} = 1\,\text{s}$，离散周期序列 $f_2[k]$ 波形重复出现的时间间隔为 $T_d = NT = 31 \times (2/31)\text{s} = 2\,\text{s}$，离散周期序列 $f_3[k]$ 波形重复出现的时间间隔为 $T_d = NT = 31 \times (3/31)\text{s} = 3\,\text{s}$，而连续信号 $\sin(2\pi t)$ 的周期为 $T_0 = 1\,\text{s}$。由此可见，即便抽样所得离散序列是周期序列，其周期与原连续周期信号的周期也不一定相对应。将 $f_1[k]$、$f_2[k]$、$f_3[k]$ 与对应的连续时间信号比较还可以看出，当满足 $\dfrac{|\Omega_0|}{2\pi} = \dfrac{m}{N}$，且 N、m 是不可约的正整数时，N 为离散正弦序列的周期，而 m 表示离散正弦序列一个周期 N 内包含原连续周期正弦信号的周期数。

3. 复指数序列

复指数序列定义为

$$f[k] = Ar^k e^{j\Omega_0 k} = Az^k, \quad k \in \mathbf{Z} \tag{2-51}$$

式中 $z = re^{j\Omega_0}$，A 一般为实数，也可为复数。当 A 为实数时，利用欧拉公式将式（2-51）展开，可得

$$Ar^k e^{j\Omega_0 k} = Ar^k \cos(\Omega_0 k) + jAr^k \sin(\Omega_0 k) \tag{2-52}$$

式（2-52）表明，一个复指数信号可分解为实部、虚部两部分。实部、虚部分别为幅度按指数规律变化的正弦信号。若 $|r| < 1$，为衰减正弦序列，波形如图 2-18（a）所示。若 $|r| > 1$，为增幅正弦序列，波形如图 2-18（b）所示。若 $r = 1$，为等幅正弦序列。若 $\Omega_0 = 0$，则复指数序列成为一般的实指数序列。若 $r = 1$，$\Omega_0 = 0$，复指数信号的实部、虚部均与时间无关，成为直流信号。

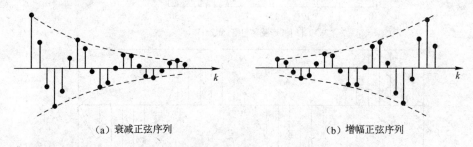

（a）衰减正弦序列　　　　　　　　（b）增幅正弦序列

图 2-18　复指数序列的实部或虚部

4. 单位脉冲序列

单位脉冲序列又称单位序列，用符号 $\delta[k]$ 表示，定义为

$$\delta[k] = \begin{cases} 1, & k = 0 \\ 0, & k \neq 0 \end{cases} \tag{2-53}$$

$\delta[k]$ 在 $k = 0$ 时有确定的函数值 1，这与 $\delta(t)$ 在 $t = 0$ 的情况不同。单位脉冲序列和位移单位脉冲序列分别如图 2-19（a）、（b）所示，它们统称为脉冲序列或脉冲信号。

任意序列可以利用单位脉冲序列及位移单位脉冲序列的线性加权叠加表示，如图 2-20 所示离散序列可以表示为

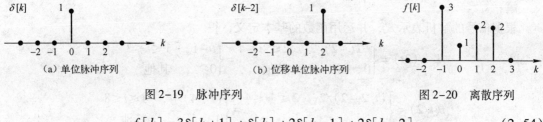

（a）单位脉冲序列　　　　（b）位移单位脉冲序列

图 2-19　脉冲序列　　　　　图 2-20　离散序列

$$f[k] = 3\delta[k+1] + \delta[k] + 2\delta[k-1] + 2\delta[k-2] \tag{2-54}$$

5. 单位阶跃序列

单位阶跃序列用 $u[k]$ 表示，定义为

$$u[k] = \begin{cases} 1, & k \geqslant 0 \\ 0, & k < 0 \end{cases} \tag{2-55}$$

如图 2-21 所示。

单位脉冲序列与单位阶跃序列的关系如下。

$$u[k] = \sum_{n=-\infty}^{k} \delta[n] \tag{2-56}$$

$$\delta[k] = u[k] - u[k-1] \tag{2-57}$$

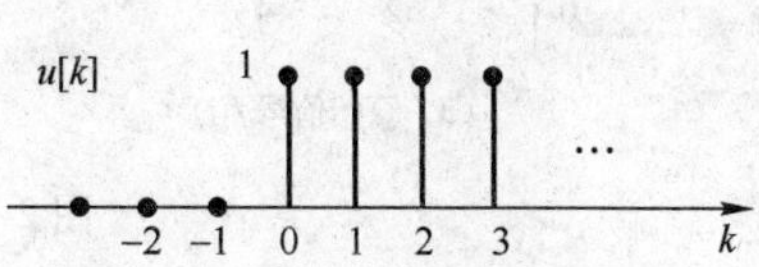

图 2-21　单位阶跃序列

[例 2-5] 分别用单位脉冲序列和单位阶跃序列表示图 2-22（a）、（b）所示矩形序列 $R_N[k]$ 和斜坡序列 $r[k]$。

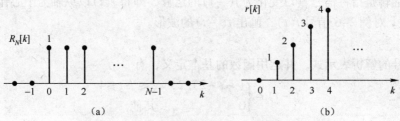

（a）　　　　　　　　　（b）

图 2-22　矩形序列和斜坡序列

解：

$$R_N[k] = u[k] - u[k-N] = \sum_{n=0}^{N-1} \delta[k-n] \tag{2-58}$$

$$r[k] = ku[k] = \sum_{n=0}^{\infty} n\delta[k-n] \tag{2-59}$$

2.3　连续时间信号的基本运算

1. 尺度变换（展缩）

信号的尺度变换是指将信号 $f(t)$ 变化到 $f(at)$（其中 $a > 0$）的运算，若 $0 < a < 1$，则 $f(at)$ 是 $f(t)$ 以纵轴为中心的扩展。若 $a > 1$，则 $f(at)$ 是 $f(t)$ 以纵轴为中心的压缩。

[例 2-6] 已知 $f(t) = \begin{cases} (t-2)/2, & 2 \leqslant t \leqslant 4 \\ 0, & 其他 \end{cases}$，分别画出 $f(2t)$ 和 $f(t/2)$ 的波形。

解:

根据信号的解析表示式,并运用函数的基本定义,得

$$f(2t) = \begin{cases} (2t-2)/2, & 2\leqslant 2t\leqslant 4 \\ 0, & \text{其他} \end{cases} = \begin{cases} t-1, & 1\leqslant t\leqslant 2 \\ 0, & \text{其他} \end{cases}$$

$$f(t/2) = \begin{cases} (t/2-2)/2, & 2\leqslant \dfrac{t}{2}\leqslant 4 \\ 0, & \text{其他} \end{cases} = \begin{cases} (t-4)/4, & 4\leqslant t\leqslant 8 \\ 0, & \text{其他} \end{cases}$$

$f(t)$、$f(2t)$ 和 $f(t/2)$ 的波形分别如图 2-23(a)、(b)、(c)所示。由图可见,信号 $f(2t)$ 是信号 $f(t)$ 以纵轴为中心压缩 2 倍,信号 $f(t/2)$ 是信号 $f(t)$ 以纵轴为中心扩展 2 倍。

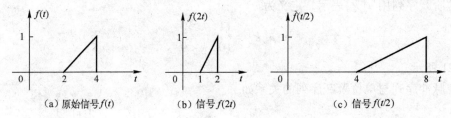

(a) 原始信号 $f(t)$ (b) 信号 $f(2t)$ (c) 信号 $f(t/2)$

图 2-23   连续时间信号的尺度变换

2. 翻转

信号的翻转是指将信号 $f(t)$ 变化为 $f(-t)$ 的运算,即将 $f(t)$ 以纵轴为中心作 180° 翻转。

[**例 2-7**] 对例 2-6 信号 $f(t)$,画出 $f(-t)$ 的波形。

解:

根据信号的解析表示式,并运用函数的基本定义,有

$$f(-t) = \begin{cases} (-t-2)/2, & 2\leqslant -t\leqslant 4 \\ 0, & \text{其他} \end{cases}$$

即

$$f(-t) = \begin{cases} (-t-2)/2, & -4\leqslant t\leqslant -2 \\ 0, & \text{其他} \end{cases}$$

$f(t)$ 和 $f(-t)$ 的波形分别如图 2-24(a)、(b)所示。

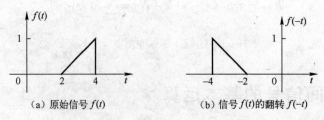

(a) 原始信号 $f(t)$ (b) 信号 $f(t)$ 的翻转 $f(-t)$

图 2-24   连续时间信号的翻转

3. 时移(平移)

信号的平移是指将信号 $f(t)$ 变化为信号 $f(t\pm t_0)$(其中 $t_0 > 0$)的运算。若为 $f(t-t_0)$,则表示信号 $f(t)$ 右移 t_0 单位;若为 $f(t+t_0)$,则表示信号 $f(t)$ 左移 t_0 单位。

[**例 2-8**] 根据例 2-6 信号 $f(t)$，分别画出 $f(t-2)$ 和 $f(t+2)$ 的波形。

解：

根据信号的解析表示式，并运用函数的基本定义，可得

$$f(t-2) = \begin{cases} (t-2-2)/2, & 2 \leqslant t-2 \leqslant 4 \\ 0, & \text{其他} \end{cases} = \begin{cases} (t-4)/2, & 4 \leqslant t \leqslant 6 \\ 0, & \text{其他} \end{cases}$$

$$f(t+2) = \begin{cases} (t+2-2)/2, & 2 \leqslant t+2 \leqslant 4 \\ 0, & \text{其他} \end{cases} = \begin{cases} t/2, & 0 \leqslant t \leqslant 2 \\ 0, & \text{其他} \end{cases}$$

$f(t)$、$f(t-2)$ 和 $f(t+2)$ 波形分别如图 2-25（a）、（b）、（c）所示。

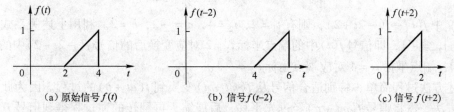

(a) 原始信号 $f(t)$　　　　　　(b) 信号 $f(t-2)$　　　　　　(c) 信号 $f(t+2)$

图 2-25　连续时间信号的平移

上面对信号的展缩、平移与翻转分别进行了描述。实际上，信号的变化常常是上述三种方式的综合，即信号 $f(t)$ 变化为 $f(at+b)$（其中 $a \neq 0$）。现举例说明其变化过程。

[**例 2-9**] 对例 2-6 信号 $f(t)$，画出 $f(-2t+2)$ 的波形。

解：

$f(-2t+2)$ 包含翻转、展缩和平移三种运算，可以按下述顺序进行处理。

$$f(t) \xrightarrow[t \to -t]{\text{翻转}} f(-t) \xrightarrow[t \to 2t]{\text{压缩}} f(-2t) \xrightarrow[t \to t-1]{\text{右移}} f(-2(t-1))$$

$f(-t)$、$f(-2t)$ 和 $f(-2t+2)$ 波形如图 2-26 所示。改变上述运算顺序，最终也会得到相同的结果。

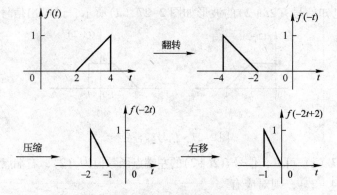

图 2-26　连续时间信号的翻转、展缩和平移

从上面分析可以看出，信号的翻转、展缩和平移运算只是函数自变量的简单变换，而变换前后信号端点的函数值不变。因此，可以通过端点函数值不变这一关系来确定信号变换前后其图形中各端点的位置。

设变换前的信号为 $f(t)$，变换后为 $f(at+b)$，t_1 与 t_2 对应变换前信号 $f(t)$ 的左、右端点

坐标，t_{11} 与 t_{22} 对应变换后信号 $f(at+b)$ 的左、右端点坐标。由于信号变化前后的端点函数值不变，故有

$$f(t_1) = f(at_{11} + b)$$
$$f(t_2) = f(at_{22} + b)$$

(2-60)

根据上述关系可以求解出变换后信号的左、右端点坐标 t_{11} 与 t_{22}，即

$$t_1 = at_{11} + b \implies t_{11} = \frac{1}{a}(t_1 - b)$$
$$t_2 = at_{22} + b \implies t_{22} = \frac{1}{a}(t_2 - b)$$

(2-61)

如例 2-9 中 $f(t) \rightarrow f(-2t+2)$，则有 $t_1 = 2$，$t_2 = 4$，$a = -2$，$b = 2$。利用上述关系式计算得 $t_{11} = 0$ 与 $t_{22} = -1$，即信号 $f(t)$ 中的端点坐标 $t_1 = 2$ 对应变换后的信号 $f(-2t+2)$ 中的端点坐标 $t_{11} = 0$，端点坐标 $t_2 = 4$ 对应端点坐标 $t_{22} = -1$。

上述方法过程简单，特别适合信号从 $f(mt+n)$ 变换到 $f(at+b)$ 的过程。因为此时若按原先的方法，需将信号 $f(mt+n)$ 经过先平移，后展缩，再翻转的逆过程得到信号 $f(t)$，再将信号 $f(t)$ 经过先翻转，后展缩，再平移的过程得到信号 $f(at+b)$。若根据信号变换前后的端点函数值不变的原理，则可以很简便地计算出变换后信号的端点坐标，从而得到变换后的信号 $f(at+b)$。其计算公式如下：

$$f(mt_1 + n) = f(at_{11} + b)$$
$$f(mt_2 + n) = f(at_{22} + b)$$

(2-62)

根据上述关系可以求解出变换后信号的左、右端点坐标 t_{11} 与 t_{22}，即

$$mt_1 + n = at_{11} + b \implies t_{11} = \frac{1}{a}(mt_1 + n - b)$$
$$mt_2 + n = at_{22} + b \implies t_{22} = \frac{1}{a}(mt_2 + n - b)$$

(2-63)

[例 2-10] 已知信号 $f(2t+2)$ 的波形如图 2-27（a）所示，试画出信号 $f(4-2t)$ 的波形。

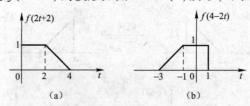

图 2-27　信号综合变换

解： 由图 2-27（a）可见，信号 $f(2t+2)$ 的左端点函数值为 $f(2)$，右端点函数值为 $f(10)$。$f(2t+2) \rightarrow f(4-2t)$，则对应有

$$t_1 = 0, \quad t_2 = 4, \quad m = 2, \quad n = 2, \quad a = -2, \quad b = 4,$$

利用式（2-63）计算得 $t_{11} = 1$，$t_{22} = -3$，即信号 $f(2t+2)$ 中的端点坐标 $t_1 = 0$ 对应变换后的信号 $f(4-2t)$ 中的端点坐标 $t_{11} = 1$，信号 $f(2t+2)$ 中的端点坐标 $t_2 = 4$ 对应变换后的信号 $f(4-2t)$ 中的端点坐标 $t_{22} = -3$。信号 $f(4-2t)$ 的波形如图 2-27（b）所示。可见，信号 $f(4-2t)$ 的端点函数值仍为 $f(2)$、$f(10)$，只是因为存在翻转，左、右端点的位置出现转换。

许多较复杂的信号可以由基本信号通过相加、相乘、微分及积分等运算来表达，这样就

可以把较复杂的信号分析变为对基本信号的分析。

4. 相加与相乘

信号的相加是指若干信号之和，可表示为

$$y(t) = f_1(t) + f_2(t) + \cdots + f_n(t) \tag{2-64}$$

图 2-28 所示是信号相加的一个例子。

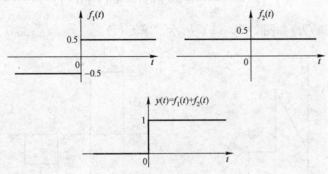

图 2-28 信号的相加

信号的相乘是指若干信号的乘积，可表示为

$$y(t) = f_1(t) \cdot f_2(t) \cdot \cdots \cdot f_n(t) \tag{2-65}$$

图 2-29 所示是信号相乘的一个例子。

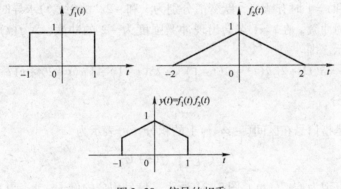

图 2-29 信号的相乘

5. 信号的微分

信号的微分是指信号对时间的导数，可表示为

$$g(t) = \frac{\mathrm{d}f(t)}{\mathrm{d}t} = f'(t) \tag{2-66}$$

由基本信号的特性可知 $\delta(t)$，$u(t)$，$r(t)$ 的微分分别为：

$$\frac{\mathrm{d}\delta(t)}{\mathrm{d}t} = \delta'(t) \tag{2-67}$$

$$\frac{\mathrm{d}u(t)}{\mathrm{d}t} = \delta(t) \tag{2-68}$$

$$\frac{\mathrm{d}r(t)}{\mathrm{d}t} = u(t) \tag{2-69}$$

[**例2-11**] 已知 $f(t) = \mathrm{e}^{-t}u(t)$，求 $f'(t)$，$f''(t)$。

解：利用两个函数乘积的微分法则，以及 $u(t)$ 的微分、$\delta(t)$ 的微分和 $\delta(t)$ 的筛选特性，可得

$$f'(t) = \frac{\mathrm{d}f(t)}{\mathrm{d}t} = -\mathrm{e}^{-t}u(t) + \mathrm{e}^{-t}\delta(t) = -\mathrm{e}^{-t}u(t) + \delta(t)$$

$$f''(t) = \frac{\mathrm{d}f'(t)}{\mathrm{d}t} = \mathrm{e}^{-t}u(t) - \delta(t) + \delta'(t)$$

[**例2-12**] 已知 $f(t)$ 如图 2-30（a）所示，求 $f'(t)$。

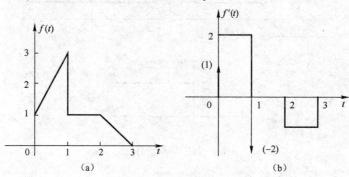

图 2-30　信号的微分

解：

$f(t)$ 在 $t = 0$ 和 $t = 1$ 时有跃变，跃变值分别为 1 和 -2，故对 $f(t)$ 求导时，在 $t = 0$ 点会出现冲激强度为 1 的冲激，在 $t = 1$ 点会出现冲激强度为 -2 的冲激，对 $f(t)$ 求导后的波形如图 2-30（b）所示。即

$$f'(t) = \delta(t) + 2[u(t) - u(t-1)] - 2\delta(t-1) - [u(t-2) - u(t-3)]$$

6. 信号的积分

信号的积分是指信号在区间 $(-\infty, t)$ 上的积分，可表示为

$$g(t) = \int_{-\infty}^{t} f(\tau)\mathrm{d}\tau \qquad (2-70)$$

为了表示简便，可记为 $f^{(-1)}(t)$。图 2-31 所示是信号积分的例子。

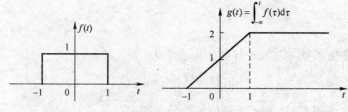

图 2-31　信号的积分

由基本信号的特性可知 $\delta'(t)$，$\delta(t)$，$u(t)$ 的积分分别为：

$$\int_{-\infty}^{t} \delta'(\tau)\mathrm{d}\tau = \delta(t) \qquad (2-71)$$

$$\int_{-\infty}^{t} \delta(\tau)\mathrm{d}\tau = u(t) \qquad (2-72)$$

$$\int_{-\infty}^{t} u(\tau)\,d\tau = r(t) \tag{2-73}$$

在进行信号分析时，为了能够简便而有效地分析信号，通常将任意信号表示为基本信号或经过运算后的基本信号的线性组合。这样一来，利用基本信号的特性和信号的线性组合关系就可以研究任意信号的特性。

［例 2-13］ 已知信号 $f(t)$ 如图 2-30（a）所示，试用基本信号表示 $f(t)$，并求 $f'(t)$。

解：

方法一：由图 2-30（a）可看出，$f(t)$ 可以通过阶跃信号、平移的阶跃信号、斜坡信号、平移的斜坡信号的线性组合表示，如图 2-32 所示，即

$$f(t) = u(t) + 2r(t) - 2r(t-1) - 2u(t-1) - r(t-2) + r(t-3)$$

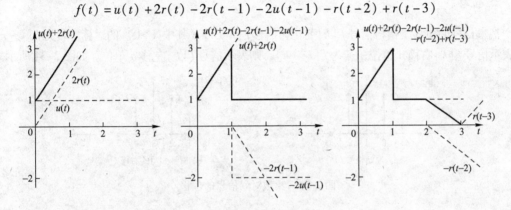

图 2-32　例 2-13 解答图

方法二：利用阶跃信号的截断性，将信号 $f(t)$ 分段表示为

$$f(t) = (2t+1)[u(t) - u(t-1)] + [u(t-1) - u(t-2)] - (t-3)[u(t-2) - u(t-3)]$$

将上式表示为斜坡信号和单位阶跃信号的线性组合，即

$$f(t) = 2tu(t) + u(t) - 2(t-1)u(t-1) - 3u(t-1) + u(t-1) - u(t-2) - $$
$$(t-2)u(t-2) + u(t-2) + r(t-3)$$
$$= u(t) + 2r(t) - 2r(t-1) - 2u(t-1) - r(t-2) + r(t-3)$$

利用 $u(t)$ 和 $r(t)$ 的微分，可求出

$$f'(t) = \delta(t) + 2[u(t) - u(t-1)] - 2\delta(t-1) - [u(t-2) - u(t-3)]$$

在利用基本信号或经过运算后的基本信号的线性组合表示任意信号 $f(t)$ 时，若 $f(t)$ 相对比较简单，能够一目了然地表示为基本信号或经过运算后的基本信号的线性组合，则可直接进行信号的分解。若 $f(t)$ 比较复杂，则可以利用单位阶跃信号的截断性，将信号 $f(t)$ 分段表示，然后再将其化简为基本信号或经过运算后的基本信号的线性组合。

2.4　离散时间信号的基本运算

1. 翻转

信号的翻转是指将信号 $f[k]$ 变化为 $f[-k]$ 的运算，即将 $f[k]$ 以纵轴为中心作 180° 翻

转，如图 2-33 所示。

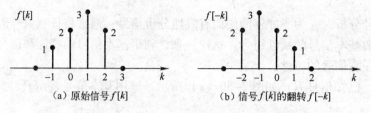

（a）原始信号 $f[k]$ （b）信号 $f[k]$ 的翻转 $f[-k]$

图 2-33   离散时间信号的翻转

2. 位移

离散信号的位移是指将信号 $f[k]$ 变化为信号 $f[k\pm n]$（其中 $n>0$）的运算。若为 $f[k-n]$，则表示信号 $f[k]$ 右移 n 单位；若为 $f[k+n]$，则表示信号 $f[k]$ 左移 n 单位。如图 2-34 所示。

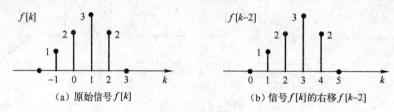

（a）原始信号 $f[k]$ （b）信号 $f[k]$ 的右移 $f[k-2]$

图 2-34   离散时间信号的位移

3. 尺度变换

离散信号的尺度变换是指将原离散序列样本个数减少或增加的运算，分别称为序列的抽取和内插。

序列 $f[k]$ 的 M 倍抽取（decimation）定义为 $f[Mk]$，其中 M 为正整数，表示在序列 $f[k]$ 中每隔 $M-1$ 点抽取一点，如图 2-35 所示。

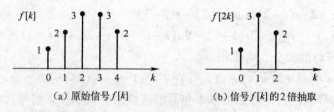

（a）原始信号 $f[k]$ （b）信号 $f[k]$ 的 2 倍抽取

图 2-35   离散序列的抽取

序列 $f[k]$ 的 L 倍内插（interpolation）定义为

$$f_1[k] = \begin{cases} f\left[\dfrac{k}{L}\right], & k \text{ 是 } L \text{ 的整数倍} \\ 0, & \text{其他} \end{cases}$$

L 为正整数，表示在序列 $f[k]$ 每两点之间插入 $L-1$ 个零点，如图 2-36 所示。

4. 相加与相乘

离散信号的相加是指将若干离散序列求和，可表示为

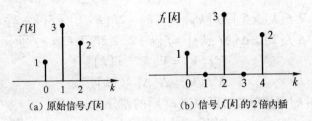

(a) 原始信号 $f[k]$　　　　(b) 信号 $f[k]$ 的 2 倍内插

图 2-36　离散序列的内插

$$y[k] = f_1[k] + f_2[k] + \cdots + f_n[k] \tag{2-74}$$

图 2-37 所示是信号相加的一个例子。

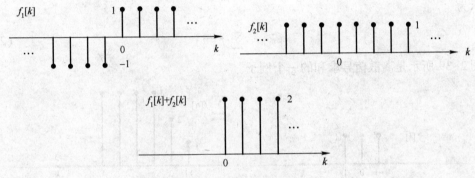

图 2-37　离散信号的相加

离散信号的相乘是指若干离散序列的乘积，可表示为

$$y[k] = f_1[k] \cdot f_2[k] \cdots f_n[k] \tag{2-75}$$

图 2-38 所示是信号相乘的一个例子。

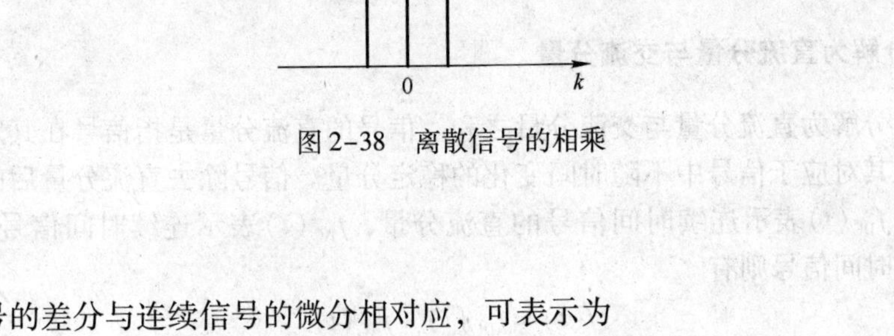

图 2-38　离散信号的相乘

5. 差分

离散信号的差分与连续信号的微分相对应，可表示为

$$\nabla f[k] = f[k] - f[k-1] \tag{2-76}$$

或

$$\Delta f[k] = f[k+1] - f[k] \tag{2-77}$$

式（2-76）称为一阶后向差分，式（2-77）称为一阶前向差分。以此类推，二阶和 n 阶差分可分别表示为

$$\nabla^2 f[k] = \nabla\{\nabla f[k]\} = f[k] - 2f[k-1] + f[k-2] \tag{2-78}$$

$$\Delta^2 f[k] = \Delta\{\Delta f[k]\} = f[k+2] - 2f[k+1] + f[k] \tag{2-79}$$

$$\nabla^n f[k] = \nabla\{\nabla^{n-1} f[k]\} \tag{2-80}$$

$$\Delta^n f[k] = \Delta\{\Delta^{n-1} f[k]\} \tag{2-81}$$

单位脉冲序列 $\delta[k]$ 可用单位阶跃序列 $u[k]$ 的差分表示，即

$$\delta[k] = u[k] - u[k-1] \tag{2-82}$$

6. 求和

离散信号的求和与连续信号的积分相对应，是将离散序列在 $(-\infty, k)$ 区间上求和，可表示为

$$y[k] = \sum_{n=-\infty}^{k} f[n] \tag{2-83}$$

图 2-39 所示是离散信号求和的一个例子。

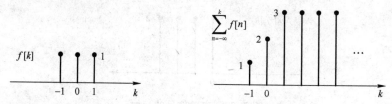

图 2-39　离散信号求和

单位阶跃序列也可用单位脉冲序列的求和表示为

$$u[k] = \sum_{n=-\infty}^{k} \delta[n] \tag{2-84}$$

2.5　确定信号的时域分解

在信号分析中，常常需要将信号分解为不同的分量，以有利于分析信号中不同分量的特性。信号可以从不同角度分解，主要有信号分解为直流分量与交流分量，或实部分量与虚部分量，或偶分量与奇分量几种方式。

1. 信号分解为直流分量与交流分量

信号可以分解为直流分量与交流分量之和。信号的直流分量是指信号在其定义区间上的信号平均值，其对应于信号中不随时间变化的稳定分量。信号除去直流分量后的部分称为交流分量。若用 $f_{DC}(t)$ 表示连续时间信号的直流分量，$f_{AC}(t)$ 表示连续时间信号的交流分量，对于任意连续时间信号则有

$$f(t) = f_{DC}(t) + f_{AC}(t) \tag{2-85}$$

式中

$$f_{DC}(t) = \frac{1}{b-a} \int_a^b f(t) \, dt \tag{2-86}$$

其中 (a,b) 为信号 $f(t)$ 的定义区间。图 2-40 给出了连续信号分解的实例。

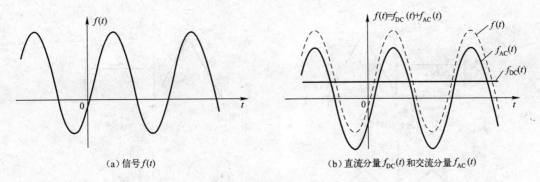

（a）信号 $f(t)$　　　　　　　　　　　（b）直流分量 $f_{DC}(t)$ 和交流分量 $f_{AC}(t)$

图 2-40　信号分解为直流分量和交流分量

对于离散时间信号也有同样的结论，即存在

$$f[k] = f_{DC}[k] + f_{AC}[k] \tag{2-87}$$

式中 $f_{DC}[k]$ 表示离散信号 $f[k]$ 的直流分量，$f_{AC}[k]$ 表示离散信号 $f[k]$ 的交流分量，且有

$$f_{DC}[k] = \frac{1}{N_2 - N_1 + 1} \sum_{k=N_1}^{N_2} f[k] \tag{2-88}$$

式中 (N_1, N_2) 为离散时间信号 $f[k]$ 的定义区间。

2. 信号分解为奇分量与偶分量之和

连续实信号可以分解为奇分量与偶分量之和，即

$$f(t) = f_e(t) + f_o(t) \tag{2-89}$$

偶分量 $f_e(t)$ 定义为　　　　　　　$$f_e(t) = \frac{1}{2}[f(t) + f(-t)] \tag{2-90}$$

奇分量 $f_o(t)$ 定义为　　　　　　　$$f_o(t) = \frac{1}{2}[f(t) - f(-t)] \tag{2-91}$$

且有　　　　　　　　　　　　$$f_e(t) = f_e(-t) \quad f_o(t) = -f_o(-t)$$

证明： $f(t) = \frac{1}{2}[f(t) + f(-t) - f(-t) + f(t)]$

$$= \frac{1}{2}[f(t) + f(-t)] + \frac{1}{2}[f(t) - f(-t)] = f_e(t) + f_o(t)$$

[例 2-14] 画出图 2-41（a）所示信号 $f(t)$ 的奇、偶两个分量。

解：

将 $f(t)$ 翻转得 $f(-t)$，如图 2-41（b）所示。由式（2-90）和式（2-91）可得 $f(t)$ 的奇、偶两个分量分别如图 2-41（c）、（d）所示。

离散实序列同样可以分解为奇分量与偶分量之和，即

$$f[k] = f_e[k] + f_o[k] \tag{2-92}$$

式中，偶分量定义为　　　　　　$$f_e[k] = \frac{1}{2}\{f[k] + f[-k]\} \tag{2-93}$$

奇分量定义为　　　　　　　　$$f_o[k] = \frac{1}{2}\{f[k] - f[-k]\} \tag{2-94}$$

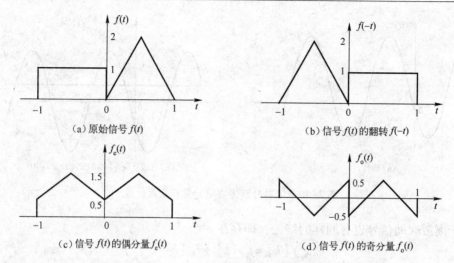

图 2-41　信号分解为奇分量与偶分量之和

3. 信号分解为实部分量与虚部分量

任意复信号都可以分解为实部分量与虚部分量之和。对于连续时间复信号可分解为

$$f(t) = f_r(t) + j \cdot f_i(t) \tag{2-95}$$

其中 $f_r(t)$、$f_i(t)$ 都是实信号，分别表示实部分量和虚部分量。若信号 $f(t)$ 对应的共轭信号以 $f^*(t)$ 表示，即

$$f^*(t) = f_r(t) - j \cdot f_i(t) \tag{2-96}$$

则 $f_r(t)$ 与 $f_i(t)$ 可分别表示为

$$f_r(t) = \frac{1}{2}[f(t) + f^*(t)] \tag{2-97}$$

$$f_i(t) = \frac{1}{2j}[f(t) - f^*(t)] \tag{2-98}$$

离散复序列也可分解为实部分量与虚部分量，只需将上式中连续时间变量 t 换成离散时间变量 k 即可。

虽然实际产生的信号都是实信号，但在信号分析理论中，常借助复信号来研究某些实信号的问题，它可以建立某些有益的概念或简化运算。例如，复指数信号常用于表示正弦、余弦信号等。

2.6　确定信号的时域表示

在信号分析与系统分析时，常将信号表示为基本信号的加权叠加，信号的表示有利于将满足一定约束条件的所有信号表示为某类基本信号，从而将这些信号的分析转变为对该类基本信号的分析，使信号与系统分析的物理过程更加清晰。信号可以表示为不同类的基本信号，分别对应信号不同域的表示。在信号与系统课程中，重点介绍将信号表示为 δ 信号、虚指数信号（正弦信号）和复指数信号，分别对应信号的时域表示、频域表示和复频域表示。本章为信号的时域分析，因此，这里先介绍信号的时域表示。

1. 连续信号表示为冲激信号的线性组合

任意连续信号 $f(t)$ 都可以表示为冲激信号的线性组合。下面以图 2-42 为例来加以说明。

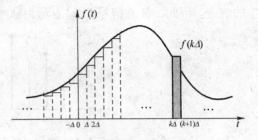

图 2-42　任意连续信号表示为
冲激信号的线性组合

由图 2-42 可见，将任意信号 $f(t)$ 表示为许多小矩形，间隔为 Δ，各矩形的高度就是信号 $f(t)$ 在该点的函数值。根据函数积分原理，当 Δ 很小时，可以用这些小矩形来近似表示信号 $f(t)$；而当 $\Delta \to 0$ 时，可以用这些小矩形完全表示信号 $f(t)$。即

$$f(t) \approx \cdots + f(0)\left[u(t) - u(t-\Delta)\right] + f(\Delta)\left[u(t-\Delta) - u(t-2\Delta)\right] + \cdots +$$
$$f(k\Delta)\left[u(t-k\Delta) - u(t-k\Delta-\Delta)\right] + \cdots$$
$$= \cdots + f(0)\frac{\left[u(t) - u(t-\Delta)\right]}{\Delta}\Delta + f(\Delta)\frac{\left[u(t-\Delta) - u(t-2\Delta)\right]}{\Delta}\Delta + \cdots +$$
$$f(k\Delta)\frac{\left[u(t-k\Delta) - u(t-k\Delta-\Delta)\right]}{\Delta}\Delta + \cdots$$
$$= \sum_{k=-\infty}^{\infty} f(k\Delta)\frac{\left[u(t-k\Delta) - u(t-k\Delta-\Delta)\right]}{\Delta}\Delta \tag{2-99}$$

上式只是近似表示信号 $f(t)$，且 Δ 越小，其误差越小。当 $\Delta \to 0$ 时，可以用式（2-99）完全表示信号 $f(t)$。由于当 $\Delta \to 0$ 时，$k\Delta \to \tau$，$\Delta \to \mathrm{d}\tau$，且

$$\frac{\left[u(t-k\Delta) - u(t-k\Delta-\Delta)\right]}{\Delta} \to \delta(t-\tau)$$

故 $f(t)$ 可准确地表示为

$$f(t) = \lim_{\Delta \to 0} \sum_{k=-\infty}^{\infty} f(k\Delta)\delta(t-k\Delta)\Delta = \int_{-\infty}^{\infty} f(\tau)\delta(t-\tau)\mathrm{d}\tau \tag{2-100}$$

式（2-100）实际上就是前面讨论过的冲激信号的卷积特性，但这里不是说明冲激信号的卷积特性，而是说明任意信号可以表示为冲激信号的线性组合，这是非常重要的结论。因为它表明不同的信号 $f(t)$ 都可以表示为冲激信号的加权和，不同的只是它们的强度不同。这样，当求解信号 $f(t)$ 通过连续时间线性时不变系统产生的响应时，只需求解冲激信号 $\delta(t)$ 通过该系统产生的响应，然后利用线性时不变系统的特性，即可求得信号 $f(t)$ 产生的响应。因此，任意信号 $f(t)$ 表示为冲激信号的线性组合是连续时间系统时域分析的基础。

2. 离散序列分解为脉冲序列的线性组合

图 2-43 所示离散序列 $f[k]$，可以将其用脉冲序列和有位移的脉冲序列表示为

$$f[k] = \cdots + f[-1]\delta[k+1] + f[0]\delta[k] + f[1]\delta[k-1] + \cdots + f[n]\delta[k-n] + \cdots$$
$$= \sum_{n=-\infty}^{\infty} f[n]\delta[k-n] \tag{2-101}$$

式（2-101）表明任意离散时间信号可以表示为脉冲序列的线性组合，这也是非常重要的结论。当求解序列 $f[k]$ 通过离散时间线性时不变系统产生的响应时，只需求解单位脉冲序列 $\delta[k]$ 通过该系统产生的响应，然后利用线性时不变系统的特性，即可求得信号 $f[k]$ 产

生的响应。因此，任意信号 $f[k]$ 表示为脉冲序列是离散时间系统时域分析的基础。

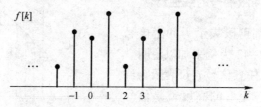

图 2-43　离散序列表示为脉冲序列的线性组合

2.7　利用 MATLAB 进行信号的时域分析

2.7.1　连续信号的 MATLAB 表示

MATLAB 提供了大量的产生基本信号的函数。最常用的指数信号、正弦信号是 MATLAB 的内部函数，即不安装任何工具箱就可调用的函数。

1. 指数信号 Ae^{at}

指数信号 Ae^{at} 在 MATLAB 中可用 exp 函数表示，其调用形式为

```
y = A * exp(a * t);
```

图 2-3 所示因果指数衰减信号的 MATLAB 表示如下，取 $A = 1$，$a = -0.4$。

```
% example2_1 decaying exponential
t = 0:001:10;
A = 1;
a = -0.4;
ft = A * exp(a * t);
plot(t,ft)
```

2. 正弦信号

正弦信号 $A\cos(\omega_0 t + \varphi)$ 和 $A\sin(\omega_0 t + \varphi)$ 分别用 MATLAB 的内部函数 cos 和 sin 表示，其调用形式为

```
y = A * cos(w0 * t + phi);
y = A * sin(w0 * t + phi);
```

图 2-4 所示正弦信号的 MATLAB 表示如下，取 $A = 1$，$\omega_0 = 2\pi$，$\varphi = \pi/6$。

```
% example2_2 sinusoidal singnal
A = 1;
w0 = 2 * pi;
phi = pi/6;
ft = A * sin(w0 * t + phi);
plot(t,ft)
```

除了内部函数外，在信号处理工具箱（signal processing toolbox）里还提供了诸如矩形、三角波、周期性矩形和三角波等信号处理中常用的信号。

3. 抽样函数 Sa(t)

抽样函数 Sa(t)在 MATLAB 中用 sinc 函数表示，定义为

$$\text{sinc}(t) = \sin(\pi t)/(\pi t)$$

其调用形式为

  y = sinc(t)；

图 2-6 所示抽样函数的 MATLAB 表示如下。

```
% example2_3 Sample function
t = -4. 5 * pi:pi/100:4. 5 * pi;
ft = sinc(t/pi)；
plot(t,ft)
```

4. 矩形脉冲信号

矩形脉冲信号在 MATLAB 中用 rectpuls 函数表示，其调用形式为

  y = rectpuls(t,width)；

用以产生一个幅度为1、宽度为 width 以 $t=0$ 为对称的矩形。width 的默认值为1。图 2-8（a）所示以 $t=2T$ 为对称中心的矩形脉冲信号的 MATLAB 表示如下，取 $T=1$。

```
t = 0:0. 001:4;
T = 1;
ft = rectpuls(t -2 * T,T)；
plot(t,ft)
```

5. 三角波脉冲信号

三角波脉冲信号在 MATLAB 中用 tripuls 函数表示，其调用形式为

  y = tripuls(t, width,skew)；

用以产生一个最大幅度为 1、宽度为 width 的三角波。函数值的非零范围为（ - width/2, width/2）。如图 2-44 所示三角波可由下述 MATLAB 语句实现。

```
% example2_5
t = -3:0. 001:3;
ft = tripuls(t,4,0. 5)；
plot(t,ft)
```

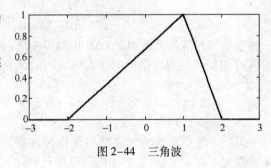

图 2-44　三角波

2.7.2　离散信号的 MATLAB 表示

对任一离散序列 $f[k]$，需用两个向量来表示。一个表示 k 的取值范围，另一个表示序

列的值。例如序列 $f[k] = \{2,1,\overset{\downarrow}{1},-1,3,0,2\}$ 的 MATLAB 表示为

$$k = -2:4; \quad f = [2,1,1,-1,3,0,2];$$

若序列是从 $k = 0$ 开始，则只用一个向量 f 就可表示序列。由于计算机内存的限制，MATLAB 无法表示一个任意的无穷序列。

1. 指数序列

离散指数序列的一般形式为 a^k，可以用 MATLAB 中的数组幂运算 a.^k 实现。

如图 2-16（d）所示的指数衰减信号可用 MATLAB 程序表示如下，取 $A = 1$，$a = -0.6$。

```
% example2_6 exponential sequence
k = 0:10;
A = 1;
a = -0.6;
fk = A * a.^k;
stem(k,fk)
```

程序中 stem(k, fk) 用于绘制离散序列的波形。改变程序中的 a 可分别得到图 2-15（a）～（c）所示波形。

2. 正弦序列

离散正弦序列的 MATLAB 表示与连续信号相同，只是用 stem(k, fk) 画出序列的波形。正弦序列 $\sin(\pi/6)k$ 的 MATLAB 实现如下

```
% example2_7 discrete - time sinusoidal signal
k = 0:39;
fk = sin(pi/6 * k);
stem(k,fk)
```

3. 单位脉冲序列

单位脉冲序列定义为

$$\delta[k] = \begin{cases} 1, & k = 0 \\ 0, & k \neq 0 \end{cases} = \{\cdots,0,0,\overset{\downarrow}{1},0,0,\cdots\}$$

一种简单的方法是借助 MATLAB 中的零矩阵函数 zeros 表示。零矩阵 zeros(1，N) 产生一个由 N 个零组成的列向量，对于有限区间的 $\delta[k]$ 可以表示为

```
k = -50:50;
delta = [zeros(1,50),1,zeros(1,50)];
stem(k,delta)
```

另外一种更有效的方法是将单位脉冲序列写成 MATLAB 函数，利用关系运算 "等于" 来实现它。在 $k_1 \leq k \leq k_2$ 范围内的单位脉冲序列 $\delta[k - k_0]$，MATLAB 函数可写为

```
function [f,k] = impseq(k0,k1,k2)
% 产生 f[k] = delta(k - k0);k1 <= k <= k2
k = [k1:k2];f = [(k - k0) = = 0];
```

程序中关系运算(k - k0) == 0 的结果是一个由 0 和 1 组成的矩阵，即 $k = k_0$ 时返回 "真" 值 1，$k \neq k_0$ 时返回 "非真" 值 0。

4. 单位阶跃序列

单位阶跃序列定义为

$$u[k] = \begin{cases} 1, & k \geqslant 0 \\ 0, & k < 0 \end{cases} = \{\cdots, 0, 0, \overset{\downarrow}{1}, 1, 1, \cdots\}$$

一种简单的方法是借助 MATLAB 中的单位矩阵函数 ones 表示。单位矩阵 ones(1,N) 产生一个由 N 个 1 组成的列向量，对于有限区间的 $u[k]$ 可以表示为

```
k = -50:50;
uk = [zeros(1,50), ones(1,51)];
stem(k,uk)
```

与单位脉冲序列的 MATLAB 表示相似，也可以将单位阶跃序列写成 MATLAB 函数，并利用关系运算"大于等于"来实现它。在 $k_1 \leqslant k \leqslant k_2$ 范围内的单位阶跃序列 $u[k - k_0]$ 的 MATLAB 函数可写为

```
function [f,k] = stepseq(k0,k1,k2)
% 产生 f[k] = u(k - k0);k1 <= k <= k2
k = [k1:k2];f = [(k - k0) >= 0];
```

程序中关系运算 (k - k0) >= 0 的结果是一个由 0 和 1 组成的矩阵，即 $k \geqslant k_0$ 时返回"真"值 1，$k < k_0$ 时返回"非真"值 0。

2.7.3 信号基本运算的 MATLAB 实现

1. 信号的尺度变换、翻转、时移（位移）

信号的尺度变换、翻转、时移运算，实际上是函数自变量的运算。在信号的尺度变换 $f(at)$ 和 $f[Mk]$ 中，函数的自变量乘以一个常数，因此在 MATLAB 中可用算术运算符"*"来实现。在信号翻转 $f(-t)$ 和 $f[-k]$ 运算中，函数的自变量乘以一个负号，在 MATLAB 中可以直接写出。翻转运算在 MATLAB 中还可以利用 fliplr(f) 函数实现，而翻转后信号的坐标则可以由 -fliplr(k) 得到。在信号时移 $f(t \pm t_0)$ 和 $f[k \pm k_0]$ 运算中，函数的自变量加、减一个常数，在 MATLAB 中可用算术运算符"-"或"+"来实现。

[例 2-15] 三角波 $f(t)$ 如图 2-44 所示，试利用 MATLAB 画出 $f(2t)$ 和 $f(2-2t)$ 的波形。

解： 实现 $f(2t)$ 和 $f(2-2t)$ 的 MATLAB 程序如下

```
% example2_8
t = -3:0.001:3;
ft1 = tripuls(2 * t,4,0.5);
subplot(2,1,1)
plot(t,ft1)
title('f(2t)')
ft2 = tripuls((2 - 2 * t),4,0.5);
subplot(2,1,2)
plot(t,ft2)
title('f(2-2t)')
```

程序运行结果如图 2-45 所示。

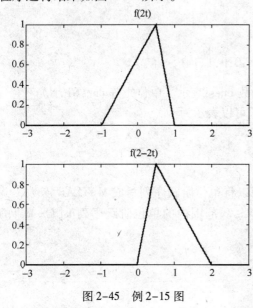

图 2-45　例 2-15 图

2. 离散序列的差分与求和

在 MATLAB 中用 diff 函数实现离散序列的差分，其调用格式为

$$y = \text{diff}(f);$$

离散序列的求和 $\sum_{k=k_1}^{k_2} f[k]$ 与信号相加运算不同，求和运算是把 k_1 和 k_2 之间的所有样本 $f[k]$ 加起来，在 MATLAB 中用 sum 函数实现，其调用格式为

$$y = \text{sum}(f(k1:k2));$$

［例 2-16］ 用 MATLAB 计算指数信号 $(-0.6)^k u[k]$ 的能量。

解： 离散信号的能量定义为

$$E = \lim_{N \to \infty} \sum_{k=-N}^{N} |f[k]|^2$$

其 MATLAB 实现如下

```
% example2_9 the energy of exponential sequence
k = 0:10;
A = 1;
a = -0.6;
fk = A * a.^k;
W = sum(abs(fk).^2)
```

程序运行结果为

```
W =
    1.5625
```

3. 连续信号的微分与积分

连续信号的微分也可以用 diff 近似计算。例如 $y = \sin(x^2)' = 2x\cos(x^2)$ 可由以下 MATLAB 语句近似实现

```
h = .001; x = 0:h:pi;
y = diff(sin(x.^2))/h;
```

连续信号的定积分可由 MATLAB 中的 quad 函数或 quadl 函数实现。其调用格式分别为

```
quad(fun,a,b);
quadl(fun,a,b);
```

其中 fun 为被积函数句柄，a 和 b 指定积分区间。

［例 2-17］ 三角波 $f(t)$ 如图 2-44 所示，试利用 MATLAB 画出 $\dfrac{\mathrm{d}f(t)}{\mathrm{d}t}$ 和 $\displaystyle\int_{-\infty}^{t} f(\tau)\mathrm{d}\tau$ 的波形。

解： 为了便于利用 quadl 函数计算信号的积分，将图 2-44 所示的三角波 $f(t)$ 写成 MAT-LAB 函数，函数名为 f2_2，程序如下

```
function yt = f2_2(t)
yt = tripuls(t,4,0.5);
```

利用 diff 和 quadl 函数，并调用 f2_2 可实现信号三角波 $f(t)$ 的微、积分，程序如下

```
% example2_10 differentiation
h = 0.001;t = -3:h:3;
y1 = diff(f2_2(t)) * 1/h;
plot(t(1:length(t) -1),y1)
title('df(t)/dt')
% example2_11 integration
t = -3:0.1:3;
for x = 1:length(t)
    y2(x) = quadl(@ f2_2, -3,t(x));
end
plot(t,y2)
title('integral of f(t)')
```

运行结果如图 2-46 所示。

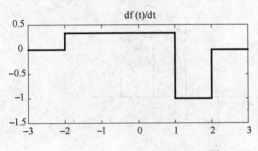 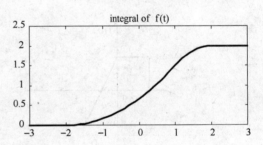

图 2-46　例 2-17 图

习题

2-1　试画出下列信号波形，从中可得出何结论？其中 $-\infty < t < +\infty$。

(1) $f(t) = \sin\left(\dfrac{\pi}{2}t\right) \cdot u(t)$　　　　　　　(2) $f(t) = \sin\left(\dfrac{\pi}{2}t\right) \cdot u(t-1)$

(3) $f(t) = \sin\left[\dfrac{\pi}{2}(t-1)\right] \cdot u(t)$　　　　　(4) $f(t) = \sin\left[\dfrac{\pi}{2}(t-1)\right] \cdot u(t-1)$

2-2　利用单位阶跃信号表示图 2-47 中各信号。

2-3　试写出图 2-48 中所示各信号的时域表示式。

2-4　计算下列信号。

(1) $\delta(2t)$　　　　　　　　　　　　　　　(2) $t\delta(t)$

(3) $\sin t \cdot \delta\left(t - \dfrac{\pi}{2}\right)$　　　　　　　　(4) $e^{-2t}\delta(t)$

(5) $e^{-2t}\delta(-t)$　　　　　　　　　　　(6) $e^{-2t}\delta(2t)$

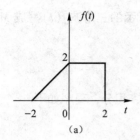 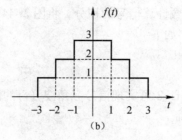 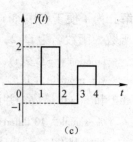

（a）　　　　　　　　　　　（b）　　　　　　　　　　（c）

图 2-47　题 2-2 图

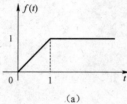 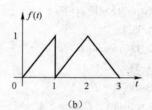

（a）　　　　　　　　　　　　　　　（b）

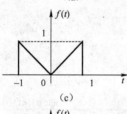 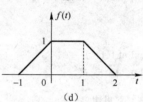

（c）　　　　　　　　　　　　　　　（d）

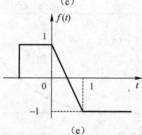 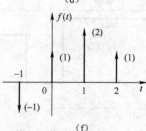

（e）　　　　　　　　　　　　　　　（f）

图 2-48　题 2-3 图

2-5　计算下列积分的值。

（1）$\int_{-\infty}^{\infty} \delta(t-2)\,\mathrm{e}^{-2t}u(t)\,\mathrm{d}t$
　　　　　　　　　　（2）$\int_{-4}^{-2} \delta(t+3)\,\mathrm{e}^{-2t}\,\mathrm{d}t$

（3）$\int_{1}^{2} \delta(2t-3)\sin(2t)\cdot\mathrm{d}t$
　　　　　　　　（4）$\int_{1}^{4} \delta(2-4t)(t+2)\,\mathrm{d}t$

（5）$\int_{-\infty}^{\infty} \delta(t-a)u(t-b)\,\mathrm{d}t,\quad b>a$
　　　　（6）$\int_{-\infty}^{\infty} \delta'(t-2)\,\mathrm{e}^{-2t}\,\mathrm{d}t$

（7）$\int_{-\infty}^{+\infty} \mathrm{e}^{-\mathrm{j}\omega_0 t}\left[\delta(t+T_1)+\delta(t-T_1)\right]\mathrm{d}t$
　　（8）$\int_{-\infty}^{+\infty} u(t)\cdot u(2-t)\,\mathrm{d}t$

2-6　计算下列积分。

（1）$\int_{-\infty}^{t} \cos\tau\cdot u(\tau)\,\mathrm{d}\tau$
　　　　　　　　　　（2）$\int_{-\infty}^{t} \cos\tau\cdot\delta(\tau)\,\mathrm{d}\tau$

（3）$\int_{-\infty}^{\infty} \cos\tau\cdot u(\tau-1)\delta(\tau)\,\mathrm{d}\tau$
　　　　　　（4）$\int_{0}^{2\pi} \tau\cos\tau\cdot\delta(\pi-\tau)\,\mathrm{d}\tau$

2-7　已知信号 $f(t)$ 的波形如图 2-49 所示，绘出下列信号的波形。

（1）$f(3t)$　　　　　　　　（2）$f(3t+6)$　　　　　　　　（3）$f(-3t+6)$

(4) $f\left(\dfrac{t}{3}\right)$ (5) $f\left(\dfrac{t}{3}+1\right)$ (6) $f\left(-\dfrac{t}{3}+1\right)$

2-8 已知信号 $f(t)$ 的波形如图 2-50 所示，绘出下列信号的波形。

(1) $f(-t)$ (2) $f(t+2)$ (3) $f(5-3t)$

(4) $f(t)-u(t-1)$ (5) $f(t)\cdot u(1-t)$ (6) $f(t)\delta(t+0.2)$

(7) $f'(t)$ (8) $\displaystyle\int_{-\infty}^{t}f(\tau)[u(\tau+1)-u(\tau)]\mathrm{d}\tau$

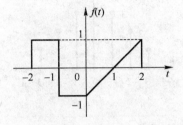 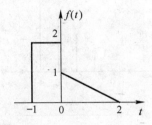

图 2-49 题 2-7 图 图 2-50 题 2-8 图

2-9 已知信号 $f(t)=2\mathrm{e}^{-(t-1)}u(t-1)+t^2\delta(t-2)$

(1) 绘出 $f(t)$ 波形；

(2) 计算并绘出 $g(t)=f'(t)$ 的波形。

2-10 画出下列信号及其一阶导数的波形，其中 T 为常数，$\omega_0=2\pi/T$。

(1) $f(t)=u(t)-u(t-T)$ (2) $f(t)=t[u(t)-u(t-T)]$

(3) $f(t)=\mathrm{e}^{-2t}[u(t)-u(t-T)]$ (4) $f(t)=[u(t)-u(t-T)]\sin(\omega_0 t)$

2-11 已知 $f(t)=\delta'(t+4)-2\delta(t+1)+t\delta(t+1)+2\mathrm{e}^{-t}u(t+1)$，绘出 $f(t)$ 波形。

计算并绘出 $g(t)=\displaystyle\int_{-\infty}^{t}f(\tau)\mathrm{d}\tau$ 的波形。

2-12 已知序列 $f[k]=\begin{cases}\left(\dfrac{3}{2}\right)^{k}, & -2\leqslant k\leqslant 3\\ 0, & k<-2\text{ 或 }k>3\end{cases}$

(1) 利用阶跃序列的截断特性表示 $f[k]$；

(2) 利用加权单位脉冲序列表示 $f[k]$；

(3) 试画出 $f[k]$ 波形。

2-13 已知图 2-51 所示离散时间信号，画出下列信号波形。

(1) $f[k]u[1-k]$ (2) $f[k]\{u[k+2]-u[k-2]\}$

(3) $f[k]\delta[k-1]$ (4) $f[k]\delta[2k]$

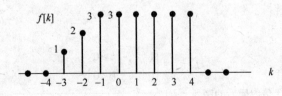

图 2-51 题 2-13 图

2-14 利用单位阶跃序列表示图 2-52 所示序列。

2-15 已知序列

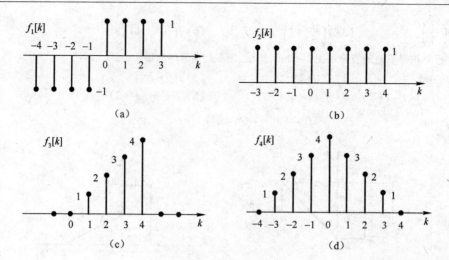

图 2-52　题 2-14 图

$$f[k] = \begin{cases} 0.5^k, & k \geqslant 0 \\ 0, & k < 0 \end{cases}$$

试画出 $f[-k]$，$f[k-2]$，$f[-k+2]$，$f[-k-2]$ 的图形，并写出它们的函数表达式。

2-16　某离散时间信号 $f[k]$ 如图 2-53 所示，画出下列信号的波形。

(1) $f[k-2]$　　　　　(2) $f[3k]$　　　　　(3) $f[k]$ 的 3 倍内插

(4) $f[-k+2]$　　　　(5) $f[-3k+2]$　　　(6) $f[-k+2]$ 的 3 倍内插

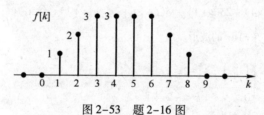

图 2-53　题 2-16 图

2-17　已知序列 $f[k] = [-1, -1, \overset{\downarrow}{0}, 1, 1]$，$x[k] = \left[\frac{1}{2}, \overset{\downarrow}{1}, \frac{3}{2}, 2\right]$，画出下列信号的波形。

(1) $y_1[k] = f[k] + x[k]$

(2) $y_2[k] = f[k]x[k]$

(3) $y_3[k] = f[2k] + x[2k-1]$

(4) $y_4[k] = f[k]x[-k]$

2-18　已知序列

$$f[k] = \begin{cases} e^{-\frac{k}{2}}, & k \geqslant 0 \\ 0, & k < 0 \end{cases}$$

试求　对 $2f[5k]$ 进行 3 倍内插后的序列 $y[k]$。

2-19　分别画出图 2-54 所示实信号的奇、偶分量。

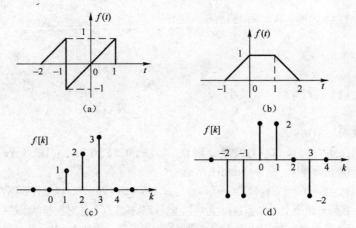

图 2-54 题 2-19 图

MATLAB 习题

M2-1 利用 MATLAB 实现下列连续时间信号。

(1) $f(t) = u(t)$，取 $t = 0 \sim 10$

(2) $f(t) = tu(t)$，取 $t = 0 \sim 10$

(3) $f(t) = 10e^{-t} - 5e^{-2t}$，取 $t = 0 \sim 5$

(4) $f(t) = \cos(100t) + \cos(3000t)$，取 $t = 0 \sim 0.2$

(5) $f(t) = 10 \left| \sin(100\pi t) \right|$，取 $t = 0 \sim 0.2$

(6) $f(t) = \text{Sa}(\pi t)\cos(20t)$，取 $t = 0 \sim 5$

(7) $f(t) = 4e^{-0.5t}\cos(\pi t)$，取 $t = 0 \sim 10$

M2-2 已知信号 $f_1(t)$ 和 $f_2(t)$ 如图 2-55 所示，试分别用 MATLAB 表示信号 $f_1(t)$、$f_2(t)$、$f_2(t)\cos(50t)$ 和 $f(t) = f_1(t) + f_2(t)\cos(50t)$，并画出波形，取 $t = 0$：$005 : 2.5$。

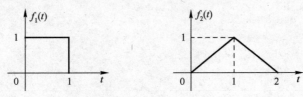

图 2-55 题 M2-2 图

M2-3 利用 tripuls 函数，画出图 2-56 所示的信号波形。

M2-4 （1）编写表示图 2-57 所示信号波形 $f(t)$ 的 MATLAB 函数。

（2）试画出 $f(t)$，$f(0.5t)$ 和 $f(2 - 0.5t)$ 的波形。

M2-5 画出图 2-58 所示信号的奇分量和偶分量。

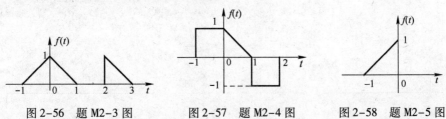

图 2-56 题 M2-3 图   图 2-57 题 M2-4 图   图 2-58 题 M2-5 图

M2-6 利用 MATLAB 实现下列离散时间信号。

(1) $f[k] = \delta[k]$

(2) $f[k] = 2\delta[k-1]$

(3) $f[k] = u[k]$

(4) $f[k] = u[k+2] - u[k-5]$

(5) $f[k] = ku[k]$

(6) $f[k] = 5(0.8)^k \cos(0.9\pi k)$

M2-7 画出离散正弦序列 $\sin(\Omega_0 k)$ 的波形，取 $\Omega_0 = 0.1\pi$, 0.5π, 0.9π, 1.1π, 1.5π, 1.9π。观察信号波形随 Ω_0 取值不同而变化的规律，从中得出什么结论？

M2-8 已知 $g_1(t) = \cos(6\pi t)$, $g_2(t) = \cos(14\pi t)$, $g_3(t) = \cos(26\pi t)$，以抽样频率 $f_{sam} = 10\,Hz$ 对上述三个信号进行抽样。在同一张图上画出 $g_1(t)$、$g_2(t)$、$g_3(t)$ 及抽样点，并对所得结果进行讨论。

M2-9 利用 square 函数画出图 2-59 所示的离散周期矩形序列，周期 $N = 10$，正、负脉冲比为 40%。

M2-10 (1) 用 stem 函数，画出图 2-60 所示的离散序列 $f[k]$。

(2) 画出序列 $f[k]$ 经 3 倍的抽样和 3 倍的内插后的波形。

(3) 画出序列 $f[k+2]$ 和序列 $f[k-4]$ 的波形。

(4) 利用 fliplr 函数实现序列 $f[-k]$，并画出序列的波形。

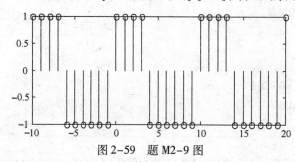

图 2-59 题 M2-9 图

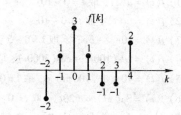

图 2-60 题 M2-10 图

第3章 系统的时域分析

内容提要：本章首先介绍了连续时间和离散时间线性时不变系统的数学模型及其特点。在此基础上，介绍了线性时不变系统响应的时域求解，主要包括系统的零输入响应、零状态响应的求解。通过分析基于信号表示的系统零状态响应，揭示了信号作用于线性时不变系统的机理，给出了输入、输出和系统之间的相互关系，以及系统的时域描述。最后介绍了卷积积分与卷积和的计算方法及其应用，以及利用 MATLAB 实现系统的时域分析。

3.1 线性时不变系统的描述及其特性

系统分析有两项任务，一是用数学语言描述待分析系统，建立系统的数学模型；二是分析信号作用于系统的机理。本节通过对几个简单系统的描述说明如何建立连续时间系统和离散时间系统的数学模型，以及介绍线性时不变系统的特点。

3.1.1 连续时间系统的数学描述

连续时间系统的种类多种多样，应用场合也各异，但描述连续时间系统的数学模型却是相似的，都可以用微分方程来描述。下面通过几个简单的连续时间系统说明连续时间系统数学模型的建立过程及其一般规律。

[**例3-1**] 如图 3-1 所示 RLC 电路，求电阻 R_2 两端的电压 $y(t)$ 与输入电压源 $f(t)$ 的关系。

解：设电路中两回路电流分别为 $i_1(t)$ 和 $i_2(t)$，列写回路电流方程求出电流 $i_2(t)$，再由元件 R_2 的伏安关系求出电压 $y(t)$。

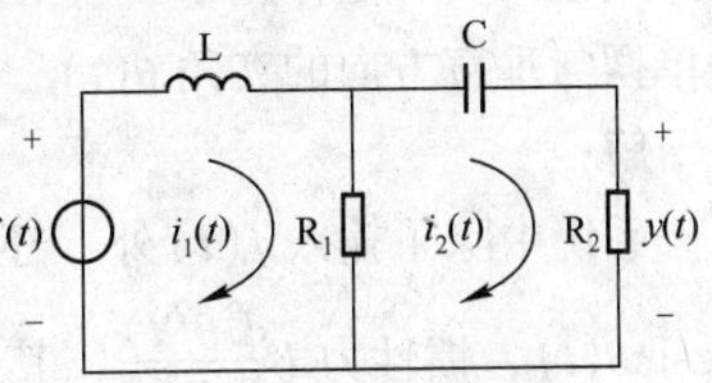

图 3-1 RLC 电路

根据 KVL 定律，$LCR_2f(t)$ 回路和 $LR_1f(t)$ 回路的回路方程为

$$L\frac{di_1(t)}{dt} + \frac{1}{C}\int_{-\infty}^{t} i_2(\tau)d\tau + R_2 i_2(t) = f(t) \qquad (3-1)$$

$$L\frac{di_1(t)}{dt} + R_1[i_1(t) - i_2(t)] = f(t) \qquad (3-2)$$

经整理后有

$$L\left(\frac{R_2}{R_1} + 1\right)\frac{d^2 i_2(t)}{dt^2} + \left(\frac{L}{R_1 C} + R_2\right)\frac{di_2(t)}{dt} + \frac{1}{C}i_2(t) = \frac{df(t)}{dt} \qquad (3-3)$$

将 $i_2(t) = \dfrac{1}{R_2}y(t)$ 代入式（3-3）中，即得输出电压 $y(t)$ 与输入电压源 $f(t)$ 的关系式

$$L\left(\frac{1}{R_1} + \frac{1}{R_2}\right)\frac{\mathrm{d}^2y(t)}{\mathrm{d}t^2} + \left(\frac{L}{R_1R_2C} + 1\right)\frac{\mathrm{d}y(t)}{\mathrm{d}t} + \frac{1}{R_2C}y(t) = \frac{\mathrm{d}f(t)}{\mathrm{d}t} \tag{3-4}$$

式（3-4）为常系数的线性微分方程，描述了此 RLC 电路的输入与输出之间的关系。

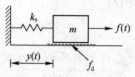

图 3-2　简单的力学系统

[**例 3-2**] 如图 3-2 所示为一个简单的力学系统。系统中物体质量为 m，弹簧的弹性系数为 k_s，物体与地面的摩擦系数为 f_d，物体在外力 $f(t)$ 作用下的位移为 $y(t)$。确定物体位移 $y(t)$ 与外力 $f(t)$ 的关系。

解： 在图示系统中除外力外，还存在三种类型的力影响物体的运动，它们分别是运动物体的惯性力、物体与地面的摩擦力和弹簧产生的恢复力。

根据牛顿第二定律，运动物体的惯性力等于质量乘以加速度，即

$$f_i(t) = m\frac{\mathrm{d}^2y(t)}{\mathrm{d}t^2}$$

物体与地面的摩擦力与速度成正比，即

$$f_f(t) = f_d\frac{\mathrm{d}y(t)}{\mathrm{d}t}$$

根据胡克（Hooke）定律，弹簧在弹性限度内产生的恢复力与位移成正比，即

$$f_k(t) = k_sy(t)$$

系统中的四种力是平衡的，由达朗贝尔（D'Alembert）原理即可得到输入与输出的关系

$$m\frac{\mathrm{d}^2y(t)}{\mathrm{d}t^2} + f_d\frac{\mathrm{d}y(t)}{\mathrm{d}t} + k_sy(t) = f(t) \tag{3-5}$$

式（3-5）为常系数的线性微分方程，描述了此力学系统的输入与输出之间的关系。

[**例 3-3**] 如图 3-3 所示是一个长度为 L 质量为 M 的单摆系统，其输入 $f(t)$ 是作用于 M 上沿运动切线方向的力，输出 $y(t)$ 是单摆与垂直方向的夹角 $\theta(t)$，试建立输入与输出的关系。

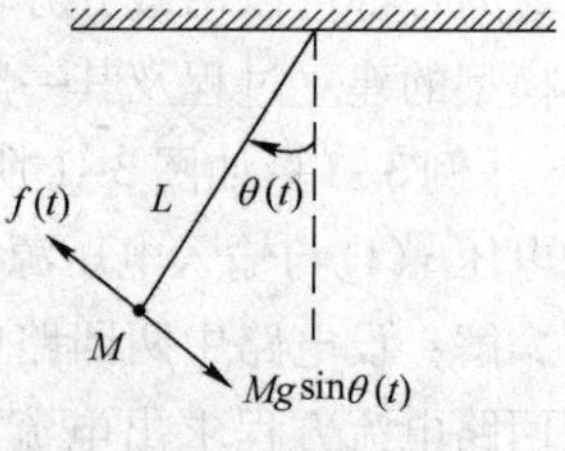

解：

系统中除了输入 $f(t)$ 外，还有重力在运动切线方向的分力 $Mg\sin\theta(t)$，惯性力 $I\dfrac{\mathrm{d}^2\theta(t)}{\mathrm{d}t^2}$，其中 g 是重力加速度，$I = M(L^2)$

图 3-3　单摆系统

是惯性动量。根据力学理论，输入与输出的关系可以用如下二阶微分方程描述

$$I\frac{\mathrm{d}^2\theta(t)}{\mathrm{d}t^2} + MgL\sin\theta(t) = Lf(t) \tag{3-6}$$

由于微分方程中含有 $\sin\theta(t)$ 项，所以式（3-6）是一个非线性微分方程。求解非线性方程往往是一项复杂的工作，但当 $\theta(t)$ 很小时，$\sin\theta(t) \approx \theta(t)$，式（3-6）可以近似用一个线性微分方程表示为

$$I\frac{\mathrm{d}^2\theta(t)}{\mathrm{d}t^2} + MgL\theta(t) = Lf(t) \tag{3-7}$$

式（3-7）称为系统的小信号模型。

比较上面几个例子中式（3-4）、式（3-5）和式（3-7）可以看出，虽然它们是不相同的物理系统，但描述系统输入输出关系的方程形式却相同。一个 n 阶线性连续系统可以用 n 阶线性微分方程描述，即

$$y^{(n)}(t) + a_{n-1}y^{(n-1)}(t) + \cdots + a_1 y'(t) + a_0 y(t)$$
$$= b_m f^{(m)}(t) + b_{m-1}f^{(m-1)}(t) + \cdots + b_1 f'(t) + b_0 f(t), \quad t > 0 \tag{3-8}$$

式中 $y^{(n)}(t)$ 表示 $y(t)$ 的 n 阶导数，$f^{(m)}(t)$ 表示 $f(t)$ 的 m 阶导数，a_i 与 b_j 为各项系数。

3.1.2　离散时间系统的数学描述

不同的离散时间系统也可以用相似的数学模型描述。下面通过几个简单的离散时间系统说明离散时间系统数学模型的建立过程及其一般规律。

[例3-4] 某人从当月起每月初到银行存款 $f[k]$ 元，月息 $r = 0.15\%$。设第 k 月初的总存款数为 $y[k]$ 元，试写出描述总存款数 $y[k]$ 与月存款数 $f[k]$ 关系的方程式。

解：

第 k 月初的总存款数为以下三项之和：

第 k 月初之前的总存款数 $y[k-1]$；

第 k 月初存入的款数 $f[k]$；

第 k 月初之前的利息 $ry[k-1]$。

所以　　　　　　　　　　$y[k] = (1+r)y[k-1] + f[k]$

即　　　　　　　　　　　$y[k] - 1.0015y[k-1] = f[k]$

此为一阶常系数的后向差分方程。

[例3-5] 一质点沿水平方向做直线运动，它在某一秒内所走的距离等于前一秒内所走的距离的 2 倍，试列出描述该质点行程的方程。

解： 这里行程是离散时间变量 k 的函数。设 $y[k]$ 表示质点在第 k 秒末的行程，$y[k+1]$ 表示质点在第 $k+1$ 秒末的行程，如图 3-4 所示。

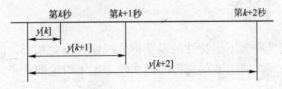

图 3-4　行程随离散时间变化示意图

根据题意，有

$$y[k+2] - y[k+1] = 2(y[k+1] - y[k])$$

即　　　　　　　　　　$y[k+2] - 3y[k+1] + 2y[k] = 0$

此为二阶常系数前向差分方程。

[例3-6] 已知信号中不仅包含有用信号，而且还混叠有噪声，试对信号进行滤波以滤除噪声信号。

解： 一种行之有效的方法是采用滑动平均系统对信号进行滤波处理。设 $f[k]$ 是含有噪声的离散信号，作为系统的输入信号，$y[k]$ 是经过系统处理后的输出信号。$M_1 + M_2 + 1$ 点

滑动平均系统的输入输出关系为

$$y[k] = \frac{1}{M_1 + M_2 + 1} \sum_{n=-M_1}^{M_2} f[k+n], \quad M_1 \geq 0, M_2 \geq 0$$

一个 n 阶离散时间线性系统可以用 n 阶线性差分方程描述。差分方程有前向差分方程和后向差分方程两种。n 阶离散时间系统的前向差分方程一般形式为

$$y[k+n] + a_{n-1}y[k+n-1] + \cdots + a_0 y[k]$$
$$= b_m f[k+m] + b_{m-1} f[k+m-1] + \cdots + b_0 f[k] \tag{3-9}$$

或简写成

$$\sum_{i=0}^{n} a_i y[k+i] = \sum_{j=0}^{m} b_j f[k+j] \tag{3-10}$$

其中 $a_i (i=0,1,2,\cdots,n)$，$b_j (j=0,1,2,\cdots,m)$ 为各项系数，$a_n=1$。

n 阶离散时间系统的后向差分方程一般形式为

$$y[k] + a_1 y[k-1] + \cdots + a_{n-1} y[k-n+1] + a_n y[k-n]$$
$$= b_0 f[k] + b_1 f[k-1] + \cdots + b_{m-1} f[k-m+1] + b_m f[k-m] \tag{3-11}$$

或简写成

$$\sum_{i=0}^{n} a_i y[k-i] = \sum_{j=0}^{m} b_j f[k-j] \tag{3-12}$$

其中 $a_i (i=0,1,2,\cdots,n)$，$b_j (j=0,1,2,\cdots,m)$ 为各项系数，$a_0=1$。

后向差分方程与前向差分方程并无本质差异，都可以描述离散时间线性系统。如例 3-5 质点运动行程的变化规律也可以用后向差分方程描述为

$$y[k] - y[k-1] = 2(y[k-1] - y[k-2])$$

即

$$y[k] - 3y[k-1] + 2y[k-2] = 0$$

但是，考虑到离散时间系统的输入、输出信号多为因果序列（$f[k]=0$，$y[k]=0$，$k<0$），故在实际系统分析中一般采用后向差分方程。

3.1.3 线性时不变系统

既具有线性特性又具有时不变特性的系统称为线性时不变系统，简称 LTI 系统。线性时不变的连续时间系统与线性时不变的离散时间系统是本书讨论的重点，它们也是系统理论的核心与基础。

1. 线性时不变系统的描述

根据以上分析可知，描述连续时间系统的数学模型是微分方程，描述离散时间系统的数学模型是差分方程。而描述连续时间 LTI 系统的数学模型是线性常系数的微分方程，描述离散时间 LTI 系统的数学模型是线性常系数的差分方程。

[例 3-7] 已知某连续时间线性系统的微分方程描述为

$$y'(t) + a(t)y(t) = bf(t) \tag{3-13}$$

其中 b 是常数，$a(t)$ 是时间变量的函数，试判断该系统是否为时不变系统。

解：设 $r(t)$ 是系统在零初始状态下，由激励信号 $s(t)$ 作用下产生的响应。因此 $r(t)$ 和

$s(t)$ 满足微分方程（3-13），即

$$r'(t) + a(t)r(t) = bs(t) \tag{3-14}$$

将式（3-14）中的 t 用 $t-t_0$ 代替，有

$$r'(t-t_0) + a(t-t_0)r(t-t_0) = bs(t-t_0) \tag{3-15}$$

令 $\beta(t)$ 为时移输入信号 $s(t-t_0)$ 作用下产生的响应，根据式（3-14）定义的输入与输出的关系，有

$$\beta'(t) + a(t)\beta(t) = bs(t-t_0) \tag{3-16}$$

比较式（3-15）和式（3-16）可以看出，如果 $a(t) = a(t-t_0)$，那么 $\beta(t) = r(t-t_0)$。要使 t_0 为任意值时 $a(t) = a(t-t_0)$ 成立，$a(t)$ 必须是常数。也就是说，只有当微分方程的系数 $a(t)$ 为常数时，式（3-13）描述的系统才是时不变系统。

这个结论虽然是从一阶系统推导而得，但对 n 阶系统同样成立，即 n 阶连续时间 LTI 系统由 n 阶常系数线性微分方程描述，其一般形式为

$$y^{(n)}(t) + a_{n-1}y^{(n-1)}(t) + \cdots + a_1y'(t) + a_0y(t)$$
$$= b_mf^{(m)}(t) + b_{m-1}f^{(m-1)}(t) + \cdots + b_1f'(t) + b_0f(t), \quad t > 0 \tag{3-17}$$

式中 $a_0, a_1, \cdots, a_{n-1}$ 与 $b_0, b_1, \cdots, b_m$ 为常数。

对于离散时间系统也有同样的结论，n 阶离散时间 LTI 系统由 n 阶常系数线性差分方程描述。若用后向差分方程表示，其一般形式为：

$$\sum_{i=0}^{n} a_i y[k-i] = \sum_{j=0}^{m} b_j f[k-j] \tag{3-18}$$

式中 $a_i(i = 1, 2, \cdots, n)$，$b_j(j = 1, 2, \cdots, m)$ 都是常数，$a_0 = 1$。

需要说明的是，若使常系数线性微分方程描述的连续时间系统是时不变系统，还需加上 IR（initial rest）条件。设 $f(t)$ 和 $y(t)$ 分别表示系统的输入和输出，若 $t < t_0$，$f(t) = 0$ 时，有 $t < t_0$，$y(t) = 0$，则称该系统满足 IR 条件。同样，常系数线性差分方程描述的离散时间系统在满足 IR 时才是时不变系统。

2. 线性时不变系统的特性

线性时不变系统因为具有线性特性和时不变特性，因此具有以下特性。

1）微分特性与差分特性

对于连续时间 LTI 系统满足如下微分特性

若
$$T\{f(t)\} = y(t)$$

则有
$$T\left\{\frac{\mathrm{d}f(t)}{\mathrm{d}t}\right\} = \frac{\mathrm{d}y(t)}{\mathrm{d}t} \tag{3-19}$$

证明：
$$T\left[\frac{\mathrm{d}f(t)}{\mathrm{d}t}\right] = T\left[\lim_{\Delta \to 0}\frac{f(t+\Delta) - f(t)}{\Delta}\right] \xlongequal{线性} \lim_{\Delta \to 0}\frac{T[f(t+\Delta)] - T[f(t)]}{\Delta} \xlongequal{时不变}$$

$$\lim_{\Delta \to 0}\frac{y(t+\Delta) - y(t)}{\Delta} = \frac{\mathrm{d}y(t)}{\mathrm{d}t}$$

这表明，若系统的输入是原激励信号 $f(t)$ 的导数 $\dfrac{\mathrm{d}f(t)}{\mathrm{d}t}$，则系统的输出也是原响应 $y(t)$ 的导数 $\dfrac{\mathrm{d}y(t)}{\mathrm{d}t}$。此结论可以推广到高阶导数。

对于离散时间 LTI 系统，若系统在激励信号 $f[k]$ 作用下产生的响应为 $y[k]$，则系统在 $f[k]$ 一阶差分作用下产生的响应为 $y[k]$ 的一阶差分。即

若
$$T\{f[k]\} = y[k]$$

则有
$$T\{f[k] - f[k-1]\} = y[k] - y[k-1] \tag{3-20}$$

此结论同样可以推广到高阶差分。

2）积分特性与求和特性

对于连续时间 LTI 系统，若系统的输入信号是原激励信号的积分，则系统的响应也是原响应的积分。可以表示为

若
$$T\{f(t)\} = y(t)$$

则有
$$T\left\{\int_{-\infty}^{t} f(\tau)\mathrm{d}\tau\right\} = \int_{-\infty}^{t} y(\tau)\mathrm{d}\tau \tag{3-21}$$

对于离散时间 LTI 系统，也有类似的结论，即

若
$$T\{f[k]\} = y[k]$$

则有
$$T\left\{\sum_{n=-\infty}^{k} f[n]\right\} = \sum_{n=-\infty}^{k} y[n] \tag{3-22}$$

也就是说，若系统的输入信号是原激励信号求和，则系统的响应也是原响应求和。

3.2　连续时间 LTI 系统的响应

信号与系统分析的主要内容是研究信号的表示，以及基于信号表示的系统描述。通过分析信号通过系统的响应，揭示信号作用于系统的内在机理，从而为信号的分析和处理奠定理论基础。连续时间 LTI 系统的数学模型是常系数线性微分方程，为了分析信号通过连续时间 LTI 系统的响应，可以采用经典的微分方程求解方法，也可以利用线性特性将系统的响应分为零状态响应和零输入响应。对于由系统初始状态产生的零输入响应，通过求解齐次微分方程得到。对于与系统外部输入激励有关的零状态响应的求解，则通过基于信号表示的卷积积分的方法来求解。

3.2.1　经典时域分析方法

经典的时域分析方法，是根据高等数学中介绍的微分方程求解方法得到系统的输出。微分方程的全解就是系统的完全响应，由齐次解 $y_\mathrm{h}(t)$ 和特解 $y_\mathrm{p}(t)$ 组成，即
$$y(t) = y_\mathrm{h}(t) + y_\mathrm{p}(t)$$

齐次解是齐次微分方程
$$y^{(n)}(t) + a_{n-1}y^{(n-1)}(t) + \cdots + a_1 y'(t) + a_0 y(t) = 0 \tag{3-23}$$
的解，它的基本形式为 Ke^{st}。将 Ke^{st} 代入式（3-23）可得
$$Ks^n e^{st} + Ka_{n-1}s^{n-1}e^{st} + \cdots + Ka_1 se^{st} + Ka_0 e^{st} = 0$$

整理后得
$$Ke^{st}(s^n + a_{n-1}s^{n-1} + \cdots + a_1 s + a_0) = 0$$

因此有
$$s^n + a_{n-1}s^{n-1} + \cdots + a_1 s + a_0 = 0$$

上式称为微分方程对应的特征方程。

解特征方程可求得特征根 $s_i(i=1,2,\cdots,n)$，由特征根可写出齐次解的形式如下。

① 当特征根是不等实根 $s_1,s_2,\cdots,s_n$ 时，

$$y_h(t) = K_1 e^{s_1 t} + K_2 e^{s_2 t} + \cdots + K_n e^{s_n t} \tag{3-24}$$

② 当特征根是相等实根 $s_1 = s_2 = \cdots = s_n = s$ 时，

$$y_h(t) = K_1 e^{st} + K_2 t e^{st} + \cdots + K_n t^{n-1} e^{st} \tag{3-25}$$

③ 当特征根是成对共轭复根 $s_1 = \sigma_1 \pm j\omega_1, s_2 = \sigma_2 \pm j\omega_2, \cdots, s_l = \sigma_l \pm j\omega_l(l=n/2)$ 时，

$$y_h(t) = e^{\sigma_1 t}(K_1 \cos\omega_1 t + K_2 \sin\omega_1 t) + \cdots + e^{\sigma_l t}(K_{n-1}\cos\omega_l t + K_n \sin\omega_l t) \tag{3-26}$$

式（3-24）~（3-26）中的 K_i 为待定系数，由初始条件确定。

特解的形式与激励信号的形式有关。将特解与激励信号代入原微分方程，求出特解表示式中的待定系数，即得特解。常用激励信号所对应的特解如表 3-1 所示。

表 3-1 常用激励信号对应的特解

输入信号 $f(t)$	特解 $y_p(t)$	输入信号 $f(t)$	特解 $y_p(t)$
K	A	Ke^{-at}（特征根 $s=-a$）	Ate^{-at}
Kt	$A+Bt$	$K\sin\omega_0 t$ 或 $K\cos\omega_0 t$	$A\sin\omega_0 t + B\cos\omega_0 t$
Ke^{-at}（特征根 $s \neq -a$）	Ae^{-at}	$Ke^{-at}\sin\omega_0 t$ 或 $Ke^{-at}\cos\omega_0 t$	$Ae^{-at}\sin\omega_0 t + Be^{-at}\cos\omega_0 t$

得到齐次解的表示式和特解后，将两者相加可得全解的表示式。利用已知的 n 个初始条件 $y(0^+), y'(0^+), y''(0^+), \cdots, y^{(n-1)}(0^+)$，即可求得齐次解表示式中的待定系数，从而得到微分方程的全解。下面通过例题来说明经典时域分析方法。

[例 3-8] 已知描述某二阶连续时间 LTI 系统的微分方程为

$$y''(t) + 6y'(t) + 8y(t) = f(t), \quad t>0$$

初始条件 $y(0^+)=1$，$y'(0^+)=2$，输入信号 $f(t) = e^{-t}u(t)$，求系统的完全响应 $y(t)$。

解：（1）求齐次方程 $y''(t) + 6y'(t) + 8y(t) = 0$ 的齐次解 $y_h(t)$。

特征方程为

$$s^2 + 6s + 8 = 0$$

解特征方程，得特征根为

$$s_1 = -2, \quad s_2 = -4$$

故齐次解 $y_h(t)$ 为

$$y_h(t) = Ae^{-2t} + Be^{-4t}$$

（2）求微分方程 $y''(t) + 6y'(t) + 8y(t) = f(t)$ 的特解 $y_p(t)$。

由输入 $f(t)$ 的形式，设方程的特解为。

$$y_p(t) = Ce^{-t}$$

将设定的特解代入原微分方程即可求得常数 $C=1/3$，从而获得方程的特解为

$$y_p(t) = (1/3)e^{-t}$$

（3）求微分方程的全解 $y(t)$。

全解的表示式为

$$y(t) = y_h(t) + y_p(t) = Ae^{-2t} + Be^{-4t} + \frac{1}{3}e^{-t}$$

由初始条件确定 $y(t)$ 中的待定系数 A 和 B，

$$y(0^+) = A + B + \frac{1}{3} = 1$$

$$y'(0^+) = -2A - 4B - \frac{1}{3} = 2$$

解上述方程即可求得 $A = 5/2$，$B = -11/6$，微分方程的全解即为系统的完全响应

$$y(t) = \frac{5}{2}e^{-2t} - \frac{11}{6}e^{-4t} + \frac{1}{3}e^{-t}, \quad t \geqslant 0$$

[例3-9] 对于例3-8所述系统，若输入信号 $f(t) = \sin t u(t)$，求系统的完全响应 $y(t)$。

解： （1）求齐次解 $y_h(t)$。

系统特征根仍为

$$s_1 = -2, s_2 = -4$$

故齐次解 $y_h(t)$ 的形式依然是

$$y_h(t) = Ae^{-2t} + Be^{-4t}$$

（2）求特解 $y_p(t)$。

因为激励信号是正弦信号，故设方程的特解为

$$y_p(t) = C\sin t + D\cos t$$

将特解代入原微分方程即可求得常数 $C = 0.08$，$D = -0.07$，从而可得方程的特解为

$$y_p(t) = 0.08\sin t - 0.07\cos t$$

（3）由初始条件确定 $y(t) = y_h(t) + y_p(t)$ 中的未知数，即可得微分方程的全解为

$$y(t) = 3.1e^{-2t} - 2.03e^{-4t} + 0.08\sin t - 0.07\cos t, \quad t \geqslant 0$$

从上面例题可以看出，常系数线性微分方程的全解由齐次解和特解组成。齐次解的形式与系统的特征根有关，仅依赖于系统本身的特性，而与激励信号的形式无关，因此称为系统的固有响应。而特解的形式是由激励信号确定的，称为强迫响应。系统的响应还可分解为暂态响应和稳态响应。暂态响应是指系统完全响应中随着时间的增加而衰减趋于零的分量。稳态响应是指系统完全响应中不随时间的增加而衰减趋于零的分量。如例3-9中输入是正弦信号，系统的响应中第一项和第二项随着时间的增加将衰减趋于零，故为暂态响应，而后两项不随时间的增加而衰减趋于零，故为稳态响应。

在采用经典法分析系统响应时，具有局限性。若描述系统的微分方程中激励信号较复杂，则难以设定相应的特解形式；若激励信号发生变化，则系统响应需全部重新求解；若初始条件发生变化，则系统响应也要全部重新求解。此外，经典法是一种纯数学方法，无法突出系统响应的物理概念。

在系统的时域分析方法中可以将系统的初始状态也作为一种输入激励，这样，根据系统的线性特性，可将系统的响应看作是初始状态与输入激励分别单独作用于系统而产生的响应叠加。其中，由初始状态单独作用于系统产生的输出称为零输入响应，记作 $y_x(t)$；而由输入激励单独作用于系统产生的输出称为零状态响应，记作 $y_f(t)$。因此，系统的完全响应 $y(t)$ 为

$$y(t) = y_x(t) + y_f(t), \quad t \geqslant 0 \tag{3-27}$$

3.2.2　连续时间 LTI 系统的零输入响应

系统的零输入响应是输入信号为零，仅由系统的初始状态单独作用于系统而产生的输出响应。值得注意的是，系统的初始状态 $y(0^-), y'(0^-), \cdots, y^{(n-1)}(0^-)$ 是指系统在没有外部

激励时系统的固有状态；反映的是系统以往的历史信息。而经典法中的 $y(0^+), y'(0^+), \cdots,$ $y^{(n-1)}(0^+)$ 是指 $t=0$ 时刻加入激励信号后系统的初始条件。若系统在加入激励信号的瞬间出现跃变，则初始条件 $y(0^+), y'(0^+), \cdots, y^{(n-1)}(0^+)$ 不等于初始状态 $y(0^-), y'(0^-), \cdots,$ $y^{(n-1)}(0^-)$。下面通过例题具体说明系统的零输入响应的求解过程。

[**例 3-10**] 已知描述某连续时间 LTI 系统的微分方程为

$$y''(t) + 5y'(t) + 6y(t) = f(t), \quad t \geq 0$$

初始状态 $y(0^-) = 1$，$y'(0^-) = 2$，输入信号 $f(t) = e^{-t}u(t)$，求系统的零输入响应 $y_x(t)$。

解： 由系统的特征方程 $s^2 + 5s + 6 = 0$ 可得特征根为

$$s_1 = -2, \quad s_2 = -3 (两不等实根)，$$

故系统的零输入响应 $y_x(t)$ 的形式为

$$y_x(t) = K_1 e^{-2t} + K_2 e^{-3t}, \quad t \geq 0^-$$

代入初始状态 $y(0^-)$，$y'(0^-)$，有

$$y(0^-) = y_x(0^-) = K_1 + K_2 = 1$$

$$y'(0^-) = y_x'(0^-) = -2K_1 - 3K_2 = 2$$

解得 $K_1 = 5$，$K_2 = -4$。因此系统的零输入响应为

$$y_x(t) = 5e^{-2t} - 4e^{-3t}, \quad t \geq 0^-$$

若系统是以具体电路形式给出，则需要根据电路结构与元件参数，先求出描述该电路输入输出关系的微分方程，然后再利用上述方法计算电路的零输入响应。

[**例 3-11**] 已知图 3-5 所示 RLC 电路，$R = 2\,\Omega$，$L = (1/2)\mathrm{H}$，$C = (1/2)\mathrm{F}$，电容上的初始储能为 $v_C(0^-) = 1\mathrm{V}$，电感上的初始储能为 $i_L(0^-) = 1\mathrm{A}$，试求输入激励 $f(t)$ 为零时的电容电压 $v_C(t)$。

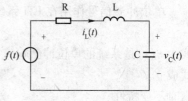

图 3-5 RLC 串联电路

解： 根据基尔霍夫电压定律（KVL），由电路列出电容电压 $v_C(t)$ 的动态方程如下：

$$v_R(t) + v_C(t) + v_L(t) = f(t)$$

即有

$$LC v_C''(t) + RC v_C'(t) + v_C(t) = f(t)$$

代入 R、L、C 元件参数值并化简得

$$v_C''(t) + 4v_C'(t) + 4v_C(t) = 4f(t), \quad t \geq 0$$

此为一个二阶系统，系统的特征根为 $s_1 = s_2 = -2$，为两个相等的实根，故零输入响应 $v_C(t)$ 的形式为

$$v_C(t) = (K_1 + K_2 t)e^{-2t}, \quad t \geq 0^-$$

确定 $v_C(t)$ 中的待定系数需要知道 $v_C(0^-)$ 和 $v_C'(0^-)$ 两个初始状态。已知 $v_C(0^-)$ 和 $i_L(0^-)$，由电容元件的伏安关系

$$v_C(t) = \frac{1}{C} \int_{-\infty}^{t} i_L(\tau)\,\mathrm{d}\tau$$

可得

$$v_C'(t) = \frac{1}{C} i_L(t)$$

故有

$$v_C'(0^-) = \frac{1}{C} i_L(0^-) = 2\,\mathrm{V}$$

代入初始状态 $v_C(0^-)$ 和 $v'_C(0^-)$，有

$$v_C(0^-) = K_1 = 1, \quad v'_C(0^-) = -2K_1 + K_2 = 2$$

解得 $K_1 = 1$，$K_2 = 4$，故该电路的零输入响应 $v_C(t)$ 为

$$v_C(t) = (1 + 4t)e^{-2t}, \quad t \geq 0^-$$

3.2.3 连续时间 LTI 系统的零状态响应

连续时间 LTI 系统的零状态响应是当系统的初始状态为零时，由外部激励 $f(t)$ 作用于系统而产生的系统响应，用 $y_f(t)$ 表示。对于线性时不变系统，基于信号表示求解系统零状态响应 $y_f(t)$ 的基本方法是，将任意信号 $f(t)$ 表示为单位冲激信号的线性组合，通过计算单位冲激信号作用在系统上的零状态响应，然后利用线性时不变系统的特性，从而解得系统在 $f(t)$ 激励下的零状态响应。

根据连续时间信号的时域表示，由式（2-100）可得

$$f(t) = \lim_{\Delta \to 0} \sum_{k=-\infty}^{+\infty} f(k\Delta)\delta(t - k\Delta)\Delta$$

即任意信号 $f(t)$ 可以表示为无限多个冲激信号的叠加。不同的信号 $f(t)$ 只是冲激信号 $\delta(t - k\Delta)$ 前的系数 $f(k\Delta)$ 不同。这样，任意信号 $f(t)$ 作用于 LTI 系统产生的零状态响应 $y_f(t)$ 可由冲激 $\delta(t - k\Delta)$ 产生的响应叠加而成。

单位冲激信号作用在 LTI 系统上的零状态响应称为系统的单位冲激响应，用符号表示为

$$T\{\delta(t)\} = h(t)$$

式中 $h(t)$ 是系统的单位冲激响应（常简称为冲激响应）。对于线性时不变系统，有下列关系式成立。

由时不变特性

$$T\{\delta(t - k\Delta)\} = h(t - k\Delta)$$

由线性特性的均匀性

$$T\{f(k\Delta) \cdot \delta(t - k\Delta)\Delta\} = f(k\Delta) \cdot h(t - k\Delta)\Delta$$

再由线性特性的叠加性

$$T\{\sum_{k=-\infty}^{+\infty} f(k\Delta) \cdot \delta(t - k\Delta)\Delta\} = \sum_{k=-\infty}^{+\infty} f(k\Delta) \cdot h(t - k\Delta)\Delta$$

当 $\Delta \to 0$ 时，上式可写成

$$T\left\{\int_{-\infty}^{+\infty} f(\tau) \cdot \delta(t - \tau)d\tau\right\} = \int_{-\infty}^{+\infty} f(\tau) \cdot h(t - \tau)d\tau$$

连续时间 LTI 系统零状态响应 $y_f(t)$ 等于输入激励 $f(t)$ 与系统的单位冲激响应 $h(t)$ 的卷积积分，即

$$y_f(t) = \int_{-\infty}^{+\infty} f(\tau) \cdot h(t - \tau)d\tau = f(t) * h(t) \tag{3-28}$$

式（3-28）揭示了信号作用于连续时间 LTI 系统的内在机理，给出了系统输入、系统输出、系统单位冲激响应三者之间的相互关系。由此可见，求解零状态响应 $y_f(t)$ 首先需要分析系统的冲激响应 $h(t)$，然后经过卷积计算即可得到系统的零状态响应。

3.3 连续时间 LTI 系统的单位冲激响应

单位冲激响应定义为在连续时间 LTI 系统初始状态为零的条件下，以单位冲激信号 $\delta(t)$ 激励系统所产生的输出响应，以符号 $h(t)$ 表示，如图 3-6 所示。单位冲激响应 $h(t)$ 是连续 LTI 系统的时域描述，其反映了连续 LTI 系统的时域特性。

图 3-6　连续时间 LTI 系统的单位冲激响应

由于单位冲激响应 $h(t)$ 要求系统在零状态条件下，且输入激励为单位冲激信号 $\delta(t)$，因而冲激响应 $h(t)$ 仅取决于系统的内部结构及其元件参数。也就是说，不同结构和元件参数的系统，将具有不同的冲激响应。因此，冲激响应 $h(t)$ 可以表征系统本身的特性，不同的系统就会有不同的冲激响应 $h(t)$。另外，冲激响应 $h(t)$ 在求解系统的零状态响应 $y_f(t)$ 中起着十分重要的作用。因此，对冲激响应 $h(t)$ 的分析是系统分析中十分重要的问题。描述连续时间 LTI 系统的微分方程为常系数微分方程，由于冲激响应是单位冲激信号 $\delta(t)$ 作用于系统的零状态响应，因此系统冲激响应 $h(t)$ 满足微分方程

$$h^{(n)}(t) + a_{n-1}h^{(n-1)}(t) + \cdots + a_1 h'(t) + a_0 h(t)$$
$$= b_m \delta^{(m)}(t) + b_{m-1}\delta^{(m-1)}(t) + \cdots + b_1 \delta'(t) + b_0 \delta(t) \tag{3-29}$$

且初始状态 $h^{(i)}(0^-) = 0, (i = 0, 1, \cdots, n-1)$。

由于 $\delta(t)$ 及其各阶导数在 $t \geq 0^+$ 时都等于零，因此式（3-29）右端各项在 $t \geq 0^+$ 时恒等于零，这时式（3-29）成为齐次方程，这样冲激响应 $h(t)$ 的形式应与微分方程齐次解的形式相同。在 $n > m$ 时，$h(t)$ 可以表示为

$$h(t) = \left(\sum_{i=1}^{n} K_i e^{s_i t} \right) u(t) \tag{3-30}$$

式中的待定系数 $K_i (i = 1, 2, \cdots, n)$ 可以采用冲激平衡法确定，即将式（3-30）代入式（3-29）中，为保持系统对应的微分方程式恒等，方程式两边所具有的冲激信号及其高阶导数必须相等，根据此规则即可求得系统的冲激响应 $h(t)$ 中的待定系数。在 $n \leq m$ 时，要使方程式两边的冲激信号及其高阶导数相等，则 $h(t)$ 表示式中还应含有 $\delta(t)$ 及其相应阶的导数 $\delta^{(m-n)}(t), \delta^{(m-n-1)}(t), \cdots, \delta'(t)$ 等项。下面举例说明冲激响应的求解。

［例 3-12］已知描述某连续时间 LTI 系统的微分方程为

$$\frac{dy(t)}{dt} + 3y(t) = 2f(t), \quad t \geq 0$$

试求该系统的冲激响应 $h(t)$。

解： 根据系统冲激响应 $h(t)$ 的定义，当 $f(t) = \delta(t)$ 时，$y(t)$ 即为 $h(t)$，代入原微分方程为

$$\frac{dh(t)}{dt} + 3h(t) = 2\delta(t), \quad t \geq 0$$

由于该微分方程的特征根 $s_1 = -3$，且满足 $n > m$，因此冲激响应 $h(t)$ 的形式为

$$h(t) = Ae^{-3t}u(t)$$

式中，A 为待定系数，将 $h(t)$ 代入原微分方程有

$$\frac{\mathrm{d}}{\mathrm{d}t}\left[Ae^{-3t}u(t)\right] + 3Ae^{-3t}u(t) = 2\delta(t)$$

即

$$Ae^{-3t}\delta(t) - 3Ae^{-3t}u(t) + 3Ae^{-3t}u(t) = 2\delta(t)$$

$$A\delta(t) = 2\delta(t)$$

解得 $A = 2$。因此可得系统的冲激响应为

$$h(t) = 2e^{-3t}u(t)$$

在例 3–12 中，利用了阶跃信号 $u(t)$ 与冲激信号 $\delta(t)$ 的微积分关系。即只要 $h(t)$ 中含有 $u(t)$，则 $h'(t)$ 中必含有 $\delta(t)$，$h''(t)$ 中必含有 $\delta'(t)$，依此类推。此外，在对 $Ae^{st}u(t)$ 进行求导时，必须按两个函数乘积的导数公式进行。即

$$\left[f(t)g(t)\right]' = f'(t)g(t) + f(t)g'(t)$$

求导后，对含有 $\delta(t)$ 的项利用冲激信号的筛选特性进行化简，即

$$f(t)\delta(t) = f(0)\delta(t)$$

[**例 3–13**] 已知描述某连续时间 LTI 系统的微分方程为

$$\frac{\mathrm{d}y(t)}{\mathrm{d}t} + 6y(t) = 3\frac{\mathrm{d}f(t)}{\mathrm{d}t} + 2f(t), \quad t \geq 0$$

试求系统的冲激响应 $h(t)$。

解： 根据系统冲激响应 $h(t)$ 的定义，当 $f(t) = \delta(t)$ 时，$y(t)$ 即为 $h(t)$，即原微分方程式为

$$h'(t) + 6h(t) = 3\delta'(t) + 2\delta(t), \quad t \geq 0$$

由于微分方程的特征根 $s_1 = -6$，且 $n = m$，为了保持微分方程的左右平衡，冲激响应 $h(t)$ 必含有 $\delta(t)$ 项，因此冲激响应 $h(t)$ 的形式为

$$h(t) = Ae^{-6t}u(t) + B\delta(t)$$

式中，A, B 为待定系数，将 $h(t)$ 代入原微分方程有

$$\frac{\mathrm{d}}{\mathrm{d}t}\left[Ae^{-6t}u(t) + B\delta(t)\right] + 6\left[Ae^{-6t}u(t) + B\delta(t)\right] = 3\delta'(t) + 2\delta(t)$$

即

$$(A + 6B)\delta(t) + B\delta'(t) = 2\delta(t) + 3\delta'(t)$$

$$\begin{cases} A + 6B = 2 \\ B = 3 \end{cases}$$

解得 $A = -16$，$B = 3$。因此可得系统的冲激响应为

$$h(t) = 3\delta(t) - 16e^{-6t}u(t)$$

从以上例题可以看出，冲激响应 $h(t)$ 中是否含有冲激信号 $\delta(t)$ 及其高阶导数，是通过观察微分方程右边的 $\delta(t)$ 的导数最高次与微分方程左边 $h(t)$ 的导数最高次来决定。对于 $h(t)$ 中的含 $u(t)$ 项，其形式由特征方程的特征根来决定，其设定形式与零输入响应的设定方式相同，即将特征根分为不等根、重根、共轭复根等几种情况分别设定。

3.4 卷积积分

通过分析连续时间 LTI 系统的零状态响应，我们得到了连续时间 LTI 系统的输出等于系统输入与系统冲激响应的卷积积分。因此，卷积积分在时域分析中是非常重要的运算，下面

详细介绍卷积积分的计算及其性质。

3.4.1 卷积的计算

对于两个信号 $f(t)$ 和 $h(t)$，两者的卷积运算定义为

$$y(t) = f(t) * h(t) = \int_{-\infty}^{\infty} f(\tau) h(t-\tau) \mathrm{d}\tau \qquad (3-31)$$

计算两个信号的卷积可以利用定义式直接计算，也可以利用图解的方法计算。利用图形可以把抽象的概念形象化，更直观地理解卷积的计算过程，下面先介绍卷积的图形计算。

根据卷积积分的定义，积分变量为 τ。$h(t-\tau)$ 说明 $h(\tau)$ 有翻转和平移的过程，将 $f(\tau)$ 与 $h(t-\tau)$ 相乘，对其乘积结果积分即可计算出卷积的结果。利用图形计算卷积步骤如下。

① 将 $f(t)$，$h(t)$ 中的自变量由 t 改为 τ，τ 成为函数的自变量。

② 将其中一个信号翻转，如将 $h(\tau)$ 翻转得 $h(-\tau)$。

③ 将 $h(-\tau)$ 平移 t，成为 $h(t-\tau)$，t 是参变量。$t>0$ 时，图形右移；$t<0$ 时，图形左移。

④ 将 $f(\tau)$ 与 $h(t-\tau)$ 相乘。

⑤ 对乘积后的图形积分。

[例 3-14] 已知信号 $f(t) = \mathrm{e}^{-t}u(t)$ 和 $h(t) = u(t)$，计算其卷积 $y(t) = f(t) * h(t)$。

解：

（1）将信号的自变量由 t 改为 τ，如图 3-7（a）和图 3-7（b）所示；

（2）将 $h(\tau)$ 翻转得 $h(-\tau)$，如图 3-7（c）所示；

（3）将 $h(-\tau)$ 平移 t，根据 $f(\tau)$ 与 $h(t-\tau)$ 的重叠情况，分段讨论：

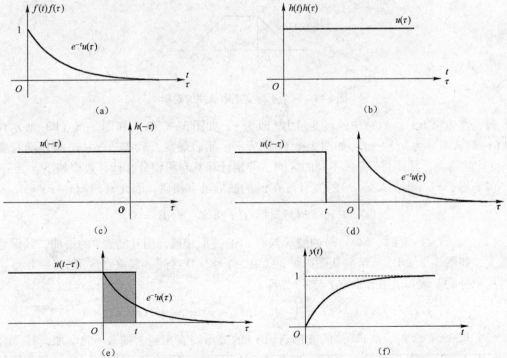

图 3-7 指数信号与阶跃信号的卷积

当 $t<0$ 时，$f(\tau)$ 与 $h(t-\tau)$ 图形没有相遇，如图 3-7（d）所示

$$y(t) = f(t) * h(t) = \int_{-\infty}^{+\infty} f(\tau)h(t-\tau)\mathrm{d}\tau = 0$$

当 $t>0$ 时，$f(\tau)$ 与 $h(t-\tau)$ 图形相遇，而且随着 t 的增加，其重合区间增大，两个信号的重合区间为 $(0,t)$，如图 3-7（e）所示，故

$$y(t) = f(t) * h(t) = \int_{-\infty}^{+\infty} f(\tau)h(t-\tau)\mathrm{d}\tau = \int_0^t \mathrm{e}^{-\tau}\mathrm{d}\tau = 1 - \mathrm{e}^{-t}, \quad t>0$$

卷积结果如图 3-7（f）所示。

[**例 3-15**] 已知矩形信号 $f(t)=p_2(t)$ 和 $h(t)=p_1(t-0.5)$ 的波形如图 3-8（a）和图 3-8（b）所示，计算其卷积 $y(t)=f(t)*h(t)$。

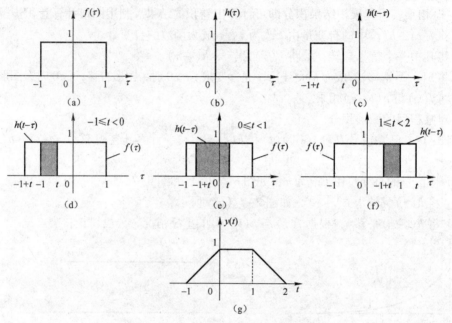

图 3-8　两个不等宽矩形脉冲的卷积

解： 首先将 $f(t)$、$h(t)$ 中的自变量由 t 改为 τ，如图 3-8（a）和图 3-8（b）所示，再将 $h(\tau)$ 翻转平移为 $h(t-\tau)$，如图 3-8（c）所示。然后观察 $f(\tau)$ 与 $h(t-\tau)$ 乘积随着参变量 t 变化的情况，从而将 t 分成不同的区间，分别计算其卷积积分，计算过程如下。

（1）当 $t<-1$ 时，$h(t-\tau)$ 的波形与 $f(\tau)$ 的波形没有相遇，因此 $f(\tau)h(t-\tau)=0$，故

$$y(t) = f(t) * h(t) = \int_{-\infty}^{+\infty} f(\tau)h(t-\tau)\mathrm{d}\tau = 0$$

（2）当 $-1\le t<0$ 时，$h(t-\tau)$ 的波形与 $f(\tau)$ 的波形相遇，而且随着 t 的增加，其重合区间增大，如图 3-8（d）所示。从图中可见，在 $-1\le t<0$ 区间，其重合区间为 $(-1,t)$。因此卷积积分的上限和下限分别取 t 与 -1，即有

$$y(t) = f(t) * h(t) = \int_{-\infty}^{+\infty} f(\tau)h(t-\tau)\mathrm{d}\tau = \int_{-1}^t 1\mathrm{d}\tau = t+1$$

（3）当 $0\le t<1$ 时，$h(t-\tau)$ 的波形与 $f(\tau)$ 的波形一直相遇，随着 t 的增加，其重合区间的长度不变，如图 3-8（e）所示。在 $0\le t<1$ 区间，其重合区间为 $(-1+t,t)$，且仍是 $f(\tau)=1$，$h(t-\tau)=1$。因此卷积积分的上限和下限分别取 t 与 $-1+t$，即有

$$y(t) = f(t) * h(t) = \int_{-\infty}^{+\infty} f(\tau) h(t-\tau) \mathrm{d}\tau = \int_{-1+t}^{t} 1 \mathrm{d}\tau = 1$$

（4）当 $1 \leqslant t < 2$ 时，$h(t-\tau)$ 的波形与 $f(\tau)$ 的波形继续相遇，但随着 t 的增加，其重合区间逐渐减小，如图 3-8（f）所示。在 $1 \leqslant t < 2$ 区间，其重合区间为 $(-1+t, 1)$，因此卷积积分的上限和下限分别取 1 与 $-1+t$，即有

$$y(t) = f(t) * h(t) = \int_{-\infty}^{+\infty} f(\tau) \cdot h(t-\tau) \mathrm{d}\tau = \int_{-1+t}^{1} 1 \mathrm{d}\tau = 2-t$$

（5）当 $t \geqslant 2$ 时，$h(t-\tau)$ 的波形与 $f(\tau)$ 的波形又不再相遇。此时 $f(\tau) h(t-\tau) = 0$。故有

$$y(t) = f(t) * h(t) = \int_{-\infty}^{+\infty} f(\tau) \cdot h(t-\tau) \mathrm{d}\tau = 0$$

卷积 $y(t) = f(t) * h(t)$ 的各段积分结果如图 3-8（g）所示。

由上分析可见，两个不等宽的矩形信号的卷积为一个等腰梯形。等腰梯形上底的宽度等于两个信号宽度之差，下底的宽度等于两个信号宽度之和。显然，两个等宽的矩形信号的卷积是一个等腰三角形。

从以上图形卷积的计算过程可以清楚地看到，图形卷积积分包括信号的翻转、平移、乘积、再积分四个过程，在此过程中关键是确定积分区间与被积函数表达式。卷积结果 $y(t)$ 的起点等于 $f(t)$ 与 $h(t)$ 的起点之和；$y(t)$ 的终点等于 $f(t)$ 与 $h(t)$ 的终点之和。若卷积的两个信号不含有冲激信号或其各阶导数，则卷积的结果必定为一个连续函数，不会出现间断点。此外，翻转信号时，尽可能翻转较简单的信号，以简化运算过程。

若待卷积的两个信号 $f_1(t)$ 与 $f_2(t)$ 能用解析函数式表达，则可以采用解析法，直接按照卷积的积分表达式进行计算。

［例 3-16］ 计算两个阶跃信号的卷积 $u(t) * u(t)$。

解： 根据卷积积分的定义，可得

$$u(t) * u(t) = \int_{-\infty}^{+\infty} u(\tau) \cdot u(t-\tau) \mathrm{d}\tau$$

$$= \begin{cases} \int_0^t 1 \cdot 1 \mathrm{d}\tau, & t > 0 \\ 0, & t \leqslant 0 \end{cases} = \begin{cases} t, & t > 0 \\ 0, & t \leqslant 0 \end{cases} = r(t)$$

［例 3-17］ 已知 $f_1(t) = \mathrm{e}^{-3t} u(t)$，$f_2(t) = \mathrm{e}^{-5t} u(t)$，试计算卷积 $f_1(t) * f_2(t)$。

解： 根据卷积积分的定义，可得

$$f_1(t) * f_2(t) = \int_{-\infty}^{+\infty} f_1(\tau) \cdot f_2(t-\tau) \mathrm{d}\tau$$

$$= \int_{-\infty}^{+\infty} \mathrm{e}^{-3\tau} u(\tau) \cdot \mathrm{e}^{-5(t-\tau)} u(t-\tau) \mathrm{d}\tau$$

$$= \begin{cases} \int_0^t \mathrm{e}^{-3\tau} \cdot \mathrm{e}^{-5(t-\tau)} \mathrm{d}\tau, & t > 0 \\ 0, & t \leqslant 0 \end{cases}$$

$$= \begin{cases} \dfrac{1}{2} (\mathrm{e}^{-3t} - \mathrm{e}^{-5t}), & t > 0 \\ 0, & t \leqslant 0 \end{cases}$$

$$= \frac{1}{2} (\mathrm{e}^{-3t} - \mathrm{e}^{-5t}) u(t)$$

在利用卷积的定义，通过信号的函数解析式进行卷积时，对于一些基本信号，可以通过查表直接得到，避免直接积分过程中的繁杂的计算。常用信号卷积积分表如表3-2所示。当然，在利用解析式进行求解信号卷积时，可以利用卷积的一些特性来简化运算。

表 3-2　常用信号的卷积积分表

$f_1(t)$	$f_2(t)$	$f_1(t) * f_2(t)$
$u(t)$	$u(t)$	$r(t)$
$e^{-\alpha t}u(t)$	$u(t)$	$\dfrac{1}{\alpha}(1 - e^{-\alpha t})u(t)$
$e^{-\alpha t}u(t)$	$e^{-\beta t}u(t)$	$\dfrac{1}{\alpha - \beta}(e^{-\beta t} - e^{-\alpha t})u(t), \alpha \neq \beta$
$e^{-\alpha t}u(t)$	$e^{-\alpha t}u(t)$	$te^{-\alpha t}u(t)$
$t^n u(t)$	$t^m u(t)$	$\dfrac{n!\ m!}{(n+m+1)!}t^{n+m+1}u(t)$

在表3-2中，都设定信号$f_1(t)$与$f_2(t)$为单边信号，即都乘以了$u(t)$。若在实际使用上述公式时，信号$f_1(t)$与$f_2(t)$有延时，则根据卷积的延时特性仍然可以利用表3-2中的公式。

3.4.2　卷积的性质

1. 交换律

$$f_1(t) * f_2(t) = f_2(t) * f_1(t) \tag{3-32}$$

式（3-32）说明两信号的卷积积分与次序无关。

2. 分配律

$$[f_1(t) + f_2(t)] * f_3(t) = f_1(t) * f_3(t) + f_2(t) * f_3(t) \tag{3-33}$$

3. 结合律

$$[f_1(t) * f_2(t)] * f_3(t) = f_1(t) * [f_2(t) * f_3(t)] \tag{3-34}$$

4. 平移特性

若　　　　　　　　　　　　$f_1(t) * f_2(t) = y(t)$

则　　　　　　　　　$f_1(t - t_1) * f_2(t - t_2) = y(t - t_1 - t_2) \tag{3-35}$

证明：　$f_1(t - t_1) * f_2(t - t_2) = \displaystyle\int_{-\infty}^{\infty} f_1(\tau - t_1) * f_2(t - \tau - t_2)\,\mathrm{d}\tau$

$$\xlongequal{\tau - t_1 = x} \int_{-\infty}^{\infty} f_1(x) * f_2(t - t_1 - t_2 - x)\,\mathrm{d}x = y(t - t_1 - t_2)$$

值得注意的是：$y(t - t_1 - t_2) \neq f_1(t - t_1 - t_2) * f_2(t - t_1 - t_2)$

5. 微分特性

设　　　　　　　　　　$y(t) = f(t) * h(t) = h(t) * f(t)$

则 $\qquad\qquad y'(t) = f'(t) * h(t) = h'(t) * f(t)$ $\qquad\qquad$ (3-36)

证明：

$$\frac{\mathrm{d}}{\mathrm{d}t}y(t) = \frac{\mathrm{d}}{\mathrm{d}t}\int_{-\infty}^{+\infty} f(\tau) \cdot h(t-\tau)\mathrm{d}\tau = \int_{-\infty}^{+\infty} f(\tau) \cdot h'(t-\tau)\mathrm{d}\tau = f(t) * h'(t)$$

同理

$$\frac{\mathrm{d}}{\mathrm{d}t}y(t) = \frac{\mathrm{d}}{\mathrm{d}t}\int_{-\infty}^{+\infty} h(\tau) \cdot f(t-\tau)\mathrm{d}\tau = \int_{-\infty}^{+\infty} h(\tau) \cdot f'(t-\tau)\mathrm{d}\tau = h(t) * f'(t)$$

6. 积分特性

若 $\qquad\qquad y(t) = f(t) * h(t) = h(t) * f(t)$

则 $\qquad\qquad y^{(-1)}(t) = f^{(-1)}(t) * h(t) = h^{(-1)}(t) * f(t)$ $\qquad\qquad$ (3-37)

式 (3-37) 中，$y^{(-1)}(t)$，$f^{(-1)}(t)$ 及 $h^{(-1)}(t)$ 分别表示 $y(t)$，$f(t)$ 及 $h(t)$ 对时间 t 的积分。

7. 等效特性

若 $\qquad\qquad y(t) = f(t) * h(t) = h(t) * f(t)$

则 $\qquad y(t) = f^{(-1)}(t) * h'(t) = f'(t) * h^{(-1)}(t) = (f(t) * h'(t))^{(-1)}$ $\qquad$ (3-38)

式 (3-38) 说明，通过激励信号 $f(t)$ 的导数与冲激响应 $h(t)$ 的积分的卷积，或激励信号 $f(t)$ 的积分与冲激响应 $h(t)$ 的导数的卷积，同样可以求得系统的零状态响应。此关系为计算系统的零状态响应提供了新的途径。

3.4.3　奇异信号的卷积

1. 延时特性

$$f(t) * \delta(t-T) = f(t-T)$$ $\qquad\qquad$ (3-39)

式 (3-39) 表明任意信号 $f(t)$ 与延时冲激信号 $\delta(t-t_0)$ 卷积，其结果等于信号 $f(t)$ 本身的延时 $f(t-T)$。如果一个系统的冲激响应为延时冲激信号 $\delta(t-t_0)$，则此系统称为延时器。

卷积的延时特性还可以进一步延伸，即有

$$f(t-t_1) * \delta(t-t_2) = f(t-t_1-t_2)$$ $\qquad\qquad$ (3-40)

2. 微分特性

$$f(t) * \delta'(t) = f'(t)$$ $\qquad\qquad$ (3-41)

式 (3-41) 表明任意信号 $f(t)$ 与冲激偶信号 $\delta'(t)$ 卷积，其结果为信号 $f(t)$ 的一阶导数。如果一个系统的冲激响应为冲激偶信号 $\delta'(t)$，则此系统称为微分器。

3. 积分特性

$$f(t) * u(t) = \int_{-\infty}^{t} f(\tau)\mathrm{d}\tau = f^{(-1)}(t)$$ $\qquad\qquad$ (3-42)

式 (3-42) 表明任意信号 $f(t)$ 与阶跃信号 $u(t)$ 卷积，其结果为信号 $f(t)$ 本身对时间的积分。

如果一个系统的冲激响应为阶跃信号 $u(t)$，则此系统称为积分器。

下面通过具体的例题说明卷积的特性在简化卷积运算方面的应用。

［例3-18］ 已知 $f(t)$ 和 $h(t)$ 的波形分别如图3-9（a）和图3-9（b）所示，利用 $u(t)*u(t)=r(t)$ 以及卷积的平移特性，计算 $y(t)=f(t)*h(t)$。

解：

$$y(t)=f(t)*h(t)=[u(t)-u(t-1)]*[u(t)-u(t-2)]$$
$$=r(t)-r(t-2)-r(t-1)+r(t-3)$$

卷积结果如图3-9（c）所示。

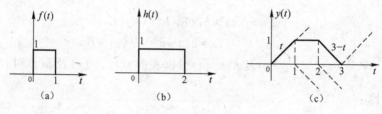

图3-9　例3-18图

［例3-19］ 已知信号 $f(t)$ 和 $h(t)$ 的波形分别如图3-9（a）和图3-9（b）所示，利用卷积的微分特性计算卷积 $y(t)=f(t)*h(t)$。

解： 因为 $f'(t)=\delta(t)-\delta(t-1)$

由微分特性，则有

$$y'(t)=f'(t)*h(t)=h(t)-h(t-1)$$

$y'(t)$ 的波形如图3-10（a）所示，对其积分即得

$$y(t)=\int_0^t [h(\tau)-h(\tau-1)]\mathrm{d}\tau = r(t)-r(t-2)-r(t-1)+r(t-3)$$

卷积结果如图3-10（b）所示。

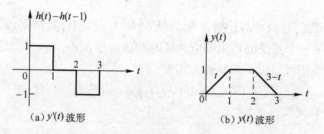

图3-10　例3-19图

3.5　离散时间 LTI 系统的响应

从时域求解离散时间 LTI 系统的响应一般可以采用迭代法、经典法、卷积法（求零输入响应和零状态响应），与连续时间 LTI 系统的情况类似，卷积法在离散时间 LTI 系统的分析中占有十分重要的地位。下面分别介绍这几种方法。

3.5.1 迭代法

描述离散时间系统的差分方程是具有递推关系的代数方程，若已知初始状态和输入激励，利用迭代法可求得差分方程的数值解。

[例3-20] 描述某离散时间 LTI 系统的常系数线性差分方程为

$$y[k] - 0.5y[k-1] = u[k], \quad k \geq 0$$

且已知初始状态 $y[-1] = 1$，利用递推法求解差分方程。

解：将差分方程写成

$$y[k] = u[k] + 0.5y[k-1]$$

代入初始状态，可求得

$$y[0] = u[0] + 0.5y[-1] = 1 + 0.5 \times 1 = 1.5$$

类似地，依此迭代可得

$$y[1] = u[1] + 0.5y[0] = 1 + 0.5 \times (2 - 0.5) = 1.75$$

$$y[2] = u[2] + 0.5y[1] = 1 + 0.5 \times (2 - 0.5^2) = 1.875$$

$$\vdots$$

对于采用式（3-18）后向差分方程描述的 n 阶离散时间系统，当已知 n 个初始状态 $\{y[-1], y[-2], \cdots, y[-n]\}$ 和输入信号时，就可由式（3-43）迭代计算出系统的输出。

$$y[k] = -\sum_{i=1}^{n} a_i y[k-i] + \sum_{j=0}^{m} b_j f[k-j] \tag{3-43}$$

利用迭代法求解差分方程思路清楚，便于编写计算程序，能得到方程的数值解，但不易得到解析形式的解。

3.5.2 经典法求解差分方程

与微分方程的时域经典解类似，差分方程的全解由齐次解和特解两部分组成。齐次解用符号 $y_h[k]$ 表示，特解用符号 $y_p[k]$ 表示，即

$$y[k] = y_h[k] + y_p[k] \tag{3-44}$$

其中齐次解的形式由齐次方程的特征根确定，特解的形式由差分方程中激励信号的形式确定。

后向差分方程式（3-18）对应的齐次方程为

$$\sum_{i=0}^{n} a_i y[k-i] = 0$$

其特征方程为

$$a_0 + a_1 r^{-1} + \cdots + a_{n-1} r^{-(n-1)} + a_n r^{-n} = 0$$

或

$$a_0 r^n + a_1 r^{n-1} + \cdots + a_{n-1} r + a_n = 0 \tag{3-45}$$

特征方程的根称为特征根，n 阶差分方程有 n 个特征根 $r_i (i = 1, 2, \cdots, n)$，根据特征根的不同情况，齐次解将具有不同的形式。

当特征根是不等的实根 $r_1, r_2, \cdots, r_n$ 时，齐次解的形式为

$$y_h[k] = C_1 r_1^k + C_2 r_2^k + \cdots + C_n r_n^k \tag{3-46}$$

当特征根是 n 阶重根 r 时，齐次解的形式为

$$y_h[k] = C_1 r^k + C_2 k r^k + \cdots + C_n k^{n-1} r^k \tag{3-47}$$

当特征根是共轭复根 $r_1 = a + jb = \rho e^{j\Omega_0}$，$r_2 = a - jb = \rho e^{-j\Omega_0}$时，齐次解的形式为

$$y_h[k] = C_1 \rho^k \cos(k\Omega_0) + C_2 \rho^k \sin(k\Omega_0) \tag{3-48}$$

式（3-46）~（3-48）中的待定系数 $C_1, C_2, \cdots, C_n$ 在全解的形式确定后，由给定的 n 个初始条件来确定。

特解的形式与激励信号的形式有关。表 3-3 列出了常用激励信号所对应的特解形式。

表 3-3　常用激励信号对应的特解形式

输入信号 $f[k]$	特解 $y_p[k]$
a^k（a 不是差分方程的特征根）	$A a^k$
a^k（a 是差分方程的特征根）	$A k a^k$
k^n	$A_n k^n + A_{n-1} k^{n-1} + \cdots + A_1 k + A_0$
$a^k k^n$	$a^k (A_n k^n + A_{n-1} k^{n-1} + \cdots + A_1 k + A_0)$
$\sin(k\Omega_0)$ 或 $\cos(k\Omega_0)$	$A_1 \cos(k\Omega_0) + A_2 \sin(k\Omega_0)$
$a^k \sin(k\Omega_0)$ 或 $a^k \cos(k\Omega_0)$	$a^k [A_1 \cos(k\Omega_0) + A_2 \sin(k\Omega_0)]$

得到齐次解的表示式和特解后，将两者相加可得全解的表示式。将已知的 n 个初始条件 $y[0], y[1], \cdots, y[n-1]$ 代入全解中，即可求得齐次解表示式中的待定系数，亦即求出了差分方程的全解。下面举例说明差分方程的经典求解法。

[例 3-21] 若描述某离散时间 LTI 系统的差分方程为

$$6y[k] - 5y[k-1] + y[k-2] = f[k]$$

已知初始条件 $y[0] = 0$，$y[1] = -1$；激励 $f[k] = u[k]$，试求系统的完全响应 $y[k]$。

解：求齐次解 $y_h[k]$。上述差分方程的特征方程为

$$6r^2 - 5r + 1 = 0$$

解得特征根为两个不等实根 $r_1 = \dfrac{1}{2}$，$r_2 = \dfrac{1}{3}$，其齐次解为

$$y_h[k] = C_1 \left(\frac{1}{2}\right)^k + C_2 \left(\frac{1}{3}\right)^k$$

求特解 $y_p[k]$。由于输入是阶跃序列 $u[k]$，因此特解的形式为

$$y_p[k] = A, \quad k \geq 0$$

将特解代入差分方程可得

$$6A - 5A + A = 1$$

由此解出待定系数 $A = 0.5$，于是得特解　$y_p[k] = 0.5$，$k \geq 0$

差分方程的全解为

$$y[k] = y_h[k] + y_p[k] = C_1 \left(\frac{1}{2}\right)^k + C_2 \left(\frac{1}{3}\right)^k + \frac{1}{2}, \quad k \geq 0$$

代入初始条件，有

$$y[0] = C_1 + C_2 + \frac{1}{2} = 0$$

$$y[1] = \frac{C_1}{2} + \frac{C_2}{3} + \frac{1}{2} = -1$$

解得 $C_1 = -8$，$C_2 = 15/2$，最后得差分方程的全解，即系统的完全响应为

$$y[k] = -8\left(\frac{1}{2}\right)^k + \frac{15}{2}\left(\frac{1}{3}\right)^k + \frac{1}{2}, \quad k \geqslant 0$$

从例 3-21 可以看出，常系数差分方程的全解由齐次解和特解组成。齐次解的形式与系统的特征根有关，仅依赖于系统本身的特性，而与激励信号的形式无关，因此称为系统的固有响应。特解的形式取决于激励信号，称为强制响应。系统的响应还可分解为暂态响应和稳态响应。暂态响应是指系统完全响应中，随着时间的增加而趋于零的分量，如 $y[k]$ 中的前两项。稳态响应是指系统完全响应中随时间的增加而不趋于零的分量，如 $y[k]$ 中的最后一项。

同连续时间 LTI 系统一样，离散时间 LTI 系统的完全响应可以看作是初始状态与输入激励分别单独作用于系统产生的响应的叠加。其中，由初始状态单独作用于系统而产生的输出响应称为零输入响应，记作 $y_x[k]$；而由输入激励单独作用于系统而产生的输出响应称为零状态响应，记作 $y_f[k]$。因此，系统的完全响应 $y[k]$ 为

$$y[k] = y_x[k] + y_f[k] \tag{3-49}$$

3.5.3　离散时间 LTI 系统的零输入响应

零输入响应是输入激励为零时，仅由系统的初始状态所引起的输出响应，用 $y_x[k]$ 表示。在零输入下，式（3-18）等号右端为零，差分方程成为齐次方程。由齐次方程的特征根写出齐次解的形式，代入初始状态即可求出零输入响应。

[例 3-22] 描述某离散 LTI 系统的差分方程为

$$y[k] + 3y[k-1] + 2y[k-2] = f[k]$$

已知初始状态 $y[-1] = 0, y[-2] = 1/2$，求系统的零输入响应 $y_x[k]$。

解： 特征方程为

$$r^2 + 3r + 2 = 0$$

解得特征根 $r_1 = -1$，$r_2 = -2$，零输入响应的形式为

$$y_x[k] = C_1(-1)^k + C_2(-2)^k$$

代入初始状态，有

$$y[-1] = -C_1 - \frac{1}{2}C_2 = 0$$

$$y[-2] = C_1 + \frac{1}{4}C_2 = \frac{1}{2}$$

解得 $C_1 = 1$，$C_2 = -2$，故系统的零输入响应为

$$y_x[k] = (-1)^k - 2(-2)^k \quad k \geqslant 0$$

例题中特征根为不相等的实根，若系统特征方程的特征根含有重根或共轭复根，可分别根据式（3-47）和式（3-48）写出零输入响应的形式，再由初始状态确定待定系数，即可求出系统的零输入响应。

3.5.4　离散时间 LTI 系统的零状态响应

零状态响应是系统的初始状态为零，仅由输入信号 $f[k]$ 所引起的响应，用 $y_f[k]$ 表示。在连续时间系统中，通过把激励信号表示为冲激信号的线性组合，先求出冲激信号单独作用于系统的冲激响应，然后利用线性时不变特性得到系统的零状态响应。这个叠加的过程表现为卷积积分。在离散时间系统中，可以采用相同的原理进行分析。

由式（2-101）可知，任意离散信号 $f[k]$ 可以表示为单位脉冲序列的线性组合，即

$$f[k] = \sum_{n=-\infty}^{\infty} f[n]\delta[k-n]$$

系统在单位脉冲序列 $\delta[k]$ 作用下产生的零状态响应称为单位脉冲响应（常简称为脉冲响应），用符号 $h[k]$ 表示，即

$$T\{\delta[k]\} = h[k]$$

由时不变特性

$$T\{\delta[k-n]\} = h[k-n]$$

由线性特性的均匀性

$$T\{f[n]\delta[k-n]\} = f[n]h[k-n]$$

再由线性特性的叠加性

$$T\{\sum_{n=-\infty}^{\infty} f[n]\delta[k-n]\} = \sum_{n=-\infty}^{\infty} f[n]h[k-n]$$

即零状态响应为

$$y_f[k] = \sum_{n=-\infty}^{\infty} f[n]h[k-n] \tag{3-50}$$

式（3-50）称为序列卷积和，用符号记为

$$y_f[k] = f[k] * h[k] \tag{3-51}$$

可见，系统的零状态响应等于激励信号和系统单位脉冲响应的卷积和，因此在分析系统的零状态响应时，应首先分析离散系统的单位脉冲响应 $h[k]$。

3.6　离散时间 LTI 系统的单位脉冲响应

单位脉冲响应定义为单位脉冲序列 $\delta[k]$ 作用于离散时间 LTI 系统所产生的零状态响应，用符号 $h[k]$ 表示，如图 3-11 所示。单位脉冲响应 $h[k]$ 是离散时间 LTI 系统的时域描述，其反映了离散时间 LTI 系统的时域特性。

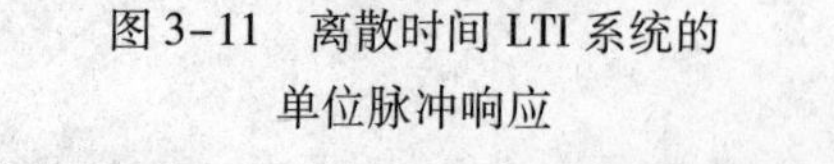

图 3-11　离散时间 LTI 系统的
单位脉冲响应

单位脉冲序列 $\delta[k]$ 只在 $k=0$ 时取值 $\delta[0]=1$，在 k 为其他值时都是零，利用此特点可以方便地用迭代法求出 $h[k]$。

　[**例 3-23**] 若描述某因果的离散时间 LTI 系统的差分方程为

$$y[k] - 0.5y[k-1] = f[k] \quad k \geq 0$$

求其单位脉冲响应 $h[k]$。

解：根据单位脉冲响应 $h[k]$ 的定义，它应满足方程

$$h[k] - 0.5h[k-1] = \delta[k]$$

对于因果系统，由于 $\delta[-1] = 0$，故 $h[-1] = 0$

采用递推法将差分方程写成

$$h[k] = \delta[k] + 0.5h[k-1]$$

代入初始条件，可求得

$$h[0] = \delta[0] + 0.5h[-1] = 1 + 0 = 1$$

类似地，依此迭代可得

$$h[1] = \delta[1] + 0.5h[0] = 0 + 0.5 \times 1 = 0.5$$
$$h[2] = \delta[2] + 0.5h[1] = 0 + 0.5 \times 0.5 = 0.5^2$$
$$\vdots$$

利用迭代法求系统的单位脉冲响应不易得出解析形式的解。为了能够得到解析解，可采用等效初始条件法。对于因果系统，单位脉冲序列 $\delta[k]$ 瞬时作用于系统后，其输入变为零，此时描述系统的差分方程变为齐次方程，而单位脉冲序列对系统的瞬时作用则转化为系统的等效初始条件，这样就把问题转化为求解齐次方程，由此即可得到 $h[k]$ 的解析解。单位脉冲序列的等效初始条件可以根据差分方程和零状态条件 $y[-1] = 0, \cdots, y[-n] = 0$ 递推求出。下面举例说明这种方法。

[例 3-24]　若描述某因果的离散时间 LTI 系统的差分方程为

$$y[k] + 3y[k-1] + 2y[k-2] = f[k]$$

求系统的单位脉冲响应 $h[k]$。

解： 根据单位脉冲响应 $h[k]$ 的定义，它应满足方程

$$h[k] + 3h[k-1] + 2h[k-2] = \delta[k]$$

（1）求等效初始条件。

对于因果系统有 $h[-1] = 0$，$h[-2] = 0$，代入上面方程，可以推出等效初始条件

$$h[0] = \delta[0] - 3h[-1] - 2h[-2] = 1$$
$$h[1] = \delta[1] - 3h[0] - 2h[-1] = -3$$
$$\vdots$$

求解该系统需要两个初始条件，可以选择 $h[0]$ 和 $h[1]$ 作为初始条件，也可以选择 $h[-1]$ 和 $h[0]$ 作为初始条件。选择初始条件的基本原则是必须将 $\delta[k]$ 的作用体现在初始条件中。

（2）求差分方程的齐次解。

特征方程为　　　　　　　　　　　　$r^2 + 3r + 2 = 0$

解得特征根 $r_1 = -1$，$r_2 = -2$，齐次解的形式为

$$h[k] = C_1(-1)^k + C_2(-2)^k$$

代入初始条件，有

$$h[0] = C_1 + C_2 = 1$$
$$h[1] = -C_1 - 2C_2 = -3$$

解得 $C_1 = -1$，$C_2 = 2$，故系统的单位脉冲响应为

$$h[k] = -(-1)^k + 2(-2)^k \quad k \geqslant 0$$

[例 3-25]　已知描述某因果的离散时间 LTI 系统的差分方程为

$$y[k] - 5y[k-1] + 6y[k-2] = f[k] - 3f[k-2], \quad k \geqslant 0$$

求系统的单位脉冲响应 $h[k]$。

解： 根据单位脉冲响应 $h[k]$ 的定义，它应满足方程

$$h[k] - 5h[k-1] + 6h[k-2] = \delta[k] - 3\delta[k-2]$$

（1）假定差分方程右端只有 $\delta[k]$ 作用，不考虑 $3\delta[k-2]$ 作用，求此时系统的单位脉冲响应 $h_1[k]$。

$\delta[k]$ 的等效初始条件为 $h_1[0] = \delta[0] = 1$，选择 $h_1[-1] = 0$，$h_1[0] = 1$ 作为初始条件。

由差分方程的齐次解可写出 $h_1[k] = C_1(3)^k + C_2(2)^k$

代入初始条件 $h_1[-1] = 0$，$h_1[0] = 1$，有

$$h_1[-1] = \frac{1}{3}C_1 + \frac{1}{2}C_2 = 0$$

$$h_1[0] = C_1 + C_2 = 1$$

解得 $C_1 = 3, C_2 = -2$

故 $h_1[k] = [3(3)^k - 2(2)^k]u[k]$

（2）只考虑 $3\delta[k-2]$ 作用引起的单位脉冲响应 $h_2[k]$。由系统线性时不变特性得

$$h_2[k] = 3h_1[k-2] = 3[3(3)^{k-2} - 2(2)^{k-2}]u[k-2]$$

（3）将 $h_1[k]$ 与 $h_2[k]$ 叠加即得系统的单位脉冲响应 $h[k]$

$$h[k] = h_1[k] - h_2[k] = [3(3)^k - 2(2)^k]u[k] - 3[3(3)^{k-2} - 2(2)^{k-2}]u[k-2]$$

$$= \delta[k] + [2(3)^k - 0.5(2)^k]u[k-1]$$

3.7 序列卷积和

通过分析离散时间 LTI 系统的零状态响应，我们得到了离散时间 LTI 系统的输出等于系统输入与系统脉冲响应的卷积和。因此，卷积和在时域分析中是非常重要的运算，下面详细介绍卷积和的计算及其性质。

3.7.1 序列卷积和的图形计算

两个序列的卷积和定义为

$$f[k] * h[k] = \sum_{n=-\infty}^{\infty} f[n]h[k-n] \tag{3-52}$$

卷积和的图形计算与卷积积分类似，卷积和的计算也可分解为以下过程。

① 将 $f[k]$、$h[k]$ 中的自变量由 k 改为 n，n 成为序列的自变量。

② 将其中一个信号翻转，如将 $h[n]$ 翻转得 $h[-n]$。

③ 将 $h[-n]$ 位移 k，得 $h[k-n]$，k 是参变量。$k > 0$ 时，图形右移；$k < 0$ 时，图形左移。

④ 将 $f[n]$ 与 $h[k-n]$ 相乘。

⑤ 对乘积后的图形求和。

[例 3-26] 矩形序列 $R_N[k] = \begin{cases} 1, 0 \le n \le N-1 \\ 0, 其他 \end{cases}$，计算其卷积和 $y[k] = R_N[k] * R_N[k]$。

解：（1）将序列的自变量由 k 改为 n，如图 3-12（a）所示；

（2）将 $R_N[n]$ 翻转成 $R_N[-n]$，如图 3-12（b）所示；

（3）将 $R_N[-n]$ 位移 k，根据 $R_N[n]$ 与 $R_N[k-n]$ 的重叠情况，分段讨论。

当 $k<0$，$R_N[n]$ 与 $R_N[k-n]$ 图形没有相遇，如图 3-12（c）所示，故 $y[k]=0$。

当 $0\leqslant k\leqslant N-1$，$R_N[n]$ 与 $R_N[k-n]$ 图形相遇，而且随着 k 的增加，其重合区间增大，重合区间为 $[0,k]$，如图 3-12（d）所示。

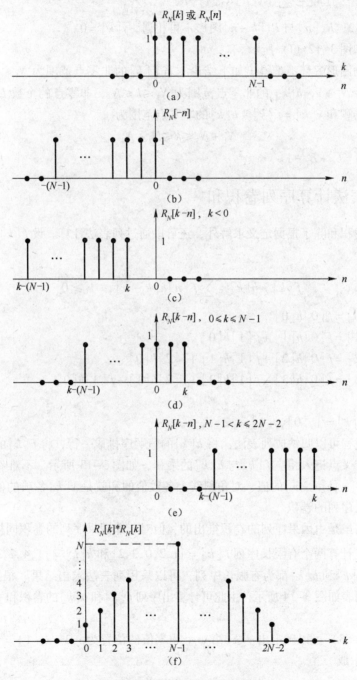

图 3-12　矩形序列卷积和的图解

$$y[k] = \sum_{n=-\infty}^{\infty} R_N[n] R_N[k-n] = \sum_{n=0}^{k} 1 = k+1$$

当 $N-1 < k \leqslant 2N-2$，$R_N[n]$ 与 $R_N[k-n]$ 图形仍相遇，而且随着 k 的增加，其重合区间减小，重合区间为 $[-(N-1)+k, N-1]$，如图 3-12（e）所示。

$$y[k] = \sum_{n=-\infty}^{\infty} R_N[n] R_N[k-n] = \sum_{n=-(N-1)+k}^{N-1} 1 = 2N-1-k$$

当 $k > 2N-2$，$R_N[n]$ 与 $R_N[k-n]$ 图形不再相遇，$y[k]=0$。

卷积结果如图 3-12（f）所示。

由卷积和的图形解释不难得出如下结论。若 $f[k]$ 的非零点范围为 $N_1 \leqslant k \leqslant N_2$，非零点的个数 $L_1 = N_2 - N_1 + 1$，$h[k]$ 的非零点范围为 $N_3 \leqslant k \leqslant N_4$，非零点的个数 $L_2 = N_4 - N_3 + 1$，则两个序列的卷积和 $y[k] = f[k] * h[k]$ 的非零点范围为

$$N_1 + N_3 \leqslant k \leqslant N_2 + N_4 \tag{3-53}$$

非零点的个数 $L = L_1 + L_2 - 1$。

3.7.2 列表法计算序列卷积和

两序列的卷积和除了根据定义求解外，还可以通过列表法计算。设 $f[k]$ 和 $h[k]$ 都是因果序列，则有

$$f[k] * h[k] = \sum_{n=0}^{k} f[n] h[k-n], \quad k \geqslant 0$$

当 $k=0$ 时，$y[0] = f[0]h[0]$

当 $k=1$ 时，$y[1] = f[0]h[1] + f[1]h[0]$

当 $k=2$ 时，$y[2] = f[0]h[2] + f[1]h[1] + f[2]h[0]$

当 $k=3$ 时，$y[3] = f[0]h[3] + f[1]h[2] + f[2]h[1] + f[3]h[0]$

$\vdots$

于是可以求出 $y[k] = \{y[0], y[1], y[2], \cdots\}$。

以上求解过程可以归纳成列表法：将 $h[k]$ 的值顺序排成一行，将 $f[k]$ 的值顺序排成一列，行与列的交叉点记入相应 $f[k]$ 与 $h[k]$ 的乘积，如图 3-13 所示。不难看出，对角斜线上各数值就是 $f[n]h[k-n]$ 的值，对角斜线上各数值的和就是 $y[k]$ 各项的值。列表法只适用于两个有限长序列的卷积。

上述列表法虽是由因果序列的卷积推出的，但对于非因果序列的卷积同样适用。

[**例 3-27**] 计算两个有限长序列 $f[k] = \{1, 2, \overset{\downarrow}{0}, 3, 2\}$ 和 $h[k] = \{1, \overset{\downarrow}{4}, 2, 3\}$ 的卷积和。

解：序列 $f[k]$ 和 $h[k]$ 都为有限长序列，可以采用列表法求出结果。根据图 3-13 所示的列表规律，列表如图 3-14 所示，由此可计算出序列 $f[k]$ 和 $h[k]$ 的卷积和 $y[k] = \{1, 6, 10, 10, 20, 14, 13, 6\}$。

利用式（3-53）可以确定出 $y[k]$ 第一个非零值的位置为 $-2 + (-1) = -3$，因此卷积结果 $y[k]$ 可表示成

$$y[k] = \{1, 6, 10, \overset{\downarrow}{10}, 20, 14, 13, 6\}$$

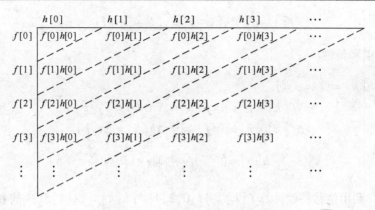

图 3-13　列表法计算序列卷积和

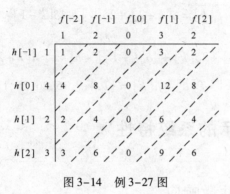

图 3-14　例 3-27 图

3.7.3　序列卷积和的性质

1. 交换律

$$f[k] * h[k] = h[k] * f[k] \tag{3-54}$$

式（3-54）说明两信号的卷积和与次序无关。

2. 结合律

$$f[k] * (h_1[k] * h_2[k]) = (f[k] * h_1[k]) * h_2[k] \tag{3-55}$$

3. 分配律

$$f[k] * (h_1[k] + h_2[k]) = f[k] * h_1[k] + f[k] * h_2[k] \tag{3-56}$$

4. 位移特性

$$f[k] * \delta[k-n] = f[k-n] \tag{3-57}$$

式（3-57）表明任意信号 $f[k]$ 与位移单位脉冲序列 $\delta[k-n]$ 卷积，其结果等于信号 $f[k]$ 本身的位移。如果某离散 LTI 系统的单位脉冲响应为 $\delta[k-1]$，则称该系统为单位延时器。

若 $f[k] * h[k] = y[k]$，利用位移特性和结合律可进一步推出

$$f[k-n]*h[k-l]=y[k-(n+l)] \tag{3-58}$$

5. 差分与求和特性

若 $f[k]*h[k]=y[k]$，则

$$\nabla f[k]*h[k]=f[k]*\nabla h[k]=\nabla y[k] \tag{3-59}$$

$$\Delta f[k]*h[k]=f[k]*\Delta h[k]=\Delta y[k] \tag{3-60}$$

$$f[k]*\sum_{n=-\infty}^{k}h[n]=\left(\sum_{n=-\infty}^{k}f[n]\right)*h[k]=\sum_{n=-\infty}^{k}y[n] \tag{3-61}$$

[例 3-28] 利用位移特性计算 $f[k]=\{1,0,\overset{\downarrow}{2},4\}$ 与 $h[k]=\{1,\overset{\downarrow}{4},5,3\}$ 的卷积和。

解： $f[k]$ 可用脉冲序列表示为

$$f[k]=\delta[k+2]+2\delta[k]+4\delta[k-1]$$

利用位移特性

$$f[k]*h[k]=\{\delta[k+2]+2\delta[k]+4\delta[k-1]\}*h[k]=h[k+2]+2h[k]+4h[k-1]$$

所以

$$y[k]=f[k]*h[k]=\{1,4,7,\overset{\downarrow}{15},26,26,12\}$$

3.8　冲激响应表示的系统特性

3.8.1　级联系统的冲激响应

两个连续 LTI 系统的级联如图 3-15（a）所示。若两个子系统的冲激响应分别为 $h_1(t)$ 和 $h_2(t)$，则信号 $f(t)$ 通过第一个子系统的输出为

$$x(t)=f(t)*h_1(t)$$

将第一个子系统的输出作为第二个子系统的输入，则可求出该级联系统的输出为

$$y(t)=x(t)*h_2(t)=f(t)*h_1(t)*h_2(t)$$

根据卷积积分的结合律性质，有

$$y(t)=f(t)*h_1(t)*h_2(t)=f(t)*[h_1(t)*h_2(t)]=f(t)*h(t) \tag{3-62}$$

式中，$h(t)=h_1(t)*h_2(t)$。

由此可见，两个连续 LTI 系统级联所构成系统的冲激响应等于两个子系统冲激响应的卷积。也就是说，图 3-15（a）所示两个系统的级联等效于图 3-15（b）所示的单个系统。

根据卷积积分的交换律，两个子系统冲激响应的卷积可以表示成

$$h(t)=h_1(t)*h_2(t)=h_2(t)*h_1(t) \tag{3-63}$$

即交换两个级联系统的联结次序不影响系统总的冲激响应 $h(t)$，图 3-15（a）与图 3-15（c）是等效的。

两个离散 LTI 系统的级联也有同样的结论，如图 3-16 所示，图（a）、（b）和图（c）都是等效的。事实上，这个结论对任意多个连续 LTI 系统级联或离散 LTI 系统的级联都成立。

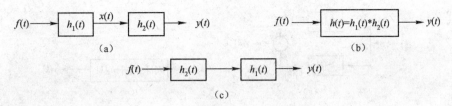

图 3-15　连续 LTI 系统的级联

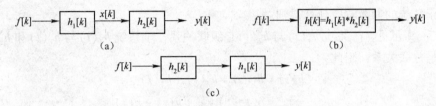

图 3-16　离散 LTI 系统的级联

3.8.2　并联系统的冲激响应

两个连续 LTI 系统的并联如图 3-17（a）所示。若两个子系统的冲激响应分别为 $h_1(t)$ 和 $h_2(t)$，则信号 $f(t)$ 通过两个子系统的输出分别为

$$y_1(t) = f(t) * h_1(t), y_2(t) = f(t) * h_2(t)$$

整个并联系统的输出为两个子系统输出 $y_1(t)$ 与 $y_2(t)$ 之和，即

$$y(t) = f(t) * h_1(t) + f(t) * h_2(t)$$

应用卷积积分的分配律，上式可写成

$$y(t) = f(t) * [h_1(t) + h_2(t)] = f(t) * h(t) \tag{3-64}$$

式中，$h(t) = h_1(t) + h_2(t)$。

由此可见，两个连续 LTI 系统并联所构成系统的冲激响应等于两个子系统冲激响应之和。也就是说，图 3-17（a）所示两个系统的并联等效于图 3-17（b）所示的单个系统。此结论可以推广到任意多个连续 LTI 系统的并联。

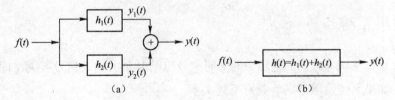

图 3-17　连续 LTI 系统的并联

离散 LTI 系统的并联也有同样的结论，即单位脉冲响应分别为 $h_1[k]$、$h_2[k]$ 的两个系统并联等效于一个单位脉冲响应为 $h_1[k] + h_2[k]$ 的系统，如图 3-18 所示。此结论同样可以推广到任意多个离散 LTI 系统的并联。

[例 3-29] 已知某连续 LTI 系统如图 3-19 所示，试求该系统的冲激响应 $h(t)$。其中，$h_1(t) = e^{-3t}u(t), h_2(t) = \delta(t-1), h_3(t) = u(t)$。

解：当多个子系统通过级联、并联组成一个大系统时，大系统的冲激响应 $h(t)$ 可以直

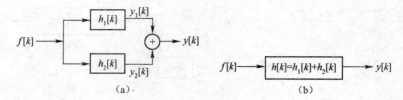

图 3-18　离散 LTI 系统的并联

接通过各子系统的冲激响应计算得到。

从图 3-19 可见，子系统 $h_1(t)$ 与 $h_2(t)$ 是级联关系，子系统 $h_3(t)$ 与 $h_1(t)$ 和 $h_2(t)$ 组成的子系统是并联关系，因此

$$\begin{aligned}
h(t) &= h_1(t) * h_2(t) + h_3(t) \\
&= \delta(t-1) * e^{-3t}u(t) + u(t) \\
&= e^{-3(t-1)}u(t-1) + u(t)
\end{aligned}$$

[例 3-30] 写出图 3-20 所示离散 LTI 系统的单位脉冲响应 $h[k]$。

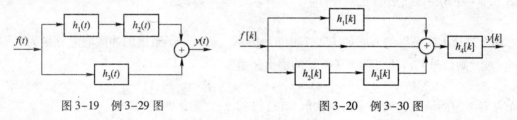

图 3-19　例 3-29 图　　　　　　　　　图 3-20　例 3-30 图

解：

从图 3-20 可见子系统 $h_2[k]$ 与 $h_3[k]$ 是级联关系，$h_1[k]$、全通子系统与 $h_2[k]$、$h_3[k]$ 级联组成的子系统并联，再与 $h_4[k]$ 级联。对于全通支路，输入输出满足下面关系

$$y[k] = f[k] * h[k] = f[k]$$

可见，全通离散 LTI 系统的单位脉冲响应为 $\delta[k]$。因此

$$h[k] = \{h_1[k] + \delta[k] + h_2[k] * h_3[k]\} * h_4[k]$$

3.8.3　因果系统

因果系统是指系统 t_0 时刻的输出只与 t_0 时刻及以前时刻的输入信号有关，即系统的输出不超于输入。如果系统是因果的，则有下述关系

若　　　　　　　　　　　　　　$f(t) = 0, \quad t < t_0$

则　　　　　　　　　　　　　　$y(t) = 0, \quad t < t_0$ 　　　　　　　　(3-65)

利用 LTI 系统的零状态响应是输入 $f(t)$ 与冲激响应 $h(t)$ 的卷积积分，可以把 LTI 系统的因果性与系统的冲激响应联系起来。对于连续时间 LTI 系统，若系统的输入为 $f(t)$，系统的冲激响应为 $h(t)$，则系统的输出为

$$y(t) = \int_{-\infty}^{\infty} f(\tau)h(t-\tau)\,\mathrm{d}\tau$$

由于系统的因果性主要取决于输入信号与输出信号的起点位置，根据卷积的特性，$y(t)$ 的起

点应是信号 $f(t)$ 的起点与 $h(t)$ 的起点之和。如果连续时间 LTI 系统的冲激响应满足

$$h(t) = 0, \quad t < 0 \tag{3-66}$$

则输出信号 $y(t)$ 不可能超前于输入信号 $f(t)$。可以证明这是一个充分必要条件，它表明一个因果系统的冲激响应在冲激信号出现之前必须为零，这也与因果性的直观概念一致。因此，因果连续 LTI 系统的卷积积分可以表示成

$$y(t) = \int_{-\infty}^{t} f(\tau)h(t - \tau)\mathrm{d}\tau \tag{3-67}$$

或

$$y(t) = \int_{0}^{\infty} h(\tau)f(t - \tau)\mathrm{d}\tau \tag{3-68}$$

同理可得离散 LTI 系统也有此结论。离散时间 LTI 系统是因果系统的充分必要条件为

$$h[k] = 0, \quad k < 0 \tag{3-69}$$

此时卷积和可以表示成

$$y[k] = \sum_{n=-\infty}^{k} f[n]h[k - n] \tag{3-70}$$

或

$$y[k] = \sum_{n=0}^{\infty} h[n]f[k - n] \tag{3-71}$$

[例 3-31] 判断 $M_1 + M_2 + 1$ 点滑动平均系统是否是因果系统 $(M_1, M_2 \geqslant 0)$。

解： $M_1 + M_2 + 1$ 点滑动平均系统的输入输出关系为

$$y[k] = \frac{1}{M_1 + M_2 + 1} \sum_{n=-M_1}^{M_2} f[k + n]$$

方法一，直接由因果性定义判断

输出表示式中的 $\sum_{n=-M_1}^{M_2} f[k + n]$ 可以用图 3-21 的示意图表示。如果系统是因果的，从图中可以看出，只有当 $M_2 = 0$ 时，输出 $y[k]$ 只与 k 时刻及其以前时刻的输入有关，系统为因果系统。否则，系统为非因果系统。

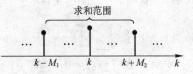

图 3-21　$M_1 + M_2 + 1$ 点滑动平均系统的示意图

方法二：由因果性的充要条件判断

$$y[k] = \frac{1}{M_1 + M_2 + 1} \sum_{n=-M_1}^{M_2} f[k + n]$$

根据系统单位脉冲响应的定义，可得

$$h[k] = \frac{1}{M_1 + M_2 + 1} \sum_{n=-M_1}^{M_2} \delta[k + n]$$

即

$$h[k] = \begin{cases} 1/(M_1 + M_2 + 1), & -M_2 \leqslant k \leqslant M_1 \\ 0, & \text{其他} \end{cases}$$

显然，只有当 $M_2 = 0$ 时，才满足 $h[k] = 0 (k < 0)$ 的充要条件。即当 $M_2 = 0$ 时，系统是因果的。

3.8.4　稳定系统

若连续系统对任意的有界输入其输出也有界，则称该系统是稳定系统。设 $f(t)$ 是系统的

输入，当$f(t)$是有界的，即对任意的t有

$$|f(t)| \leqslant M_f < \infty \tag{3-72}$$

如果系统的输出$y(t)$也有界

$$|y(t)| \leqslant M_y < \infty \tag{3-73}$$

则系统稳定。上述定义是"有界输入有界输出"意义下的稳定性，简称为 BIBO（bounded-input, bounded-output）稳定性。

在实际中根据定义很难判断一个系统是否稳定，因为我们不可能对每一个可能的有界输入的响应进行求解，所以需要通过其他途径判断系统的稳定性。由于系统的冲激响应可以有效地建立系统输入和输出之间的关系，因此利用系统的冲激响应也能判断系统的稳定性。

定理：连续时间 LTI 系统稳定的充分必要条件是

$$\int_{-\infty}^{+\infty} |h(\tau)| \, \mathrm{d}\tau = S < +\infty \tag{3-74}$$

同理可以证明离散时间 LTI 系统稳定的充分必要条件是

$$\sum_{k=-\infty}^{+\infty} |h[k]| = S < +\infty \tag{3-75}$$

[例 3-32] 已知某因果连续 LTI 系统的单位冲激响应为$h(t) = e^{at}u(t)$，判断该系统是否稳定。

解： 由于

$$\int_{-\infty}^{+\infty} |h(\tau)| \, \mathrm{d}\tau = \int_{0}^{+\infty} e^{a\tau} \mathrm{d}\tau = \frac{1}{a} e^{a\tau} \Big|_{0}^{+\infty}$$

故当$a < 0$时，$\int_{-\infty}^{+\infty} |h(\tau)| \, \mathrm{d}\tau = \dfrac{1}{a}$，系统稳定。

而当$a \geqslant 0$时，$\int_{-\infty}^{+\infty} |h(\tau)| \, \mathrm{d}\tau \to +\infty$ 系统不稳定。

[例 3-33] 判断$M_1 + M_2 + 1$点滑动平均系统是否稳定。

解： 由例 3-31 可知，系统的单位脉冲响应为

$$h[k] = \begin{cases} 1/(M_1 + M_2 + 1), & -M_2 \leqslant k \leqslant M_1 \\ 0, & \text{其他} \end{cases}$$

故有

$$\sum_{k=-\infty}^{+\infty} |h[k]| = \sum_{k=-M_2}^{M_1} \frac{1}{M_1 + M_2 + 1} = 1$$

所以系统稳定。

3.9　利用 MATLAB 进行系统的时域分析

1. 连续 LTI 系统零状态响应的求解

连续 LTI 系统以常系数微分方程描述，系统的零状态响应可通过求解初始状态为零的微分方程得到。在 MATLAB 中，控制系统工具箱提供了一个用于求解零初始状态微分方程数值解的函数 lsim，其调用方式为

$$y = lsim(sys, f, t)$$

式中，t 表示计算系统响应的抽样点向量，f 是系统输入信号向量，sys 是连续 LTI 系统的模型，用来表示微分方程、状态方程。在求解微分方程时，微分方程的 LTI 系统模型 sys 要借助 tf 函数获得，其调用方式为

$$sys = tf(b, a)$$

式中，b 和 a 分别为微分方程右端和左端各项的系数向量。例如对如下微分方程

$$a_3 y'''(t) + a_2 y''(t) + a_1 y'(t) + a_0 y(t) = b_3 f'''(t) + b_2 f''(t) + b_1 f'(t) + b_0 f(t)$$

可用

$$a = [a3, a2, a1, a0]; \quad b = [b3, b2, b1, b0]; \quad sys = tf(b, a)$$

获得连续 LTI 系统的模型。注意微分方程中为零的系数一定要写入向量 a 和 b 中。

[例 3-34] 图 3-22 所示力学系统中物体位移 $y(t)$ 与外力 $f(t)$ 的关系为

$$m \frac{d^2 y(t)}{dt^2} + f_d \frac{dy(t)}{dt} + k_s y(t) = f(t)$$

物体质量 $m = 1 \, kg$，弹簧的弹性系数 $k_s = 100 \, N/m$，物体与地面的摩擦系数 $f_d = 2 \, N \cdot s/m$，系统的初始储能为零，若外力 $f(t)$ 是振幅为 10，周期为 1 的正弦信号，求物体的位移 $y(t)$。

解： 由已知条件，系统的输入信号为 $f(t) = 10 \sin(2\pi t)$，系统的微分方程为

$$\frac{d^2 y(t)}{dt^2} + 2 \frac{dy(t)}{dt} + 100 y(t) = f(t)$$

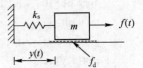

图 3-22　简单的力学系统

计算物体位移 $y(t)$ 的 MATLAB 程序如下：

```
% program3_1 微分方程求解
ts = 0; te = 5; dt = 0.01;
sys = tf([1], [1 2 100]);
t = ts: dt: te;
f = 10 * sin(2 * pi * t);
y = lsim(sys, f, t);
plot(t, y);
xlabel('Time(sec)')
ylabel('y(t)')
```

运行结果如图 3-23 所示。

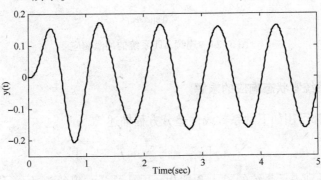

图 3-23　力学系统的零状态响应

2. 连续 LTI 系统冲激响应和阶跃响应的求解

在 MATLAB 中，求解系统冲激响应可用控制系统工具箱提供的 impulse 函数，求解阶跃响应可利用 step 函数，其调用方式分别为

$$y = \text{impulse}(\text{sys}, t)$$
$$y = \text{step}(\text{sys}, t)$$

式中 t 表示计算系统响应的抽样点向量，sys 是连续 LTI 系统模型。下面举例说明其应用。

[例3-35] 在例3-34 所述力学系统中，若外力 $f(t)$ 是强度为10 的冲激信号，求物体的位移 $y(t)$。

解： 由已知条件，系统的输入信号为 $f(t) = 10\delta(t)$，系统的微分方程可写成

$$\frac{\mathrm{d}^2 h(t)}{\mathrm{d}t^2} + 2\frac{\mathrm{d}h(t)}{\mathrm{d}t} + 100h(t) = 10\delta(t)$$

物体位移 $y(t)$ 即系统的冲激响应，计算其的 MATLAB 程序如下。

```
% program3_2 连续时间系统的冲激响应
ts = 0; te = 5; dt = 0.01;
sys = tf([10], [1 2 100]);
t = ts:dt:te;
y = impulse(sys, t);
plot(t, y);
xlabel('Time(sec)')
ylabel('h(t)')
```

程序运行结果如图 3-24 所示。

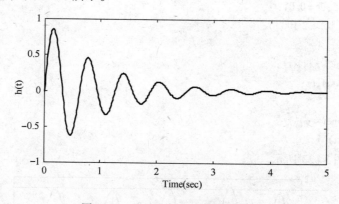

图 3-24　连续 LTI 系统的冲激响应

3. 离散 LTI 系统零状态响应的求解

离散 LTI 系统都可用如下常系数线性差分方程描述

$$\sum_{i=0}^{n} a_i y[k-i] = \sum_{j=0}^{m} b_j f[k-j]$$

其中 $f[k]$、$y[k]$ 分别表示系统的输入和输出，n 是差分方程的阶数。已知差分方程的 n 个初始状态和输入 $f[k]$，就可以编程由下式迭代计算出系统的输出。

$$y[k] = -\sum_{i=1}^{n}(a_i/a_0)y[k-i] + \sum_{j=0}^{m}(b_j/a_0)f[k-j]$$

在初始状态为零时，MATLAB 信号处理工具箱提供了一个 filter 函数，计算由差分方程描述的系统的零状态响应，其调用方式为

$$y = filter(b,a,f)$$

式中 b = [b0,b1,b2,…,bM]，a = [a0,a1,a2,…,aN] 分别是差分方程左、右端的系数向量，f 表示输入序列，y 表示输出序列。注意输出序列的长度和输入序列长度相同。

[**例 3-36**] 受噪声干扰的信号为 $f[k] = s[k] + d[k]$，其中 $s[k] = (2k)0.9^k$ 是原始信号，$d[k]$ 是噪声。已知 M 点滑动平均（moving average）系统的输入输出关系为

$$y[k] = \frac{1}{M}\sum_{n=0}^{M-1}f[k-n]$$

试编程实现用 M 点滑动平均系统对受噪声干扰的信号去噪。

解： 系统的输入信号 $f[k]$ 含有有用信号 $s[k]$ 和噪声信号 $d[k]$。噪声信号 $d[k]$ 可以用 rand 函数产生，将其叠加在有用信号 $s[k]$ 上，即得到受噪声干扰的输入信号 $f[k]$。下面的程序实现了对信号 $f[k]$ 去噪，取 M = 5。

```
% program3_3 滑动平均系统的去噪
R = 51;% 输入序列的长度
% 产生幅值位于( -0.5,0.5)之间的随机噪声
d = rand(1,R) -0.5;
k = 0:R -1;
s = 2 * k. * (0.9.^k);
f = s + d;
figure(1); plot(k,d,'r -. ',k,s,'b --',k,f,'g -');
xlabel('Time index k '); legend('d[k]','s[k]','f[k]');
M = 5; b = ones(M,1)/M; a = 1;
y = filter(b,a,f);
figure(2); plot(k,s,'b --',k,y,'r -');
xlabel('Time index k ');
legend('s[k]','y[k]');
```

运行结果如图 3-25 所示。

图 3-25（a）中 3 条曲线分别为噪声信号 $d[k]$、有用信号 $s[k]$ 和受噪声干扰的输入信号 $f[k]$。图 3-25（b）中 $s[k]$ 为有用信号，$y[k]$ 是经过 5 点滑动平均系统去噪的结果。比较这两条曲线可以看出，$y[k]$ 与 $s[k]$ 波形除了有 $(M-1)/2$ 的延时外，基本上是相似的，这说明 $y[k]$ 中的噪声信号被抑制，M 点滑动平均系统实现了对受噪声干扰信号的去噪。

4. 离散 LTI 系统单位脉冲响应的求解

在 MATLAB 中，求解离散 LTI 系统单位脉冲响应，可利用信号处理工具箱提供的 impz 函数，其调用方式为

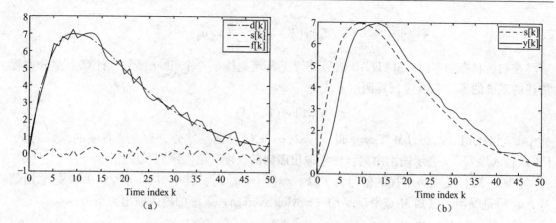

图 3-25　*M* 点滑动平均系统对受噪声干扰信号的去噪

$$h = impz(b,a,k)$$

式中 $b = [b0,b1,b2,\cdots,bN]$，$a = [a0,a1,a2,\cdots,aN]$ 分别是差分方程左、右端的系数向量，k 表示输出序列的取值范围，h 就是系统的单位脉冲响应。

[**例 3-37**] 利用 impz 函数求离散 LTI 系统

$$y[k] + 3y[k-1] + 2y[k-2] = f[k]$$

的单位脉冲响应 $h[k]$，并与理论值 $h[k] = -(-1)^k + 2(-2)^k, k \geqslant 0$ 比较。

解: % program 3_4 离散 LTI 系统的单位脉冲响应

```
k = 0:10;
a = [1 3 2];
b = [1];
h = impz(b,a,k);
subplot(2,1,1)
stem(k,h)
title('单位脉冲响应的近似值');
hk = -(-1).^k + 2 * (-2).^k;
subplot(2,1,2)
stem(k,hk)
title('单位脉冲响应的理论值');
```

程序运行结果如图 3-26 所示。

5. 离散卷积和的计算

卷积是用来计算系统零状态响应的有力工具。MATLAB 信号处理工具箱提供了一个计算两个离散序列卷积和的函数 conv，其调用方式为

$$c = conv(a,b)$$

式中，a、b 为待卷积两序列的向量表示，c 是卷积结果。向量 c 的长度为向量 a 和 b 长度之和减 1，即 length(c) = length(a) + length(b) - 1。

[**例 3-38**] 已知序列 $x[k] = \{1,2,3,4; k = 0,1,2,3\}$，$y[k] = \{1,1,1,1,1; k = 0,1,2,3,4\}$，计算 $x[k] * y[k]$ 并画出卷积结果。

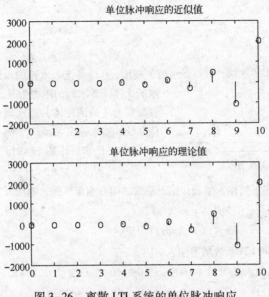

图 3-26　离散 LTI 系统的单位脉冲响应

解:% program 3_5 计算两序列的卷积和

$$x = [1,2,3,4];$$
$$y = [1,1,1,1,1];$$
$$z = conv(x,y);$$
$$N = length(z);$$
$$stem(0:N-1,z);$$

程序运行结果为

z = 1　　3　　6　　10　　10　　9　　7　　4

波形如图 3-27 所示。

conv 函数也可用来计算两个多项式的积。例如多项式 $(s^3 + 2s + 3)$ 和 $(s^2 + 3s + 2)$ 的乘积可通过下面的 MATLAB 语句求出

$$a = [1,0,2,3];$$
$$b = [1,3,2];$$
$$c = conv(a,b)$$

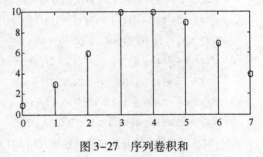

图 3-27　序列卷积和

语句 $a = [1,0,2,3]$ 和 $b = [1,3,2]$ 分别是多项式 $(s^3 + 2s + 3)$ 和 $(s^2 + 3s + 2)$ 的向量表示。注意，在用向量表示多项式时，应将多项式各项包括零系数项的系数均写入向量的对应元素中。如多项式 $(s^3 + 2s + 3)$ 中 2 次方的系数为零，故向量 a 的第 2 个元素也为零。如果表示成 $a = [1,2,3]$，则计算机将认为表示的多项式为 $s^2 + 2s + 3$。上面语句运行的结果为

c =
　　1　　3　　4　　9　　13　　6

即　　　　　　　$(s^3 + 2s + 3)(s^2 + 3s + 2) = s^5 + 3s^4 + 4s^3 + 9s^2 + 13s + 6$

习题

3-1　图 3-28 为一装水的水箱，$h(t)$ 是水面的高度，$f(t)$ 是流入水箱的水的流速，$y(t)$ 是流出水箱的水的流速。若水阀的阻力为 R，则 $y(t)=Rh(t)$。若水箱是底面积为 A 的圆柱体，则水箱中水的体积等于 $Ah(t)$。求该系统的输入输出关系。

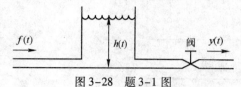

图 3-28　题 3-1 图

3-2　已知描述某连续时间 LTI 系统的微分方程为
$$y'(t)+3y(t)=f(t), \quad t>0$$
$y(0^+)=1$，试求系统在下列输入激励作用下系统的固有响应、强迫响应及完全响应。

(1) $f(t)=u(t)$　　　　　(2) $f(t)=e^{-t}u(t)$

(3) $f(t)=e^{-3t}u(t)$　　　(4) $f(t)=\cos t u(t)$

3-3　试求下列连续时间 LTI 系统的零输入响应。

(1) $y''(t)+5y'(t)+4y(t)=2f'(t)+5f(t)$，$t>0$；$y(0^-)=1$，$y'(0^-)=5$

(2) $y''(t)+4y'(t)+4y(t)=3f'(t)+2f(t)$，$t>0$；$y(0^-)=-2$，$y'(0^-)=3$

(3) $y''(t)+4y'(t)+8y(t)=3f'(t)+f(t)$，$t>0$；$y(0^-)=5$，$y'(0^-)=2$

(4) $y'''(t)+3y''(t)+2y'(t)=f'(t)+4f(t)$，$t>0$；$y(0^-)=1$ $y'(0^-)=0$ $y''(0^-)=1$

3-4　试求下列连续时间 LTI 系统的零状态响应。

(1) $y'(t)+3y(t)=f(t)$，$t>0$；$f(t)=e^{-3t}u(t)$

(2) $y'(t)+3y(t)=f(t)$，$t>0$；$f(t)=\cos t u(t)$

(3) $y'(t)+3y(t)=f(t)$，$t>0$；$f(t)=e^{-3t}\cos t u(t)$

(4) $y''(t)+2y'(t)+2y(t)=f(t)$，$t>0$；$f(t)=u(t)$

(5) $y''(t)+4y'(t)+3y(t)=f(t)$，$t>0$；$f(t)=e^{-2t}u(t)$

(6) $y''(t)+4y'(t)+3y(t)=2f'(t)+f(t)$，$t>0$；$f(t)=e^{-2t}u(t)$

3-5　试求下列连续时间 LTI 系统的零输入响应、零状态响应和完全响应。

(1) $y''(t)+5y'(t)+4y(t)=f'(t)+2f(t)$，$t>0$；
$f(t)=u(t)$，$y(0^-)=2$，$y'(0^-)=4$

(2) $y''(t)+4y'(t)+4y(t)=3f'(t)+2f(t)$，$t>0$；
$f(t)=e^{-t}u(t)$，$y(0^-)=-2$，$y'(0^-)=3$

(3) $y''(t)+4y'(t)+8y(t)=15f'(t)+5f(t)$，$t>0$；
$f(t)=e^{-t}u(t)$，$y(0^-)=5$，$y'(0^-)=2$

3-6　试求下列微分方程所描述的连续时间 LTI 系统的冲激响应 $h(t)$。

(1) $y'(t)+3y(t)=2f(t)$，$t>0$；

(2) $y'(t)+4y(t)=3f'(t)+2f(t)$，$t>0$；

(3) $y''(t)+3y'(t)+2y(t)=4f(t)$，$t>0$；

(4) $y''(t)+4y'(t)+4y(t)=2f'(t)+5f(t)$，$t>0$；

(5) $y''(t)+4y'(t)+8y(t)=4f'(t)+2f(t)$，$t>0$；

(6) $y''(t)+5y'(t)+6y(t)=f''(t)+7f'(t)+4f(t)$，$t>0$。

3-7　求图 3-29 所示 RC 电路中电容电压的冲激响应和阶跃响应。

3-8　求图 3-30 所示 RL 电路中电感电流的冲激响应和阶跃响应。

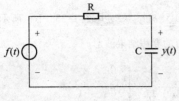

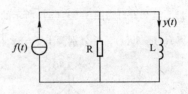

图 3-29　题 3-7 图　　　　　　　　　　　　图 3-30　题 3-8 图

3-9　用图解法计算图 3-31 所示信号的卷积积分。

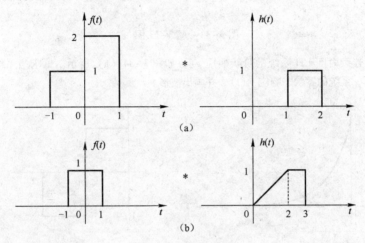

图 3-31　题 3-9 图

3-10　计算下列信号的卷积积分。

(1) $[u(t)-u(t-1)]*[u(t-2)-u(t-3)]$　　　(2) $[u(t)-u(t-1)]*e^{-2t}u(t)$

(3) $2e^{-2t}u(t)*3e^{-t}u(t)$　　　　　　　(4) $2e^{-2(t-1)}u(t-1)*3e^{-(t-2)}u(t-2)$

(5) $2e^{-2t}u(t-1)*3e^{-t}u(t-2)$　　　　　(6) $2e^{-2t}u(t)*3e^{t}u(-t)$

(7) $2e^{2t}u(-t)*3e^{t}u(-t)$　　　　　　　(8) $2e^{-2t}u(t)*3e^{-|t|}$

3-11　利用卷积积分的微、积分性质计算图 3-31 所示信号的卷积。

3-12　利用卷积积分的性质计算图 3-32 所示信号的卷积，并画出结果波形。

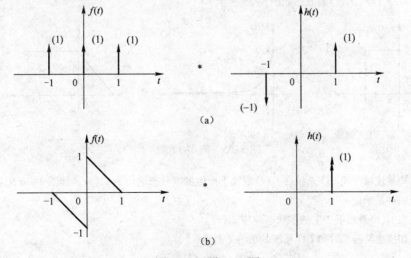

图 3-32　题 3-12 图

3-13　已知 $f(t)$ 为图 3-33（a）所示的三角波，$\delta_T(t) = \sum\limits_{k=-\infty}^{\infty} \delta(t-kT)$ 是图 3-33（b）所示的单位冲激串，计算 $f(t) * \delta_T(t)$，并分别画出 $T=3\tau$，$T=2\tau$ 和 $T=\tau$ 时的卷积结果波形。

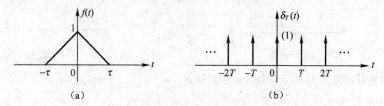

图 3-33　题 3-13 图

3-14　已知某连续时间 LTI 系统的阶跃响应 $g(t)$ 如图 3-34（a）所示，试求当系统输入为图 3-34（b）所示的 $f(t)$ 时，系统的零状态响应 $y_f(t)$，并画出波形。

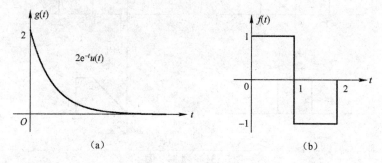

图 3-34　题 3-14 图

3-15　已知某连续时间 LTI 系统在阶跃信号 $u(t)$ 激励下产生的阶跃响应为 $y_1(t) = e^{-2t}u(t)$，试求系统在 $f_2(t) = e^{-3t}u(t)$ 激励下产生的零状态响应 $y_2(t)$。

3-16　已知某连续时间 LTI 系统在 $\delta'(t)$ 作用下的零状态响应为 $y_f(t) = 3e^{-2t}u(t)$，试求：

（1）系统的冲激响应 $h(t)$；

（2）系统对输入激励 $f(t) = 2[u(t) - u(t-2)]$ 产生的零状态响应。

3-17　已知某连续时间 LTI 系统在 $f_1(t)$ 激励下产生的响应为 $y_1(t)$，试求系统在 $f_2(t)$ 激励下产生的响应 $f_2(t)$。$f_1(t)$、$y_1(t)$、$f_2(t)$ 的波形如图 3-35 所示。

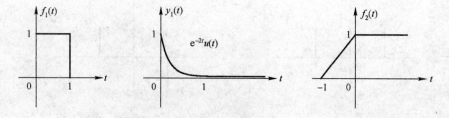

图 3-35　题 3-17 图

3-18　已知某连续时间 LTI 系统在 $f_1(t)$ 激励下产生的零状态响应为 $y_1(t)$，如图 3-36 所示，试求：

（1）系统的冲激响应 $h(t)$；

（2）系统在 $f_2(t)$ 激励下产生的零状态响应 $y_2(t)$。

3-19　已知描述某连续时间 LTI 系统的微分方程为

$$y''(t) + 5y'(t) + 6y(t) = f(t)$$

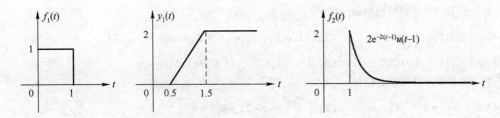

图 3-36　题 3-18 图

系统的初始状态为 $y(0^-)=1$，$y'(0^-)=0$，系统的输入 $f(t)=10\cos t u(t)$。

（1）求系统的单位冲激响应 $h(t)$；

（2）求系统的零输入响应 $y_x(t)$，零状态响应 $y_f(t)$ 及完全响应 $y(t)$；

（3）指出系统响应中的暂态响应分量 $y_t(t)$ 和稳态响应分量 $y_s(t)$，及其固有响应分量 $y_h(t)$ 和强迫响应分量 $y_p(t)$。

3-20　已知描述某离散时间 LTI 系统的差分方程为

$$y[k]-0.5y[k-1]=f[k], \quad k>0;$$

初始条件为 $y[0]=1$，试求系统在下列输入激励作用下系统的固有响应、强迫响应及完全响应。

（1）$f[k]=u[k]$ 　　　　　　　（2）$f[k]=(-1)^k u[k]$

（3）$f[k]=\left(\dfrac{1}{2}\right)^k u[k]$ 　　　　（4）$f[k]=\cos\left(\dfrac{\pi}{2}k\right)u[k]$

3-21　求离散时间 LTI 系统 $y[k]-2ay[k-1]+y[k-2]=f[k]$，$y[-1]=0$，$y[-2]=1$ 的零输入响应，式中 （1）$a=\dfrac{1}{2}$；（2）$a=-1$ （3）$a=\dfrac{5}{4}$。

3-22　求下列差分方程描述的离散时间 LTI 系统的零状态响应。

（1）$y[k]-\dfrac{1}{4}y[k-1]=f[k]$，$f[k]=(-1)^k u[k]$

（2）$y[k]-\dfrac{1}{4}y[k-1]=f[k]$，$f[k]=\cos\left(\dfrac{\pi}{2}k\right)u[k]$

（3）$y[k]-\dfrac{1}{4}y[k-1]=f[k]-f[k-1]$，$f[k]=(-1)^k u[k]$

（4）$y[k]-\dfrac{3}{4}y[k-1]+\dfrac{1}{8}y[k-2]=f[k]$，$f[k]=u[k]$

3-23　求下列离散时间 LTI 系统的零输入响应 $y_x[k]$，零状态响应 $y_f[k]$ 及完全响应 $y[k]$。

（1）$y[k]+\dfrac{1}{2}y[k-1]=3f[k]$，$y[-1]=4$，$f[k]=u[k]$

（2）$y[k]-4y[k-1]+4y[k-2]=4f[k]$，$y[-1]=0$，$y[-2]=2$，$f[k]=(-3)^k u[k]$

3-24　求下列差分方程描述的离散时间 LTI 系统的单位脉冲响应 $h[k]$。

（1）$y[k]-0.5y[k-1]=f[k]$

（2）$y[k]=f[k]-f[k-1]$

（3）$y[k]-\dfrac{3}{4}y[k-1]+\dfrac{1}{8}y[k-2]=f[k]$

（4）$y[k]-5y[k-1]+6y[k-2]=f[k]-3f[k-2]$

3-25　利用图解法计算序列卷积和 $f[k]*h[k]$。

（1）$f[k]=2^k\{u[k]-u[k-N]\}$，$h[k]=u[k]$

（2）$f[k]=2^k\{u[k]-u[k-N]\}$，$h[k]=u[k]-u[k-N]$

3-26　计算以下序列的卷积和。

(1) $\{\overset{\downarrow}{1},2,1\} * \{\overset{\downarrow}{1},2,1\}$ 　　(2) $\{\overset{\downarrow}{1},0,2,0,1\} * \{\overset{\downarrow}{1},0,2,0,1\}$

(3) $\{\overset{\downarrow}{1},2,1\} * \{\overset{\downarrow}{1},0,2,0,1\}$ 　　(4) $\{-3,\overset{\downarrow}{4},6,0,-1\} * \{\overset{\downarrow}{1},1,1,1\}$

3-27　计算以下序列的卷积和。

(1) $\delta[k-3] * \delta[k+4]$ 　　(2) $\left(\dfrac{1}{2}\right)^k u[k-2] * \delta[k-1]$

(3) $\sin\left(\dfrac{\pi}{2}k\right) * \{\delta[k]-\delta[k-1]\}$ (4) $\{\delta[k+1]+\delta[k-1]\} * \displaystyle\sum_{r=-\infty}^{\infty}\delta[k-4r]$

3-28　计算以下序列的卷积和。

(1) $2^k u[k] * u[k-4]$ 　　(2) $u[k] * u[k-2]$

(3) $\left(\dfrac{1}{2}\right)^k u[k] * u[k]$ 　　(4) $\left(\dfrac{1}{2}\right)^k u[k] * 2^k u[k]$

(5) $\alpha^k u[k] * \beta^k u[k]$ 　　(6) $\alpha^k u[k] * \alpha^{-k} u[-k],\ |a|<1$

3-29　已知某离散时间 LTI 系统在 $f_1[k]$ 激励下的零状态响应为 $y_1[k]$，求该系统在 $f_2[k]$ 激励下的零状态响应 $y_2[k]$，$f_1[k]$，$y_1[k]$ 和 $f_2[k]$ 如图 3-37 所示。

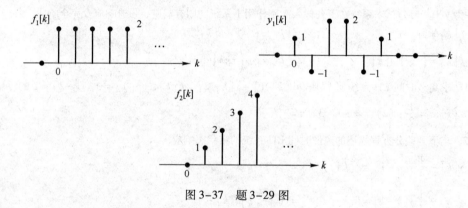

图 3-37　题 3-29 图

3-30　已知描述某离散时间 LTI 系统的差分方程为

$$y[k]-\frac{5}{6}y[k-1]+\frac{1}{6}y[k-2]=f[k]+f[k-1]$$

系统的初始状态 $y[-1]=0$，$y[-2]=1$，系统的输入 $f[k]=u[k]$，

(1) 求该系统的单位脉冲响应 $h[k]$；

(2) 求该系统的零输入响应 $y_x[k]$，零状态响应 $y_f[k]$ 及完全响应 $y[k]$；

(3) 指出系统响应中的瞬态响应分量 $y_t[k]$ 和稳态响应分量 $y_s[k]$，及其固有响应分量 $y_h[k]$ 和强制响应分量 $y_p[k]$。

3-31　求图 3-38 所示连续时间 LTI 系统的单位冲激响应 $h(t)$，图中 $h_1(t)=u(t)$，$h_2(t)=\mathrm{e}^{-2t}u(t)$，$h_3(t)=\delta(t-1)$，$h_4(t)=2\mathrm{e}^{-3t}u(t)$。

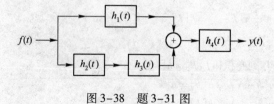

图 3-38　题 3-31 图

3-32 判断下列连续时间 LTI 系统是否为因果、稳定系统。

(1) $h(t) = e^{at}u(t)$

(2) $h(t) = e^{at}u(-t)$

(3) $h(t) = \dfrac{1}{T_1 + T_2}[u(t + T_2) - u(t - T_1)]$

(4) $h(t) = Sa^2(2t)$

3-33 求图 3-39 所示离散时间 LTI 系统的单位脉冲响应 $h[k]$，图中 $h_1[k] = \left(\dfrac{1}{2}\right)^k u[k]$，$h_2[k] = \left(\dfrac{1}{3}\right)^k u[k]$，$h_3[k] = \delta[k-1]$，$h_4[k] = \left(\dfrac{1}{4}\right)^k u[k]$。

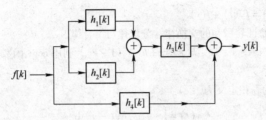

图 3-39　题 3-33 图

3-34 判断下列离散时间 LTI 系统是否为因果、稳定系统。

(1) $h[k] = \delta[k+1] + \delta[k] - \delta[k-1]$

(2) $h[k] = a^k u[k]$

(3) $h[k] = a^k u[-k]$

(4) $h[k] = \cos\left(\dfrac{\pi}{2}k\right)u[k]$

MATLAB 习题

M3-1 描述某连续时间 LTI 系统的微分方程为

$$y''(t) + 5y'(t) + 6y(t) = u(t) - u(t-1)$$

(1) 求出该系统的零状态响应 $y_f(t)$；

(2) 利用 lsim 函数求出该系统的零状态响应的数值解。利用（1）所求得的结果，比较不同的抽样间隔对数值解精度的影响。

M3-2 在图 3-40 所示电路中，$L = 1H$，$C = 1F$，$R_1 = 1\,\Omega$，$R_2 = 2\,\Omega$，$f(t)$ 是输入信号，$y(t)$ 是输出响应。

(1) 建立描述该系统的微分方程；

(2) 利用 impulse 函数求系统的冲激响应；

(3) 利用 step 函数求系统的单位阶跃响应。

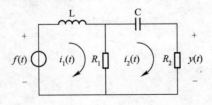

图 3-40　题 M3-2 图

M3-3 下列微分方程分别描述一阶、二阶和三阶 BW 型模拟低通滤波器，利用 impulse 函数分别求出各系统的冲激响应，并比较它们的时域特性。

(1) $y'(t) + y(t) = f(t)$

(2) $y''(t) + \sqrt{2}y'(t) + y(t) = f(t)$

(3) $y'''(t) + 2y''(t) + 2y'(t) + y(t) = f(t)$

M3-4 下列微分方程分别描述 BW 型模拟低通、高通、带通和带阻滤波器，利用impulse函数分别求出各系统的单位冲激响应，并比较它们的时域特性。

(1) $y''(t) + \sqrt{2}y'(t) + y(t) = f(t)$

(2) $y''(t) + \sqrt{2}y'(t) + y(t) = f''(t)$

(3) $y''(t) + y'(t) + y(t) = f'(t)$

(4) $y''(t) + y'(t) + y(t) = f''(t) + f(t)$

M3-5 利用 conv 函数验证卷积和的交换律、分配律与结合律。

M3-6 已知 $f[k] = \pm f[N-1-k]$，$h[k] = \pm h[N-1-k]$，利用 conv 函数计算 $f[k] * h[k]$，并归纳总结 $f[k] * h[k]$ 的对称关系。

M3-7 两个连续信号的卷积定义为

$$y(t) = \int_{-\infty}^{\infty} f(\tau)h(t - \tau)\,\mathrm{d}\tau$$

为了进行数值计算，需对连续信号进行抽样。记 $f[k] = f(k\Delta)$，$h[k] = h(k\Delta)$，Δ 为进行数值计算的抽样间隔。则连续信号卷积可近似地写为

$$y(k\Delta) = f[k] * h[k] \cdot \Delta$$

可以利用 conv 函数近似计算连续信号的卷积。设 $f(t) = u(t) - u(t-1)$，$h(t) = f(t) * f(t)$，

(1) 为了与近似计算的结果作比较，用解析法求出 $y(t) = f(t) * h(t)$；

(2) 利用不同的 Δ 计算出卷积的数值近似值，并与（1）中的结果相比较。

M3-8 利用 impz 函数，计算离散时间 LTI 系统

$$y[k] + 0.7y[k-1] - 0.45y[k-2] - 0.6y[k-3]$$
$$= 0.8f[k] - 0.44f[k-1] + 0.36f[k-2] + 0.02f[k-3]$$

的单位脉冲响应 $h[k]$，并画出 $h[k]$ 前 31 点的图。

M3-9 利用 MATLAB 的 filter 函数，求出下列离散时间 LTI 系统的单位脉冲响应，并判断系统是否稳定。本题的结果对你有何启示？

(1) $y[k] - 1.845y[k-1] + 0.850586y[k-2] = f[k]$

(2) $y[k] - 1.85y[k-1] + 0.85y[k-2] = f[k]$

第 4 章　周期信号的频域分析

> **内容提要:** 本章介绍连续周期信号的连续傅里叶级数及其基本性质,引入连续周期信号频谱的概念;介绍离散周期信号的离散傅里叶级数及其基本性质,引入离散周期信号频谱的概念;最后介绍利用 MATLAB 计算周期信号频谱的基本方法。

本章从信号表示的角度介绍连续周期信号的连续傅里叶级数 (continuous Fourier series, CFS) 和离散周期信号的离散傅里叶级数 (discrete Fourier series, DFS)。在此基础上,引入了周期信号的频谱,并通过傅里叶级数的性质,阐述了信号的时域与频域之间的对应关系,展现了其数学概念和工程概念。

信号的时域分析将信号表示为冲激信号或脉冲信号的线性组合,从时域给出了信号通过 LTI 系统时,输入、输出、系统三者之间的内在关系。周期信号的频域分析将信号表示为正弦类信号 (虚指数信号) 的线性组合,即通过傅里叶级数将时域信号映射到频域,从频域诠释信号的特性,并从频域分析输入、输出、系统三者之间的关系。

傅里叶 (Fourier, 1768—1830) 是 19 世纪初法国数学家和物理学家,他提出满足一定条件的时域信号可以表示为一系列正弦 (或虚指数) 信号的加权叠加,即周期为 T_0 的连续周期信号 $f(t)$ 可以表示为 $e^{jn\omega_0 t}$ ($\omega_0 = 2\pi/T_0$),周期为 N 的离散周期信号 $f[k]$ 可以表示为 $e^{jn\Omega_0 k}$ ($\Omega_0 = 2\pi/N$),它们统称为信号的傅里叶表示。信号傅里叶表示中的加权系数称为信号的频谱,并且时域信号与其对应的频谱之间构成一一对应的关系。信号的傅里叶表示揭示了信号的时域与频域之间的内在联系,为信号和系统的分析提供了一种新的方法和途径。

4.1　连续周期信号的傅里叶级数

4.1.1　周期信号的频域表示

图 4-1 (a) 所示为周期矩形脉冲信号 $f(t)$,图 4-1 (b) ~ (d) 分别为不同频率的正弦波。图 4-1 (e) 中的虚线是图 4-1 (b) 所示正弦波乘以加权系数的波形,以近似表示周期信号 $f(t)$;图 4-1 (f) 中的虚线是图 4-1 (b) 和 (c) 所示正弦波的加权叠加,以近似表示周期信号 $f(t)$,即 $f(t) \approx 1.2732\sin(\omega_0 t) - 0.4244\sin(3\omega_0 t)$;图 4-1 (g) 中的虚线是图 4-1 (b) ~ (d) 所示正弦波的加权叠加,以近似表示周期信号 $f(t)$,即 $f(t) \approx 1.2732 \times \sin(\omega_0 t) - 0.4244\sin(3\omega_0 t) + 0.2546\sin(5\omega_0 t)$。由此可见,不同频率的正弦波乘以相应的加权系数进行叠加即可合成周期矩形脉冲信号,且不同频率的正弦波项数越多,合成波形与图 4-1 (a) 所示周期矩形脉冲信号越接近。

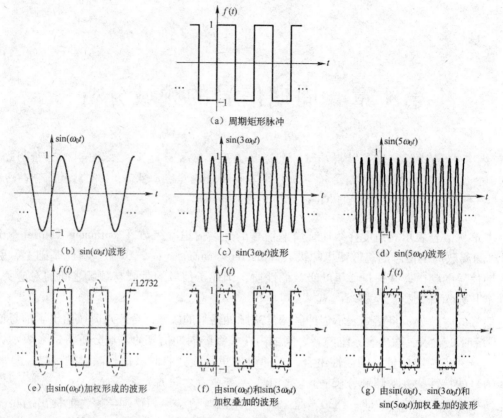

图 4-1　利用不同频率的正弦波表示周期矩形脉冲

　　连续周期信号可以表示为一系列不同频率的正弦波的加权叠加，这一理论是 19 世纪初法国数学家和物理学家傅里叶（Fourier）在热的传播和扩散现象研究中得出的结论。1807 年傅里叶发现物体的温度分布可用成谐波关系的正弦函数级数表示，他还断言："任何"周期信号都可以用成谐波关系的正弦函数级数来表示。由于当时傅里叶并未对此结论进行严格的数学证明，因此受到了以拉格朗日（Lagrange）为代表的部分学者的反对，但反对者也不能给出有力的不同论据。直到 1829 年，狄利克雷（Dirichlet）才对这个问题做出了令人信服的回答，狄利克雷认为，周期信号在满足一定条件时，可以用成谐波关系的正弦函数级数表示。傅里叶还指出非周期信号也可以用正弦函数的加权积分表示，这一理论在工程实际中有着广泛应用。因此，无论是周期信号还是非周期信号，无论是连续时间信号还是离散时间信号，只要是将信号表示为正弦（或虚指数）信号，就称为信号的傅里叶分析。

4.1.2　指数形式的傅里叶级数

　　根据连续傅里叶级数（CFS）的理论，满足一定条件的连续周期信号 $f(t)$ 可以表示为无限项虚指数信号 $e^{jn\omega_0 t}$ 的加权叠加，即

$$f(t) = \sum_{n=-\infty}^{\infty} C_n e^{jn\omega_0 t}, \omega_0 = \frac{2\pi}{T_0} \tag{4-1}$$

式（4-1）称为连续周期信号 $f(t)$ 的傅里叶级数表示，C_n 称为周期信号 $f(t)$ 的傅里叶系数。

其中：T_0 为周期信号 $f(t)$ 的周期，ω_0 为周期信号 $f(t)$ 的角频率。角频率 ω_0 与频率 f_0 之间存在 $\omega_0 = 2\pi f_0$ 的关系，角频率 ω_0 与周期 T_0 之间存在 $\omega_0 = 2\pi/T_0$ 的关系，而频率 f_0 与周期 T_0 之间存在 $f_0 = 1/T_0$ 的关系。

虚指数信号集 $\{e^{jn\omega_0 t}\}$（$n = 0, \pm 1, \pm 2, \cdots$）是完备的正交信号集，由正交理论可求出傅里叶级数的系数 C_n。将式（4-1）两边同乘以 $e^{-jm\omega_0 t}$ 得

$$f(t)e^{-jm\omega_0 t} = \sum_{n=-\infty}^{\infty} C_n e^{j(n-m)\omega_0 t} \tag{4-2}$$

式（4-2）两边都是周期为 T_0 的周期信号。将式（4-2）两边对变量 t 在一个周期 T_0 内积分得

$$\int_{<T_0>} f(t)e^{-jm\omega_0 t}dt = \int_{<T_0>} \sum_{n=-\infty}^{\infty} C_n e^{j(n-m)\omega_0 t}dt \tag{4-3}$$

符号 $\int_{<T_0>}$ 表示对信号在一个周期 T_0 内积分。将式（4-3）右边积分与求和的次序交换后可得

$$\int_{<T_0>} f(t)e^{-jm\omega_0 t}dt = \sum_{n=-\infty}^{\infty} C_n \int_{<T_0>} e^{j(n-m)\omega_0 t}dt \tag{4-4}$$

根据 $\{e^{jn\omega_0 t}\}$（$n = 0, \pm 1, \pm 2, \cdots$）的正交性，即

$$\int_{<T_0>} e^{j(n-m)\omega_0 t}dt = T_0 \delta[n-m] \tag{4-5}$$

可得

$$C_n = \frac{1}{T_0} \int_{<T_0>} f(t)e^{-jn\omega_0 t}dt = \frac{1}{T_0} \int_{t_0}^{T_0+t_0} f(t)e^{-jn\omega_0 t}dt \tag{4-6}$$

上述推导过程说明，如果连续周期信号 $f(t)$ 可以表示为傅里叶级数，则可用式（4-6）求出傅里叶级数表示式中的系数 C_n。显然，C_n 是 $n\omega_0$ 的函数，即 $C_n = C_n(n\omega_0)$，一般简写为 C_n。

在周期信号 $f(t)$ 的傅里叶级数表示式式（4-1）中，$n = 0$ 这项是个常数，它表示了信号中的直流分量。$n = +1$ 和 $n = -1$ 这两项的频率都为 f_0，两项合在一起称之为信号的基波分量（fundamental harmonic components）或一次谐波分量（first harmonic components）。$n = +2$ 和 $n = -2$ 这两项的频率都为 $2f_0$，两项合在一起称为信号的 2 次谐波分量（second harmonic components）。一般地，$n = +N$ 和 $n = -N$ 这两项的和称之为信号的 N 次谐波分量。

若 $f(t)$ 为实函数，则指数傅里叶级数展开式中的系数满足

$$C_n = C_{-n}^* \tag{4-7}$$

证明： 由式（4-6）有

$$C_n = \frac{1}{T_0} \int_{t_0}^{T_0+t_0} f(t)e^{-jn\omega_0 t}dt \tag{4-8}$$

将 $-n$ 代入式（4-8）得

$$C_{-n} = \frac{1}{T_0} \int_{t_0}^{T_0+t_0} f(t)e^{jn\omega_0 t}dt$$

对上式两边共轭得

$$C_{-n}^* = \frac{1}{T_0} \int_{t_0}^{T_0+t_0} f(t)e^{-jn\omega_0 t}dt \tag{4-9}$$

比较式（4-6）和式（4-8）得

$$C_n = C_{-n}^*$$

式（4-7）表明，当信号 $f(t)$ 为实信号时，$f(t)$ 的傅里叶系数 C_n 具有共轭偶对称特性。

4.1.3　三角形式的傅里叶级数

对于实周期信号 $f(t)$，其傅里叶级数表示式还可利用另一种形式表示。由于式（4-1）可以表示为

$$f(t) = C_0 + \sum_{n=-\infty}^{-1} C_n e^{jn\omega_0 t} + \sum_{n=1}^{\infty} C_n e^{jn\omega_0 t} = C_0 + \sum_{n=1}^{\infty} (C_n e^{jn\omega_0 t} + C_{-n} e^{-jn\omega_0 t}) \tag{4-10}$$

傅里叶系数 C_n 一般为复函数，引入两个实函数 a_n 和 b_n 来表示 C_n，即

$$C_n = \frac{a_n - jb_n}{2} \tag{4-11}$$

当信号 $f(t)$ 为实信号时，由于存在式（4-7）特性，因此有

$$C_{-n} = C_n^* = \frac{a_n + jb_n}{2} \tag{4-12}$$

由式（4-6）可知 C_0 是实数，所以 $b_0 = 0$，故

$$C_0 = \frac{a_0}{2} \tag{4-13}$$

将式（4-11）、式（4-12）和式（4-13）代入式（4-10）中，整理后可得

$$f(t) = a_0/2 + \sum_{n=1}^{\infty} \left[a_n \cos(n\omega_0 t) + b_n \sin(n\omega_0 t) \right] \tag{4-14}$$

由式（4-6）和式（4-11）可得

$$a_n = \frac{2}{T_0} \int_{t_0}^{T_0+t_0} f(t) \cos(n\omega_0 t) \, dt \tag{4-15}$$

$$b_n = \frac{2}{T_0} \int_{t_0}^{T_0+t_0} f(t) \sin(n\omega_0 t) \, dt \tag{4-16}$$

式（4-14）称为三角函数形式的傅里叶级数表示式。

对于实周期信号来说，既可以按照式（4-1）给出的指数形式的傅里叶级数表示，也可以按照式（4-14）给出的三角函数形式的傅里叶级数表示，两者本质是相同的，可以通过欧拉公式统一起来。三角函数形式的傅里叶级数的特点是傅里叶系数 a_n 和 b_n 都是实函数，物理概念容易解释。指数形式的傅里叶级数的系数 C_n 虽然为复函数，但指数形式的傅里叶级数表示式更加简洁，而且其既可以表示实周期信号也可以表示复周期信号。所以在本书的理论推导部分大多采用的是指数形式的傅里叶级数。

[例4-1] 求图4-2所示幅度为 A、周期为 T_0，脉冲宽度为 τ 的周期矩形脉冲的傅里叶级数表示式。

解：

周期矩形信号 $f(t)$ 在一个周期 $[-T_0/2, T_0/2]$ 内的定义为

$$f(t) = \begin{cases} A, & |t| \le \tau/2 \\ 0, & |t| > \tau/2 \end{cases}$$

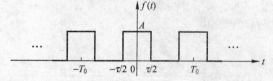

图4-2　周期为 T_0、宽度为 τ 的周期矩形脉冲

根据式（4-6）可计算出周期矩形脉冲的傅里叶系数 C_n，即

$$C_n = \frac{1}{T_0} \int_{-T_0/2}^{T_0/2} f(t) \mathrm{e}^{-jn\omega_0 t} \mathrm{d}t = \frac{1}{T_0} \int_{-\tau/2}^{\tau/2} A\mathrm{e}^{-jn\omega_0 t} \mathrm{d}t$$

$$= \frac{A}{T_0(-jn\omega_0)} \mathrm{e}^{-jn\omega_0 t} \Big|_{t=-\tau/2}^{t=\tau/2} = \tau \frac{A\sin(n\omega_0\tau/2)}{T_0 n\omega_0\tau/2} = \frac{\tau A}{T_0} \mathrm{Sa}\left(\frac{n\omega_0\tau}{2}\right)$$

所以周期矩形脉冲指数函数形式的傅里叶级数展开式为

$$f(t) = \sum_{n=-\infty}^{\infty} (\tau A/T_0) \mathrm{Sa}(n\omega_0\tau/2) \mathrm{e}^{jn\omega_0 t} \tag{4-17}$$

由于 $f(t)$ 是实信号，利用 C_n 的共轭对称性和欧拉公式，式（4-17）可改写为三角函数形式的傅里叶级数展开式，即

$$f(t) = (\tau A/T_0) + \sum_{n=1}^{\infty} (2\tau A/T_0) \mathrm{Sa}(n\omega_0\tau/2) \cos(n\omega_0 t) \tag{4-18}$$

[**例 4-2**] 求图 4-3 所示周期三角形脉冲信号的傅里叶级数表示式。

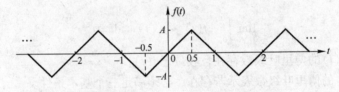

图 4-3　周期三角形脉冲

解： 由图 4-3 可知信号的周期 $T_0 = 2$，所以

$$\omega_0 = \frac{2\pi}{2} = \pi$$

$f(t)$ 在区间 $[-1/2, 3/2]$ 的表达式为

$$f(t) = \begin{cases} 2At, & |t| \leqslant \dfrac{1}{2} \\ 2A(1-t), & \dfrac{1}{2} < t \leqslant \dfrac{3}{2} \end{cases}$$

由 $f(t)$ 的波形可知

$$C_0 = 0$$

根据式（4-6），傅里叶系数为

$$C_n = \frac{1}{2} \int_{-1/2}^{1/2} 2At\mathrm{e}^{-jn\pi t} \mathrm{d}t + \frac{1}{2} \int_{1/2}^{3/2} 2A(1-t) \mathrm{e}^{-jn\pi t} \mathrm{d}t$$

计算上式积分可得

$$C_n = \frac{-4Aj}{n^2\pi^2} \sin\left(\frac{n\pi}{2}\right), \quad n \neq 0$$

所以周期三角形脉冲信号的傅里叶级数展开式为

$$f(t) = \sum_{n=-\infty, n\neq 0}^{\infty} \frac{-4Aj}{n^2\pi^2} \sin\left(\frac{n\pi}{2}\right) \mathrm{e}^{jn\pi t} \tag{4-19}$$

由于 $f(t)$ 是实信号，利用 C_n 的共轭对称性和欧拉公式可得其三角函数形式的傅里叶级数的表达式为

$$f(t) = \sum_{n=1}^{\infty} \frac{8A}{n^2\pi^2} \sin\left(\frac{n\pi}{2}\right) \sin(n\pi t)$$

$$= \frac{8A}{\pi^2}\left[\sin(\pi t) - \frac{1}{9}\sin(3\pi t) + \frac{1}{25}\sin(5\pi t) - \frac{1}{49}\sin(7\pi t) + \cdots\right] \qquad (4-20)$$

4.1.4　傅里叶级数的收敛

根据傅里叶级数理论，并非所有的周期信号 $f(t)$ 都可以由式（4-1）表示。周期信号 $f(t)$ 需要满足一定的条件才能用傅里叶级数表示。下面简要讨论该约束条件。

由有限项傅里叶系数构成的部分和定义为

$$f_N(t) = \sum_{n=-N}^{N} C_n e^{jn\omega_0 t}$$

若 $f_N(t)$ 能够在能量意义下收敛于 $f(t)$，即

$$\lim_{N\to\infty} \int_0^{T_0} |f(t) - f_N(t)|^2 dt = 0$$

则表明周期信号 $f(t)$ 的傅里叶级数存在且收敛于 $f(t)$。

周期信号 $f(t)$ 的傅里叶级数表示若存在，必须满足三个基本条件。

① 周期信号 $f(t)$ 在一个周期内满足绝对可积，即

$$\int_{t_0}^{T_0+t_0} |f(t)| dt < \infty \qquad (4-21)$$

② 周期信号 $f(t)$ 在一个周期内存在有限数量的不连续点（间断点）。

③ 周期信号 $f(t)$ 在一个周期内存在有限数量的极大值和极小值点。

上述条件称为狄利克雷条件。在实际中遇见的大多数周期信号都能满足狄利克雷条件，所以都可以用一个收敛的傅里叶级数来表示。

当周期信号 $f(t)$ 有界且满足狄利克雷条件时，则 $f(t)$ 的傅里叶级数在 $f(t)$ 的不连续点 $t=t_0$ 收敛于 $\left[f(t_0^+) + f(t_0^-)\right]/2$。其中

$$f(t_0^+) = \lim_{\varepsilon\to 0} f(t_0 + \varepsilon), \quad f(t_0^-) = \lim_{\varepsilon\to 0} f(t_0 - \varepsilon)$$

图 4-4 画出了周期矩形脉冲在幅度 $A=1$、周期为 $T_0=2$，脉冲宽度 $\tau=1$ 时的傅里叶级数的部分和 $f_N(t)$。其中 $N=1$，3，5，21。随着 N 的增加，傅里叶级数部分和越来越逼近原信号波形。在不连续点 $t=\pm 1/2$ 处，傅里叶级数部分和收敛到该点左极限和右极限的中值 $1/2$；在不连续点附近，部分和 $f_N(t)$ 呈现出起伏，起伏的频率随着 N 的变大而增加，但起伏的峰值不随 N 的增大而下降。若不连续点的幅度是 1，则傅里叶级数部分和呈现的峰值的最大值约为 1.09，即约有9%的超量。无论 N 多大，这个超量不变，这种现象称为吉布斯（Gibbs）现象。在傅里叶级数的项数取得很大时，不连续点附近波峰宽度趋近于零，所以波峰下的面积也趋近于零。因而在能量意义下部分和的波形收敛于原信号波形。由此可见，造成吉布斯现象的原因是信号的傅里叶级数在不连续点附近不是一致收敛。

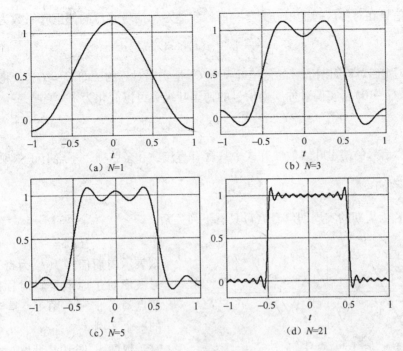

(a) N=1　　　　　　(b) N=3

(c) N=5　　　　　　(d) N=21

图 4-4　吉布斯现象

4.1.5　信号的对称性与傅里叶系数的关系

当周期信号的波形具有某种对称性时，其相应的傅里叶级数的系数会呈现出一定的特征。周期信号的对称性大致分两类，一类是对整个周期对称，如奇对称信号或偶对称信号，这种对称性决定了展开式中是否含有正弦项或余弦项；另一类对称性是波形前半周期与后半周期是否相同或成镜像关系，这种对称性决定了展开式中是否含有偶次谐波或奇次谐波。下面分别讨论不同的对称情况下，周期信号傅里叶系数的性质。

1. 偶对称信号

如果以 T_0 为周期的实周期信号 $f(t)$ 具有下列关系

$$f(t) = f(-t) \qquad (4-22)$$

则表示周期信号 $f(t)$ 为 t 的偶对称信号，其信号波形对于纵轴为左右对称，故也称为纵轴对称信号。图 4-5 是偶对称信号的一个实例。

图 4-5　偶对称信号

根据式（4-6）并取 $t_0 = -T_0/2$，有

$$C_n = \frac{1}{T_0} \int_{-T_0/2}^{T_0/2} f(t) \mathrm{e}^{-jn\omega_0 t} \mathrm{d}t$$

$$= \frac{1}{T_0} \int_{-T_0/2}^{T_0/2} f(t) \cos(n\omega_0 t) \mathrm{d}t - j \frac{1}{T_0} \int_{-T_0/2}^{T_0/2} f(t) \sin(n\omega_0 t) \mathrm{d}t$$

由于奇对称信号在对称区间上积分为零，所以实偶对称信号 $f(t)$ 的傅里叶系数为

$$C_n = \frac{1}{T_0} \int_{-T_0/2}^{T_0/2} f(t) \cos(n\omega_0 t) \mathrm{d}t$$

由上式可知，实偶对称周期信号的傅里叶系数 C_n 是实偶对称的，即 $C_n = C_{-n}$。将 $C_n = C_{-n} = a_n/2$ 代入式（4-10），实偶对称周期信号的傅里叶级数可以简化为

$$f(t) = a_0/2 + \sum_{n=1}^{\infty} a_n \cos(n\omega_0 t) \tag{4-23}$$

可见实偶对称信号的傅里叶级数展开式中只含有直流项和余弦项，不含有正弦项。

2. 奇对称信号

如果以 T_0 为周期的实周期信号 $f(t)$ 具有下列关系

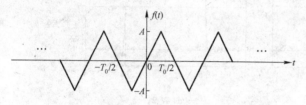

图4-6 奇对称信号

$$f(t) = -f(-t) \tag{4-24}$$

则表示周期信号 $f(t)$ 为奇对称，其信号波形对于原点是斜对称的，故称为原点对称信号。图4-6是奇对称信号的一个实例。

根据式（4-6）并取 $t_0 = -T_0/2$，有

$$\begin{aligned}
C_n &= \frac{1}{T_0} \int_{-T_0/2}^{T_0/2} f(t) \mathrm{e}^{-jn\omega_0 t} \mathrm{d}t \\
&= \frac{1}{T_0} \int_{-T_0/2}^{T_0/2} f(t) \cos(n\omega_0 t) \mathrm{d}t - j \frac{1}{T_0} \int_{-T_0/2}^{T_0/2} f(t) \sin(n\omega_0 t) \mathrm{d}t \\
&= \frac{-j}{T_0} \int_{-T_0/2}^{T_0/2} f(t) \sin(n\omega_0 t) \mathrm{d}t
\end{aligned}$$

由上式可知，奇对称信号的傅里叶系数 C_n 为纯虚数，虚部是奇对称的，即 $C_n = -C_{-n}$。将 $C_n = -C_{-n} = b_n/2$ 代入式（4-10），奇对称信号的傅里叶级数可以简化为

$$f(t) = \sum_{n=1}^{\infty} b_n \sin(n\omega_0 t) \tag{4-25}$$

可见奇对称信号的傅里叶级数展开式中只含有正弦项，不含有直流分量和余弦项。

3. 半波重叠信号

如果以 T_0 为周期的周期信号 $f(t)$ 具有下列关系

$$f(t) = f(t \pm T_0/2) \tag{4-26}$$

则表示周期信号 $f(t)$ 的信号波形平移半个周期后与原波形完全重合，故称为半波重叠信号。图4-7是半波重叠信号的一个实例。

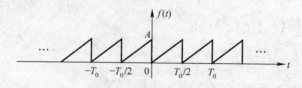

图4-7 半波重叠信号

由式（4-26）可知，半波重叠信号的基波周期 $T_1 = T_0/2$，对应的角频率 $\omega_1 = 2\pi/T_1 = 2\omega_0$，所以信号的傅里叶表示可写为

$$f(t) = \sum_{n=-\infty}^{\infty} C_n \mathrm{e}^{\mathrm{j}n\omega_1 t} = \sum_{n=-\infty}^{\infty} C_n \mathrm{e}^{\mathrm{j}2n\omega_0 t} \tag{4-27}$$

根据式（4-6）并取 $t_0 = 0$，有

$$C_n = \frac{1}{T_1} \int_0^{T_1} f(t) \mathrm{e}^{-\mathrm{j}n\omega_1 t} \mathrm{d}t = \frac{2}{T_0} \int_0^{T_0/2} f(t) \mathrm{e}^{-\mathrm{j}2n\omega_0 t} \mathrm{d}t \tag{4-28}$$

所以半波重叠信号的傅里叶级数表示式中只有偶次谐波分量，无奇次谐波分量。尽管半波重叠周期信号的傅里叶级数展开式中只含有偶次谐波，但其可能既有正弦分量又有余弦分量。

4. 半波镜像信号

如果以 T_0 为周期的周期信号 $f(t)$ 具有下列关系

$$f(t) = -f(t \pm T_0/2) \tag{4-29}$$

则表示周期信号 $f(t)$ 的信号波形平移半个周期后，将与原波形上下镜像对称，故称为半波镜像信号。图 4-8 是半波镜像信号的一个实例。构造周期为 T_0 的信号 $f_1(t)$，它在第一个周期内的值为

$$f_1(t) = \begin{cases} f(t), & 0 \leqslant t < T_0/2 \\ 0, & T_0/2 \leqslant t \leqslant T_0 \end{cases} \tag{4-30}$$

则由图 4-8 可知，$f(t)$ 可表示为

$$f(t) = f_1(t) - f_1(t - T_0/2)$$

设周期信号 $f_1(t)$ 的傅里叶级数表示式为

$$f_1(t) = \sum_{n=-\infty}^{+\infty} C_n \mathrm{e}^{\mathrm{j}n\omega_0 t}$$

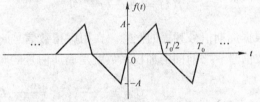

图 4-8 半波镜像信号

则有

$$f_1(t - T_0/2) = \sum_{n=-\infty}^{+\infty} C_n \mathrm{e}^{\mathrm{j}n\omega_0(t - T_0/2)} = \sum_{n=-\infty}^{+\infty} (-1)^n C_n \mathrm{e}^{\mathrm{j}n\omega_0 t}$$

所以

$$f(t) = f_1(t) - f_1(t - T_0/2) = \sum_{n=-\infty, n\text{为奇}}^{+\infty} 2C_n \mathrm{e}^{\mathrm{j}n\omega_0 t} \tag{4-31}$$

取 $t_0 = 0$，则由式（4-6）和式（4-30）有

$$C_n = \frac{1}{T_0} \int_0^{T_0/2} f(t) \mathrm{e}^{-\mathrm{j}n\omega_0 t} \mathrm{d}t \tag{4-32}$$

所以半波镜像周期信号的傅里叶级数表示式中将只含有奇次谐波分量，而无直流分量与偶次谐波分量，但其可能既有正弦分量又有余弦分量。

4.2 连续周期信号的频谱

4.2.1 周期信号频谱的概念

如前所述，周期信号 $f(t)$ 可以表示为一系列虚指数信号 $\mathrm{e}^{\mathrm{j}n\omega_0 t}$ 的加权叠加，即

$$f(t) = \sum_{n=-\infty}^{\infty} C_n e^{jn\omega_0 t} \tag{4-33}$$

其中的每个虚指数信号 $e^{jn\omega_0 t}$ 的角频率 $n\omega_0$ 都是基波频率 ω_0 的整数倍。傅里叶系数 C_n 反映了周期信号 $f(t)$ 的傅里叶级数表示中角频率 $\omega = n\omega_0$ 的虚指数信号的幅度和相位。对于不同的周期信号，其傅里叶级数的形式相同，不同的只是各周期信号的傅里叶系数。因此，周期信号傅里叶级数表示建立了周期信号 $f(t)$ 与傅里叶系数 C_n 之间一一对应关系。傅里叶系数 C_n 反映了周期信号中各次谐波的幅度值和相位值，故称周期信号的傅里叶系数 C_n 为周期信号的频谱。

周期信号 $f(t)$ 的频谱 C_n 一般是复函数，可表示为

$$C_n = |C_n| e^{j\varphi_n} \tag{4-34}$$

$|C_n|$ 随频率（角频率）变化的特性，称之为信号的幅度频谱（amplitude spectrum），简称幅度谱；φ_n 随频率（角频率）变化的特性称之为信号的相位频谱（phase spectrum），简称相位谱。若 $f(t)$ 为实信号，则由式（4-7）可推出，$f(t)$ 的幅度频谱为偶对称，相位频谱为奇对称。

[**例 4-3**] 画出周期信号 $f(t) = 1 + \cos(\omega_0 t - \pi/2) + 0.5\cos(2\omega_0 t + \pi/3)$ 的频谱。

解：

由欧拉公式，周期信号 $f(t)$ 可表示为

$$f(t) = 1 + \frac{1}{2}(e^{-j\pi/2}e^{j\omega_0 t} + e^{j\pi/2}e^{-j\omega_0 t}) + \frac{1}{4}(e^{j\pi/3}e^{j2\omega_0 t} + e^{-j\pi/3}e^{-j2\omega_0 t})$$

根据周期信号频谱的概念，在用虚指数信号 $e^{jn\omega_0 t}$ 的加权叠加表示连续周期信号 $f(t)$ 时，虚指数信号 $e^{jn\omega_0 t}$ 前面的加权系数就是周期信号的频谱 C_n，由此可得

$$C_{-2} = \frac{e^{-j\pi/3}}{4}, C_{-1} = \frac{e^{j\pi/2}}{2}, C_0 = 1, C_1 = \frac{e^{-j\pi/2}}{2}, C_2 = \frac{e^{j\pi/3}}{4}$$

所以该信号的频谱如图 4-9 所示。

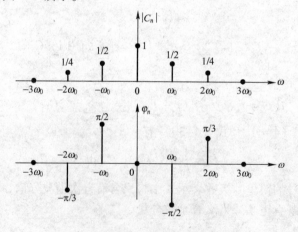

图 4-9   例 4-3 信号的频谱

图 4-9 给出了例 4-3 信号的幅度频谱和相位频谱。信号 $f(t)$ 的频谱清晰地描述了信号中的频率成分，即构成信号的各谐波分量的幅度和相位。若已知信号的频谱，则可由式（4-33）重建信号。所以频谱提供了另一种描述信号 $f(t)$ 的方法——信号的频域描述。信号的时域描述和信号的频域描述从不同的角度给出了信号特征，这些特征是深入分析和研究

信号的基础。

　　由频率的定义可知，频率是单位时间内信号波形重复的次数，所以频率一定是正数。而图 4-9 的频谱图中却出现了负频率。由欧拉公式知，一个角频率为 $n\omega_0$ 的正弦信号可用虚指数信号 $e^{jn\omega_0 t}$ 和 $e^{-jn\omega_0 t}$ 的线性组合来表示。所以频谱图中的负频率并不表示存在一个有物理意义的概念与之对应，$\omega = -n\omega_0$ 处频谱只是表示在信号的傅里叶级数展开中存在虚指数 $e^{-jn\omega_0 t}$ 项。当 $f(t)$ 是实信号时，虚指数 $e^{jn\omega_0 t}$ 项和 $e^{-jn\omega_0 t}$ 项的线性组合能构成一角频率为 $n\omega_0$ 的正弦信号。

　　[**例 4-4**] 画出图 4-2 所示周期矩形脉冲信号的频谱图。

　　解：

　　由例 4-1 可知，图 4-2 所示周期矩形脉冲信号的傅里叶系数，即周期矩形脉冲信号的频谱为

$$C_n = \frac{\tau A}{T} \mathrm{Sa}\left(\frac{n\omega_0 \tau}{2}\right), n = 0, \pm 1, \pm 2, \cdots$$

由于频谱 C_n 为实函数，因而各谐波分量的相位或为零（C_n 为正）或为 $\pm\pi$（C_n 为负），因此不需分别画出幅度频谱 $|C_n|$ 与相位频谱 φ_n，直接画出 C_n 的分布图即可。根据抽样函数 $\mathrm{Sa}(t)$ 的轮廓便可画出信号 $f(t)$ 的频谱，如图 4-10 所示。

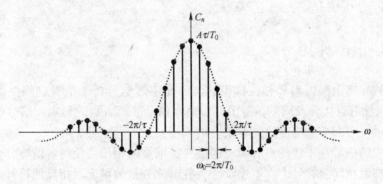

图 4-10　周期矩形脉冲信号的频谱

　　将周期信号的幅度频谱和相位频谱画在同一图中，只有在其频谱 C_n 为实数时才可能。在一般情况下，C_n 为复函数，幅度频谱与相位频谱就不可能画在一张图中，而必须分为幅度频谱与相位频谱两张图。

　　周期矩形脉冲信号 $f(t)$ 频谱的一些性质，实际上也是周期信号频谱的普遍性质。周期信号的频谱具有如下特性。

1. 离散频谱特性

　　所有周期信号的频谱都是由间隔为 ω_0 的谱线组成的。周期信号的离散频谱是周期信号频谱的重要特征。

　　不同的周期信号，其频谱分布的形状不同，但都是以基频 ω_0 为间隔分布的离散频谱。由于谱线的间隔 $\omega_0 = 2\pi/T_0$，故信号的周期决定其离散频谱的谱线间隔大小。信号的周期 T_0 越大，其基频 ω_0 就越小，则谱线越密。反之，T_0 越小，ω_0 越大，则谱线越疏。

2. 幅度衰减特性

频谱的幅度表示了周期信号 $f(t)$ 中各频率分量的大小。如果 $f(t)$ 是一个平滑的函数，这时函数值的变化较缓慢。合成这样的信号主要需要变化缓慢的（低频）正弦波以及少量的变化急剧的（高频）正弦波。信号的幅度谱将会随着频率的增加而快速衰减。这时只需取傅里叶级数的前几项就可获得对原信号的一个较好的近似表示。如果 $f(t)$ 中有不连续点或函数值的变化急剧，相对而言合成这样的信号就需要较多的高频分量，信号的幅度谱将会随着频率的增加而缓慢地衰减，需取更多项的傅里叶级数才可获得对原信号的近似表示。周期矩形脉冲有不连续点，所以它的幅度谱衰减较慢（按 $1/n$ 速度衰减）。周期三角波是一个连续函数，所以它的幅度谱衰减较快（按 $1/n^2$ 速度衰减）。

不同的周期信号其对应的频谱不同，但都有一个共同的特性，这就是频谱幅度衰减特性。也就是说，当周期信号的幅度频谱随着谐波 $n\omega_0$ 的增大，幅度谱 $|C_n|$ 不断衰减，并最终趋于零。尽管不同的周期信号其幅度谱的衰减速度不同，但都最终衰减为零。

可以证明，当 $f(t)$ 在间断点的幅度是有界时，C_n 按 $1/n$ 的速度衰减。若 $f(t)$ 连续，$f(t)$ 的一阶导数不连续时，则 C_n 按 $1/n^2$ 的速度衰减。一般地，如果 $f(t)$ 前 $i-1$ 阶导数连续，i 阶导数不连续，则 C_n 按 $1/n^{i+1}$ 的速度衰减。

4.2.2　相位谱的作用

周期信号的频谱由幅度谱和相位谱组成。前面定性地分析了信号的幅度谱和信号波形 $f(t)$ 的关系，而没有直接涉及周期信号的相位谱对信号波形 $f(t)$ 的影响。信号的相位谱在信号 $f(t)$ 的合成过程中起着和幅度谱同等重要的作用。

为了使合成的信号在不连续点有瞬时的跳变，谐波的相位将使得各谐波分量的幅度在不连续点前几乎都取相同的符号，在不连续点后各谐波分量的幅度取相反的符号。这样各次谐波合成的结果才能使信号 $f(t)$ 在不连续点附近存在急剧的变化。例如，考虑图 4-11 所示的周期矩形脉冲信号，由式（4-17）及傅里叶级数的线性特性可得周期矩形脉冲的傅里叶级数为

$$f(t) = \sum_{n=-\infty, n\neq 0}^{+\infty} \mathrm{Sa}(n\pi/2) \, \mathrm{e}^{jn\pi t/2}$$

$$= \frac{4}{\pi}\left\{ \cos(0.5\pi t) + \frac{1}{3}\cos(1.5\pi t + \pi) + \frac{1}{5}\cos(2.5\pi t) + \cdots \right\} \tag{4-35}$$

图 4-11 中画出了傅里叶级数最低的 3 个谐波分量的波形。各谐波分量的相位使得在不连续点 $t=1$ 前各分量信号的幅度为正，$t=1$ 后各分量信号的幅度为负，其他不连续点情况也是类似的。所有谐波的这种符号变化产生的影响加在一起就产生了信号的不连续点。相位谱对信号中急剧变化点的位置有着重要的作用。如果在重建信号的时候忽略了相位谱，重建的信号就会模糊或失去了信号原有的特征。因此，相位谱和幅度谱在确定信号波形时起着同等重要作用。

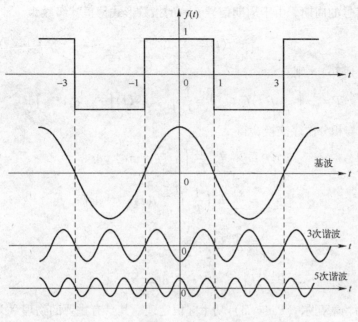

图 4-11　相位谱对周期信号波形的影响

4.2.3　信号的有效带宽

从图 4-10 周期矩形脉冲信号的频谱可见，其频谱包络线每当 $n\omega_0\tau/2 = m\pi$ 时，即 $n\omega_0 = 2m\pi/\tau (m \pm 1, \pm 2, \cdots)$ 时，通过零点。其中第一个零点在 $\pm 2\pi/\tau$ 处，此后谐波的幅度逐渐减小。通常将包含主要谐波分量的 $0 \sim 2\pi/\tau$ 这段频率范围称为周期矩形脉冲信号的有效频带宽度（简称有效带宽），以符号 ω_B（单位为 rad/s）或 f_B（单位为 Hz）表示，即有

$$\omega_B = 2\pi/\tau, \quad f_B = 1/\tau$$

信号的有效带宽与信号时域的持续时间 τ 成反比。即 τ 越大，其 ω_B 越小；反之，τ 越小，其 ω_B 越大。

信号的有效带宽是信号频率特性中的重要指标，具有实际应用意义。在信号的有效带宽内，集中了信号的绝大部分谐波分量。换句话说，若信号丢失有效带宽以外的谐波成分，不会对信号产生明显影响。同样，任何系统也有其有效带宽。当信号通过系统时，信号与系统的有效带宽必须"匹配"。若信号的有效带宽大于系统的有效带宽，则信号通过此系统时，就会损失信号频谱中有效带宽内的分量而造成较大的传输失真；若信号的有效带宽远小于系统的有效带宽，信号可以顺利通过，但对系统资源会造成浪费。

4.2.4　周期信号的功率谱

周期信号属于功率信号，周期信号 $f(t)$ 在 $1\,\Omega$ 电阻上消耗的平均功率定义为

$$P = \frac{1}{T_0} \int_{-T_0/2}^{T_0/2} f(t) \cdot f^*(t) \, \mathrm{d}t = \frac{1}{T_0} \int_{-T_0/2}^{T_0/2} |f(t)|^2 \, \mathrm{d}t \tag{4-36}$$

其中 T_0 为周期信号的周期。由于周期信号 $f(t)$ 的指数形式傅里叶级数为

$$f(t) = \sum_{n=-\infty}^{\infty} C_n e^{jn\omega_0 t}$$

将上式代入式（4-36），则有

$$P = \frac{1}{T_0} \int_{-T_0/2}^{T_0/2} f(t) f^*(t) \, dt = \frac{1}{T_0} \int_{-T_0/2}^{T_0/2} f^*(t) \left[\sum_{n=-\infty}^{\infty} C_n e^{jn\omega_0 t} \right] dt$$

将上式中的求和与积分次序交换，得

$$P = \sum_{n=-\infty}^{\infty} C_n \frac{1}{T_0} \int_{-T_0/2}^{T_0/2} f^*(t) e^{jn\omega_0 t} \, dt$$

$$= \sum_{n=-\infty}^{\infty} C_n \left(\frac{1}{T_0} \int_{-T_0/2}^{T_0/2} f(t) e^{-jn\omega_0 t} \, dt \right)^*$$

$$= \sum_{n=-\infty}^{\infty} C_n C_n^* = \sum_{n=-\infty}^{\infty} |C_n|^2$$

即

$$P = \frac{1}{T_0} \int_{-T_0/2}^{T_0/2} |f(t)|^2 \, dt = \sum_{n=-\infty}^{\infty} |C_n|^2 \tag{4-37}$$

式（4-37）称为帕塞瓦尔（Parseval）功率守恒定理，其具有重要的物理意义。

因为谐波分量 $C_n e^{jn\omega_0 t}$ 的平均功率为

$$P = \frac{1}{T_0} \int_{-T_0/2}^{T_0/2} C_n e^{jn\omega_0 t} \cdot C_n^* e^{-jn\omega_0 t} \, dt = \frac{1}{T_0} \int_{-T_0/2}^{T_0/2} |C_n|^2 \, dt = |C_n|^2$$

功率守恒定理表明，周期信号 $f(t)$ 在时域的平均功率等于其频域的各次谐波分量 $C_n e^{jn\omega_0 t}$ 的平均功率之和。

对实周期信号，因为存在 $C_n = C_{-n}^*$，所以

$$P = \sum_{n=-\infty}^{\infty} |C_n|^2 = C_0^2 + 2 \sum_{n=1}^{\infty} |C_n|^2 \tag{4-38}$$

可见任意周期信号的平均功率等于信号所包含的直流、基波以及各次谐波的平均功率之和。

$|C_n|^2$ 随 $n\omega_0$ 分布的特性称为周期信号的功率频谱，简称功率谱。显然，周期信号的功率谱也为离散频谱。从周期信号的功率谱中不仅可以看到各平均功率分量的分布情况，而且可以确定在周期信号的有效带宽内谐波分量具有的平均功率占整个周期信号的平均功率之比。

[例 4-5] 试求图 4-2 所示周期矩形脉冲信号的功率谱，并计算在其有效带宽（$0 \sim 2\pi/\tau$）内谐波分量所具有的平均功率占整个信号平均功率的百分比。其中 $A=1$，$T_0 = 1/4$，$\tau = 1/20$。

解：由例 4-1，周期矩形脉冲的频谱为

$$C_n = \frac{A\tau}{T_0} \text{Sa}\left(\frac{n\omega_0 \tau}{2} \right)$$

将 $A=1$，$T_0 = 1/4$，$\tau = 1/20$，$\omega_0 = 2\pi/T_0 = 8\pi$ 代入上式得

$$C_n = 0.2 \text{Sa}(n\omega_0/40) = 0.2 \text{Sa}(n\pi/5)$$

因此可得周期矩形脉冲信号的功率谱为

$$|C_n|^2 = 0.04 \text{Sa}^2(n\pi/5)$$

画出 $|C_n|^2$ 随 $n\omega_0$ 变化的图形即得周期矩形脉冲信号的功率谱图，如图 4-12 所示。显然，在有效频带宽（$0 \sim 2\pi/\tau$）内，包含了一个直流分量和四个谐波分量。信号的平均功率为

$$P = \frac{1}{T_0} \int_{-T_0/2}^{T_0/2} |f(t)|^2 dt = 0.2$$

而包含在有效带宽$(0 \sim 2\pi/\tau)$内的各谐波平均功率之和为

$$P_1 = \sum_{n=-4}^{4} |C_n|^2 = |C_0|^2 + 2\sum_{n=1}^{4} |C_n|^2 = 0.1806$$

$$\frac{P_1}{P} = \frac{0.1806}{0.200} = 90\%$$

上式表明，周期矩形脉冲信号包含在有效带宽内的各谐波平均功率之和占整个信号平均功率的90%。因此，若用直流分量、基波、二次、三次、四次谐波来近似周期矩形脉冲信号，可以达到很高的精度。同样，若该信号在通过系统时，只损失了有效带宽以外的所有谐波，则信号只有较少的失真。

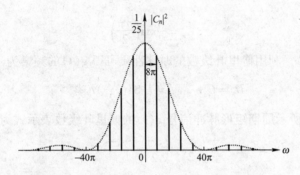

图4-12　例4-5周期矩形脉冲信号的功率谱

4.3　连续时间傅里叶级数的基本性质

周期信号的傅里叶级数具有一系列重要的性质，这些性质揭示了周期信号的时域与频域之间的内在联系，有助于深入理解傅里叶级数的数学概念和物理概念。为了表述傅里叶级数的性质，设$f(t)$是周期为T_0的周期信号，基波角频率$\omega_0 = 2\pi/T$。$f(t)$与其频谱C_n的对应关系记为

$$f(t) \longleftrightarrow C_n$$

1. 线性特性

设$f(t)$和$g(t)$均为以T_0为周期的周期信号，它们对应的频谱分别为

$$f(t) \longleftrightarrow C_n$$
$$g(t) \longleftrightarrow D_n$$

由于$f(t)$和$g(t)$具有相同的周期T_0，所以这两个信号的线性组合$af(t) + bg(t)$仍为周期信号，周期也是T_0。$f(t)$和$g(t)$的线性组合的频谱等于$f(t)$和$g(t)$的频谱的同一线性组合，即

$$af(t) + bg(t) \longleftrightarrow aC_n + bD_n \tag{4-39}$$

式（4-39）可由傅里叶级数的定义直接证明。线性特性可推广到多个具有相同周期的信号。

2. 时移特性

设 $f(t)$ 是以 T_0 为周期的周期信号，其对应的频谱为

$$f(t) \longleftrightarrow C_n$$

则有

$$f(t - t_1) \longleftrightarrow \mathrm{e}^{-jn\omega_0 t_1} C_n \tag{4-40}$$

式（4-40）表明，若周期信号在时域中出现时移，其频谱在频域中将产生附加相移，而幅度频谱保持不变。即信号 $f(t)$ 在时域的时移将导致其频谱 C_n 在频域的相移。

[**例 4-6**]　求图 4-13（a）所示周期矩形脉冲信号 $g(t)$ 的傅里叶级数表示式。

解：由图 4-13 可知信号的周期 $T_0 = 2$，基波角频率 $\omega_0 = \pi$，由例 4-1 可得图 4-13（b）所示 $f(t)$ 的频谱为

$$C_n = \frac{A}{2}\mathrm{Sa}\left(\frac{n\pi}{2}\right)$$

由于 $g(t) = f(t - 0.5)$，利用傅里叶级数的时移性质可得 $g(t)$ 的频谱为

$$D_n = C_n \mathrm{e}^{-jn\pi/2} = \frac{A}{2}\mathrm{Sa}\left(\frac{n\pi}{2}\right)\mathrm{e}^{-jn\pi/2}$$

因此，图 4-13（a）所示周期矩形脉冲信号 $g(t)$ 的傅里叶级数表示式为

$$g(t) = \sum_{n=-\infty}^{\infty} \frac{A}{2}\mathrm{Sa}\left(\frac{n\pi}{2}\right)\mathrm{e}^{-jn\pi/2}\mathrm{e}^{jn\pi t}$$

$$= \frac{A}{2} + \frac{2A}{\pi}\left[\sin(\pi t) + \frac{1}{3}\sin(3\pi t) + \frac{1}{5}\sin(5\pi t) + \cdots\right]$$

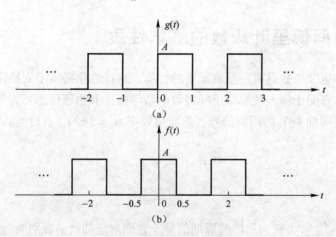

图 4-13　例 4-6 的周期信号

3. 卷积特性

设 $f(t)$ 和 $g(t)$ 均为以 T_0 为周期的周期信号，它们对应的频谱分别为

$$f(t) \longleftrightarrow C_n$$
$$g(t) \longleftrightarrow D_n$$

周期信号 $f(t)$ 和 $g(t)$ 的卷积定义为

$$x(t) = \int_0^{T_0} f(\tau)g(t-\tau)\,\mathrm{d}\tau \tag{4-41}$$

由式（4-41）可知 $x(t)$ 也是周期为 T_0 的周期信号。$x(t)$ 的频谱为

$$x(t) = \int_0^{T_0} f(\tau)g(t-\tau)\,\mathrm{d}\tau \longleftrightarrow T_0 C_n D_n \tag{4-42}$$

式（4-42）表明，周期信号在时域的周期卷积对应其频谱在频域的乘积。

　　[例 4-7]　求如图 4-14（a）所示周期三角脉冲信号 $g(t)$ 的傅里叶级数表示式。

　　解：首先我们定义图 4-14（b）所示的周期矩形波，通过计算周期信号 $f(t)$ 与 $f(t)$ 的周期卷积可得

$$g(t) = \int_0^{T_0} f(\tau)f(t-\tau)\,\mathrm{d}\tau$$

由例 4-1 可得 $f(t)$ 的频谱 C_n 为

$$C_n = \sqrt{\frac{2A}{\tau}}\,\frac{\tau}{2T_0}\mathrm{Sa}\!\left(\frac{n\omega_0\tau}{4}\right)$$

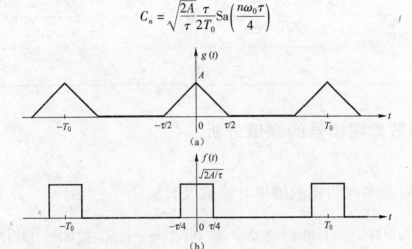

图 4-14　例 4-7 的周期信号

由傅里叶级数的卷积性质可得 $g(t)$ 的频谱 D_n 为

$$D_n = T_0 C_n^2 = \frac{A\tau}{2T_0}\mathrm{Sa}^2\!\left(\frac{n\omega_0\tau}{4}\right)$$

所以周期信号 $g(t)$ 的傅里叶级数表示为

$$g(t) = \sum_{n=-\infty}^{\infty} \frac{A\tau}{2T_0}\mathrm{Sa}^2\!\left(\frac{n\omega_0\tau}{4}\right)\mathrm{e}^{jn\omega_0 t} = \frac{A\tau}{2T_0} + \frac{A\tau}{T_0}\sum_{n=1}^{\infty}\mathrm{Sa}^2\!\left(\frac{n\omega_0\tau}{4}\right)\cos(n\omega_0 t)$$

4. 微分特性

　　设 $f(t)$ 是以 T_0 为周期的周期信号，其对应的频谱为

$$f(t) \longleftrightarrow C_n$$

则 $f(t)$ 的导数 $f'(t)$ 的频谱为

$$f'(t) \longleftrightarrow jn\omega_0 C_n \tag{4-43}$$

　　设 $f'(t)$ 的频谱为 D_n，如果已知 $f'(t)$ 的频谱，则由式（4-43）可求出 $f(t)$ 的频谱为

$$C_n = D_n/(jn\omega_0),\, n\neq 0 \tag{4-44}$$

式（4-44）说明，如果 $f'(t)$ 的频谱已求出，可以利用式（4-44）求出 $f(t)$ 除直流项以外的其他频谱，而直流项可以直接对 $f(t)$ 积分获得。

傅里叶级数的基本性质如表 4-1 所示。表中 $f(t) \longleftrightarrow C_n$；$g(t) \longleftrightarrow D_n$。

表 4-1　傅里叶级数基本性质

性　　质	周 期 信 号	傅里叶系数
线性	$af(t) + bg(t)$	$aC_n + bD_n$
共轭	$f^*(t)$	C_{-n}^*
翻转	$f(-t)$	C_{-n}
时移	$f(t - t_1)$	$e^{-jn\omega_0 t_1} C_n$
频移	$f(t) e^{jM\omega_0 t}$	C_{n-M}
卷积	$\int_0^{T_0} f(\tau) g(t-\tau) \mathrm{d}\tau$	$T_0 C_n D_n$
微分	$\dfrac{\mathrm{d}f(t)}{\mathrm{d}t}$	$jn\omega_0 C_n$
帕塞瓦尔定理	$\dfrac{1}{T_0}\int_0^{T_0} \lvert f(t)\rvert^2 \mathrm{d}t = \displaystyle\sum_{n=-\infty}^{\infty} \lvert C_n\rvert^2$	

4.4　离散周期信号的频域分析

4.4.1　周期序列的离散傅里叶级数及其频谱

连续时间周期信号可以用虚指数信号 $e^{jn\omega_0 t}$ 的线性叠加表示。类似地，周期为 N 的周期序列 $f[k]$ 可以用 N 项虚指数序列 $\{e^{j\frac{2\pi k}{N}m}; m = 0, 1, \cdots, N-1\}$ 的线性叠加表示，即

$$f[k] = \frac{1}{N}\sum_{k=0}^{N-1} F[m] e^{j\frac{2\pi}{N}mk} \tag{4-45}$$

式（4-45）称为周期序列的离散傅里叶级数（Discrete Fourier Seriers，DFS）表示，其中 $F[m]$ 为周期序列的 DFS 系数。利用虚指数序列的正交性，可以求出 DFS 系数为

$$F[m] = \sum_{k=0}^{N-1} f[k] e^{-j\frac{2\pi}{N}mk} \tag{4-46}$$

DFS 系数 $F[m]$ 也是一个周期为 N 的序列，称为离散周期信号 $f[k]$ 的频谱。

由于周期序列在一个周期内的求和与起点无关，因此周期序列 DFS 和 IDFS 定义为

$$F[m] = \mathrm{DFS}\{f[k]\} = \sum_{k=0}^{N-1} f[k] e^{-j\frac{2\pi}{N}mk} = \sum_{k=\langle N\rangle} f[k] W_N^{mk} \tag{4-47}$$

$$f[k] = \mathrm{IDFS}\{F[m]\} = \sum_{m=0}^{N-1} F[m] e^{j\frac{2\pi}{N}mk} = \frac{1}{N}\sum_{m=\langle N\rangle} F[m] W_N^{-mk} \tag{4-48}$$

其中 $W_N = e^{-j\frac{2\pi}{N}}$，$k = \langle N\rangle$ 和 $m = \langle N\rangle$ 表示对周期序列的一个周期求和。

由周期序列的频谱 $F[m]$，利用式（4-48）可以确定 $f[k]$。由周期序列 $f[k]$ 一个周期内的 N 个值，利用式（4-47）可以得到 $F[m]$。两者是一一对应的关系。因此，可以用

$f[k]$ 或 $F[m]$ 来完全描述一个离散周期信号，其中 $f[k]$ 是周期序列的时域表示，$F[m]$ 是周期序列的频域表示。周期序列 DFS 和 IDFS 的物理意义是，任一周期为 N 的序列都可以用 N 个虚指数信号 $e^{j\frac{2\pi}{N}mk}$ 的线性叠加表示，不同的周期序列只是对应不同的加权系数，即对应不同的频谱 $F[m]$。

[例 4–8] 求周期序列 $f[k] = \cos(\pi k/6)$ 的频谱。

解： 周期序列 $f[k]$ 的基波周期 $N = 12$。利用式（4–47）可计算出序列的频谱。当信号可以表示为正弦信号的线性叠加时，用式（4–48）更为便利。由欧拉公式得

$$f[k] = \frac{1}{2}e^{j2\pi k/12} + \frac{1}{2}e^{-j2\pi k/12} = \frac{1}{12}(6W_{12}^{k} + 6W_{12}^{-k}) \tag{4-49}$$

比较式（4–49）和式（4–48），该周期序列的 DFS 系数可表示为

$$F[m] = \begin{cases} 6, & m = \pm 1 \\ 0, & -5 \leq m \leq 6, m \neq \pm 1 \end{cases}$$

由于 $F[m]$ 的周期 $N = 12$，在区间 $0 \leq m \leq 11$ 内可将 DFS 系数表示为

$$F[m] = \begin{cases} 6, & m = 1, 11 \\ 0, & 2 \leq m \leq 10, m = 0 \end{cases}$$

图 4–15 画出了该序列的频谱 $F[m]$。

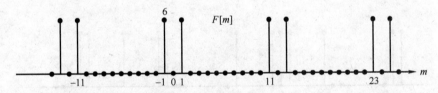

图 4–15　周期余弦序列的频谱

[例 4–9] 求图 4–16 所示周期矩形波序列的频谱。

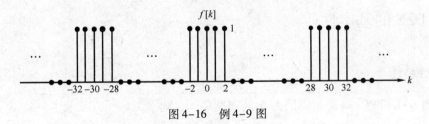

图 4–16　例 4–9 图

解： 图 4–16 所示周期矩形波序列的周期 $N = 30$，将式（4–47）中一个周期的求和范围取为 $k = -2$ 到 $k = 27$，可求出周期矩形波序列的频谱为

$$F[m] = \sum_{k=-2}^{2} e^{-j\frac{2\pi}{N}km}$$

利用等比级数的求和公式有

$$F[m] = \frac{e^{j\frac{2\pi}{N}m \cdot 2} - e^{-j\frac{2\pi}{N}m \cdot 3}}{1 - e^{-j\frac{2\pi}{N}m}} = \frac{e^{-j\frac{\pi}{N}m}(e^{j\frac{5\pi}{N}m} - e^{-j\frac{5\pi}{N}m})}{e^{-j\frac{\pi}{N}m}(e^{j\frac{\pi}{N}m} - e^{-j\frac{\pi}{N}m})} = \frac{\sin\left(\frac{5\pi m}{N}\right)}{\sin\left(\frac{\pi m}{N}\right)}$$

频谱图如图 4-17 所示。显然，频谱 $F[m]$ 是一个周期为 N 的离散序列。

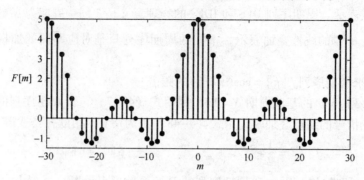

图 4-17　图 4-16 周期矩形波序列的频谱

同理可求出图 4-18 所示周期为 N，宽度为 $2M+1$，$N \geqslant 2M+1$ 的周期矩形波序列的频谱为

$$F[m] = \sum_{k=-M}^{M} \mathrm{e}^{-\mathrm{j}\frac{2\pi}{N}km} = \frac{\sin\left(\dfrac{\pi m}{N}(2M+1)\right)}{\sin\left(\dfrac{\pi m}{N}\right)}$$

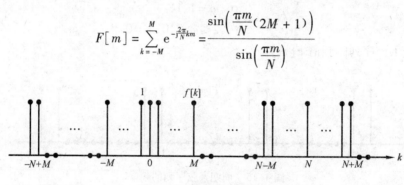

图 4-18　周期矩形波序列

4.4.2　DFS 的基本性质

1. 线性特性

设序列 $f_1[k]$ 和 $f_2[k]$ 都是周期为 N 的周期序列，则

$$\mathrm{DFS}\{af_1[k] + bf_2[k]\} = a\mathrm{DFS}\{f_1[k]\} + b\mathrm{DFS}\{f_2[k]\} \qquad (4\text{-}50)$$

该线性特性可由 DFS 的定义直接得出。

2. 时域位移特性

一个周期序列向左或向右位移 n 个样本时，在一个周期之内移出去的样本，将由相邻周期的样本移进来加以补充。如果只画了周期序列的一个周期内的样本，那么移出本周期的样本将循环绕回到本周期。如图 4-19 所示。

周期序列时域位移特性

若　　　　　　　　　　　　　　　　$\mathrm{DFS}\{f[k]\} = F[m]$

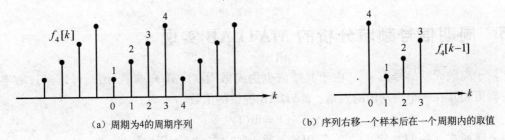

（a）周期为4的周期序列　　　　　（b）序列右移一个样本后在一个周期内的取值

图 4-19　周期序列的位移

则

$$\text{DFS}\{f[k+n]\} = W_N^{-mn} F[m] \tag{4-51}$$

式（4-51）表明，周期序列在时域中的位移，对应频谱在频域中的附加相移。

3. 对称特性

若

$$\text{DFS}\{f[k]\} = F[m]$$

则

$$\text{DFS}\{f^*[k]\} = F^*[-m] \tag{4-52}$$

$$\text{DFS}\{f^*[-k]\} = F^*[m] \tag{4-53}$$

当 $f[k]$ 是实序列时，由式（4-52）有

$$F[m] = F^*[-m] \tag{4-54}$$

即实序列的频谱是共轭偶对称的。也可将式（4-54）等价地写成

$$|F[m]| = |F[-m]|, \varphi[m] = -\varphi[-m] \tag{4-55}$$

或者

$$\text{Re}\{F[m]\} = \text{Re}\{F[-m]\}, \text{Im}\{F[m]\} = -\text{Im}\{F[-m]\} \tag{4-56}$$

即实周期序列的幅度频谱偶对称，相位频谱奇对称。频谱函数的实部偶对称，虚部奇对称。

当 $f[k]$ 是实偶对称序列时，由式（4-53）得

$$F[m] = F^*[m] \tag{4-57}$$

结合式（4-54）可知，实偶对称序列的频谱 $F[m]$ 是实序列，且实部为偶对称。

同理可得，实奇对称序列的频谱 $F[m]$ 是纯虚序列，且虚部是奇对称。

4. 周期卷积定理

设 $f_1[k]$ 和 $f_2[k]$ 是两个周期为 N 的序列，则两个周期序列的周期卷积定义为

$$f_1[k] \widetilde{*} f_2[k] = \sum_{n=0}^{N-1} f_1[n] f_2[k-n] \tag{4-58}$$

由周期卷积定义知，两个周期为 N 的序列周期卷积的结果仍是一个周期为 N 的序列。有时为了强调区别，把第 3 章中定义的离散卷积称为线性卷积。比较线性卷积和周期卷积的定义，它们的主要区别在于周期卷积的求和只在一个周期内进行。

时域周期卷积定理

$$\text{DFS}\{f_1[k] \widetilde{*} f_2[k]\} = \text{DFS}\{f_1[k]\} \text{DFS}\{f_2[k]\} \tag{4-59}$$

式（4-59）表明，两个周期序列在时域的周期卷积，对应其频谱在频域的乘积。

4.5　周期信号频域分析的 MATLAB 实现

对于离散周期信号 $f[k]$，由于其频谱也为离散周期序列 $F[m]$，因而可以通过数字计算精确得到其在一个周期内的频谱。MATLAB 提供的函数

$$F = \text{fft}(f)$$

可用来计算式（4-47）定义的 N 个 DFS 系数。其中向量 f 为周期信号 $f[k]$ 的一个周期上的 N 个值 $f[0], f[1], \cdots, f[N-1]$，返回的序列 F 给出的是 $0 \leqslant m \leqslant N-1$ 时的 DFS 系数。类似地，可用 MATLAB 提供的函数

$$f = \text{ifft}(F)$$

由 DFS 系数 $F[m]$ 按式（4-48）计算出时域信号 $f[k]$。

信号的频谱一般为复函数，可分别利用 abs 和 angle 函数获得其幅度频谱和相位频谱。其调用格式分别为：

　　Mag = abs(F)　　　　　% 计算频谱 F 的幅度谱

　　Pha = angle(F)　　　　% 计算频谱 F 的相位谱，返回 $(-\pi, \pi]$ 的相位值。

也可利用 real 和 imag 函数获得频谱的实部和虚部，其调用格式分别为：

　　Re = real(F)　　　　　% 计算频谱 F 的实部

　　Im = imag(F)　　　　　% 计算频谱 F 的虚部

［例 4-10］ 试用 MATLAB 计算图 4-18 所示周期矩形波序列的 DFS 系数。

解：

```
% Program 4_1
N = 32; M = 4;% 定义周期方波序列的参数
f = [ones(1,M + 1) zeros(1,N - 2 * M - 1) ones(1,M)];% 产生序列
F = fft(f);% 计算 DFS 系数
m = 0:N - 1;
stem(m,real(F));
title('F[m]的实部');
xlabel('m');
figure;
stem(m,imag(F));
title('F[m]的虚部');
xlabel('m');
fr = ifft(F);% 重建的 f[k]
figure;
stem(m,real(fr));
xlabel('k');
title('重建的 f[k]');
```

图 4-20 画出了计算结果。由于在一般情况下 fft 返回的是复函数，故分别画出了 DFS 系数的实部和虚部。由图 4-20（b）可见，此序列的 DFS 的虚部不为零，这是由于计算精度有限造成的。图 4-20（c）画出了由 DFS 系数重建的原始信号。

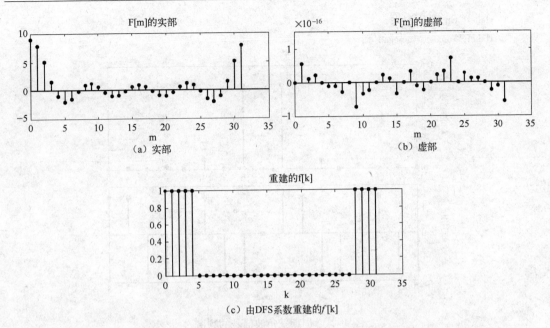

图 4-20　$N = 32$，$M = 4$ 的周期矩形波序列的 DFS 系数

[**例 4-11**] 设 $A = 1$，试用 MATLAB 画出例 4-2 周期三角波信号的频谱。

解：

由例 4-2 知该周期信号的傅里叶系数为

$$C_n = \begin{cases} \dfrac{-4j}{n^2 \pi^2} \sin\left(\dfrac{n\pi}{2}\right), & n \neq 0 \\ 0, & n = 0 \end{cases} \tag{4-60}$$

利用下面的 MATLAB 程序即可画出该信号的频谱，如图 4-21 所示。

```
% Program 4_2
N = 8;
% 计算 n = -N 到 -1 的傅里叶系数
n1 = -N:-1;
c1 = -4*j*sin(n1*pi/2)/pi^2./n1.^2;
% 计算 n = 0 时的傅里叶系数
c0 = 0;
% 计算 n = 1 到 N 的傅里叶系数
n2 = 1:N;
c2 = -4*j*sin(n2*pi/2)/pi^2./n2.^2;
cn = [c1 c0 c2];
n = -N:N;
subplot(2,1,1);
stem(n,abs(cn));
ylabel('Cn 的幅度');
subplot(2,1,2);
stem(n,angle(cn));
```

```
ylabel('Cn 的相位');
xlabel('\omega/\omega0');
```

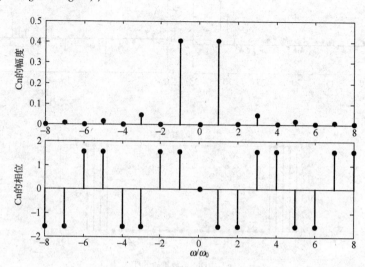

图 4-21　周期三角波信号的频谱

[**例 4-12**] 求图 4-22 所示周期矩形脉冲信号的傅里叶级数表示式, 并用 MATLAB 求出由前 N 次谐波合成的信号近似波形。

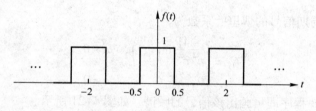

图 4-22　周期矩形脉冲信号

解:

取 $A = 1, T_0 = 2, \tau = 1, \omega_0 = \pi$, 由例 4-1 得

$$C_n = 0.5\mathrm{Sa}(n\pi/2)$$

由前 N 次谐波合成的信号近似波形为

$$f_N(t) = \sum_{n=-N}^{N} 0.5\mathrm{Sa}(n\pi/2)\mathrm{e}^{jn\pi t} = 0.5 + \sum_{n=1}^{N} \mathrm{Sa}(n\pi/2)\cos(n\pi t)$$

利用下面的 MATLAB 程序画出前 N 次谐波合成的信号近似波形。

```
% Program 4_3
t = -2:0.001:2;%信号的抽样点
N = input('N =');
c0 = 0.5;
fN = c0 * ones(1,length(t));%计算抽样点上的直流分量
for n = 1:2:N              %偶次谐波为零
    fN = fN + cos(pi * n * t) * sinc(n/2);
end
```

```
plot( t,fN) ;
title( [ 'N ='num2str( N) ] )
axis( [ -2  2  -0.2 1.2] ) ;
```

图 4-23 分别显示了 N 取不同值时信号合成的结果。从图中可以看出，由于周期矩形脉冲信号存在不连续点，因此利用有限项傅里叶系数重构信号时，存在吉布斯现象，即在不连续点会出现约 9% 的过冲。

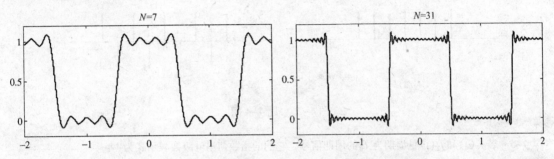

图 4-23　例 4-12 的前 N 项傅里叶系数合成的近似波形

习题

4-1　试比较图 4-24 所示的 4 种周期矩形脉冲信号，说明每种信号的对称特性并写出傅里叶级数表示式。

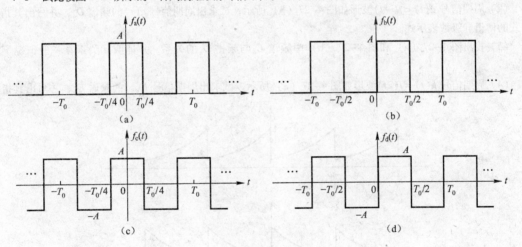

图 4-24　题 4-1 图

4-2　试求图 4-25 所示周期信号的傅里叶级数表示式。

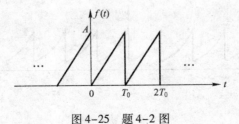

图 4-25　题 4-2 图

4-3 试求下列周期信号的频谱。

(1) $f(t) = \sin(2\omega_0 t)$ 　　　(2) $f(t) = \sin^2(\omega_0 t)$

(3) $f(t) = \cos\left(3t + \dfrac{\pi}{4}\right)$ 　　(4) $f(t) = \sin(2t) + \cos(4t) + \sin(6t)$

4-4 试求图 4-26 所示周期冲激信号的频谱，并写出其指数形式和三角形式的傅里叶级数表示式。

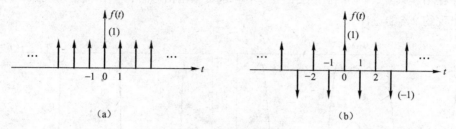

图 4-26　题 4-4 图

4-5 若 $f_1(t)$ 和 $f_2(t)$ 是周期为 T_0 的周期信号，它们的指数傅里叶级数表示式为

$$f_1(t) = \sum_{n=-\infty}^{\infty} F_{1n} e^{jn\omega_0 t}, f_2(t) = \sum_{n=-\infty}^{\infty} F_{2n} e^{jn\omega_0 t}, \omega_0 = \frac{2\pi}{T_0}$$

证明：

$$\frac{1}{T_0} \int_{-T_0/2}^{T_0/2} f_1(t) f_2^*(t)\, dt = \sum_{n=-\infty}^{\infty} F_{1n} F_{2n}^*$$

4-6 （1）已知周期信号 $f(t)$ 波形如图 4-27（a）所示，试求出周期信号 $f(t)$ 的频谱 C_n，并写出其指数形式的傅里叶级数表示式。

（2）周期信号 $g(t) = f(-t)$ 波形如图 4-27（b）所示，试求出周期信号 $g(t)$ 的频谱 D_n，并写出其指数形式的傅里叶级数表示式。

（3）找出图 4-27（a）和图 4-27（b）中频谱 C_n 与频谱 D_n 的关系，并证明此关系在一般情况下亦成立。

（4）周期信号 $h(t) = f(2t)$ 波形如图 4-27（c）所示，试求出周期信号 $h(t)$ 的频谱 E_n，并写出其指数

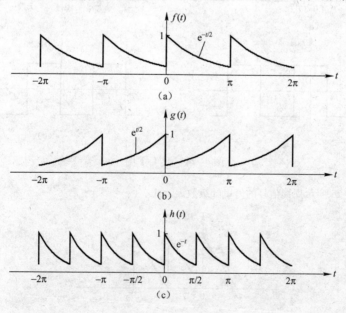

图 4-27　题 4-6 图

形式的傅里叶级数表示式。

（5）找出图 4-27（a）和图 4-27（c）中频谱 C_n 与频谱 E_n 的关系，并证明此关系在一般情况下亦成立。

4-7　已知连续周期信号的频谱 C_n 如图 4-28 所示，试写出其对应的实数形式的连续周期信号 $f(t)$，基波角频率 $\omega_0 = 3 \text{ rad/s}$。

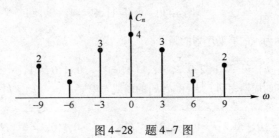

图 4-28　题 4-7 图

4-8　已知周期信号 $f(t)$ 为

$$f(t) = 2\cos(2\pi t - 3) + \sin(6\pi t)$$

试求其频谱和功率谱，并画出频谱图和功率谱图。

4-9　已知周期信号 $f(t)$ 波形如图 4-29 所示，试利用连续时间傅里叶级数的性质求出 $f(t)$ 的傅里叶级数表示式。

4-10　已知周期为 T_0 的周期信号 $f(t)$ 的频谱为 C_n，求下列周期信号的频谱。

（1）$x(t) = f(t-1)$　　　　（2）$x(t) = \dfrac{\mathrm{d}f(t)}{\mathrm{d}t}$

（3）$x(t) = f(t)\mathrm{e}^{\mathrm{j}(2\pi/T_0)t}$　　　（4）$x(t) = f(t)\cos\left(\dfrac{2\pi}{T_0}t\right)$

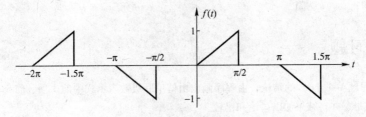

图 4-29　题 4-9 图

4-11　如果用傅里叶级数表示一个在有限区间内定义的信号，而不是周期信号，则傅里叶级数的表示形式是不唯一的。例如要表示在区间 $0 \leqslant t \leqslant 1$ 定义的函数 $f(t) = t$，可以选用周期 $T_0 = \pi$，$\omega_0 = 2$ 的傅里叶级数来表示，如图 4-30（a）所示。如果要使傅里叶级数表示中无正弦项，那么可以构造一个周期 $T_0 = \pi$，在区间 $-1 \leqslant t \leqslant 1$ 上 $f(t) = |t|$ 的信号，如图 4-30（b）所示。则该信号的傅里叶级数表示中就没有正弦项。已知

$$f(t) = t, 0 \leqslant t \leqslant 1$$

根据下面的不同要求，画出 $f(t)$ 在其他区间的波形。

（1）$\omega_0 = \pi/2$，含有各次谐波，但只有余弦项。

（2）$\omega_0 = 2$，含有各次谐波，但只有正弦项。

（3）$\omega_0 = \pi/2$，含有各次谐波，既有余弦项也有正弦项。

（4）$\omega_0 = 1$，含有奇次谐波和余弦项。

（5）$\omega_0 = \pi/2$，含有奇次谐波和正弦项。

（6）$\omega_0 = 1$，含有奇次谐波，既有余弦项也有正弦项。

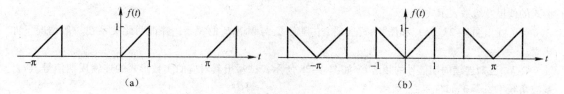

图 4-30　题 4-11 图

4-12 试计算下列周期为 4 的周期序列的频谱。

$$f[k] = \{\cdots, \overset{\downarrow}{1}, 2, 0, 2, \cdots\}, \quad h[k] = \{\cdots, \overset{\downarrow}{0}, 1, 0, -1, \cdots\}$$

4-13 试计算周期为 4 的周期序列 $f[k]$ 和 $h[k]$ 的周期卷积 $y[k] = f[k] \circledast h[k]$，已知 $f[k]$ 和 $h[k]$ 在一个周期内的值为

$$f[k] = \{0, 1, 0, 2; k = 0, 1, 2, 3\}, \quad h[k] = \{2, 0, 1, 0; k = 0, 1, 2, 3\}$$

4-14 试确定下列周期序列的周期及频谱

(1) $f_1[k] = \sin(\pi k/4)$

(2) $f_2[k] = 2\sin(\pi k/4) + \cos(\pi k/3)$

4-15 已知周期序列 $f[k]$ 的频谱 $F[m]$ 如下，试确定周期序列 $f[k]$。

(a) $F[m] = 1 + \dfrac{1}{2}\cos\left(\dfrac{\pi m}{2}\right) + 2\cos\left(\dfrac{\pi m}{4}\right)$

(b) $F[m] = \begin{cases} 1, & 0 \leqslant m \leqslant 3 \\ 0, & 4 \leqslant m \leqslant 7 \end{cases}$

(c) $F[m] = e^{-j\pi m/4}, 0 \leqslant m \leqslant 7$

(d) $F[m] = [1, 0, -1, 0, 1]$

4-16 已知周期序列 $f[k]$ 的频谱为 $F[m]$，试确定以下序列的频谱。

(a) $f[-k]$

(b) $(-1)^k f[k]$

(c) $y[k] = \begin{cases} f[k], & k \text{ 为偶} \\ 0, & k \text{ 为奇} \end{cases}$

(d) $y[k] = \begin{cases} f[k], & k \text{ 为奇} \\ 0, & k \text{ 为偶} \end{cases}$

MATLAB 习题

M4-1 利用习题 4-1 (d) 的结论，由程序画出由傅里叶级数表示式中前 3 项、前 5 项和前 31 项所构成的 $f(t)$ 的近似波形，并将结果加以讨论和比较。

M4-2 (1) 推导图 4-32 所示三角波信号的傅里叶级数表示式。

(2) 取 $A = 1$，$T_0 = 2$，画出信号的频谱。

(3) 以 $\left(|C_0|^2 + 2\sum\limits_{n=1}^{N} |C_n|^2\right)/P \geqslant 0.95$ 定义信号的有效带宽，试确定信号的有效带宽 $N\omega_0$。画出有效带宽内有限项谐波合成的近似波形，并与原始信号波形比较。

M4-3 求图 4-33 所示周期矩形脉冲信号的幅度谱，并画出频谱图。当分别取 $T_0 = 2\tau$，$T_0 = 4\tau$ 和 $T_0 = 8\tau$ 时，讨论周期 T_0 与频谱的关系。

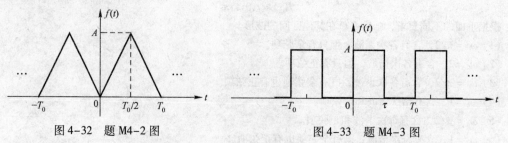

图 4-32　题 M4-2 图　　　　　　　图 4-33　题 M4-3 图

M4-4　在已知连续周期信号数学表达式的情况下，可用积分精确地计算其频谱。当信号数学表达式非常复杂或写不出信号的数学表达式时，则难以用解析法计算。下面讨论用数值的方法近似地计算连续周期信号的频谱。

（1）设 $f(t)$ 是一周期为 T_0 的周期信号，$\omega_0 = 2\pi/T_0$。$f(t)$ 的傅里叶级数表示式为

$$f(t) = \sum_n C_n \mathrm{e}^{\mathrm{j}n\omega_0 t}$$

在 $f(t)$ 的一个周期 T_0 内抽样 N 个点，抽样间隔为 T，即

$$T_0 = NT$$

试证明

$$C_n \approx \frac{1}{N}\mathrm{DFS}\{f(kT)\}$$

（2）取 $N=100, T_0=1, A=1, \tau=1$，利用（1）中的方法近似计算例 4-7 前 5 次谐波的傅里叶系数，并与理论值进行比较。

（3）取 $N=11, 20, 60$ 和 80，重复（2）的计算过程，评价所获得的结果。

第 5 章　非周期信号的频域分析

内容提要：本章介绍了连续非周期信号的傅里叶变换，连续非周期信号频谱的概念，傅里叶变换的基本性质，以及离散非周期信号的傅里叶变换及其基本性质，并介绍了利用 MATLAB 计算非周期信号频谱的基本方法。

本章从信号表示的角度介绍连续非周期信号的连续时间傅里叶变换（continuous time Fourier transform，CTFT）、离散非周期信号的离散时间傅里叶变换（discrete time Fourier transform，DTFT）。在此基础上，引入了非周期信号的频谱概念，并通过傅里叶变换的性质，阐述了信号的时域与频域之间的对应关系，展现了其数学概念、物理概念和工程概念。

信号的时域分析将信号表示为冲激信号或脉冲信号的线性组合，从时域给出了信号通过 LTI 系统时，输入、输出、系统三者之间的内在关系。非周期信号的频域分析与周期信号的频域分析类似，连续非周期信号 $f(t)$ 表示为 $e^{j\omega t}$ 的线性组合，离散非周期信号 $f[k]$ 表示为 $e^{j\Omega k}$ 的线性组合，从频域分析输入、输出、系统三者之间的关系，并诠释信号的频域特性。

5.1　连续非周期信号的频谱

连续周期信号可以表示为一系列虚指数信号 $e^{jn\omega_0 t}$ 的加权叠加，通过周期信号的傅里叶级数建立了周期信号时域与频域之间的对应关系。同理，连续非周期信号可以表示为虚指数信号 $e^{j\omega t}$ 的加权叠加，其通过非周期信号的傅里叶变换建立了非周期信号时域与频域之间的对应关系。

由于非周期信号可以看作是周期为无穷大的周期信号，因此，非周期信号的傅里叶变换可以利用极限的方式，通过周期信号的傅里叶级数来引入。设 $f_{T_0}(t)$ 是周期为 T_0 的周期信号，其傅里叶级数表示为

$$f_{T_0}(t) = \sum_{n=-\infty}^{+\infty} C_n e^{jn\omega_0 t} \tag{5-1}$$

其中频谱 C_n 为

$$C_n = \frac{1}{T_0} \int_{-T_0/2}^{T_0/2} f_{T_0}(t) e^{-jn\omega_0 t} dt \tag{5-2}$$

设 $f(t)$ 是一非周期信号，如图 5-1（a）所示。将 $f(t)$ 每 T_0 秒重复一次构成周期为 T_0 的周期信号 $f_{T_0}(t)$，如图 5-1（b）所示。为了避免图 5-1（b）中两个相邻波形的重叠，T_0 应取得足够大。周期信号 $f_{T_0}(t)$ 可用傅里叶级数来表示。当 $T_0 \to \infty$ 时，周期信号便成了非周期信

号，即

$$\lim_{T_0 \to \infty} f_{T_0}(t) = f(t)$$

故 $T_0 \to \infty$ 极限情况下 $f_{T_0}(t)$ 的傅里叶级数表示将等于 $f(t)$。

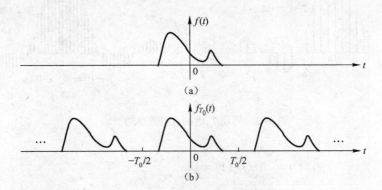

图 5-1　非周期信号的周期化

　　为了避免在 $T_0 \to \infty$ 时，由式（5-2）定义的 $C_n \to 0$，可将式（5-1）和式（5-2）等价地定义为

$$f_{T_0}(t) = \sum_{n=-\infty}^{+\infty} \frac{D_n}{T_0} e^{jn\omega_0 t} \tag{5-3}$$

$$D_n = \int_{-T_0/2}^{T_0/2} f_{T_0}(t) e^{-jn\omega_0 t} dt, \quad \omega_0 = \frac{2\pi}{T_0} \tag{5-4}$$

　　下面先通过一个例子来说明如何由周期矩形脉冲的频谱来得出非周期矩形脉冲信号的频谱。在 4.1 节中曾求出周期为 T_0、宽度为 τ 的周期矩形脉冲的频谱为

$$C_n = \frac{\tau A}{T_0} \mathrm{Sa}\left(\frac{n\omega_0 \tau}{2}\right)$$

所以

$$D_n = T_0 C_n = \tau A \mathrm{Sa}\left(\frac{n\omega_0 \tau}{2}\right) = \tau A \mathrm{Sa}\left(\frac{\omega\tau}{2}\right)\Big|_{\omega = n\omega_0}$$

　　由于谱线的间隔为 $\omega_0 = 2\pi/T_0$，故信号的周期决定了离散频谱的谱线间隔大小。信号的周期 T_0 越大，其基频 ω_0 就越小，则谱线越密。反之，T_0 越小，ω_0 越大，谱线则越疏。图 5-2 说明了信号周期与谱线间隔之间的关系。当信号的周期 T_0 趋于无穷大时，则周期信号变为非周期信号。此时信号的谱线间隔趋于零，即离散频谱变为连续频谱，记 $\omega = n\omega_0$，则宽度为 τ 的非周期矩形脉冲的频谱为

$$F(j\omega) = \lim_{T_0 \to \infty} D_n = \lim_{T_0 \to \infty} T_0 C_n = \tau A \mathrm{Sa}(\omega\tau/2)$$

　　对于任意的周期信号，其频谱分布的形状不同，但都是以基频 ω_0 为间隔而分布的离散频谱。当 $T_0 \to \infty$，$\Delta\omega = (n+1)\omega_0 - n\omega_0 = \omega_0 = 2\pi/T_0 \to 0$，$n\omega_0$ 成为连续变量，用 ω 表示，式（5-4）变为

$$F(j\omega) = \lim_{T_0 \to \infty} D_n = \lim_{T_0 \to \infty} \int_{-T_0/2}^{T_0/2} f(t) e^{-j\omega t} dt = \int_{-\infty}^{+\infty} f(t) e^{-j\omega t} dt$$

式（5-3）可写成

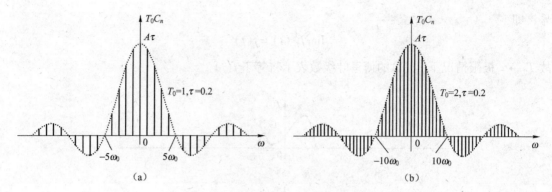

图 5-2 周期 T_0 增加对离散谱的影响

$$f(t) = \lim_{T_0 \to \infty} f_{T_0}(t) = \lim_{T_0 \to \infty} \sum_{n=-\infty}^{\infty} \frac{D_n}{T_0} e^{jn\omega_0 t}$$

$$= \lim_{T_0 \to \infty} \sum_{n=-\infty}^{\infty} \left(\frac{D_n}{2\pi}\right) e^{j\omega t} \Delta\omega = \frac{1}{2\pi} \int_{-\infty}^{\infty} F(j\omega) e^{j\omega t} d\omega$$

即

$$F(j\omega) = \int_{-\infty}^{\infty} f(t) e^{-j\omega t} dt \tag{5-5}$$

$$f(t) = \frac{1}{2\pi} \int_{-\infty}^{\infty} F(j\omega) e^{j\omega t} d\omega \tag{5-6}$$

式（5-5）称为傅里叶正变换，式（5-6）称为傅里叶反变换，可用符号表示为

$$F(j\omega) = \mathscr{F}[f(t)] \tag{5-7}$$

$$f(t) = \mathscr{F}^{-1}[F(j\omega)] \tag{5-8}$$

或

$$f(t) \xleftrightarrow{\mathscr{F}} F(j\omega)$$

式（5-6）的物理意义是非周期信号 $f(t)$ 可以表示为无数个频率为 ω，复振幅为 $[F(j\omega)/2\pi]d\omega$ 的虚指数信号 $e^{j\omega t}$ 的线性组合。不同的非周期信号都可以表示为式（5-6）的形式，所不同的只是虚指数信号 $e^{j\omega t}$ 前面的加权函数 $F(j\omega)$ 不同。$F(j\omega)$ 是反映非周期信号特征的重要参数。因为 $F(j\omega)$ 是随频率变化的函数，因此称为信号的频谱函数。不过非周期信号的频谱与周期信号的频谱是有区别的。

① 周期信号的频谱为离散频谱，非周期信号的频谱为连续频谱。

② 周期信号的频谱为 C_n 的分布，表示每个谐波分量的复振幅；而非周期信号的频谱为 $F(j\omega)$ 的分布，而 $[F(j\omega)/2\pi]\Delta\omega$ 表示各频率分量的复振幅，所以也将 $F(j\omega)$ 称为频谱密度函数。

如果周期信号 $f_{T_0}(t)$ 是非周期信号 $f(t)$ 的周期化，连续周期信号 $f_{T_0}(t)$ 的频谱 C_n 和连续非周期信号 $f(t)$ 的频谱 $F(j\omega)$ 两者之间的关系为

$$F(j\omega) = \lim_{T_0 \to \infty} T_0 C_n \tag{5-9}$$

$$C_n = \left.\frac{F(j\omega)}{T_0}\right|_{\omega = n\omega_0} \tag{5-10}$$

由以上的推导可知，非周期信号 $f(t)$ 的傅里叶变换 $F(j\omega)$ 存在时，$f(t)$ 也应满足狄利克雷条件，即

① $\int_{-\infty}^{\infty} |f(t)| \mathrm{d}t < \infty$ ，要求非周期信号在定义区间上绝对可积（充分但不是必要条件）；

② 在任意有限区间内，信号只有有限数量的最大值和最小值点；

③ 在任意有限区间内，信号仅有有限数量的不连续点，且这些点必须是有限值。

非周期信号 $f(t)$ 的频谱 $F(\mathrm{j}\omega)$ 一般是 ω 的复函数，可表示为

$$F(\mathrm{j}\omega) = |F(\mathrm{j}\omega)| \mathrm{e}^{\mathrm{j}\varphi(\omega)}$$

$|F(\mathrm{j}\omega)|$ 随频率（角频率）变化的特性称之为信号的幅度频谱，简称幅度谱。$\varphi(\omega)$ 随频率（角频率）变化的特性称之为信号的相位频谱，简称相位谱。下面通过基本信号的傅里叶变换 $F(\mathrm{j}\omega)$ 来建立非周期信号频谱的概念。

[**例 5-1**] 试求图 5-3（a）所示非周期矩形脉冲信号 $f(t)$ 的频谱函数 $F(\mathrm{j}\omega)$ 。

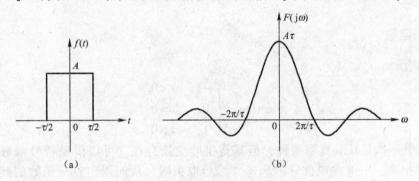

图 5-3　非周期矩形脉冲信号及其频谱函数

解： 非周期矩形脉冲信号 $f(t)$ 的时域表示式为

$$f(t) = \begin{cases} A, & |t| \leqslant \dfrac{\tau}{2} \\[2mm] 0, & |t| > \dfrac{\tau}{2} \end{cases}$$

由傅里叶正变换定义式，可得

$$F(\mathrm{j}\omega) = \int_{-\infty}^{\infty} f(t) \mathrm{e}^{-\mathrm{j}\omega t} \mathrm{d}t = \int_{-\frac{\tau}{2}}^{\frac{\tau}{2}} A \cdot \mathrm{e}^{-\mathrm{j}\omega t} \mathrm{d}t$$

$$= \frac{A}{\mathrm{j}\omega} \mathrm{e}^{-\mathrm{j}\omega t} \bigg|_{-\frac{\tau}{2}}^{\frac{\tau}{2}} = \frac{2A}{\omega} \sin\left(\frac{\omega\tau}{2}\right) = A\tau \cdot \mathrm{Sa}\left(\frac{\omega\tau}{2}\right)$$

图 5-3（b）绘出了非周期矩形脉冲信号的频谱图，分析图 5-3 非周期矩形脉冲及其频谱可得出如下有意义的结论。

① 非周期矩形脉冲信号的频谱是连续频谱，其形状与周期矩形脉冲信号离散频谱的包络线相似；周期信号的离散频谱可以通过对非周期信号的连续频谱等间隔抽样求得（如图 5-2 所示）。

② 信号在时域中持续时间有限，则在频域其频谱将延续到无限。

③ 信号的频谱分量主要集中在零频到第一个过零点之间，工程中往往将此宽度作为有效带宽。由图 5-3 可知矩形脉冲在频域的有效带宽为 $2\pi/\tau(\mathrm{rad/s})$ 或 $1/\tau(\mathrm{Hz})$ ，信号在时域的宽度为 τ ，即矩形脉冲信号在时域的宽度和频域的有效带宽互为倒数。可以证明，这个关系对一般的信号也成立。

④ 脉冲宽度 τ 越窄，信号在频域的带宽越宽，高频分量越多。

5.2 常见连续信号的频谱

通过傅里叶变换分析常见连续信号的频谱，可以加深对非周期信号的频谱概念的理解，并直观感受信号的时域与频域的一些对应关系。此外，许多复杂信号的频域分析也可以通过这些常见信号来实现。

5.2.1 常见非周期信号的频谱

1. 符号函数

符号函数 $\mathrm{sgn}(t)$ 定义为

$$\mathrm{sgn}(t) = \begin{cases} -1, & t < 0 \\ 0, & t = 0 \\ 1, & t > 0 \end{cases}$$

虽然符号函数不满足狄利克雷条件，但其傅里叶变换存在。可以借助符号函数与双边指数衰减函数相乘，先得乘积信号的频谱，然后取极限，从而得出符号函数的频谱。其求解过程为

$$F(\mathrm{j}\omega) = \mathscr{F}\left[\mathrm{sgn}(t)\,\mathrm{e}^{-\sigma|t|}\right] = \int_{-\infty}^{0} (-1)\mathrm{e}^{\sigma t}\mathrm{e}^{-\mathrm{j}\omega t}\mathrm{d}t + \int_{0}^{\infty} \mathrm{e}^{-\sigma t}\mathrm{e}^{-\mathrm{j}\omega t}\mathrm{d}t$$

$$= -\left.\frac{\mathrm{e}^{(\sigma - \mathrm{j}\omega)t}}{\sigma - \mathrm{j}\omega}\right|_{t=-\infty}^{0} - \left.\frac{\mathrm{e}^{-(\sigma + \mathrm{j}\omega)t}}{\sigma + \mathrm{j}\omega}\right|_{t=0}^{\infty} = \frac{-1}{\sigma - \mathrm{j}\omega} + \frac{1}{\sigma + \mathrm{j}\omega}$$

$$\mathscr{F}\left[\mathrm{sgn}(t)\right] = \lim_{\sigma \to 0}\left\{\mathscr{F}\left[\mathrm{sgn}(t)\,\mathrm{e}^{-\sigma|t|}\right]\right\} = \frac{2}{\mathrm{j}\omega} \tag{5-11}$$

幅度频谱为

$$|F(\mathrm{j}\omega)| = \frac{2}{|\omega|} = \frac{2\mathrm{sgn}(\omega)}{\omega} \tag{5-12}$$

相位频谱为

$$\varphi(\omega) = \begin{cases} \pi/2, & \omega < 0 \\ -\pi/2, & \omega > 0 \end{cases} = -\frac{\pi}{2}\mathrm{sgn}(\omega) \tag{5-13}$$

符号函数的幅度频谱和相位频谱如图 5-4 所示。

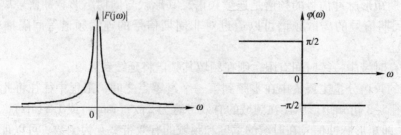

图 5-4　符号函数的幅度频谱和相位频谱

2. 单位冲激信号 $\delta(t)$

利用冲激信号的抽样特性可得

$$\mathscr{F}[\delta(t)] = \int_{-\infty}^{\infty} f(t)\,\mathrm{e}^{-\mathrm{j}\omega t}\mathrm{d}t = \int_{-\infty}^{\infty} \delta(t)\,\mathrm{e}^{-\mathrm{j}\omega t}\mathrm{d}t = 1 \tag{5-14}$$

图 5-5 画出了 $\delta(t)$ 和它的频谱。

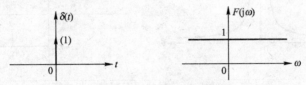

图 5-5　单位冲激信号及其频谱函数

3. 直流信号 $f(t) = 1(-\infty < t < \infty)$

利用 $\delta(t)$ 的频谱及傅里叶反变换公式可得

$$\delta(t) = \frac{1}{2\pi}\int_{-\infty}^{\infty} 1 \cdot \mathrm{e}^{\mathrm{j}\omega t}\mathrm{d}\omega \tag{5-15}$$

由于 $\delta(t)$ 是 t 的偶函数，所以上式可等价写为

$$\delta(t) = \frac{1}{2\pi}\int_{-\infty}^{\infty} \mathrm{e}^{\pm\mathrm{j}\omega t}\mathrm{d}\omega \tag{5-16}$$

因此有

$$F(\mathrm{j}\omega) = \mathscr{F}[1] = \int_{-\infty}^{\infty} 1 \cdot \mathrm{e}^{-\mathrm{j}\omega t}\mathrm{d}t = 2\pi\delta(\omega) \tag{5-17}$$

图 5-6 画出了直流信号 $f(t) = 1(-\infty < t < \infty)$ 及其频谱函数。由图可知，直流信号的频谱只在 $\omega = 0$ 处有一冲激。

图 5-6　直流信号及其频谱函数

从冲激信号与直流信号的频谱可见，时域脉冲越窄，其频域有效频带越宽，而时域脉冲越宽，其频域有效频带越窄。

4. 单位阶跃信号 $u(t)$

单位阶跃信号也不满足狄利克雷条件，但其傅里叶变换同样存在。可以利用符号函数和直流信号的频谱来求单位阶跃信号的频谱。单位阶跃信号可用直流信号和符号函数表示为

$$u(t) = \frac{1}{2}\{u(t) + u(-t)\} + \frac{1}{2}\{u(t) - u(-t)\} = \frac{1}{2} + \frac{1}{2}\mathrm{sgn}(t)$$

因此，单位阶跃信号的频谱为

$$\mathscr{F}[u(t)] = \pi\delta(\omega) + \frac{1}{j\omega} \tag{5-18}$$

单位阶跃信号的幅度频谱和相位频谱如图 5-7 所示。

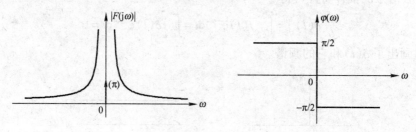

图 5-7 单位阶跃信号的幅度频谱和相位频谱

5. 单边指数信号 $f(t) = e^{-\alpha t}u(t),(\alpha > 0)$

$$F(j\omega) = \int_{-\infty}^{\infty} f(t) e^{-j\omega t} dt = \int_{0}^{\infty} e^{-\alpha t} e^{-j\omega t} dt = \frac{1}{\alpha + j\omega} \tag{5-19}$$

其幅度频谱为

$$|F(j\omega)| = \frac{1}{\sqrt{\alpha^2 + \omega^2}} \tag{5-20}$$

相位频谱为

$$\varphi(\omega) = -\arctan\left(\frac{\omega}{\alpha}\right) \tag{5-21}$$

单边指数信号的幅度频谱和相位频谱如图 5-8 所示。

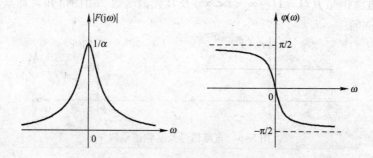

图 5-8 单边指数信号的幅度频谱和相位频谱

6. 单位矩形脉冲 $p_1(t)$

利用例 5-1 的计算结果，可得单位矩形脉冲 $p_1(t)$ 的频谱为

$$F(j\omega) = \text{Sa}(\omega/2) \tag{5-22}$$

图 5-9 画出了单位矩形脉冲信号及其频谱。

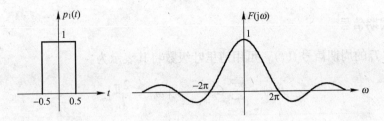

图 5-9　单位矩形脉冲信号及其频谱

5.2.2　常见周期信号的频谱

连续周期信号既存在对应的傅里叶级数，也存在对应的傅里叶变换。由于在某些场合可能会同时出现周期信号与非周期信号，因而将连续周期信号和非周期信号通过傅里叶变换统一起来，可以有利于信号或系统的频域分析。下面介绍一些重要的连续周期信号的频谱函数。

1. 虚指数信号 $e^{j\omega_0 t}(-\infty < t < \infty)$

由式（5-16）及傅里叶变换的定义

$$\mathscr{F}\left[e^{j\omega_0 t}\right] = \int_{-\infty}^{\infty} e^{-j(\omega-\omega_0)t}dt = 2\pi\delta(\omega - \omega_0) \qquad (5\text{-}23)$$

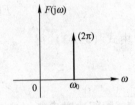

图 5-10　虚指数信号的频谱

图 5-10 画出了虚指数信号的频谱。由图可知虚指数信号的频谱只在 $\omega = \omega_0$ 处有一冲激，ω 为其他值时虚指数信号的频谱均为零。故常称虚指数信号为单频信号。

2. 正弦型信号

利用欧拉公式和式（5-23）可得正、余弦信号的频谱为

$$\cos(\omega_0 t) = \frac{1}{2}(e^{j\omega_0 t} + e^{-j\omega_0 t}) \overset{\mathscr{F}}{\longleftrightarrow} \pi\left[\delta(\omega - \omega_0) + \delta(\omega + \omega_0)\right] \qquad (5\text{-}24)$$

$$\sin(\omega_0 t) = \frac{1}{2j}(e^{j\omega_0 t} - e^{-j\omega_0 t}) \overset{\mathscr{F}}{\longleftrightarrow} -j\pi\left[\delta(\omega - \omega_0) - \delta(\omega + \omega_0)\right] \qquad (5\text{-}25)$$

其频谱分别如图 5-11 和图 5-12 所示。

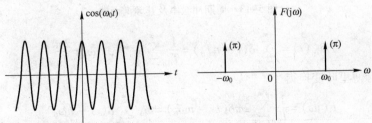

图 5-11　余弦信号及其频谱函数

3. 一般周期信号

对周期为 T_0 的周期信号 $f(t)$，可用傅里叶级数将其表示为

$$f(t) = \sum_{n=-\infty}^{\infty} C_n e^{jn\omega_0 t} \quad \left(\omega_0 = \frac{2\pi}{T_0}\right) \tag{5-26}$$

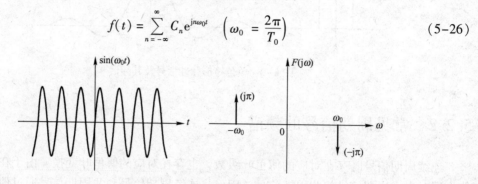

图 5-12　正弦信号及其频谱

对上式两边进行傅里叶变换得

$$F(j\omega) = \mathscr{F}\left[\sum_{n=-\infty}^{+\infty} C_n e^{jn\omega_0 t}\right] = \sum_{n=-\infty}^{+\infty} C_n \mathscr{F}\left[e^{jn\omega_0 t}\right]$$

由式（5-23）得

$$F(j\omega) = 2\pi \sum_{n=-\infty}^{+\infty} C_n \delta(\omega - n\omega_0) \tag{5-27}$$

4. 周期冲激串 $\delta_{T_0}(t)$

周期为 T_0 的周期冲激串信号定义为

$$\delta_{T_0}(t) = \sum_{n=-\infty}^{+\infty} \delta(t - nT_0), \quad n \text{ 为整数}$$

图 5-13（a）给出了其波形。因为 $\delta_{T_0}(t)$ 为周期信号，将其展开为傅里叶级数得

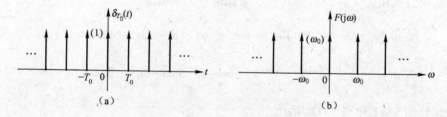

（a）　　　　　　　　　　　　　（b）

图 5-13　周期冲激串及其频谱函数

$$\delta_{T_0}(t) = \sum_{n=-\infty}^{+\infty} \delta(t - nT_0) = \frac{1}{T_0} \sum_{n=-\infty}^{+\infty} e^{jn\omega_0 t}, \quad \omega_0 = \frac{2\pi}{T_0}$$

对上式两边进行傅里叶变换得

$$F(j\omega) = \frac{1}{T_0} \sum_{n=-\infty}^{+\infty} 2\pi\delta(\omega - n\omega_0) = \omega_0 \sum_{n=-\infty}^{+\infty} \delta(\omega - n\omega_0) \tag{5-28}$$

频谱图如图 5-13（b）所示，显然 $\delta_{T_0}(t)$ 的频谱也是一个周期冲激串，其周期 ω_0 与 $\delta_{T_0}(t)$ 的周期 T_0 成反比。

常见信号的频谱如表 5-1 所示。

表 5-1　常见信号的频谱

序　号	$f(t)$	$F(\mathrm{j}\omega)$	
1	$\mathrm{e}^{-\alpha t}u(t)$	$\dfrac{1}{\alpha+\mathrm{j}\omega}$	$\alpha>0$
2	$\mathrm{e}^{-\alpha\lvert t\rvert}u(t)$	$\dfrac{2\alpha}{\alpha^2+\omega^2}$	$\alpha>0$
3	$t^n\mathrm{e}^{-\alpha t}u(t)$	$\dfrac{n!}{(\alpha+\mathrm{j}\omega)^{n+1}}$	$\alpha>0$
4	$\delta(t)$	1	
5	1	$2\pi\delta(\omega)$	
6	$\mathrm{e}^{\mathrm{j}\omega_0 t}$	$2\pi\delta(\omega-\omega_0)$	
7	$u(t)$	$\pi\delta(\omega)+\dfrac{1}{\mathrm{j}\omega}$	
8	$\mathrm{sgn}(t)$	$\dfrac{2}{\mathrm{j}\omega}$	
9	$\mathrm{e}^{-\alpha t^2}$	$\sqrt{\pi/\alpha}\,\mathrm{e}^{-\frac{\omega^2}{4\alpha}}$	$\alpha>0$
10	$\mathrm{Sa}(\omega_0 t)$	$\dfrac{\pi}{\omega_0}p_{2\omega_0}(\omega)$	$\omega_0>0$
11	$p_\tau(t)$	$\tau\,\mathrm{Sa}(\omega\tau/2)$	$\tau>0$
12	$\displaystyle\sum_{n=-\infty}^{\infty}\delta(t-nT_0)$	$\displaystyle\omega_0\sum_{n=-\infty}^{\infty}\delta(\omega-n\omega_0)$	$\omega_0=2\pi/T_0$
13	$\cos(\omega_0 t)$	$\pi[\delta(\omega-\omega_0)+\delta(\omega+\omega_0)]$	
14	$\sin(\omega_0 t)$	$-\mathrm{j}\pi[\delta(\omega-\omega_0)-\delta(\omega+\omega_0)]$	
15	$\cos(\omega_0 t)u(t)$	$\dfrac{\pi}{2}[\delta(\omega-\omega_0)+\delta(\omega+\omega_0)]+\dfrac{\mathrm{j}\omega}{\omega_0^2-\omega^2}$	
16	$\sin(\omega_0 t)u(t)$	$\dfrac{\pi}{2\mathrm{j}}[\delta(\omega-\omega_0)-\delta(\omega+\omega_0)]+\dfrac{\omega_0}{\omega_0^2-\omega^2}$	
17	$\mathrm{e}^{-\alpha t}\cos(\omega_0 t)u(t)$	$\dfrac{\alpha+\mathrm{j}\omega}{(\alpha+\mathrm{j}\omega)^2+\omega_0^2}$	$\alpha>0$
18	$\mathrm{e}^{-\alpha t}\sin(\omega_0 t)u(t)$	$\dfrac{\omega_0}{(\alpha+\mathrm{j}\omega)^2+\omega_0^2}$	$\alpha>0$

5.3　连续时间傅里叶变换的性质

　　傅里叶变换存在许多重要的性质，这些性质揭示了连续信号的时域与频域之间的内在联系，有助于深入理解连续时间傅里叶变换的数学概念和物理概念，在理论分析和工程实际中都有着广泛的应用，本节将讨论傅里叶变换常用的基本性质。

1. 线性特性

傅里叶变换是一种线性运算。其线性特性表示为

若 $\qquad f_1(t) \xleftarrow{\mathscr{F}} F_1(j\omega), \quad f_2(t) \xleftarrow{\mathscr{F}} F_2(j\omega)$

则 $\qquad af_1(t) + bf_2(t) \xleftarrow{\mathscr{F}} aF_1(j\omega) + bF_2(j\omega) \qquad\qquad (5-29)$

其中 a 和 b 为任意常数。

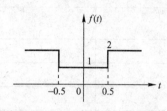

图 5-14　例 5-2 信号的波形

[**例 5-2**] 已知信号 $f(t)$ 的波形如图 5-14 所示，试求信号 $f(t)$ 的频谱。

解：$f(t)$ 可看成直流信号与宽度为 1 的矩形脉冲信号相减，即 $f(t) = 2 - p_1(t)$。

由线性特性可得

$$F(j\omega) = 4\pi\delta(\omega) - \mathrm{Sa}(\omega/2)$$

当信号 $f(t)$ 中存在直流分量时，信号 $f(t)$ 的频谱 $F(j\omega)$ 中一般含有冲激函数。

2. 共轭对称特性

若 $\qquad f(t) \xleftarrow{\mathscr{F}} F(j\omega)$

则 $\qquad f^*(t) \xleftarrow{\mathscr{F}} F^*(-j\omega) \qquad\qquad (5-30)$

$$f^*(-t) \xleftarrow{\mathscr{F}} F^*(j\omega) \qquad\qquad (5-31)$$

证明：$\qquad \mathscr{F}[f^*(t)] = \int_{-\infty}^{\infty} f^*(t)\mathrm{e}^{-j\omega t}\mathrm{d}t = \left[\int_{-\infty}^{\infty} f(t)\mathrm{e}^{j\omega t}\mathrm{d}t\right]^* = F^*(-j\omega)$

$$\mathscr{F}[f^*(-t)] = \int_{-\infty}^{\infty} f^*(-t)\mathrm{e}^{-j\omega t}\mathrm{d}t = -\int_{\infty}^{-\infty} f^*(t)\mathrm{e}^{j\omega t}\mathrm{d}t$$

$$= \int_{-\infty}^{\infty} f^*(t)\mathrm{e}^{j\omega t}\mathrm{d}t = \left[\int_{-\infty}^{\infty} f(t)\mathrm{e}^{-j\omega t}\mathrm{d}t\right]^* = F^*(j\omega)$$

在一般情况下信号的频谱 $F(j\omega)$ 为复函数，常将信号的频谱表示为幅度谱 $|F(j\omega)|$ 和相位谱 $\varphi(\omega)$，即

$$F(j\omega) = |F(j\omega)|\mathrm{e}^{j\varphi(\omega)} \qquad\qquad (5-32)$$

当 $f(t)$ 是实函数时，由式（5-30）可得

$$F(j\omega) = F^*(-j\omega) \qquad\qquad (5-33)$$

若将 $F(j\omega)$ 表示为幅度和相位两部分，则由式（5-33）有

$$|F(j\omega)|\mathrm{e}^{j\varphi(\omega)^*} = |F(-j\omega)|\mathrm{e}^{-j\varphi(-\omega)}$$

即

$$|F(j\omega)| = |F(-j\omega)|, \quad \varphi(\omega) = -\varphi(-\omega) \qquad\qquad (5-34)$$

实信号 $f(t)$ 的幅度谱函数 $|F(j\omega)|$ 为偶对称，相位谱函数 $\varphi(\omega)$ 为奇对称。

若将 $F(j\omega)$ 表示为实部和虚部，即

$$F(j\omega) = F_R(j\omega) + jF_I(j\omega) \qquad\qquad (5-35)$$

其中 $F_R(j\omega)$ 表示 $F(j\omega)$ 的实部，$F_I(j\omega)$ 表示 $F(j\omega)$ 的虚部。将式（5-35）代入式（5-33）则有

$$F_R(j\omega) = F_R(-j\omega), \quad F_I(-j\omega) = -F_I(-j\omega) \tag{5-36}$$

实信号 $f(t)$ 的频谱函数 $F(j\omega)$ 的实部 $F_R(j\omega)$ 为偶对称,虚部 $F_I(j\omega)$ 为奇对称。

当 $f(t)$ 是实偶函数时,由式(5-31)有

$$F(j\omega) = F^*(j\omega) \tag{5-37}$$

实偶信号 $f(t)$ 的频谱函数 $F(j\omega)$ 是 ω 实偶函数,如单位矩形脉冲信号 $p_1(t)$ 的频谱为 $\mathrm{Sa}(\omega/2)$。

当 $f(t)$ 是实奇函数时,由式(5-31)有

$$F(j\omega) = -F^*(j\omega) \tag{5-38}$$

实奇信号 $f(t)$ 的频谱函数 $F(j\omega)$ 是纯虚函数,且 $F(j\omega)$ 的虚部是奇对称的。如符号函数 $\mathrm{sgn}(t)$ 的频谱为 $2/j\omega$。

任意实信号可以分解为奇分量和偶分量之和,即

$$f(t) = [f(t) + f(-t)]/2 + [f(t) - f(-t)]/2 = f_e(t) + f_o(t)$$

由傅里叶变换的线性特性及式(5-31)得

$$\mathscr{F}\{f_e(t)\} = \frac{1}{2}[F(j\omega) + F^*(j\omega)] = F_R(j\omega) \tag{5-39}$$

$$\mathscr{F}\{f_o(t)\} = \frac{1}{2}[F(j\omega) - F^*(j\omega)] = jF_I(j\omega) \tag{5-40}$$

即实奇信号 $f(t)$ 偶分量的频谱是 $F(j\omega)$ 的实部,奇分量的频谱是 $F(j\omega)$ 的虚部。

[**例 5-3**] 求双边指数信号 $f(t) = e^{-\alpha|t|}$ ($-\infty < t < \infty$) 的频谱,其中 $\alpha > 0$。

解:双边指数信号 $f(t) = e^{-\alpha|t|}$ 可以看成单边指数信号 $x(t) = e^{-\alpha t}u(t)$ 的偶分量,即

$$f(t) = 2\frac{e^{-\alpha t}u(t) + e^{\alpha t}u(-t)}{2} = 2x_e(t)$$

由式(5-19)可知,单边指数信号的频谱为

$$e^{-\alpha t}u(t) \xleftarrow{\mathscr{F}} \frac{1}{\alpha + j\omega} = \frac{\alpha}{\alpha^2 + \omega^2} - j\frac{\omega}{\alpha^2 + \omega^2}$$

利用式(5-39)和线性特性,即得

$$e^{-\alpha|t|} \xleftarrow{\mathscr{F}} 2\mathrm{Re}\left(\frac{1}{\alpha + j\omega}\right) = \frac{2\alpha}{\alpha^2 + \omega^2}$$

双边指数信号 $f(t) = e^{-\alpha|t|}$ 是实偶对称信号,显然其频谱函数也是实偶对称函数。

3. 互易对称特性

若
$$f(t) \xleftarrow{\mathscr{F}} F(j\omega)$$
则
$$F(jt) \xleftarrow{\mathscr{F}} 2\pi f(-\omega) \tag{5-41}$$

证明:

由于
$$f(t) = \frac{1}{2\pi}\int_{-\infty}^{\infty} F(j\omega) e^{j\omega t} d\omega$$

令 $\omega = x$,可得

$$f(t) = \frac{1}{2\pi}\int_{-\infty}^{\infty} F(jx) e^{jxt} dx$$

令 $t = -\omega$，可得

$$f(-\omega) = \frac{1}{2\pi} \int_{-\infty}^{\infty} F(jx) e^{-jx\omega} dx$$

再令 $x = t$，可得

$$2\pi f(-\omega) = \int_{-\infty}^{\infty} F(jt) e^{-j\omega t} dt = \mathscr{F}[F(jt)]$$

互易对称特性表明，信号的时域波形与其频谱函数具有对称互易关系。

[例 5-4] 求信号 $f(t) = \frac{1}{\pi t}$ 的频谱。

解：由式（5-11）可知

$$\mathrm{sgn}(t) \overset{\mathscr{F}}{\longleftrightarrow} \frac{2}{j\omega}$$

由互易对称特性可得

$$\frac{2}{jt} \overset{\mathscr{F}}{\longleftrightarrow} 2\pi \, \mathrm{sgn}(-\omega) = -2\pi \, \mathrm{sgn}(\omega)$$

由傅里叶变换的线性特性，即得

$$\frac{1}{\pi t} \overset{\mathscr{F}}{\longleftrightarrow} -j \, \mathrm{sgn}(\omega) \tag{5-42}$$

4. 展缩特性

若

$$f(t) \overset{\mathscr{F}}{\longleftrightarrow} F(j\omega)$$

则

$$f(at) \overset{\mathscr{F}}{\longleftrightarrow} \frac{1}{|a|} F\left(j\frac{\omega}{a}\right) \tag{5-43}$$

式中 a 为不等于零的实数。

证明：

$$\mathscr{F}[f(at)] = \int_{-\infty}^{\infty} f(at) e^{-j\omega t} dt$$

令 $x = at$，则 $dx = a dt$，代入上式可得

$$\mathscr{F}[f(at)] = \frac{1}{|a|} \int_{-\infty}^{\infty} f(x) e^{-j\omega(x/a)} dx = \frac{1}{|a|} F\left(j\frac{\omega}{a}\right)$$

上式表明：时域波形压缩（$|a| > 1$），则对应其频谱函数扩展；反之，时域波形的扩展（$|a| < 1$），则对应其频谱函数的压缩。由此可见，信号的持续时间与其有效带宽成反比。在通信技术中，常需要增加通信速度，这就要求相应地扩展通信设备的有效带宽。下面以矩形脉冲信号与其频谱函数之间的关系来说明展缩特性。图 5-15 分别表示矩形脉冲信号的宽度为 1 和 2 时各自对应的频谱函数。

[例 5-5] 求抽样信号 $f(t) = \mathrm{Sa}(\omega_0 t)$ 的频谱。

解：由式（5-22）可知单位矩形脉冲 $p_1(t)$ 的频谱为

$$p_1(t) \overset{\mathscr{F}}{\longleftrightarrow} \mathrm{Sa}(\omega/2)$$

由互易对称特性可得

$$\mathrm{Sa}(t/2) \overset{\mathscr{F}}{\longleftrightarrow} 2\pi p_1(-\omega) = 2\pi p_1(\omega)$$

再由展缩特性，可得

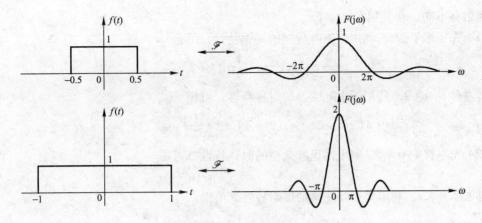

图 5-15　傅里叶变换的展缩特性

$$\mathrm{Sa}(\omega_0 t) = \mathrm{Sa}\left(2\omega_0 \frac{t}{2}\right) \xleftrightarrow{\mathscr{F}} \frac{2\pi}{2\omega_0} p_1\left(\frac{\omega}{2\omega_0}\right) = \frac{\pi}{\omega_0} p_{2\omega_0}(\omega) \tag{5-44}$$

式 (5-44) 中 $p_{2\omega_0}(\omega)$ 表示幅度为 1、宽度为 $2\omega_0$ 的矩形脉冲。

5. 时移特性

若
$$f(t) \xleftrightarrow{\mathscr{F}} F(\mathrm{j}\omega)$$

则
$$f(t-t_0) \xleftrightarrow{\mathscr{F}} F(\mathrm{j}\omega) \cdot \mathrm{e}^{-\mathrm{j}\omega t_0} \tag{5-45}$$

式中 t_0 为任意实数。

证明：
$$\mathscr{F}[f(t-t_0)] = \int_{-\infty}^{\infty} f(t-t_0) \mathrm{e}^{-\mathrm{j}\omega t} \mathrm{d}t$$

令 $x = t - t_0$，则 $\mathrm{d}x = \mathrm{d}t$，代入上式可得

$$\mathscr{F}[f(t-t_0)] = \int_{-\infty}^{\infty} f(x) \mathrm{e}^{-\mathrm{j}\omega(t_0+x)} \mathrm{d}x = F(\mathrm{j}\omega) \cdot \mathrm{e}^{-\mathrm{j}\omega t_0}$$

信号在时域中的时移，对应频谱函数在频域中产生的附加相移，而幅度频谱保持不变。

[例 5-6] 已知 $f(t) = u(t+1) - u(t-3)$，求 $f(t)$ 的频谱。

解：

因为
$$f(t) = u(t+1) - u(t-3) = p_4(t-1)$$

$p_4(t)$ 表示宽度为 4、幅度为 1 的矩形脉冲。

由常用信号的频谱可知

$$\mathscr{F}[p_4(t)] = 4\mathrm{Sa}(2\omega)$$

利用时移特性可得

$$\mathscr{F}[p_4(t-1)] = 4\mathrm{Sa}(2\omega)\mathrm{e}^{-\mathrm{j}\omega}$$

[例 5-7] 信号 $f(t)$ 的频谱为 $F(\mathrm{j}\omega)$，信号 $g(t) = f(2t+4)$，试求信号 $g(t)$ 的频谱 $G(\mathrm{j}\omega)$。

解：

$f(2t+4)$ 是 $f(t)$ 经过压缩、平移两种运算而得的信号，求其频谱需要用到展缩特性和时移特性。在求解时可以将 $f(t)$ 先压缩再平移，也可以将 $f(t)$ 先左移再压缩，这两种方法的计

算过程稍有不同，现分别求解如下。

（1）先压缩 $t \rightarrow 2t$，利用傅里叶变换的展缩特性，可得

$$f(2t) \xleftarrow{\mathscr{F}} \frac{1}{2} F(j\omega/2)$$

再左移 $t \rightarrow t+2$，利用傅里叶变换的时移特性，可得

$$f[2(t+2)] = f(2t+4) \xleftarrow{\mathscr{F}} \frac{1}{2} F(j\omega/2) e^{j2\omega}$$

（2）先左移 $t \rightarrow t+4$，利用傅里叶变换的时移特性，可得

$$f(t+4) \xleftarrow{\mathscr{F}} F(j\omega) e^{j4\omega}$$

再压缩 $t \rightarrow 2t$，利用傅里叶变换的展缩特性，可得

$$f(2t+4) \xleftarrow{\mathscr{F}} \frac{1}{2} F(j\omega/2) e^{j2\omega}$$

6. 频移特性（调制定理）

若
$$f(t) \xleftarrow{\mathscr{F}} F(j\omega)$$
则
$$f(t) \cdot e^{j\omega_0 t} \xleftarrow{\mathscr{F}} F[j(\omega - \omega_0)] \tag{5-46}$$
式中，ω_0 为任意实数。

证明：由傅里叶变换的定义有

$$\mathscr{F}[f(t) \cdot e^{j\omega_0 t}] = \int_{-\infty}^{\infty} f(t) e^{j\omega_0 t} e^{-j\omega t} dt = \int_{-\infty}^{\infty} f(t) e^{-j(\omega-\omega_0)t} dt = F[j(\omega - \omega_0)]$$

可见信号在时域的相移，对应频谱函数在频域的频移。

[例5-8] 已知信号 $f(t)$ 的频谱函数如图5-16（a）所示，信号 $a(t) = f(t)\cos(\omega_0 t)$，$\omega_0 > \omega_M$，试求信号 $a(t)$ 的频谱函数。

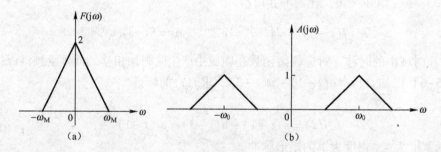

图5-16　例5-8信号的频谱

解：由欧拉公式及傅里叶变换的线性特性，有

$$A(j\omega) = \mathscr{F}[a(t)] = \mathscr{F}[f(t)\cos(\omega_0 t)] = \frac{1}{2}\mathscr{F}[f(t) e^{j\omega_0 t}] + \frac{1}{2}\mathscr{F}[f(t) e^{-j\omega_0 t}]$$

故根据傅里叶变换的频移特性，可得

$$\mathscr{F}[f(t)\cos(\omega_0 t)] = \frac{1}{2}F[j(\omega - \omega_0)] + \frac{1}{2}F[j(\omega + \omega_0)] \tag{5-47}$$

上式表明信号 $f(t)$ 与余弦信号 $\cos(\omega_0 t)$ 相乘后，其频谱是原来信号频谱的左、右搬移 ω_0 后相加，然后幅度除2，如图5-16（b）所示。

类似地可以得到信号 $f(t)$ 与正弦信号 $\sin(\omega_0 t)$ 相乘后信号的频谱函数为

$$\mathscr{F}[f(t)\sin(\omega_0 t)] = -\frac{j}{2}[F(j\omega - \omega_0) - F(j(\omega + \omega_0))] \tag{5-48}$$

7. 卷积特性

若 $$f_1(t) \xleftarrow{\ \mathscr{F}\ } F_1(j\omega), \quad f_2(t) \xleftarrow{\ \mathscr{F}\ } F_2(j\omega)$$

则 $$f_1(t) * f_2(t) \xleftarrow{\ \mathscr{F}\ } F_1(j\omega) \cdot F_2(j\omega) \tag{5-49}$$

证明：

$$\mathscr{F}[f_1(t) * f_2(t)] = \int_{-\infty}^{\infty} \left[\int_{-\infty}^{\infty} f_1(\tau) f_2(t-\tau)\,d\tau\right] e^{-j\omega t}\,d\omega$$

交换积分次序

$$\mathscr{F}[f_1(t) * f_2(t)] = \int_{-\infty}^{\infty} f_1(\tau)\left[\int_{-\infty}^{\infty} f_2(t-\tau) e^{-j\omega t}\,d\omega\right]d\tau$$

由傅里叶变换的时移特性得

$$\mathscr{F}[f_1(t) * f_2(t)] = \int_{-\infty}^{\infty} f_1(\tau) F_2(j\omega) e^{-j\omega\tau}\,d\tau = F_1(j\omega) \cdot F_2(j\omega)$$

式（5-49）表明，傅里叶变换可以将时域的卷积运算转换成频域中的乘法运算。

[**例 5-9**] 求图 5-17（a）所示宽度为 τ，幅度为 A 的三角波脉冲信号的频谱。

解：

设 $f_1(t)$ 是一宽度为 2、幅度为 1 的三角波信号，如图 5-17（b）所示。由于 $f_1(t)$ 可由两个单位矩形脉冲信号的卷积构成，即

$$p_1(t) * p_1(t) = f_1(t)$$

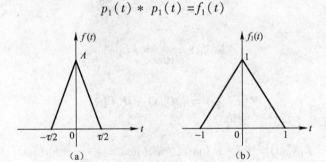

图 5-17 例 5-9 的信号

因为 $$p_1(t) \xleftarrow{\ \mathscr{F}\ } \mathrm{Sa}(\omega/2)$$

所以，利用卷积特性可得

$$f_1(t) \xleftarrow{\ \mathscr{F}\ } \mathrm{Sa}^2(\omega/2)$$

利用傅里叶变换的线性特性和展缩特性即可求出宽度为 τ、幅度为 A 的任意三角波 $f(t)$ 的频谱函数为

$$\mathscr{F}[f(t)] = \mathscr{F}\left[A f_1\left(\frac{t}{\tau/2}\right)\right] = \frac{A\tau}{2}\mathrm{Sa}^2\left(\frac{\omega\tau}{4}\right)$$

8. 乘积特性

若 $$f_1(t) \xleftrightarrow{\mathscr{F}} F_1(j\omega), \quad f_2(t) \xleftrightarrow{\mathscr{F}} F_2(j\omega)$$

则 $$f_1(t) \cdot f_2(t) \xleftrightarrow{\mathscr{F}} \frac{1}{2\pi}[F_1(j\omega) * F_2(j\omega)] \tag{5-50}$$

证明：

$$\mathscr{F}[f_1(t) \cdot f_2(t)] = \int_{-\infty}^{\infty}[f_1(t) \cdot f_2(t)]e^{-j\omega t}dt = \int_{-\infty}^{\infty}f_2(t)e^{-j\omega t}\left[\frac{1}{2\pi}\int_{-\infty}^{\infty}F_1(j\Omega)e^{j\Omega t}d\Omega\right]dt$$

$$= \frac{1}{2\pi}\int_{-\infty}^{\infty}F_1(j\Omega)d\Omega \cdot \left[\int_{-\infty}^{\infty}f_2(t)e^{-j(\omega-\Omega)t}dt\right]$$

$$= \frac{1}{2\pi}\int_{-\infty}^{\infty}F_1(j\Omega)F_2(j(\omega-\Omega))d\Omega$$

$$= \frac{1}{2\pi}[F_1(j\omega) * F_2(j\omega)]$$

式（5-50）表明，两信号在时域的乘积运算，可以转换为两信号在频域的卷积运算。

[例 5-10] 设 $f(t)$ 是一单边信号，即 $f(t) = 0, t < 0$，若 $f(t)$ 的频谱为 $F(j\omega)$，且 $F(j\omega) = F_R(j\omega) + jF_I(j\omega)$，试推导频谱的实部 $F_R(j\omega)$ 和频谱的虚部 $F_I(j\omega)$ 之间的关系。

解：对单边信号有

$$f(t) = f(t)u(t)$$

对上式两边做傅里叶变换，并利用傅里叶变换的乘积特性，可得

$$F(j\omega) = \mathscr{F}[f(t)u(t)] = \frac{1}{2\pi}F(j\omega) * \left(\pi\delta(\omega) + \frac{1}{j\omega}\right) = \frac{F(j\omega)}{2} + \frac{1}{j2\pi\omega} * F(j\omega)$$

由上式可得

$$F(j\omega) = \frac{1}{j\pi\omega} * F(j\omega) \tag{5-51}$$

因为

$$F(j\omega) = F_R(j\omega) + jF_I(j\omega) \tag{5-52}$$

将式（5-52）代入式（5-51）即得

$$F_R(j\omega) = \frac{1}{\pi\omega} * F_I(j\omega), \quad F_I(j\omega) = -\frac{1}{\pi\omega} * F_R(j\omega) \tag{5-53}$$

上式说明，单边信号频谱的实部和虚部满足式（5-53）所给定的关系。当单边信号频谱的实部确定后，频谱的虚部也就确定了，反之亦然。式（5-53）定义的一对积分被称为希尔伯特（Hilbert）变换对。

9. 时域微分特性

若 $$f(t) \xleftrightarrow{\mathscr{F}} F(j\omega)$$

则 $$f'(t) \xleftrightarrow{\mathscr{F}} (j\omega) \cdot F(j\omega) \quad f^{(n)}(t) \xleftrightarrow{\mathscr{F}} (j\omega)^n \cdot F(j\omega) \tag{5-54}$$

[例 5-11] 试利用微分特性求图 5-17（b）所示三角波信号的频谱函数 $F_1(j\omega)$。

解：

三角波信号导数如图 5-18 所示。因为

$$f'_1(t) = p_1(t+1/2) - p_1(t-1/2)$$

利用矩形脉冲信号的频谱和时移特性，得

$$\mathscr{F}[f'_1(t)] = \mathrm{Sa}(\omega/2)\,e^{j\omega/2} - \mathrm{Sa}(\omega/2)\,e^{-j\omega/2}$$

$$= 2j\mathrm{Sa}(\omega/2)\sin(\omega/2)$$

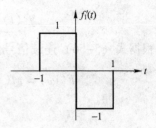

由上式，并利用时域微分特性，得

$$F_1(j\omega) = \frac{\mathscr{F}[f'_1(t)]}{j\omega} = \frac{2\mathrm{Sa}(\omega/2)\sin(\omega/2)}{\omega} = \mathrm{Sa}^2(\omega/2)$$

图 5-18　图 5-17（b）三角波信号的导数

等腰三角波信号的傅里叶变换可以通过两个等宽的矩形信号的卷积来求解，也可以通过傅里叶变换的微分特性来求解，该方法特别适合不等腰三角波信号的频谱分析。

10. 积分特性

若

$$f(t) \overset{\mathscr{F}}{\longleftrightarrow} F(j\omega)$$

则

$$\int_{-\infty}^{t} f(\tau)\,\mathrm{d}\tau \overset{\mathscr{F}}{\longleftrightarrow} \frac{1}{j\omega}F(j\omega) + \pi F(0)\delta(\omega) \tag{5-55}$$

证明：

$$\mathscr{F}\Big[\int_{-\infty}^{t} f(\tau)\,\mathrm{d}\tau\Big] = \mathscr{F}[f(t)*u(t)] = \mathscr{F}[f(t)]\cdot\mathscr{F}[u(t)]$$

$$= F(j\omega)\cdot\Big[\pi\delta(\omega)+\frac{1}{j\omega}\Big] = \pi F(0)\delta(\omega)+\frac{1}{j\omega}F(j\omega)$$

如果信号 $f(t)$ 的导数 $f'(t)$ 的频谱容易求出，利用积分特性可以很方便地求出 $f(t)$ 的频谱。

若　　　$f(t) \overset{\mathscr{F}}{\longleftrightarrow} F(j\omega)$，记 $f'(t) = f_1(t)$，$f_1(t) \overset{\mathscr{F}}{\longleftrightarrow} F_1(j\omega)$

则

$$F(j\omega) = \pi[f(\infty)+f(-\infty)]\delta(\omega) + \frac{F_1(j\omega)}{j\omega} \tag{5-56}$$

证明：利用积分特性有

$$\mathscr{F}\Big[\int_{-\infty}^{t} f_1(\tau)\,\mathrm{d}\tau\Big] = \pi F_1(0)\delta(\omega) + \frac{F_1(j\omega)}{j\omega} \tag{5-57}$$

其中

$$F_1(0) = \int_{-\infty}^{\infty} f_1(\tau)\,\mathrm{d}\tau = f(\infty) - f(-\infty) \tag{5-58}$$

又因为

$$\mathscr{F}\Big[\int_{-\infty}^{t} f_1(\tau)\,\mathrm{d}\tau\Big] = \mathscr{F}[f(t)-f(-\infty)] = F(j\omega) - 2\pi f(-\infty)\delta(\omega) \tag{5-59}$$

令式（5-57）和式（5-59）相等，并将式（5-58）代入整理后即得

$$F(j\omega) = \pi[f(\infty)+f(-\infty)]\delta(\omega) + \frac{F_1(j\omega)}{j\omega}$$

如果信号 $f(t)$ 含有直流分量，需要运用式（5-56）求解信号 $f(t)$ 的频谱。

[例 5-12] 已知信号 $f(t)$ 如图 5-19 所示，求其频谱 $F(j\omega)$。

解： 对信号 $f(t)$ 求导可得 $f'(t) = f_1(t)$，如图 5-19（b）所示。利用矩形信号的频谱以及时移特性可得

$$f'(t) = -p_1(t-1/2) \overset{\mathscr{F}}{\longleftrightarrow} -\mathrm{e}^{-\mathrm{j}\omega/2}\mathrm{Sa}\left(\frac{\omega}{2}\right)$$

根据式（5-56）连续信号傅里叶变换的积分特性，可得

$$F(\mathrm{j}\omega) = \pi f(-\infty)\delta(\omega) + \frac{F_1(\omega)}{\mathrm{j}\omega} = \pi\delta(\omega) - \frac{\mathrm{e}^{-\mathrm{j}\omega/2}}{\mathrm{j}\omega}\mathrm{Sa}\left(\frac{\omega}{2}\right)$$

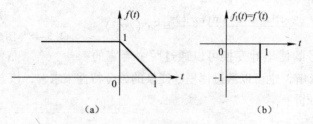

图 5-19　例 5-12 的信号

　　在利用信号微分方法求解含有直流分量的信号的傅里叶变换时，一般应利用式（5-56）给出的傅里叶变换的积分特性，而不能直接应用微分特性。因为在对信号进行求导运算时，信号中直流分量的信息会丢失。

11. 频域微分特性

　　若　　　　　　　　　　　　　　$f(t) \overset{\mathscr{F}}{\longleftrightarrow} F(\mathrm{j}\omega)$

　　则　　　　　　　　　　　$t \cdot f(t) \overset{\mathscr{F}}{\longleftrightarrow} \mathrm{j} \cdot \dfrac{\mathrm{d}F(\mathrm{j}\omega)}{\mathrm{d}\omega}$　　　　　　　　　　　（5-60）

　　证明： 由信号 $f(t)$ 的傅里叶变换，有

$$F(\mathrm{j}\omega) = \int_{-\infty}^{\infty} f(t)\mathrm{e}^{-\mathrm{j}\omega t}\mathrm{d}t$$

对上式两边同时求导，可得

$$\frac{\mathrm{d}F(\mathrm{j}\omega)}{\mathrm{d}\omega} = \int_{-\infty}^{\infty} f(t)\,\frac{\mathrm{d}}{\mathrm{d}\omega}\mathrm{e}^{-\mathrm{j}\omega t}\mathrm{d}t = \int_{-\infty}^{\infty}\left[(-\mathrm{j}t)f(t)\right]\mathrm{e}^{-\mathrm{j}\omega t}\mathrm{d}t$$

将上式两边同乘以 j 得

$$\mathrm{j}\frac{\mathrm{d}F(\mathrm{j}\omega)}{\mathrm{d}\omega} = \int_{-\infty}^{\infty} tf(t)\mathrm{e}^{-\mathrm{j}\omega t}\mathrm{d}t$$

　　[例 5-13] 试分别求出 $t, |t|, tu(t), te^{-\alpha t}u(t)$ 的频谱。

　　解： 利用频域微分特性

　　由 $\mathscr{F}[1] = 2\pi\delta(\omega)$，可得 $\mathscr{F}[t] = 2\pi\mathrm{j}\delta'(\omega)$

　　由 $\mathscr{F}[\mathrm{sgn}(t)] = \dfrac{2}{\mathrm{j}\omega}$，可得 $\mathscr{F}[|t|] = \mathscr{F}[t\,\mathrm{sgn}(t)] = \mathrm{j}\dfrac{\mathrm{d}}{\mathrm{d}\omega}\left(\dfrac{2}{\mathrm{j}\omega}\right) = -\dfrac{2}{\omega^2}$

　　由 $\mathscr{F}[u(t)] = \pi\delta(\omega) + \dfrac{1}{\mathrm{j}\omega}$，可得 $\mathscr{F}[tu(t)] = \mathrm{j}\dfrac{\mathrm{d}}{\mathrm{d}\omega}\left\{\pi\delta(\omega) + \dfrac{1}{\mathrm{j}\omega}\right\} = \mathrm{j}\pi\delta'(\omega) - \dfrac{1}{\omega^2}$

　　由 $\mathscr{F}[\mathrm{e}^{-\alpha t}u(t)] = \dfrac{1}{\alpha + \mathrm{j}\omega}$，可得 $\mathscr{F}[te^{-\alpha t}u(t)] = \mathrm{j}\dfrac{\mathrm{d}}{\mathrm{d}\omega}\dfrac{1}{\alpha + \mathrm{j}\omega} = \dfrac{1}{(\alpha + \mathrm{j}\omega)^2}$

12. 帕塞瓦尔定理

　　若　　　　　　　　　　　　　　$f(t) \overset{\mathscr{F}}{\longleftrightarrow} F(\mathrm{j}\omega)$

则
$$E_f = \int_{-\infty}^{\infty} |f(t)|^2 dt = \int_{-\infty}^{\infty} f(t)f^*(t) dt = \frac{1}{2\pi} \int_{-\infty}^{\infty} |F(j\omega)|^2 d\omega \qquad (5-61)$$

证明： 由傅里叶反变换的定义可得

$$\int_{-\infty}^{\infty} |f(t)|^2 dt = \int_{-\infty}^{\infty} f(t)f^*(t) dt = \int_{-\infty}^{\infty} f^*(t) \left[\frac{1}{2\pi} \int_{-\infty}^{\infty} F(j\omega) e^{j\omega t} d\omega \right] dt$$

交换积分次序

$$E_f = \frac{1}{2\pi} \int_{-\infty}^{\infty} F(j\omega) \left[\int_{-\infty}^{\infty} f(t) e^{-j\omega t} dt \right]^* d\omega$$

由傅里叶变换的定义得

$$E_f = \frac{1}{2\pi} \int_{-\infty}^{\infty} F(j\omega) \cdot F^*(j\omega) d\omega = \frac{1}{2\pi} \int_{-\infty}^{\infty} |F(j\omega)|^2 d\omega$$

上式表明，非周期能量信号的能量不但可以从信号的时域描述 $f(t)$ 进行计算，也可以从信号的频域描述 $F(j\omega)$ 进行计算。这体现了非周期能量信号的能量在时域中与在频域中保持守恒，称之为帕塞瓦尔能量守恒定理。

由式（5-61）知，信号在频带 $[\omega, \omega + \Delta\omega]$（$\Delta\omega \to 0$）范围内的能量 ΔE_f 为

$$\Delta E_f = \frac{1}{2\pi} |F(j\omega)|^2 \Delta\omega$$

对所有频带的能量求和即得式（5-61）。故可以将能量频谱密度函数（简称能量频谱或能量谱）定义为

$$G(j\omega) = \frac{1}{2\pi} |F(j\omega)|^2 \qquad (5-62)$$

可见，信号的能量谱 $G(j\omega)$ 是 ω 的偶函数，它只决定于频谱函数的幅度特性，而与相位特性无关。

[例 5-14] 已知能量信号 $f(t) = e^{-\alpha t}u(t)$，$\alpha > 0$。若以

$$\frac{\int_{-\omega_B}^{\omega_B} G(j\omega) d\omega}{E_f} \geqslant 0.95$$

定义信号的有效带宽，试确定该信号的有效带宽 ω_B（rad/s）。

解：
$$E_f = \int_{-\infty}^{\infty} |f(t)|^2 dt = \int_{0}^{\infty} e^{-2\alpha t} dt = \frac{1}{2\alpha}$$

$$F(j\omega) = \frac{1}{\alpha + j\omega}$$

$$\int_{-\omega_B}^{\omega_B} G(j\omega) d\omega = \frac{1}{2\pi} \int_{-\omega_B}^{\omega_B} |F(j\omega)|^2 d\omega = \frac{1}{2\pi} \int_{-\omega_B}^{\omega_B} \frac{1}{\alpha^2 + \omega^2} d\omega = \frac{\arctan(\omega_B/\alpha)}{\alpha\pi}$$

$$\frac{\int_{-\omega_B}^{\omega_B} G(j\omega) d\omega}{E_f} = \frac{2\arctan(\omega_B/\alpha)}{\pi} = 0.95$$

解上式定义的方程即得

$$\omega_B = \alpha\tan(0.95\pi/2) = 12.7062\alpha \, (\text{rad/s})$$

以上简述了连续时间傅里叶变换的重要特性，其在信号的频谱分析中有着广泛的应用。利用这些特性和常见信号的频谱函数，可以求解复杂信号的频谱函数。为方便地应用这些特

性，将其列于表5-2中，供查阅。

表5-2　傅里叶变换的基本性质

性　　质	时 间 函 数	傅里叶变换
线性特性	$af_1(t) + bf_2(t)$	$aF_1(j\omega) + bF_2(j\omega)$
共轭特性	$f^*(t)$	$F^*(-j\omega)$
共轭对称特性	$f^*(-t)$	$F^*(j\omega)$
互易对称特性	$F(jt)$	$2\pi f(-\omega)$
展缩特性	$f(at)$	$\dfrac{1}{|a|}F\left(j\dfrac{\omega}{a}\right)$
时移特性	$f(t-t_0)$	$F(j\omega) \cdot e^{-j\omega t_0}$
频移特性（调制定理）	$f(t) \cdot e^{j\omega_0 t}$	$F[j(\omega - \omega_0)]$
卷积特性	$f_1(t) * f_2(t)$	$F_1(j\omega) \cdot F_2(j\omega)$
乘积特性	$f_1(t) \cdot f_2(t)$	$\dfrac{1}{2\pi}[F_1(j\omega) * F_2(j\omega)]$
时域微分特性	$\dfrac{d^n f(t)}{dt^n}$	$(j\omega)^n \cdot F(j\omega)$
积分特性	$\displaystyle\int_{-\infty}^{t} f(\tau)d\tau$	$\dfrac{1}{j\omega}F(j\omega) + \pi F(0)\delta(\omega)$
频域微分特性	$t^n f(t)$	$j^n \cdot \dfrac{d^n F(j\omega)}{d\omega^n}$
能量定理	$E = \displaystyle\int_{-\infty}^{\infty} |f(t)|^2 dt$	$E = \dfrac{1}{2\pi}\displaystyle\int_{-\infty}^{\infty} |F(j\omega)|^2 d\omega$

5.4　离散非周期信号的频谱

在第4章讨论了周期序列的傅里叶表示，即周期序列的 DFS。在本节中，将这个概念推广到非周期序列的傅里叶表示，称之为离散时间傅里叶变换（DTFT）。

设 $f[k]$ 是一个非周期序列，如图5-20（a）所示。将 $f[k]$ 周期延拓，从而构成一周期为 N 的周期序列 $f_N[k]$，如图5-20（b）所示。为了避免图5-20（b）中两个相邻序列的重

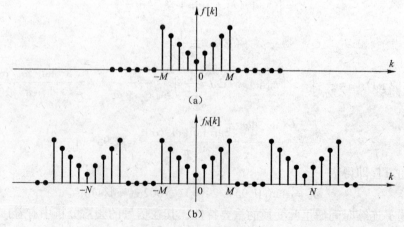

图5-20　非周期序列 $f[k]$ 周期延拓构成周期序列

叠，N 取得足够大（$N \geqslant 2M+1$）。周期序列 $f_N[k]$ 可用 DFS 来表示。当 $N \to \infty$ 时，周期信号就成为非周期信号，即

$$\lim_{N \to \infty} f_N[k] = f[k]$$

周期序列 $f_N[k]$ 的 DFS 表示为

$$f_N[k] = \frac{1}{N} \sum_{m=\langle N \rangle} F[m] \mathrm{e}^{\mathrm{j}m\Omega_0 k}, \Omega_0 = \frac{2\pi}{N} \tag{5-63}$$

其中

$$F[m] = \sum_{k=\langle N \rangle} f_N[k] \mathrm{e}^{-\mathrm{j}m\Omega_0 k} \tag{5-64}$$

定义连续函数 $F(\mathrm{e}^{\mathrm{j}\Omega})$，$F(\mathrm{e}^{\mathrm{j}\Omega})$ 在 $\Omega = m\Omega_0$ 的抽样值等于 DFS 系数，在 $N \to \infty$ 极限情况下，$f_N[k] = f[k]$ 所以式（5-64）可以写为

$$F(\mathrm{e}^{\mathrm{j}\Omega}) = \sum_{k=-\infty}^{\infty} f[k] \mathrm{e}^{-\mathrm{j}\Omega k} \tag{5-65}$$

$F(\mathrm{e}^{\mathrm{j}\Omega})$ 是数字频率 Ω 的函数，称为非周期序列 $f[k]$ 的频谱。由式（5-65）得

$$F(\mathrm{e}^{\mathrm{j}(\Omega+2\pi)}) = \sum_{k=-\infty}^{\infty} f[k] \mathrm{e}^{-\mathrm{j}(\Omega+2\pi)k} = \sum_{k=-\infty}^{\infty} f[k] \mathrm{e}^{-\mathrm{j}\Omega k} \mathrm{e}^{-\mathrm{j}2\pi k} = F(\mathrm{e}^{\mathrm{j}\Omega})$$

所以非周期序列 $f[k]$ 的频谱 $F(\mathrm{e}^{\mathrm{j}\Omega})$ 是一个周期为 2π 的连续函数。通常把区间 $[-\pi, \pi]$ 称为 Ω 的主值（principal value）区间。

因为 $\mathrm{d}\Omega = (m+1)\Omega_0 - m\Omega_0 = \Omega_0 = 2\pi/N$，所以在 $N \to \infty$ 极限情况下式（5-63）可以写为

$$f[k] = \frac{1}{2\pi} \sum_{m=\langle N \rangle} F(\mathrm{e}^{\mathrm{j}m\Omega_0}) \mathrm{e}^{\mathrm{j}m\Omega_0 k} \mathrm{d}\Omega = \frac{1}{2\pi} \int_{\langle 2\pi \rangle} F(\mathrm{e}^{\mathrm{j}\Omega}) \mathrm{e}^{\mathrm{j}\Omega k} \mathrm{d}\Omega \tag{5-66}$$

其中 $\int_{\langle 2\pi \rangle}$ 表示对周期函数 $F(\mathrm{e}^{\mathrm{j}\Omega})$ 在其一个 2π 周期上的积分。式（5-66）的物理意义是非周期序列可以表示为无数个频率为 Ω，复振幅为 $[F(\mathrm{e}^{\mathrm{j}\Omega})/2\pi] \mathrm{d}\Omega$ 的虚指数信号 $\mathrm{e}^{\mathrm{j}\Omega k}$ 的线性组合。不同的非周期序列都可以表示为式（5-66）的形式，所不同的只是虚指数信号 $\mathrm{e}^{\mathrm{j}\Omega k}$ 前面的加权函数，即频谱 $F(\mathrm{e}^{\mathrm{j}\Omega})$ 不同。$F(\mathrm{e}^{\mathrm{j}\Omega})$ 是反映非周期序列特征的重要参数。

式（5-65）称为非周期序列的离散时间傅里叶变换（DTFT），式（5-66）称为逆离散时间傅里叶变换（IDTFT），它们分别表示为

$$F(\mathrm{e}^{\mathrm{j}\Omega}) = \mathrm{DTFT}\{f[k]\} = \sum_{k=-\infty}^{\infty} f[k] \mathrm{e}^{-\mathrm{j}\Omega k} \tag{5-67}$$

$$f[k] = \mathrm{IDTFT}\{F(\mathrm{e}^{\mathrm{j}\Omega})\} = \frac{1}{2\pi} \int_{\langle 2\pi \rangle} F(\mathrm{e}^{\mathrm{j}\Omega}) \mathrm{e}^{\mathrm{j}\Omega k} \mathrm{d}\Omega \tag{5-68}$$

一般来说，$F(\mathrm{e}^{\mathrm{j}\Omega})$ 是实变量 Ω 的复函数，可用实部和虚部将其表示为

$$F(\mathrm{e}^{\mathrm{j}\Omega}) = F_\mathrm{R}(\mathrm{e}^{\mathrm{j}\Omega}) + \mathrm{j}F_\mathrm{I}(\mathrm{e}^{\mathrm{j}\Omega}) \tag{5-69}$$

其中 $F_\mathrm{R}(\mathrm{e}^{\mathrm{j}\Omega})$、$F_\mathrm{I}(\mathrm{e}^{\mathrm{j}\Omega})$ 分别是 $F(\mathrm{e}^{\mathrm{j}\Omega})$ 的实部和虚部。也可用幅度和相位将 $F(\mathrm{e}^{\mathrm{j}\Omega})$ 表示为

$$F(\mathrm{e}^{\mathrm{j}\Omega}) = |F(\mathrm{e}^{\mathrm{j}\Omega})| \mathrm{e}^{\mathrm{j}\varphi(\Omega)} \tag{5-70}$$

$|F(\mathrm{e}^{\mathrm{j}\Omega})|$ 称为序列 $f[k]$ 的幅度谱，$\varphi(\Omega)$ 称为序列 $f[k]$ 的相位谱。

[例 5-15] 试求非周期序列 $f[k] = \alpha^k u[k]$ 的频谱 $F(\mathrm{e}^{\mathrm{j}\Omega})$。

解：

$$F(\mathrm{e}^{\mathrm{j}\Omega}) = \sum_{k=0}^{\infty} \alpha^k \mathrm{e}^{-\mathrm{j}\Omega k} = \sum_{k=0}^{\infty} (\alpha \mathrm{e}^{-\mathrm{j}\Omega})^k$$

当 $|\alpha| > 1$ 时，求和不收敛，即 $f[k]$ 的频谱不存在。

$|\alpha| < 1$ 时，由等比级数的求和公式得

$$F(e^{j\Omega}) = \frac{1}{1 - \alpha e^{-j\Omega}}, \quad |\alpha| < 1 \tag{5-71}$$

当 α 是实数时，由式（5-71）可得序列 $f[k]$ 的幅度谱和相位谱分别为

$$|F(e^{j\Omega})| = \frac{1}{\sqrt{(1 - \alpha\cos\Omega)^2 + (\alpha\sin\Omega)^2}} = \frac{1}{\sqrt{1 + \alpha^2 - 2\alpha\cos\Omega}}$$

$$\varphi(\Omega) = -\arctan\left(\frac{\alpha\sin\Omega}{1 - \alpha\cos\Omega}\right)$$

图 5-21 画出了 $\alpha = 0.7$ 时该序列 $f[k]$ 的幅度谱和相位谱。由图 5-21 可以看出，非周期序列 $f[k]$ 的频谱是周期为 2π 的连续函数。实指数序列 $f[k]$ 的幅度谱 $|F(e^{j\Omega})|$ 关于 Ω 偶对称，相位谱 $\varphi(\Omega)$ 关于 Ω 奇对称。

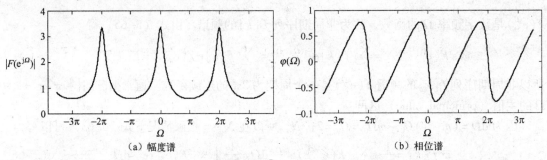

（a）幅度谱　　　　　　　　　　　　（b）相位谱

图 5-21　实指数序列 $f[k] = (0.7)^k u[k]$ 的频谱

由例 5-15 可以看出，不是所有的序列都存在 DTFT。由于 $F(e^{j\Omega})$ 是对 $f[k]e^{j\Omega k}$ 进行无限项求和，这说明序列 $f[k]$ 需要满足一定条件时，才存在其对应的频谱 $F(e^{j\Omega})$。DTFT 存在的充分条件为

$$\sum_{k=-\infty}^{\infty} |f[k]| < \infty \tag{5-72}$$

即序列满足绝对可和。注意式（5-72）的条件不是必要条件，有些序列虽不满足绝对可和，其 DTFT 也存在。如例 5-15 中，$|\alpha| = 1$ 时，虽求和不收敛，但其频谱存在。

5.5　离散时间傅里叶变换的主要性质

1. 线性特性

$$\text{DTFT}\{af_1[k] + bf_2[k]\} = a\text{DTFT}\{f_1[k]\} + b\text{DTFT}\{f_2[k]\} \tag{5-73}$$

其中 a，b 为任意常数。DTFT 的线性特性可由 DTFT 的定义直接得出。

2. 对称特性

$$\text{DTFT}\{f^*[k]\} = F^*(e^{-j\Omega}) \tag{5-74}$$

$$\text{DTFT}\{f^*[-k]\} = F^*(e^{j\Omega}) \tag{5-75}$$

当 $f[k]$ 是实序列时，$f[k] = f^*[k]$，由式（5-74）可得

$$F(e^{j\Omega}) = F^*(e^{-j\Omega}) \tag{5-76}$$

当 $F(e^{j\Omega})$ 表示为幅度谱和相位谱时，式（5-76）可写为

$$|F(e^{j\Omega})|e^{j\varphi(\Omega)} = |F(e^{-j\Omega})|e^{-j\varphi(-\Omega)} \tag{5-77}$$

式（5-77）可等价写为

$$|F(e^{j\Omega})| = |F(e^{-j\Omega})| \tag{5-78}$$

$$\varphi(\Omega) = -\varphi(-\Omega) \tag{5-79}$$

即实序列 $f[k]$ 的幅度谱 $|F(e^{j\Omega})|$ 为偶函数，相位谱 $\varphi(\Omega)$ 为奇函数。

类似地，当 $F(e^{j\Omega})$ 表示为实部和虚部时，由式（5-76）可得

$$F_R(e^{j\Omega}) + jF_I(e^{j\Omega}) = F_R(e^{-j\Omega}) - jF_I(e^{-j\Omega}) \tag{5-80}$$

式（5-80）可等价地写为

$$F_R(e^{j\Omega}) = F_R(e^{-j\Omega}) \tag{5-81}$$

$$F_I(e^{j\Omega}) = -F_I(e^{-j\Omega}) \tag{5-82}$$

即实序列 $f[k]$ 的频谱的实部 $F_R(e^{j\Omega})$ 是偶函数，虚部 $F_I(e^{j\Omega})$ 是奇函数。

当 $f[k]$ 为实偶对称序列时，由式（5-75）有

$$F(e^{j\Omega}) = F^*(e^{j\Omega}) \tag{5-83}$$

即实偶对称序列 $f[k]$ 的频谱 $F(e^{j\Omega})$ 也为实偶对称。

当 $f[k]$ 为实奇对称序列时，由式（5-75）有

$$F(e^{j\Omega}) = -F^*(e^{j\Omega}) \tag{5-84}$$

即实奇对称序列 $f[k]$ 的频谱 $F(e^{j\Omega})$ 是纯虚的，且虚部为奇对称。

3. 时域位移特性

$$\text{DTFT}\{f[k-k_0]\} = e^{-j\Omega k_0}F(e^{j\Omega}) \tag{5-85}$$

即信号在时域的位移，其对应的频谱函数在频域产生附加相移。

4. 频域位移特性

$$\text{DTFT}\{e^{j\Omega_0 k}f[k]\} = F(e^{j(\Omega-\Omega_0)}) \tag{5-86}$$

即信号在时域的相移，其对应的频谱函数在频域会产生频移。

[**例 5-16**] 已知序列 $f[k]$ 的频谱如图 5-22 所示，试求出 $y[k] = f[k]\cos(\pi k)$ 的频谱 $Y(e^{j\Omega})$。

解： 由欧拉公式

$$y[k] = f[k](e^{j\pi k} + e^{-j\pi k})/2 \tag{5-87}$$

由式（5-86）和式（5-87）可得 $y[k]$ 的频谱

$$Y(e^{j\Omega}) = [F(e^{j(\Omega-\pi)}) + F(e^{j(\Omega+\pi)})]/2 \tag{5-88}$$

图 5-22（d）画出 $Y(e^{j\Omega})$ 一个周期的波形。

5. 时域卷积特性

$$\text{DTFT}\{f[k]*h[k]\} = F(e^{j\Omega})H(e^{j\Omega}) \tag{5-89}$$

即两信号在时域的卷积，对应两信号的频谱在频域的乘积。

6. 频域卷积特性

$$\text{DTFT}\{f[k]h[k]\} = \frac{1}{2\pi}\int_{-\pi}^{\pi} F(e^{j\theta})H(e^{j(\Omega-\theta)})\,d\theta \tag{5-90}$$

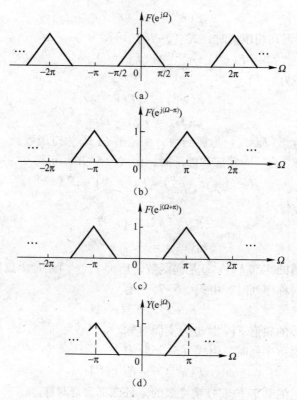

图 5-22 $y[k] = f[k]\cos(\pi k)$ 的频谱

即两信号在时域的乘积，对应两信号的频谱在频域的周期卷积。

7. 帕塞瓦尔定理

$$\sum_k |f[k]|^2 = \frac{1}{2\pi}\int_{-\pi}^{\pi} |F(e^{j\Omega})|^2 d\Omega \tag{5-91}$$

即离散信号在时域的能量等于信号在频域的能量，满足能量守恒。

离散信号的能量频谱密度函数定义为

$$G(e^{j\Omega}) = \frac{1}{2\pi}|F(e^{j\Omega})|^2$$

其反映了信号的能量在频域的分布情况。

8. 频域微分特性

$$\mathrm{DTFT}\{kf[k]\} = j\frac{dF(e^{j\Omega})}{d\Omega} \tag{5-92}$$

[**例 5-17**] 求序列 $f[k] = k\alpha^k u[k]$，$|\alpha| < 1$ 的频谱 $F(e^{j\Omega})$。

解：由式（5-92）有

$$F(e^{j\Omega}) = j\frac{d}{d\Omega}\mathrm{DTFT}\{\alpha^k u[k]\}$$

因为

$$\mathrm{DTFT}\{\alpha^k u[k]\} = \frac{1}{1-\alpha e^{-j\Omega}}, |\alpha| < 1$$

所以

$$F(e^{j\Omega}) = j\frac{d}{d\Omega}\left(\frac{1}{1-\alpha e^{-j\Omega}}\right) = \frac{\alpha e^{-j\Omega}}{(1-\alpha e^{-j\Omega})^2}$$

5.6　非周期信号频域分析的 MATLAB 实现

在信号的频域分析中，常需要进行许多复杂的运算。MATLAB 提供了许多数值计算的工具，可以用来进行信号的频谱分析。integral 是计算数值积分的函数，其常用的调用方式为

$$y = \text{integral}('\text{function\_name}', a, b)$$

其中 function_name 是一个字符串，它表示被积函数的文件名。a，b 分别表示定积分的下限和上限。

[**例 5-18**] 试用数值方法近似计算三角波信号

$$f(t) = (1 - |t|)p_2(t)$$

的频谱。

解： 为了用 quadl 计算 $f(t)$ 的频谱，定义如下 MATLAB 函数

```
function y = sf1(t,w);
y = (t >= -1 & t <= 1). * (1 - abs(t)). * exp(-j * w * t);
```

对不同的参数 w，函数 sf1 将计算出傅里叶变换中被积函数的值。注意要将上面的 MATLAB 函数用文件名 sf1.m 存入计算的磁盘。近似计算信号频谱的 MATLAB 程序为

```
% Program 5_1
w = linspace(-6 * pi, 6 * pi, 512);
N = length(w); F = zeros(1, N);
for k = 1:N
    F(k) = integral(@(t)sf1(t, w(k)), -1, 1);
end
figure(1);
plot(w, real(F)); title('')
xlabel('\omega');
ylabel('F(j\omega)');
figure(2);
plot(w, real(F) - sinc(w/2/pi). ^2);
xlabel('\omega');
title('计算误差');
```

运行结果如图 5-23 所示，图 5-23（a）为数值计算结果，图 5-23（b）为与理论值比较所得的计算误差。由图可知计算误差非常小。

[**例 5-19**] 试计算宽度和幅度均为 1 的矩形脉冲信号 $p_1(t)$ 在 $0 \sim f_m$（Hz）频谱范围内所包含的信号的能量。

解：

由表 5-1 可知，单位矩形脉冲信号 $p_1(t)$ 的频谱为

$$p_1(t) \overset{\mathscr{F}}{\longleftrightarrow} \text{Sa}(\omega/2)$$

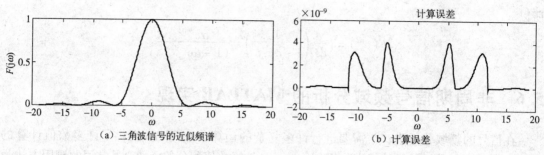

（a）三角波信号的近似频谱　　　　　　（b）计算误差

图 5-23　例 5-18 图

所以信号在 $0 \sim f_{\mathrm{m}}(\mathrm{Hz})$ 频谱范围内所包含的信号的能量为

$$E(f) = \frac{1}{2\pi} \int_{-\omega_{\mathrm{m}}}^{\omega_{\mathrm{m}}} \mathrm{Sa}^2(\omega/2)\,\mathrm{d}\omega = 2 \int_0^{f_{\mathrm{m}}} \mathrm{Sa}^2(\pi f)\,\mathrm{d}f \tag{5-93}$$

计算式（5-93）的 MATLAB 程序如下。

```
function y = sf2(t)
y = 2 * sinc(t). * sinc(t);


% Program 5_2
f = linspace(0,5,256);
N = length(f); w = zeros(1,N);
for k = 1:N
     w(k) = integral(@ sf2,0,f(k));
end
plot(f,w);
xlabel('f( Hz)');
ylabel('E(f)');
```

运行结果如图 5-24 所示。

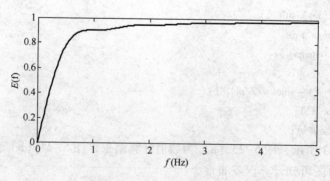

图 5-24　例 5-19 的计算结果

当序列的 DTFT 可写成 $e^{j\Omega}$ 的有理多项式时，MATLAB 的 Signal Processing Toolbox 的 freqz 函数可用来计算其 DTFT 的值。另外 MATLAB 提供的 abs，angle，real，imag 等基本函数可用来计算 DTFT 的幅度、相位、实部、虚部。设 DTFT 的有理多项式为

$$F(e^{j\Omega}) = \frac{B(e^{j\Omega})}{A(e^{j\Omega})} = \frac{b_0 + b_1 e^{-j\Omega} + \cdots + b_M e^{-j\Omega M}}{a_0 + a_1 e^{-j\Omega} + \cdots + a_N e^{-j\Omega N}} \tag{5-94}$$

则 freqz 的调用形式为

$$h = freqz(b, a, w) \tag{5-95}$$

式（5-95）中的 b 和 a 分别为式（5-95）中分子多项式和分母多项式系数向量，即

$$b = [b_0, b_1, \cdots, b_M]$$

$$a = [a_0, a_1, \cdots, a_N]$$

w 为抽样的频率点，在以式（5-95）形式调用 freqz 函数时，w 中至少要有 2 个频率点。返回的值 h 就是 DTFT 在抽样点 w 上的值。注意一般情况下，h 的值是复数。

[例 5-20]　已知信号 $f[k]$ 的频谱为

$$F(e^{j\Omega}) = \frac{1}{1 - \alpha e^{-j\Omega}}$$

试画出 $\alpha = \pm 0.9$ 时 $f[k]$ 的幅度频谱。

解：

```
% Program 5_3
b = [1];
a1 = [1  -0.9]; a2 = [1 0.9];
w = linspace(0, 2 * pi, 512);
h1 = freqz(b, a1, w);
h2 = freqz(b, a2, w);
plot(w/pi, abs(h1), w/pi, abs(h2), ':');
legend('\alpha = 0.9', '\alpha = -0.9');
xlabel('\Omega/\pi');
```

运行结果如图 5-25 所示。

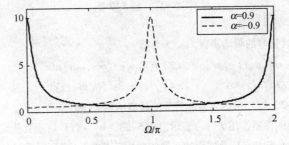

图 5-25　序列 $f[k] = \alpha^k u[k]$ 的频谱

习题

5-1　试求图 5-26 所示连续非周期信号的频谱函数。

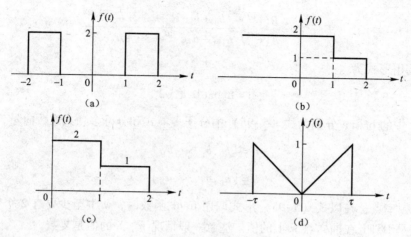

图 5-26　题 5-1 图

5-2　试求图 5-27 所示连续非周期信号的频谱函数。

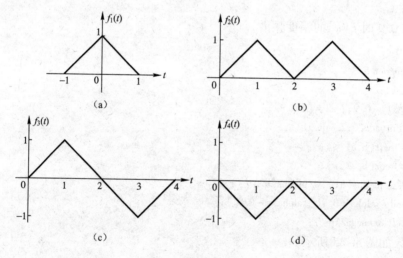

图 5-27　题 5-2 图

5-3　试写出下列连续信号的频谱函数，ω_0 为常数。

(1) $f(t) = \sin(\omega_0 t) + \cos[\omega_0(t - t_0)]$　　(2) $f(t) = e^{-2t}\cos(\omega_0 t)u(t)$

(3) $f(t) = e^{-2|t|}\cos(\omega_0 t)u(t)$　　(4) $f(t) = \sin^2(\omega_0 t)u(t)$

5-4　(1) 试求图 5-28 (a) 所示三角波信号的频谱函数 $F(j\omega)$。

(2) 利用傅里叶变换的性质，用 $F(j\omega)$ 表示出图 5-28 (b) ~ (f) 所示其他波形的频谱函数。

5-5　利用 $p_1(t) \xleftrightarrow{\mathscr{F}} \mathrm{Sa}(\omega/2)$ 及傅里叶变换的性质，求图 5-29 所示信号的频谱。

5-6　已知 $\mathscr{F}[f(t)] = F(j\omega)$，试计算下列连续信号的频谱函数 $F(j\omega)$。

(1) $f(t - 5)$　　(2) $f(5t)$

(3) $e^{jat}f(bt)$　　(4) $f(t) * \delta(t/a - b)$

(5) $f(t)\delta(t - a)$　　(6) $e^{-at}u(-t)$

5-7　试求下列连续信号的频谱函数 $F(j\omega)$。

(1) $f(t) = e^{-2t}\sin(\pi t)u(t)$　　(2) $f(t) = e^{-3|t-2|}$

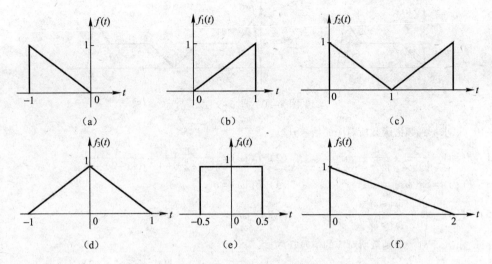

图 5-28 题 5-4 图

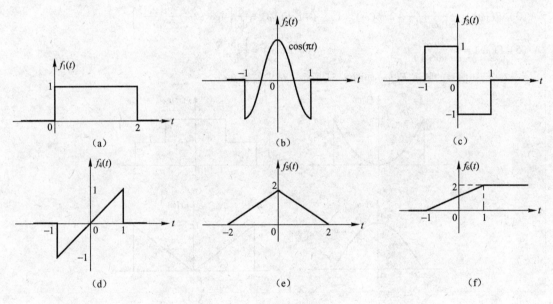

图 5-29 题 5-5 图

(3) $f(t) = \left[\dfrac{2\sin(\pi t)}{\pi t}\right]\left[\dfrac{2\sin(2\pi t)}{\pi t}\right]$ (4) $f(t) = \dfrac{\mathrm{d}}{\mathrm{d}t}(te^{-2t}\sin t u(t))$

(5) $f(t) = \displaystyle\int_{-\infty}^{t} \dfrac{\sin(\pi x)}{\pi x}\mathrm{d}x$ (6) $f(t) = e^{-2t+1} u\left(\dfrac{t-4}{2}\right)$

5-8 利用傅里叶变换的互易对称特性，求下列连续信号的频谱函数。

(1) $f(t) = \dfrac{\sin(\pi t)}{t}$ (2) $f(t) = \dfrac{1}{a^2 + t^2}$

(3) $f(t) = \dfrac{1}{a + jt}$ (4) $f(t) = \delta(t + t_0) + \delta(t - t_0)$

5-9 如图 5-30 所示，已知 $\mathscr{F}[f_1(t)] = F_1(j\omega)$，试求信号 $f_2(t)$ 的频谱函数。

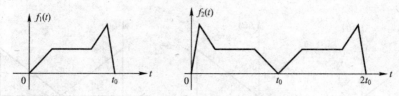

图 5-30 题 5-9 图

5-10 试求下列频谱函数所对应的信号 $f(t)$。

(1) $F(j\omega) = \dfrac{3}{j\omega + 2} + \dfrac{4}{j\omega - 2}$ (2) $F(j\omega) = \dfrac{1}{j(\omega + 2) + 4} + \dfrac{1}{j(\omega - 2) + 4}$

(3) $F(j\omega) = \mathrm{Sa}(\omega\tau)$ (4) $F(j\omega) = \delta(\omega - \omega_0)$

(5) $F(j\omega) = \begin{cases} 1, & |\omega| \leqslant \omega_c \\ 0, & |\omega| > \omega_c \end{cases}$ (6) $F(j\omega) = -\dfrac{2}{\omega^2}$

5-11 试求下列频谱函数所对应的信号 $f(t)$。

(1) $F(j\omega) = \dfrac{j\omega}{(2 + j\omega)^2}$ (2) $F(j\omega) = \dfrac{4\sin(2\omega - 2)}{2\omega - 2} + \dfrac{4\sin(2\omega + 2)}{2\omega + 2}$

(3) $F(j\omega) = \dfrac{1}{j\omega(j\omega + 1)} + 2\pi\delta(\omega)$ (4) $F(j\omega) = \dfrac{d}{d\omega}\left[4\cos(3\omega)\dfrac{\sin(2\omega)}{\omega} \right]$

(5) $F(j\omega) = \dfrac{2\sin\omega}{\omega(j\omega + 1)}$ (6) $F(j\omega) = \dfrac{4\sin^2\omega}{\omega^2}$

5-12 已知信号的频谱 $F(j\omega)$ 如图 5-31 所示，试求信号 $f(t)$。

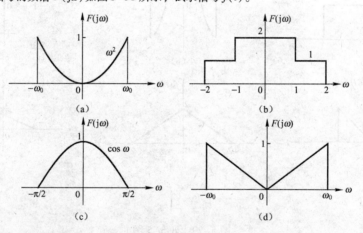

图 5-31 题 5-12 图

5-13 已知信号的频谱 $F(j\omega)$ 如图 5-32 所示，试求信号 $f(t)$。

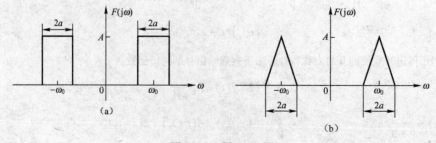

图 5-32 题 5-13 图

5-14　已知信号的幅度谱和相位谱如图 5-33 所示，试求信号 $f(t)$。

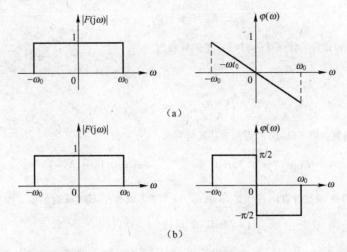

（a）

（b）

图 5-33　题 5-14 图

5-15　试求出下列非周期序列的频谱。

(1) $f_1[k] = \alpha^k u[k]$，$|\alpha| < 1$

(2) $f_2[k] = \begin{cases} 1, & |k| \leqslant N \\ 0, & \text{其他} \end{cases}$

(3) $f_3[k] = \alpha^k u[k+3]$，$|\alpha| < 1$

(4) $f_4[k] = \displaystyle\sum_{n=0}^{\infty} (1/4)^k \delta[k-3n]$

5-16　计算下列频谱函数所对应的序列 $f[k]$。

(1) $F_1(e^{j\Omega}) = \displaystyle\sum_{n=-\infty}^{\infty} \delta(\Omega + 2\pi n)$

(2) $F_2(e^{j\Omega}) = \dfrac{1 - e^{j\Omega(N+1)}}{1 - e^{-j\Omega}}$

(3) $F_3(e^{j\Omega}) = 1 + 2 \displaystyle\sum_{n=1}^{N} \cos(\Omega n)$

5-17　已知有限长序列 $f[k] = \{2, 1, -1, 0, 3, 2, 0, -3, -4; \ k = -2, -1, 0, 1, 2, 3, 4, 5, 6\}$，不计算 $f[k]$ 的 DTFT，试确定下列表达式的值。

(1) $F(e^{j0})$

(2) $F(e^{j\pi})$

(3) $\displaystyle\int_{-\pi}^{\pi} F(e^{j\Omega}) \, d\Omega$

(4) $\displaystyle\int_{-\pi}^{\pi} |F(e^{j\Omega})|^2 \, d\Omega$

(5) $\displaystyle\int_{-\pi}^{\pi} \left| \dfrac{dF(e^{j\Omega})}{d\Omega} \right|^2 \, d\Omega$

MATLAB 习题

M5-1　取 $A = 1$，$a = 1$，$\omega_0 = 6\pi$，画出习题 5-13 信号的时域波形。

M5-2　在 5.6 节我们讨论了用数值积分近似计算连续信号傅里叶变换的方法。这种方法特点是概念简单，但计算量较大。本题给出一种用快速算法计算连续信号傅里叶变换的方法。连续信号傅里叶变换定义为

$$F(j\omega) = \int_{-\infty}^{\infty} f(t) e^{-j\omega t} \, dt$$

要进行数值近似计算，首先须对信号 $f(t)$ 进行抽样。设信号 $f(t)$ 在区间 $[0, T]$ 以外的值在进行数值计算时可以忽略不计。在区间 $[0, T]$ 内均匀地抽 N 点，抽样间隔 $T_s = T/N$，用 $\omega_s = 2\pi/T_s$ 表示抽样的角频率。

连续信号傅里叶变换可近似为

$$F(j\omega) \approx \sum_{n=0}^{N-1} T_s f(nT_s) e^{-j\omega n T_s}$$

其次还要对 $F(j\omega)$ 抽样，定义 $F(j\omega)$ 的 N 个抽样点为

$$\omega_m = \begin{cases} \dfrac{m\omega_s}{N}, & 0 \leqslant m \leqslant N/2 - 1 \\[2mm] \dfrac{m\omega_s}{N} - \omega_s, & N/2 \leqslant m \leqslant N - 1 \end{cases}$$

其中假设 N 为偶数。则 $F(j\omega_m)$ 的近似表达式可写为

$$F(j\omega_m) \approx \sum_{n=0}^{N-1} T_s f(nT_s) e^{-j2\pi nm/N}, \quad m = 0,1,\cdots,N-1$$

可用 MATLAB 的 fft 函数计算出表达式 $\sum_{n=0}^{N-1} f(nT_s) e^{-j2\pi nm/N}$ 取 N 个不同 m 时的值。如 $N = 4$ 时，

$$f = [f0, f1, f2, f3]; \quad F = fft(f)$$

$F(1) \sim F(4)$ 分别是 $m = 0$，1，2，3 时表达式 $\sum_{n=0}^{N-1} f(nT_s) e^{-j2\pi nm/N}$ 的值。注意在 $N/2 \leqslant m \leqslant N-1$ 时，MATLAB 函数 fft 返回的是负频率点上 $F(j\omega)$ 的近似值。为了使频率样点按上升顺序排列，可用函数 fftshift。fftshift$(T_s * fft(f))$ 计算出了 $f(t)$ 的傅里叶变换在抽样点

$$\omega_m = -\frac{\omega_s}{2} + \frac{\omega_s}{N}m; \quad m = 0,1,\cdots,N-1$$

上的近似值。

（1）求出 $f(t) = e^{-3|t|}$ 的傅里叶变换的解析表达式。

（2）取 $T = 10$，$N = 1024$，计算信号 $g(t) = f(t-5)$ 的傅里叶变换的近似值。

（3）由 $G(j\omega) = e^{-j5\omega} F(j\omega)$ 得出 $f(t)$ 的傅里叶变换的近似值。

（4）比较取不同的 T 和 N 时，近似计算的误差。当一个函数的傅里叶变换的解析表达式不能求出时，如何判断近似计算的精度是否满足要求？

M5-3 试计算宽度为 2、幅度为 1 的三角波信号在 $0 \sim f_m$ Hz 范围内信号的能量。取 $f_m = 0.1 \sim 10$ Hz。

M5-4 无限长信号频谱的计算。

（1）利用傅里叶变换求解信号 $f(t) = \cos(20\pi t)$ 的理论频谱 $F(j\omega)$。

（2）工程实际中只能获得有限长信号，设信号长度为 1(s)，可表示为 $f_w(t) = \cos(20\pi t)[u(t) - u(t-1)]$，利用 MATLAB 分析有限长余弦信号 $f_w(t)$ 的频谱 $F_w(j\omega)$。

（3）比较 $F(j\omega)$ 与 $F_w(j\omega)$，并从理论上予以解释。

M5-5 已知序列 $f_1[k] = \{-1, -2, 6, -2; k = 0,1,2,3\}$ 和 $f_2[k] = \{1,2,3,2,1; k = 0,1,2,3,4\}$，分别画出其频谱。

第6章 系统的频域分析

内容提要: 本章介绍连续系统频率响应的概念、系统零状态响应的频域求解方法、无失真传输系统和理想滤波器、信号的抽样定理、离散系统的频域分析、频域分析在通信中的应用以及用 MATLAB 进行系统频域分析的基本方法。

6.1 连续非周期信号通过 LTI 系统响应的频域分析

6.1.1 连续时间 LTI 系统的频率响应

若连续时间 LTI 系统的冲激响应为 $h(t)$，根据系统的时域分析知，当输入信号为 $f(t)$ 时，系统的零状态响应为

$$y(t) = f(t) * h(t) = \int_{-\infty}^{\infty} f(\tau) h(t - \tau) \mathrm{d}\tau \tag{6-1}$$

本章所讨论的连续时间 LTI 系统可以是非因果的，即在 $t < 0$ 时，系统的冲激响应可以有非零值。在本章中都假设所讨论的系统为稳定系统，其冲激响应满足绝对可积，即

$$\int_{-\infty}^{\infty} |h(t)| \mathrm{d}t < \infty \tag{6-2}$$

当系统的输入是角频率为 ω 的虚指数信号 $f(t) = \mathrm{e}^{\mathrm{j}\omega t} (-\infty < t < \infty)$ 时，系统的零状态响应 $y(t)$ 为

$$y(t) = \mathrm{e}^{\mathrm{j}\omega t} * h(t) = \int_{-\infty}^{\infty} \mathrm{e}^{\mathrm{j}\omega(t-\tau)} h(\tau) \mathrm{d}\tau = \mathrm{e}^{\mathrm{j}\omega t} \int_{-\infty}^{\infty} \mathrm{e}^{-\mathrm{j}\omega\tau} h(\tau) \mathrm{d}\tau \tag{6-3}$$

定义

$$H(\mathrm{j}\omega) = \int_{-\infty}^{\infty} \mathrm{e}^{-\mathrm{j}\omega\tau} h(\tau) \mathrm{d}\tau \tag{6-4}$$

$H(\mathrm{j}\omega)$ 称为系统的频率响应。由式 (6-4) 知系统的频率响应 $H(\mathrm{j}\omega)$ 等于系统冲激响应 $h(t)$ 的傅里叶变换。在一般情况下，系统的频率响应 $H(\mathrm{j}\omega)$ 是 ω 的复值函数，可用幅度和相位表示为

$$H(\mathrm{j}\omega) = |H(\mathrm{j}\omega)| \mathrm{e}^{\mathrm{j}\varphi(\omega)} \tag{6-5}$$

称 $|H(\mathrm{j}\omega)|$ 为系统的幅度响应，$\varphi(\omega)$ 为系统的相位响应。当 $h(t)$ 是实信号时，由傅里叶变换的性质知，$|H(\mathrm{j}\omega)|$ 是 ω 的偶函数，$\varphi(\omega)$ 是 ω 的奇函数。

根据系统的频率响应 $H(\mathrm{j}\omega)$，式 (6-3) 可写为

$$y(t) = \mathrm{e}^{\mathrm{j}\omega t} H(\mathrm{j}\omega) \tag{6-6}$$

式 (6-6) 说明，虚指数信号 $\mathrm{e}^{\mathrm{j}\omega t} (-\infty < t < \infty)$ 作用于连续时间 LTI 系统时，系统的零状态

响应仍为同频率的虚指数信号，虚指数信号幅度和相位的改变由系统的频率响应 $H(j\omega)$ 确定。所以 $H(j\omega)$ 反映了连续时间 LTI 系统对不同频率信号的响应特性。

若信号 $f(t)$ 的傅里叶存在，则可由虚指数信号 $e^{j\omega t}(-\infty < t < \infty)$ 的线性组合表示，即

$$f(t) = \frac{1}{2\pi}\int_{-\infty}^{\infty} F(j\omega)e^{j\omega t}d\omega \tag{6-7}$$

由式（6-6）和系统的线性时不变特性，可推出信号 $f(t)$ 作用于连续时间 LTI 系统的零状态响应 $y(t)$ 为

$$\begin{aligned}
y(t) = T\{f(t)\} &= \frac{1}{2\pi}T\left\{\int_{-\infty}^{\infty} F(j\omega)e^{j\omega t}d\omega\right\} \\
&= \frac{1}{2\pi}\int_{-\infty}^{\infty} F(j\omega)T\{e^{j\omega t}\}d\omega \\
&= \frac{1}{2\pi}\int_{-\infty}^{\infty} F(j\omega)H(j\omega)e^{j\omega t}d\omega
\end{aligned} \tag{6-8}$$

若 $Y(j\omega)$ 表示系统响应 $y(t)$ 的频谱函数，根据傅里叶反变换的定义，有

$$Y(j\omega) = F(j\omega)H(j\omega) \tag{6-9}$$

即信号 $f(t)$ 作用于系统的零状态响应的频谱等于激励信号的频谱乘以系统的频率响应。式（6-9）的结论与傅里叶变换的时域卷积定理一致。

[例 6-1] 已知某连续时间 LTI 系统的冲激响应 $h(t)$ 为

$$h(t) = (e^{-t} - e^{-2t})u(t)$$

求该系统的频率响应 $H(j\omega)$。

解：

利用 $H(j\omega)$ 和 $h(t)$ 的关系，对 $h(t)$ 求傅里叶变换可得

$$H(j\omega) = \mathscr{F}[h(t)] = \frac{1}{j\omega + 1} - \frac{1}{j\omega + 2} = \frac{1}{(j\omega)^2 + 3(j\omega) + 2}$$

[例 6-2] 已知某连续时间 LTI 系统的输入信号 $f(t) = e^{-t}u(t)$，输出信号 $y(t) = e^{-t}u(t) + e^{-2t}u(t)$，求该系统的频率响应 $H(j\omega)$ 和冲激响应 $h(t)$。

解：

对 $f(t)$ 和 $y(t)$ 分别进行傅里叶变换，得

$$F(j\omega) = \mathscr{F}[e^{-t}u(t)] = \frac{1}{1+j\omega}$$

$$Y(j\omega) = \mathscr{F}[e^{-t}u(t) + e^{-2t}u(t)] = \frac{1}{1+j\omega} + \frac{1}{2+j\omega} = \frac{3+2j\omega}{(1+j\omega)(2+j\omega)}$$

根据式（6-9）得

$$H(j\omega) = \frac{Y(j\omega)}{F(j\omega)} = \frac{3+2j\omega}{2+j\omega}$$

整理上式可得

$$H(j\omega) = \frac{2(2+j\omega)-1}{2+j\omega} = 2 - \frac{1}{2+j\omega}$$

对 $H(j\omega)$ 进行傅里叶反变换，即得系统的冲激响应 $h(t)$

$$h(t) = \mathscr{F}^{-1}[H(j\omega)] = 2\delta(t) - e^{-2t}u(t)$$

[例 6-3] 已知某信号 $f(t)$ 的频谱 $F(j\omega)$ 如图 6-1（a）所示，系统的频率响应 $H(j\omega)$ 如

图 6-1 （b）所示，求信号 $f(t)$ 通过该系统的响应 $y(t)$ 的时域表示式。

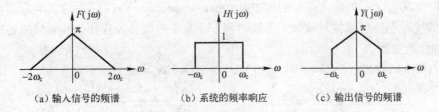

（a）输入信号的频谱   （b）系统的频率响应   （c）输出信号的频谱

图 6-1 输入信号和输出信号的频谱及系统频率响应

解： 信号 $f(t)$ 通过系统的频谱为

$$Y(j\omega) = F(j\omega)H(j\omega)$$

输出信号的频谱 $Y(j\omega)$ 如图 6-1（c）所示。由图可见，输入信号在通过具有低通特性的传输系统 $H(j\omega)$ 后，输入信号中的高频分量被滤除，输出信号中只含有原信号的低频分量。

对 $Y(j\omega)$ 进行傅里叶反变换即可求解其对应的时域信号 $y(t)$。$Y(j\omega)$ 可以看成是两个基本信号的叠加，即幅度为 $\pi/2$、宽度为 $2\omega_c$ 的矩形波，幅度为 $\pi/2$、宽度为 $2\omega_c$ 的三角波，即

$$Y(j\omega) = \frac{\pi}{2}p_{2\omega_c}(\omega) + \frac{\pi}{2}\Delta_{2\omega_c}(\omega)$$

其中 $\Delta_{2\omega_c}(\omega)$ 表示宽度为 $2\omega_c$、幅度为 1 的三角波信号。

由于

$$\mathrm{Sa}(\omega_0 t) \xrightarrow{\mathscr{F}} \frac{\pi}{\omega_0}p_{2\omega_0}(\omega)$$

$$\mathrm{Sa}^2(\omega_0 t) \xrightarrow{\mathscr{F}} \frac{\pi}{\omega_0}\Delta_{4\omega_0}(\omega)$$

所以

$$y(t) = \frac{\omega_c}{2}\mathrm{Sa}(\omega_c t) + \frac{\omega_c}{2}\mathrm{Sa}^2\left(\frac{\omega_c}{2}t\right)$$

虽然我们可以通过时域分析信号的输出，但通过卷积分析信号的传输过程比较复杂，而且物理概念不够清晰。而根据式（6-9）在频域分析信号的传输过程却十分直观。由于输入 $f(t)$ 与输出 $y(t)$ 在频域的关系为 $Y(j\omega) = H(j\omega)F(j\omega)$。因此，频域分析可以清楚地反映输入信号通过系统 $H(j\omega)$ 传输时将会发生怎样的改变，也易于理解为何在信号传输时，信号的有效带宽与传输系统的频带宽度需要匹配的机理。

6.1.2 微分方程描述的连续 LTI 系统的响应

连续时间 LTI 系统的数学模型可以用 n 阶常系数线性微分方程来描述，即

$$a_n y^{(n)}(t) + a_{n-1}y^{(n-1)}(t) + \cdots + a_1 y'(t) + a_0 y(t)$$
$$= b_m f^{(m)}(t) + b_{m-1}f^{(m-1)}(t) + \cdots + b_1 f'(t) + b_0 f(t) \tag{6-10}$$

其中 $f(t)$ 为系统的输入激励，$y(t)$ 为系统的输出响应。

若系统为稳定系统，可对上式两边进行傅里叶变换，并利用傅里叶变换的时域微分特性，可得

$$\left[a_n(j\omega)^n + a_{n-1}(j\omega)^{n-1} + \cdots + a_1(j\omega) + a_0\right] \cdot Y(j\omega)$$

$$= \left[b_m (j\omega)^m + b_{m-1} (j\omega)^{m-1} + \cdots + b_1 (j\omega) + b_0 \right] \cdot F(j\omega) \qquad (6\text{-}11)$$

其中 $F(j\omega) = \mathscr{F}[f(t)]$ 为输入信号的傅里叶变换，$Y(j\omega) = \mathscr{F}[y(t)]$ 为输出响应的傅里叶变换。可见傅里叶变换可以将时域描述连续时间 LTI 系统的微分方程转为换频域描述连续时间 LTI 系统的代数方程。

由式（6-9）和式（6-11）可得稳定的连续时间 LTI 系统的频率响应为

$$H(j\omega) = \frac{Y(j\omega)}{F(j\omega)} = \frac{b_m (j\omega)^m + b_{m-1} (j\omega)^{m-1} + \cdots + b_1 (j\omega) + b_0}{a_n (j\omega)^n + a_{n-1} (j\omega)^{n-1} + \cdots + a_1 (j\omega) + a_0} \qquad (6\text{-}12)$$

[例 6-4] 已知描述某稳定的连续时间 LTI 系统的微分方程为

$$y''(t) + 3y'(t) + 2y(t) = f(t)$$

求系统的频率响应 $H(j\omega)$。

解：

由于系统为稳定系统，故对微分方程两边进行傅里叶变换，得

$$\left[(j\omega)^2 + 3j\omega + 2 \right] \cdot Y(j\omega) = F(j\omega)$$

根据式（6-12）可直接求得

$$H(j\omega) = \frac{Y(j\omega)}{F(j\omega)} = \frac{1}{(j\omega)^2 + 3(j\omega) + 2}$$

[例 6-5] 已知描述某稳定的连续时间 LTI 系统的微分方程为

$$y''(t) + 3y'(t) + 2y(t) = 3f'(t) + 4f(t)$$

系统的输入激励 $f(t) = e^{-3t} u(t)$，求系统的输出响应 $y(t)$。

解： 由于输入激励 $f(t)$ 的频谱函数为

$$F(j\omega) = \frac{1}{j\omega + 3}$$

系统的频率响应由微分方程可得

$$H(j\omega) = \frac{3(j\omega) + 4}{(j\omega)^2 + 3(j\omega) + 2} = \frac{3(j\omega) + 4}{(j\omega + 1)(j\omega + 2)}$$

故系统响应 $y(t)$ 的频谱函数 $Y(j\omega)$ 为

$$Y(j\omega) = F(j\omega) H(j\omega) = \frac{3(j\omega) + 4}{(j\omega + 1)(j\omega + 2)(j\omega + 3)}$$

将 $Y(j\omega)$ 用部分分式展开，得

$$Y(j\omega) = \frac{1/2}{(j\omega + 1)} + \frac{2}{(j\omega + 2)} + \frac{-5/2}{(j\omega + 3)}$$

经由傅里叶反变换，可得系统的响应 $y(t)$ 为

$$y(t) = \left[\frac{1}{2} e^{-t} + 2e^{-2t} - \frac{5}{2} e^{-3t} \right] u(t)$$

只有稳定的连续时间 LTI 系统，才可以利用傅里叶变换对其进行频域分析。

[例 6-6] 如图 6-2 所示为一阶 RC 电路系统，若激励电压源为 $f(t)$，输出电压 $y(t)$ 为电容两端的电压 $v_c(t)$，电路的初始状态为零。求系统的频率响应 $H(j\omega)$ 和冲激响应 $h(t)$。

解： 由基尔霍夫电压定律

$$Ri_c(t) + y(t) = f(t)$$

由于 $i_c(t) = Cdv_c(t)/dt = Cdy(t)/dt$，所以电路的输入输出满足的微分方程为

$$RC\frac{\mathrm{d}y(t)}{\mathrm{d}t} + y(t) = f(t) \tag{6-13}$$

对式（6-13）两边进行傅里叶变换，可得系统的频率响应 $H(\mathrm{j}\omega)$ 为

$$H(\mathrm{j}\omega) = \frac{Y(\mathrm{j}\omega)}{F(\mathrm{j}\omega)} = \frac{1}{RC(\mathrm{j}\omega)+1} = \frac{1/RC}{\mathrm{j}\omega + 1/RC} \tag{6-14}$$

由傅里叶反变换，得系统的冲激响应 $h(t)$ 为

$$h(t) = \frac{1}{RC}\mathrm{e}^{-(1/RC)t}u(t)$$

图 6-3 为系统的幅度响应。由于 $|H(\mathrm{j}0)| = 1$，所以直流信号可以无损地通过该系统。随着频率的增加，系统的幅度响应 $|H(\mathrm{j}\omega)|$ 不断减小，说明信号的频率越高，信号通过该系统的损耗也就越大。故式（6-14）表示的系统被称为低通滤波器。由于 $|H(\mathrm{j}(1/RC))| \approx 0.707$，所以把 $\omega_c = 1/RC$ 称为该系统的 3 dB 截频。

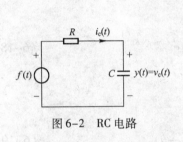

图 6-2　RC 电路

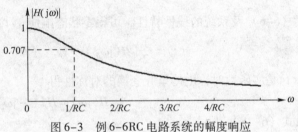

图 6-3　例 6-6 RC 电路系统的幅度响应

6.1.3　电路系统的响应

分析电路系统的频率响应，主要有两种方法。一是通过基尔霍夫定律建立系统的微分方程，然后利用傅里叶变换求出系统的频率响应。如例 6-6 所用的方法。另一种更简单的方法是对电路中的基本元件建立频域模型，得出基本元件的广义阻抗，然后直接利用电路的基本原理求出电路系统的频率响应。下面介绍第二种方法。根据电路基本元件电阻、电感、电容的时域特性可得

$$v_\mathrm{R}(t) = Ri_\mathrm{R}(t), \quad V_\mathrm{R}(\mathrm{j}\omega) = RI_\mathrm{R}(\mathrm{j}\omega), \quad Z_\mathrm{R} = \frac{V_\mathrm{R}(\mathrm{j}\omega)}{I_\mathrm{R}(\mathrm{j}\omega)} = R$$

$$v_\mathrm{L}(t) = L\frac{\mathrm{d}i_\mathrm{L}(t)}{\mathrm{d}t}, \quad V_\mathrm{L}(\mathrm{j}\omega) = \mathrm{j}\omega LI_\mathrm{L}(\mathrm{j}\omega), \quad Z_\mathrm{L} = \frac{V_\mathrm{L}(\mathrm{j}\omega)}{I_\mathrm{L}(\mathrm{j}\omega)} = \mathrm{j}\omega L$$

$$i_\mathrm{C}(t) = C\frac{\mathrm{d}v_\mathrm{C}(t)}{\mathrm{d}t}, \quad I_\mathrm{C}(\mathrm{j}\omega) = \mathrm{j}\omega CV_\mathrm{C}(\mathrm{j}\omega), \quad Z_\mathrm{C} = \frac{V_\mathrm{C}(\mathrm{j}\omega)}{I_\mathrm{C}(\mathrm{j}\omega)} = \frac{1}{\mathrm{j}\omega C}$$

其中 Z_R、Z_L 和 Z_C 分别表示电阻、电感、电容频域的广义阻抗。

　　[例 6-7] 利用电阻、电容的频域模型，计算图 6-2 所示电路的频率响应。

　　解：图 6-2 所示的 RC 电路，其频域模型如图 6-4 所示，由电路的基本原理有

$$H(\mathrm{j}\omega) = \frac{Y(\mathrm{j}\omega)}{F(\mathrm{j}\omega)} = \frac{\dfrac{1}{\mathrm{j}\omega C}}{R + \dfrac{1}{\mathrm{j}\omega C}} = \frac{1/RC}{\mathrm{j}\omega + 1/RC} \tag{6-15}$$

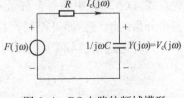

图 6-4　RC 电路的频域模型

上式得出的结果和式（6-14）完全相同，但计算过程更简捷。

6.2 连续周期信号通过 LTI 系统响应的频域分析

6.2.1 正弦型信号通过系统的响应

设连续时间 LTI 系统的输入激励信号

$$f(t) = \cos(\omega_0 t + \theta), \quad -\infty < t < \infty \tag{6-16}$$

由欧拉公式可得

$$f(t) = \frac{1}{2}(e^{j(\omega_0 t + \theta)} + e^{-j(\omega_0 t + \theta)}) \tag{6-17}$$

由式（6-6）及系统的线性特性，可得零状态响应 $y(t)$ 为

$$y(t) = \frac{1}{2}\left[H(j\omega_0) e^{(j\omega_0 t + \theta)} + H(-j\omega_0) e^{-(j\omega_0 t + \theta)} \right] \tag{6-18}$$

当 $h(t)$ 是实函数时，由傅里叶变换的对称性得

$$H(j\omega) = H^*(-j\omega)$$

所以式（6-18）可写为

$$y(t) = \left| H(j\omega_0) \right| \cos(\omega_0 t + \varphi(\omega_0) + \theta) \tag{6-19}$$

其中 $\left| H(j\omega) \right|$ 和 $\varphi(\omega)$ 分别表示系统的幅度响应和相位响应。同理可推出

$$f(t) = \sin(\omega_0 t + \theta), \quad -\infty < t < \infty$$

通过连续时间 LTI 系统的响应

$$y(t) = \left| H(j\omega_0) \right| \sin(\omega_0 t + \varphi(\omega_0) + \theta) \tag{6-20}$$

由式（6-19）和式（6-20）知正弦型信号作用于线性时不变系统时，其零状态响应 $y(t)$ 仍为同频率的正弦型信号，$y(t)$ 的幅度由系统的幅度响应 $\left| H(j\omega_0) \right|$ 确定，$y(t)$ 的相位由系统的相位响应 $\varphi(\omega_0)$ 确定。这也是为何称 $\left| H(j\omega) \right|$ 为系统的幅度响应、$\varphi(\omega)$ 为系统的相位响应的原因。

6.2.2 任意周期信号通过系统的响应

周期为 T_0 的周期信号 $f(t)$，可用傅里叶级数表示为

$$f(t) = \sum_n C_n e^{jn\omega_0 t}, \quad \omega_0 = 2\pi/T_0 \tag{6-21}$$

首先对式（6-21）中的每个分量 $e^{jn\omega_0 t}(-\infty < t < \infty)$，求其通过系统的响应，然后再线性叠加各个分量的响应，即可得到 $f(t)$ 通过系统的响应。由式（6-6）及系统的线性特性可得周期信号 $f(t)$ 通过系统频率响应为 $H(j\omega)$ 的系统的响应为

$$y(t) = \sum_{n=-\infty}^{\infty} C_n H(jn\omega_0) e^{jn\omega_0 t}, \quad -\infty < t < \infty \tag{6-22}$$

若 $f(t)$、$h(t)$ 为实函数，则有

$$C_n = C_{-n}^* \tag{6-23}$$

$$H(\mathrm{j}\omega) = H^*(-\mathrm{j}\omega) \tag{6-24}$$

利用式（6-23）和式（6-24）可得

$$y(t) = C_0 H(\mathrm{j}0) + \sum_{n=-\infty}^{-1} C_n H(\mathrm{j}n\omega_0) \mathrm{e}^{\mathrm{j}n\omega_0 t} + \sum_{n=1}^{\infty} C_n H(\mathrm{j}n\omega_0) \mathrm{e}^{\mathrm{j}n\omega_0 t}$$

$$= C_0 H(\mathrm{j}0) + \sum_{n=1}^{\infty} \left[C_n H(\mathrm{j}n\omega_0) \mathrm{e}^{\mathrm{j}n\omega_0 t} + C_{-n} H(-\mathrm{j}n\omega_0) \mathrm{e}^{-\mathrm{j}n\omega_0 t} \right]$$

$$= C_0 H(\mathrm{j}0) + 2 \sum_{n=1}^{\infty} \mathrm{Re}\{ C_n H(\mathrm{j}n\omega_0) \mathrm{e}^{\mathrm{j}n\omega_0 t} \}, \quad -\infty < t < \infty \tag{6-25}$$

[**例 6-8**] 求图 6-5 所示周期矩形脉冲信号通过系统 $H(\mathrm{j}\omega) = 1/(\alpha + \mathrm{j}\omega)$ 的响应 $y(t)$。

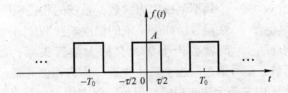

图 6-5 周期为 T_0、宽度为 τ 的周期矩形脉冲

解：

对于周期矩形脉冲信号，其傅里叶系数为

$$C_n = \frac{A\tau}{T} \mathrm{Sa}\left(\frac{n\omega_0 \tau}{2} \right)$$

利用式（6-25）可得系统响应 $y(t)$ 为

$$y(t) = \frac{A\tau}{\alpha T} + 2 \sum_{n=1}^{\infty} \frac{A\tau}{T} \mathrm{Sa}\left(\frac{n\omega_0 \tau}{2} \right) \mathrm{Re}\left\{ \frac{\mathrm{e}^{\mathrm{j}n\omega_0 t}}{\alpha + \mathrm{j}n\omega_0} \right\}$$

$$= \frac{A\tau}{\alpha T} + 2 \sum_{n=1}^{\infty} \frac{A\tau}{T} \mathrm{Sa}\left(\frac{n\omega_0 \tau}{2} \right) \frac{\alpha\cos(n\omega_0 t) + n\omega_0 \sin(n\omega_0 t)}{\alpha^2 + n^2 \omega_0^2}, \quad -\infty < t < \infty$$

6.3 无失真传输系统与理想滤波器

6.3.1 无失真传输系统

在信号传输时，总是希望信号通过传输系统时，信号无任何失真，这就要求系统是一个无失真的传输系统。所谓无失真传输，是指输出信号与输入信号相比，输出信号只在信号幅度因子上和出现时间上与输入信号有变化，而两者的波形上无任何变化，这就是说，若输入信号为 $f(t)$，则无失真传输系统的输出信号 $y(t)$ 应为

$$y(t) = K \cdot f(t - t_\mathrm{d}) \tag{6-26}$$

式中 K 是一个正常数，t_d 是输入信号通过系统的延迟时间。对上式进行傅里叶变换，并根据傅里叶变换的时移特性，可得

$$Y(j\omega) = K \cdot F(j\omega)e^{-j\omega t_d} \qquad (6-27)$$

故无失真传输系统的频率响应为

$$H(j\omega) = \frac{Y(j\omega)}{F(j\omega)} = K \cdot e^{-j\omega t_d} \qquad (6-28)$$

即其幅度响应和相位响应分别为

$$|H(j\omega)| = K, \qquad \varphi(\omega) = -\omega t_d \qquad (6-29)$$

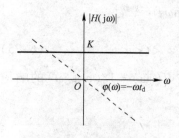

图 6-6　无失真传输系统的
幅度响应和相位响应

因此无失真传输系统应满足两个条件：①系统的幅度响应 $|H(j\omega)|$ 在整个频率范围内应为常数 K，即系统的带宽为无穷大；②系统的相位响应 $\varphi(j\omega)$ 在整个频率范围内应与 ω 呈线性关系，如图 6-6 所示。

然而实际的物理系统的幅度响应 $|H(j\omega)|$ 不可能是在整个频率范围内为常数，系统的相位响应 $\varphi(j\omega)$ 也不是 ω 的线性函数。如果系统的幅度响应 $|H(j\omega)|$ 不为常数，信号通过时就会产生失真，称为幅度失真；如果系统的相位响应 $\varphi(j\omega)$ 不是 ω 的线性函数，信号通过时也会产生失真，称为相位失真。一个无失真传输系统只是理论上的定义，实际中它是无法实现的。但可以将它作为一个理想的标准，实际的传输系统可以与它进行对比，指标与之越近，则实际的传输系统就越接近理想。在实际应用中，如果系统在信号有效带宽范围内具有较平坦的幅度响应和与 ω 呈线性关系的相位响应，则可以将系统近似地看作无失真传输系统。

[例 6-9] 已知某稳定的连续 LTI 系统的频率响应为

$$H(j\omega) = \frac{1 - j\omega}{1 + j\omega} \qquad (6-30)$$

（1）求系统的幅度响应 $|H(j\omega)|$ 和相位响应 $\varphi(\omega)$，并判断系统是否为无失真传输系统。

（2）当输入为 $f(t) = \sin t + \sin 3t$，$-\infty < t < \infty$ 时，求系统的输出响应。

解：

（1）由于式（6-30）的分子分母互为共轭，故有

$$H(j\omega) = e^{-j2\arctan(\omega)}$$

所以系统的幅度响应和相位响应分别为

$$|H(j\omega)| = 1, \qquad \varphi(\omega) = -2\arctan(\omega)$$

由于系统的幅度响应 $|H(j\omega)|$ 对所有的频率都为常数，这类系统也被称为全通系统。由于系统的相位响应 $\varphi(\omega)$ 不是 ω 的线性函数，所以系统不是无失真传输系统。

（2）由式（6-19）有

$$y(t) = |H(j1)|\sin(t + \varphi(1)) + |H(j3)|\sin(3t + \varphi(3))$$
$$= \sin(t - \pi/2) + \sin(3t - 0.795\pi)$$

图 6-7 的实线表示系统的输入信号 $f(t)$，虚线为系统的输出信号 $y(t)$。由图可知，输出信号相对于输入信号产生了失真。输出信号的失真是由于系统的非线性相位引起的。

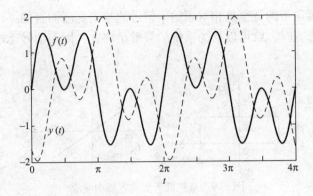

图 6-7 例 6-9 的输入和输出信号

6.3.2 理想滤波器

滤波器可以使信号中的一部分频率分量通过，而使另一部分频率分量很少通过。一般信号通过系统后，其频率分量都会有所改变。从这一点上来说，任何一个系统都可以看成是一个滤波器。在实际应用中，按照允许通过的频率成分划分，滤波器可分为低通、高通、带通和带阻等几种，它们在理想情况下系统的幅度响应如图 6-8 所示，其中（a）为低通滤波器，（b）为高通滤波器，（c）为带通滤波器，（d）为带阻滤波器。ω_c 是低通、高通滤波器的截频，ω_1 和 ω_2 是带通和带阻滤波器的截频。本节重点讨论理想低通滤波器，其他三种滤波器的分析与之类似。

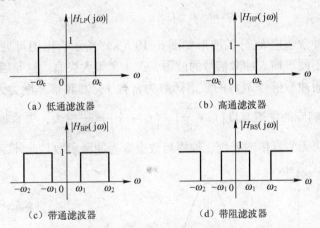

（a）低通滤波器　　　　　　　　　　（b）高通滤波器

（c）带通滤波器　　　　　　　　　　（d）带阻滤波器

图 6-8 理想滤波器的幅度响应

理想低通滤波器的幅度响应 $|H(j\omega)|$ 在通带 $0 \sim \omega_c$ 恒为 1，在通带之外为 0；相位响应 $\varphi(\omega)$ 在通带内与 ω 呈线性关系。其频率响应可表示为

$$H(j\omega) = \begin{cases} e^{-j\omega t_d}, & |\omega| \leqslant \omega_c \\ 0, & |\omega| > \omega_c \end{cases} = p_{2\omega_c}(\omega)\,e^{-j\omega t_d} \tag{6-31}$$

如图 6-9 所示。由于理想低通滤波器的通带不是无穷大而是有限值，故也称为带限系统。显然，信号通过这种带限系统时，将会产生失真，失真的大小一方面取决于带限系统的通带宽度，另一方面也取决于输入信号的频带宽度。这就是信号与系统的带宽匹配概念。由此可

见，理想低通滤波器通带的宽窄是相对于输入信号的频带宽度而言的，当系统的通带宽度大于所要传输的信号带宽时，就可以认为系统的频带足够宽，因而信号通过时就可以近似认为是无失真传输。

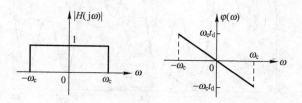

$$图6-9 \quad 理想低通滤波器频率响应$$

下面分析冲激信号和阶跃信号通过理想低通滤波器时的响应，这些响应的特点具有普遍意义，因而可以更清楚地理解一些有用的概念。

1. 冲激响应

系统的冲激响应 $h(t)$ 就是当系统输入激励为冲激信号 $\delta(t)$ 时产生的输出响应，而且系统的冲激响应 $h(t)$ 与系统频率响应 $H(j\omega)$ 是一对傅里叶变换对。因此，

$$
\begin{aligned}
h(t) &= \frac{1}{2\pi} \int_{-\infty}^{\infty} H(j\omega) e^{j\omega t} dt \\
&= \frac{1}{2\pi} \int_{-\omega_c}^{\omega_c} e^{-j\omega t_d} e^{j\omega t} dt = \frac{1}{2\pi} \int_{-\omega_c}^{\omega_c} e^{j\omega(t-t_d)} dt \\
&= \frac{\omega_c}{\pi} \text{Sa}[\omega_c(t-t_d)]
\end{aligned}
\tag{6-32}
$$

理想低通滤波器的冲激响应 $h(t)$ 的波形如图6-10（a）所示。由图可见，冲激响应的波形是一个抽样函数，不同于输入冲激信号的波形，产生了很大失真。这是因为理想低通滤波器是一个带限系统，而冲激信号 $\delta(t)$ 的频谱函数为常数1，其频带宽度为无穷大。由图可见，截频 ω_c 越小，冲激响应的主瓣宽度 $\left(t_d + \frac{\pi}{\omega_c}\right) - \left(t_d - \frac{\pi}{\omega_c}\right) = \frac{2\pi}{\omega_c}$ 越大，失真越大。当 $\omega_c \to \infty$ 时，理想低通滤波器变为无失真传输系统，抽样函数也变为冲激函数。此外，冲激响应 $h(t)$ 的主

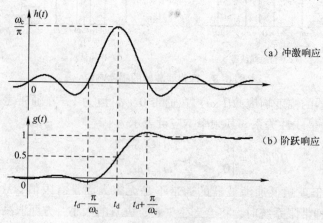

$$图6-10 \quad 理想低通滤波器的响应$$

峰出现的时刻 $t = t_d$，比输入的冲激信号 $\delta(t)$ 的作用时刻 $t = 0$ 延迟了一段时间 t_d，而 $-t_d$ 正是理想低通滤波器相位响应的斜率。从图中也可以发现，冲激响应在 $t < 0$ 的区间也存在非零输出，这说明理想低通滤波器是一个非因果系统，因而是一个物理不可实现的系统。

2. 阶跃响应

如果理想低通滤波器的输入是一个单位阶跃信号 $u(t)$，则系统的输出响应称为阶跃响应，以符号 $g(t)$ 表示。由于单位阶跃信号是单位冲激信号的积分，根据线性时不变系统的特性，系统阶跃响应是系统冲激响应的积分，即

$$g(t) = h^{(-1)}(t) = \int_{-\infty}^{t} h(\tau) d\tau$$

$$= \frac{\omega_c}{\pi} \int_{-\infty}^{t} \text{Sa}[\omega_c(\tau - t_d)] d\tau = \frac{1}{\pi} \int_{-\infty}^{\omega_c(t-t_d)} \text{Sa}(x) dx$$

$$= \frac{1}{\pi} \int_{-\infty}^{0} \text{Sa}(x) dx + \frac{1}{\pi} \int_{0}^{\omega_c(t-t_d)} \text{Sa}(x) dx$$

由定积分公式有

$$\frac{1}{\pi} \int_{-\infty}^{0} \text{Sa}(x) dx = \frac{1}{\pi} \int_{0}^{\infty} \text{Sa}(x) dx = \frac{1}{2}$$

因此，理想低通滤波器的阶跃响应 $g(t)$ 为

$$g(t) = \frac{1}{2} + \frac{1}{\pi} \int_{0}^{\omega_c(t-t_d)} \text{Sa}(x) dx \tag{6-33}$$

其波形如图 6-10（b）所示。

由图 6-10 可见，阶跃响应 $g(t)$ 比输入阶跃信号 $u(t)$ 延迟一段时间。在 $t = t_d$ 时，$g(t) = 0.5$，这里 $-t_d$ 仍是理想低通滤波器相位响应的斜率。此时阶跃响应的波形并不像阶跃信号波形那样垂直上升，这表明阶跃响应的建立需要一段时间；同时波形出现过冲与振荡，这都是由于理想低通滤波器是一个带限系统所引起的。通常将阶跃响应从最小值上升到最大值所需时间称为阶跃响应的上升时间 t_r。从图 6-10 可见，上升时间与冲激响应的主瓣宽度一样，都是 $2\pi/\omega_c$。这表明阶跃响应的上升时间 t_r 与理想低通滤波器的通带宽度 ω_c 成反比。ω_c 越大，阶跃响应上升时间就越短，当 $\omega_c \to \infty$ 时，$t_r \to 0$。由理想低通滤波器的阶跃响应波形还可以发现，阶跃信号通过滤波器后，在其间断点的前后出现了振荡，其振荡的最大峰值约为阶跃突变值的 9%。而且如果增加滤波器的带宽，峰值的位置将趋于间断点，振荡起伏增多，衰减随之加快，但峰值却并不减小，这种现象称为吉布斯现象。也就是说只要理想低通滤波器的带宽为有限，其阶跃响应就会出现振荡，且振荡的幅度不变。

通过对理想低通滤波器冲激响应和阶跃响应的分析，可以得到以下一些有用的结论。

① 输出响应的延迟时间取决于理想低通滤波器的相位响应的斜率。

② 输入信号在通过理想低通滤波器后，输出响应在输入信号不连续点处产生逐渐上升或下降的波形，上升或下降的时间与理想低通滤波器的通带宽度成反比。

③ 理想低通滤波器的通带宽度与输入信号的带宽不相匹配时，输出就会失真。系统的通带宽度越大于信号的带宽，则失真越小，反之，则失真较大。

以上结论虽然是通过分析理想低通滤波器而得出的，实际低通滤波器的冲激响应和阶跃响应也基本上与理想低通滤波器的响应特性类似。如 RC 积分电路，RLC 串联电路等组成的

物理可实现的低通滤波器，它们的冲激响应、阶跃响应等都与理想低通滤波器对应的响应相似，只不过实际的系统都是因果系统，因而其响应不会超前于激励。

[**例 6-10**] 求带通信号 $f(t) = \mathrm{Sa}(t)\cos 2t$，$-\infty < t < \infty$，通过线性相位理想低通滤波器

$$H(\mathrm{j}\omega) = p_{2\omega_{\mathrm{c}}}(\omega)\, \mathrm{e}^{-\mathrm{j}\omega t_{\mathrm{d}}}$$

的响应。

解：

由表 5-1 可得

$$\mathrm{Sa}(t) \xleftarrow{\ \mathscr{F}\ } \pi p_2(\omega)$$

利用傅里叶变换的频移特性，可得输入信号的频谱为

$$F(\mathrm{j}\omega) = \frac{\pi}{2}\big[p_2(\omega+2) + p_2(\omega-2) \big]$$

理想低通滤波器的幅度响应及带通信号频谱 $F(\mathrm{j}\omega)$ 如图 6-11 所示。系统的输出频谱 $Y(\mathrm{j}\omega)$ 为

$$Y(\mathrm{j}\omega) = H(\mathrm{j}\omega)F(\mathrm{j}\omega) = p_{2\omega_{\mathrm{c}}}(\omega)\,\mathrm{e}^{-\mathrm{j}\omega t_{\mathrm{d}}} \frac{\pi}{2}\big[p_2(\omega+2) + p_2(\omega-2) \big]$$

当 $\omega_{\mathrm{c}} > 3$ 时，输入信号的所有频率分量都能通过系统，即

$$Y(\mathrm{j}\omega) = \mathrm{e}^{-\mathrm{j}\omega t_{\mathrm{d}}} \frac{\pi}{2}\big[p_2(\omega+2) + p_2(\omega-2) \big]$$

所以系统的输出 $y(t)$ 为

$$y(t) = f(t-t_{\mathrm{d}}) = \mathrm{Sa}(t-t_{\mathrm{d}})\cos\big[2(t-t_{\mathrm{d}}) \big],\quad -\infty < t < \infty$$

这时系统可看成一个无失真传输系统。

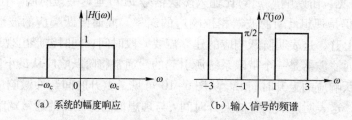

（a）系统的幅度响应　　　　　（b）输入信号的频谱

图 6-11　系统的幅度响应及输入信号的频谱

当 $\omega_{\mathrm{c}} < 1$ 时，输入信号的所有频率分量都不能通过系统，即

$$Y(\mathrm{j}\omega) = 0$$

所以系统的输出 $y(t)$ 为

$$y(t) = 0,\quad -\infty < t < \infty$$

当 $1 < \omega_{\mathrm{c}} < 3$ 时，只有从 1 到 ω_{c} 范围内的频率分量能通过系统，故

$$Y(\mathrm{j}\omega) = \frac{\pi}{2}\bigg[p_{\omega_{\mathrm{c}}-1}\bigg(\omega - \frac{\omega_{\mathrm{c}}+1}{2}\bigg) + p_{\omega_{\mathrm{c}}-1}\bigg(\omega + \frac{\omega_{\mathrm{c}}+1}{2}\bigg) \bigg]\mathrm{e}^{-\mathrm{j}\omega t_{\mathrm{d}}}$$

又因为

$$\frac{\omega_{\mathrm{c}}-1}{2}\mathrm{Sa}\bigg(\frac{\omega_{\mathrm{c}}-1}{2}t\bigg) \xleftarrow{\quad\quad} \pi p_{\omega_{\mathrm{c}}-1}(\omega)$$

再利用傅里叶变换的时移和频移特性可得系统的输出 $y(t)$ 为

$$y(t) = \frac{\omega_c - 1}{2} \text{Sa}\left[\frac{\omega_c - 1}{2}(t - t_d)\right]\cos\left[\frac{\omega_c + 1}{2}(t - t_d)\right]$$

这时由于系统滤除了输入信号的部分频率分量，使输出信号发生了失真，所以系统不是无失真传输系统。

6.4　信号的抽样与重建

在通信、控制和信号处理等领域常需要用离散时间信号处理的方法对连续时间信号进行处理。为了用离散方式处理连续时间信号，可对连续时间信号 $f(t)$ 进行等间隔的抽样，从而获得离散时间序列 $f(kT)$（$k = 0, \pm 1, \pm 2, \cdots; T$ 为抽样间隔或抽样周期）。

抽样后的离散序能否包含原连续信号的全部信息，抽样定理给出了抽样后的信号与原连续信号之间的内在关系。可以说，抽样定理在连续时间信号和离散时间信号之间架起了一座桥梁。基于信号与系统的时域分析和频域分析，引出连续时间信号的时域抽样定理。

6.4.1　信号的时域抽样

信号时域抽样的模型如图 6-12 所示，信号的时域抽样是对连续时间信号 $f(t)$ 以间隔 T 进行等间隔抽样，得到相应的离散时间信号 $f[k]$。在工程中信号的抽样是通过 A/D 转换器将模拟信号转换为数字信号。

$$f(t) \longrightarrow \boxed{\text{抽样}} \longrightarrow f[k]$$
$$T$$

图 6-12　信号抽样模型

抽样所得离散时间信号 $f[k]$ 可表示为

$$f[k] = f(kT) = f(t)\big|_{t = kT}, \quad k \in \mathbf{Z} \tag{6-34}$$

称 T 为抽样间隔。抽样频率 f_{sam} 和角频率 ω_{sam} 与抽样间隔 T 的关系为

$$f_{sam} = \frac{1}{T}, \quad \omega_{sam} = \frac{2\pi}{T} = 2\pi f_{sam}$$

根据式（6-34）给出的时域抽样定义，图 6-13 描述了对连续时间信号的抽样过程。显然，抽样间隔 T 越小，离散序列 $f[k]$ 越接近于连续时间信号 $f(t)$，失真也就越小。但抽样间隔 T 越小，抽样得到的序列 $f[k]$ 的样点数越多，这就降低了该离散信号传输和处理的效率。因此，抽样间隔 T 既不能太大，也不能太小，抽样间隔 T 的选择必须保证抽样后的信号基本不丢失信息。下面通过从频域分析信号抽样前后的频谱关系，得到抽样间隔 T 对序列频谱的影响。

设 $F(j\omega)$ 和 $F(e^{j\Omega})$ 分别表示连续时间信号 $f(t)$ 和离散时间信号 $f[k]$ 的频谱，即

$$F(j\omega) = \int_{-\infty}^{\infty} f(t)e^{-j\omega t}dt, \quad F(e^{j\Omega}) = \sum_{k=-\infty}^{\infty} f[k]e^{-j\Omega k}$$

时域抽样定理：若离散序列 $f[k]$ 是连续时间信号 $f(t)$ 的等间隔抽样，即

$$f[k] = f(kT) = f(t)\big|_{t = kt}, \quad k \in \mathbf{Z}$$

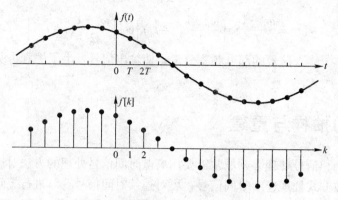

图 6-13 连续信号的抽样过程

则离散信号 $f[k]$ 的频谱 $F(e^{j\Omega})$ 是连续时间信号 $f(t)$ 的频谱 $F(j\omega)$ 的周期化，即

$$F(e^{j\Omega}) = \frac{1}{T} \sum_{n=-\infty}^{\infty} F\left(j\left(\frac{\Omega - 2\pi n}{T}\right)\right) = \frac{1}{T} \sum_{n=-\infty}^{\infty} F[j(\omega - n\omega_{sam})], \quad \Omega = \omega T \qquad (6-35)$$

式（6-35）表明，若离散序列 $f[k]$ 是连续时间信号 $f(t)$ 的等间隔抽样，则序列 $f[k]$ 的频谱 $F(e^{j\Omega})$ 是信号 $f(t)$ 的频谱 $F(j\omega)$ 的周期化。也就是说，信号在时域的离散化，导致其频谱的周期化。如果频谱在周期化过程中，频谱没有因混叠而发生改变，则可由离散序列无失真地重建原连续信号。时域抽样定理揭示了连续时间信号与离散时间信号之间的内在联系，下面利用周期冲激信号 $\delta_T(t)$ 来证明连续时间信号的时域抽样定理。构建信号

$$f_{sam}(t) = f(t)\delta_T(t) \qquad (6-36)$$

对式（6-36）求连续时间傅里叶变换，并利用傅里叶变换的乘积特性，可得

$$F_{sam}(j\omega) = \mathscr{F}[f_{sam}(t)] = \frac{1}{2\pi}\mathscr{F}[f(t)] * \mathscr{F}[\delta_T(t)]$$

$$= \frac{1}{2\pi}F(j\omega) * \omega_{sam}\sum_{n=-\infty}^{\infty}\delta(\omega - n\omega_{sam})$$

根据冲激信号的卷积特性，化简上式可得

$$F_{sam}(j\omega) = \frac{\omega_{sam}}{2\pi}F(j\omega) * \sum_{n=-\infty}^{\infty}\delta(\omega - n\omega_{sam}) = \frac{1}{T}\sum_{n=-\infty}^{\infty}F[j(\omega - n\omega_{sam})] \qquad (6-37)$$

又根据周期冲激信号 $\delta_T(t)$ 的定义及冲激信号的筛选特性，式（6-36）又可以表示为

$$f_{sam}(t) = f(t)\delta_T(t) = f(t)\sum_{k=-\infty}^{\infty}\delta(t-kT) = \sum_{k=-\infty}^{\infty}f(kT)\delta(t-kT)$$

对上式求连续时间傅里叶变换，可得

$$F_{sam}(j\omega) = \sum_{k=-\infty}^{\infty}f(kT)e^{-j\omega kT} = F(e^{j\omega T}) = F(e^{j\Omega}), \quad \Omega = \omega T \qquad (6-38)$$

比较式（6-37）和式（6-38），即得证式（6-35）。

下面根据时域抽样定理分析带限信号的时域抽样。如果实信号 $f(t)$ 是带限信号，即在 $|\omega| > \omega_m$ 时信号的频谱为零，称 ω_m 为信号最高角频率。图 6-14 分别给出了抽样角频率 ω_{sam} $= 2.5\omega_m$，$2\omega_m$，$1.6\omega_m$ 时，带限信号抽样后离散序列的频谱 $F(e^{j\Omega})$。由图可见，随着抽样间隔 T 的增加，即 ω_{sam} 的减小，相邻的 $F(j(\Omega-2\pi n)/T)$ 非零值部分有可能发生重叠，导致抽样信号频谱失真。这种由非零值重叠相加而引起的失真被称为混叠（aliasing）。

在 $\omega_{sam} = 2.5\omega_m$ 时，离散序列频谱在其一个周期 $[-\pi, \pi]$ 范围内与原信号的频谱只差一个尺度因子，这意味着离散信号 $f[k]$ 中包含了原信号 $f(t)$ 的全部信息，可以从抽样信号恢复原信号。由图 6-14（b）可以看出，还可以在一定范围内降低抽样频率，且离散信号频谱也不混叠，故称这种情况为过抽样。在 $\omega_{sam} = 2\omega_m$ 时，抽样信号频谱也没有混叠，但这时如果再降低抽样频率，则抽样信号频谱将发生混叠，故称这种情况为临界抽样。在 $\omega_{sam} = 1.6\omega_m$ 时，由于相邻的 $F(j(\Omega - 2\pi n)/T)$ 的非零值部分发生重叠，使抽样信号频谱发生了混叠，这意味着离散信号 $f[k]$ 丢失了原信号 $f(t)$ 中的部分信息，这时不可能从抽样信号恢复原信号。

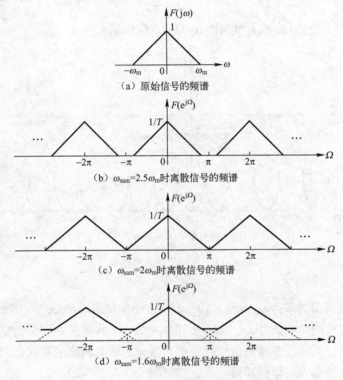

（a）原始信号的频谱

（b）$\omega_{sam} = 2.5\omega_m$ 时离散信号的频谱

（c）$\omega_{sam} = 2\omega_m$ 时离散信号的频谱

（d）$\omega_{sam} = 1.6\omega_m$ 时离散信号的频谱

图 6-14　信号抽样过程中的频谱

由上分析可见，对于带限信号，当抽样角频率 ω_{sam}（或抽样频率 f_{sam}）满足

$$\omega_{sam} \geqslant 2\omega_m \quad \text{或} \quad f_{sam} \geqslant 2f_m$$

抽样信号的频谱不会发生混叠，因此，可由抽样后的离散序列无失真地恢复原来的连续信号。

带限信号的时域抽样定理：若带限实信号 $f(t)$ 的最高角频率为 ω_m，当抽样间隔 T 满足

$$T \leqslant \frac{\pi}{\omega_m} = \frac{1}{2f_m} \quad (\omega_m = 2\pi f_m) \tag{6-39}$$

则信号 $f(t)$ 可以用等间隔的抽样序列 $f[k] = f(t)\big|_{t=kT}$ 无失真地重建。其中，$f_{sam} = 2f_m$ 是使抽样信号频谱不混叠时的最小抽样频率，称为奈奎斯特（Nyquist）频率。$T = 1/2f_m$ 是使抽样信号频谱不混叠时的最大的抽样间隔，称为奈奎斯特间隔。

值得注意的是，式（6-39）给出的结论只适用于带限实信号，而式（6-35）给出的结

论却具有更普遍的意义，可以适用于复信号和高频窄带信号等各种连续信号。换句话说，式（6-39）只是式（6-35）的一个具体实例。

[**例 6-11**] 已知高频窄带信号 $f(t)$ 的频谱如图 6-15 （a） 所示，其带宽 $\omega_B = 8 \times 10^3$ rad/s，中心角频率 $\omega_0 = 52 \times 10^3$ rad/s，对 $f(t)$ 以抽样角频率 $\omega_{sam} = 16 \times 10^3$ rad/s 进行抽样得序列 $f[k]$，试画出序列 $f[k]$ 的频谱 $F(e^{j\Omega})$。

解：由式（6-35）可知序列 $f[k]$ 的频谱 $F(e^{j\Omega})$ 与连续信号 $f(t)$ 的频谱 $F(j\omega)$ 的关系为

$$F(e^{j\Omega}) = \frac{1}{T} \sum_n F\left(j\frac{\Omega - 2\pi n}{T}\right) = \frac{1}{T} \sum_{n=-\infty}^{\infty} F[j(\omega - n\omega_{sam})], \quad \Omega = \omega T$$

由此可画出序列 $f[k]$ 的频谱 $F(e^{j\Omega})$ 如图 6-15 （b） 所示。

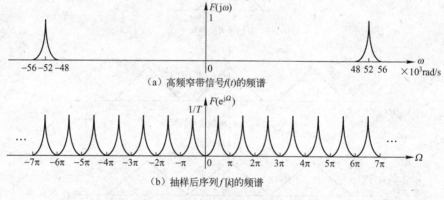

（a）高频窄带信号 $f(t)$ 的频谱

（b）抽样后序列 $f[k]$ 的频谱

图 6-15　高频窄带信号的抽样

信号 $f(t)$ 的最高角频率为 $\omega_m = 56 \times 10^3$ rad/s，而抽样角频率 $\omega_{sam} = 16 \times 10^3$ rad/s，不满足带限信号抽样定理的约束条件 $\omega_{sam} \geq 2\omega_m$。但序列 $f[k]$ 的频谱 $F(e^{j\Omega})$ 仍完整地保留了原连续信号的频谱信息。抽样的本质是信号时域的离散化导致其频域的周期化，只要在周期化的过程中频谱的信息得到完整保留即可。

在工程实际中，许多信号的频谱不满足带限信号的条件，如图 6-16 （a） 所示。如果对这类信号直接进行抽样，将产生频谱混叠现象，造成混叠误差。为了改善这种情况，对待抽样的连续信号先进行低通滤波，然后再对滤波后的信号 [如图 6-16 （c） 所示] 进行抽样，从而减少频谱的混叠。这类模拟低通滤波器称为抗混叠滤波器，图 6-16 （b） 所示为理想低通滤波器。虽然连续信号经过抗混叠滤波器低通滤波后，会损失一些高频信息，产生截短误差。但在多数场合下，截短误差远小于混叠误差。在目前常用的 A/D 转换器件中，一般都含有截频可编程的抗混叠滤波器。

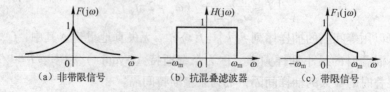

（a）非带限信号　　　　（b）抗混叠滤波器　　　　（c）带限信号

图 6-16　连续信号抽样前的抗混叠滤波

6.4.2　信号的重建

将离散信号转换为连续信号的过程称为信号重建，其为信号时域抽样的逆过程。信号重建模型如图 6-17 所示。

信号重建的理论模型可以表示为两个过程，首先是将离散时间信号 $f[k]$ 转换为连续时间信号 $f_{rec}(t)$，然后将信号 $f_{rec}(t)$ 通过一个截频为 $\omega_{sam}/2$ 的理想低通滤波器 $H_{rec}(j\omega)$。连续时间信号 $f_{rec}(t)$ 的表示式为

$$f_{rec}(t) = \sum_{k=-\infty}^{\infty} f[k]\delta(t - kT) \tag{6-40}$$

信号 $f_{rec}(t)$ 的傅里叶变换为

$$F_{rec}(j\omega) = \sum_{k=-\infty}^{\infty} f[k]e^{-j\omega kT} = F(e^{j\omega T}) = \frac{1}{T}\sum_{n=-\infty}^{\infty} F[j(\omega - n\omega_{sam})] \tag{6-41}$$

信号 $f_{rec}(t)$ 的频谱 $F_{rec}(j\omega)$ 是一个周期为 ω_{sam} 周期函数。

若 $f[k]$ 原先是由带限信号 $f(t)$ 抽样所得到的序列，且抽样周期 T 满足 $T \le \pi/\omega_m$，则连续时间信号 $f_{rec}(t)$ 的频谱示意图如图 6-18 所示。

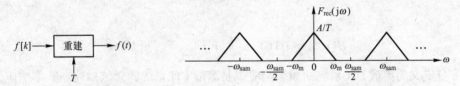

图 6-17　信号重建模型框图　　　　　　图 6-18　信号 $f_{rec}(t)$ 的频谱示意图

由图 6-18 可知，将连续信号 $f_{rec}(t)$ 通过截频 $\omega_c = \omega_{sam}/2 = \pi/T$ 的理想低通滤波器 $H_{rec}(j\omega)$（称为重建滤波器），即可恢复抽样前的连续信号 $f(t)$。重建滤波器的频率响应为

$$H_{rec}(j\omega) = \begin{cases} T, & |\omega| \le \omega_{sam}/2 \\ 0, & 其他 \end{cases} \tag{6-42}$$

以上从频域分析了信号重建的过程，由于信号的时域与频域是一一对应关系，因而信号重建过程也可通过时域来表示。对（6-42）进行连续时间傅里叶反变换可得重建滤波器的冲激响应 $h_{rec}(t)$ 为

$$h_{rec}(t) = Sa(\pi t/T)$$

信号重建的输出信号 $f(t)$ 与输入信号 $f[k]$ 之间的关系可表示为

$$f(t) = f_{rec}(t) * h_{rec}(t) = \left[\sum_{k=-\infty}^{\infty} f[k]\delta(t - kT)\right] * Sa\left(\frac{\pi}{T}t\right)$$

$$= \sum_{k=-\infty}^{\infty} f[k]Sa\left(\frac{\pi}{T}(t - kT)\right) \tag{6-43}$$

式（6-43）表示，当连续时间信号 $f(t)$ 在抽样过程无混叠时，可由抽样得到的离散序列 $f[k]$ 与信号 $h_{rec}(t)$ 进行乘积叠加而恢复连续信号 $f(t)$，如图 6-19 所示。式（6-43）在理论分析中具有重要意义，在实际中常通过近似的方法实现信号的重建。

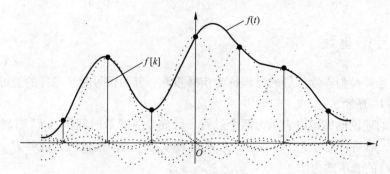

图 6-19　由抽样所得离散序列重建连续信号

6.5　离散时间 LTI 系统的频域分析

设稳定的离散 LTI 系统的脉冲响应为 $h[k]$，当系统的输入是角频率为 Ω 的虚指数信号 $f[k] = e^{j\Omega k}(-\infty < k < \infty)$ 时，系统的零状态响应 $y[k]$ 为输入 $e^{j\Omega k}$ 与 $h[k]$ 的卷积和，即

$$y[k] = e^{j\Omega k} * h[k] = \sum_{n=-\infty}^{\infty} e^{j\Omega(k-n)} h[n] = e^{j\Omega k} H(e^{j\Omega}) \tag{6-44}$$

其中

$$H(e^{j\Omega}) = \mathrm{DTFT}\{h[k]\} = \sum_{k=-\infty}^{\infty} e^{-j\Omega k} h[k] \tag{6-45}$$

$H(e^{j\Omega})$ 定义为离散 LTI 系统的频率响应，是离散 LTI 系统的频域描述。频率响应 $H(e^{j\Omega})$ 一般是 Ω 的复值函数，可用幅度和相位表示为

$$H(e^{j\Omega}) = |H(e^{j\Omega})| e^{j\varphi(\Omega)} \tag{6-46}$$

称 $|H(e^{j\Omega})|$ 为系统的幅度响应，$\varphi(\Omega)$ 为系统的相位响应。当 $h[k]$ 是实函数时，由 DTFT 的性质可知 $|H(e^{j\Omega})|$ 是 Ω 的偶函数，$\varphi(\Omega)$ 是 Ω 的奇函数。

由式（6-44）知虚指数信号通过离散 LTI 系统后信号的频率不变，信号的幅度由系统的频率响应 $H(e^{j\Omega})$ 在 Ω 点的幅度值确定。所以 $H(e^{j\Omega})$ 表示了系统对不同频率信号的传输特性。

由 IDTFT 的定义，满足一定条件的离散信号 $f[k]$ 可用虚指数信号 $e^{j\Omega k}(-\infty < k < \infty)$ 将其表示为

$$f[k] = \frac{1}{2\pi} \int_{-\pi}^{\pi} F(e^{j\Omega}) e^{j\Omega k} \mathrm{d}\Omega$$

由系统的线性特性和式（6-44）有

$$y[k] = T\{f[k]\} = \frac{1}{2\pi} \int_{-\pi}^{\pi} F(e^{j\Omega}) T\{e^{j\Omega k}\} \mathrm{d}\Omega$$

$$= \frac{1}{2\pi} \int_{-\pi}^{\pi} F(e^{j\Omega}) H(e^{j\Omega}) e^{j\Omega k} \mathrm{d}\Omega \tag{6-47}$$

故输出序列 $y[k]$ 的 DTFT 为

$$Y(e^{j\Omega}) = H(e^{j\Omega}) F(e^{j\Omega}) \tag{6-48}$$

可见任意信号 $f[k]$ 作用于连续 LTI 系统的零状态响应 $y[k]$ 的频谱等于输入信号的频谱乘以

系统的频率响应。式（6-48）的结论与 DTFT 的时域卷积定理一致。

[**例 6-12**] 已知描述某稳定的离散 LTI 系统的差分方程为

$$y[k-2] + 5y[k-1] + 6y[k] = 3f[k] + 4f[k-1] \tag{6-49}$$

试求该系统的频率响应 $H(\mathrm{e}^{\mathrm{j}\Omega})$ 和脉冲响应 $h[k]$。

解： 由 DTFT 的时域位移特性，对式（6-49）两边做 DTFT 得

$$(\mathrm{e}^{-\mathrm{j}2\Omega} + 5\mathrm{e}^{-\mathrm{j}\Omega} + 6)Y(\mathrm{e}^{\mathrm{j}\Omega}) = (3 + 4\mathrm{e}^{-\mathrm{j}\Omega})F(\mathrm{e}^{\mathrm{j}\Omega})$$

所以

$$H(\mathrm{e}^{\mathrm{j}\Omega}) = \frac{Y(\mathrm{e}^{\mathrm{j}\Omega})}{F(\mathrm{e}^{\mathrm{j}\Omega})} = \frac{4\mathrm{e}^{-\mathrm{j}\Omega} + 3}{\mathrm{e}^{-\mathrm{j}2\Omega} + 5\mathrm{e}^{-\mathrm{j}\Omega} + 6} = \frac{-2.5}{1 + 0.5\mathrm{e}^{-\mathrm{j}\Omega}} + \frac{3}{1 + (1/3)\mathrm{e}^{-\mathrm{j}\Omega}}$$

对上式做 IDTFT 即得

$$h[k] = -2.5(1/2)^k u[k] + (-1/3)^k u[k]$$

对于正弦型信号，由欧拉公式有

$$\cos(\Omega k + \theta) = \frac{1}{2}(\mathrm{e}^{\mathrm{j}(\Omega k + \theta)} + \mathrm{e}^{-\mathrm{j}(\Omega k + \theta)}) \tag{6-50}$$

由式（6-44）和式（6-50）得

$$y[k] = T\{\cos(\Omega k + \theta)\} = \frac{1}{2}\{H(\mathrm{e}^{\mathrm{j}\Omega})\mathrm{e}^{\mathrm{j}(\Omega k + \theta)} + H(\mathrm{e}^{-\mathrm{j}\Omega})\mathrm{e}^{-\mathrm{j}(\Omega k + \theta)}\} \tag{6-51}$$

当 $h[k]$ 是实序列时，由 DTFT 的对称性有

$$H(\mathrm{e}^{\mathrm{j}\Omega}) = H^*(\mathrm{e}^{-\mathrm{j}\Omega})$$

所以

$$y[k] = |H(\mathrm{e}^{\mathrm{j}\Omega})|\cos(\Omega k + \varphi(\Omega) + \theta) \tag{6-52}$$

[**例 6-13**] 已知某稳定的离散时间 LTI 系统的频率响应如图 6-20 所示，输入信号 $f[k] = \cos(0.3\pi k) + 0.5\cos(0.8\pi k)$，$-\infty < k < \infty$，求系统的稳态响应 $y[k]$。

解： 利用正弦型信号通过 LTI 系统响应的特点，可得

$$y[k] = |H(\mathrm{e}^{\mathrm{j}0.3\pi})|\cos[0.3\pi k + \varphi(0.3\pi)] + |H(\mathrm{e}^{\mathrm{j}0.8\pi})|\cos[0.8\pi k + \varphi(0.8\pi)]$$
$$= 2\cos(0.3\pi k)$$

信号 $f[k]$ 通过图 6-20 所示系统后，信号中的高频分量 $\cos(0.8\pi k)$ 被滤除，仅保留了低频分量 $\cos(0.3\pi k)$，这样的系统称为低通滤波器。

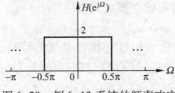

图 6-20　例 6-13 系统的频率响应

6.6　频域分析在通信中的应用

在通信系统中，信号需经过调制与解调以提高通信传输效率和传输质量。信号的调制方式主要为幅度调制（amplitude modulation）与角调制（angular modulation）。在信号调制过程中，待传输信号 $f(t)$ 称为调制信号，信号 $c(t)$ 称为载波信号，调制信号 $f(t)$ 与载波信号 $c(t)$

相互作用的方式体现了不同的调制方式。信号的幅度调制是通过调制信号 $f(t)$ 改变载波信号 $c(t)$ 的幅度而实现，信号的角调制是通过调制信号 $f(t)$ 改变载波信号 $c(t)$ 的角度而实现。信号解调（demodulation）是信号调制的逆过程，其实现从已调信号中恢复原调制信号。

信号的调制在通信系统中有着广泛的应用。在无线通信系统中，低频信号无法直接传输。因为无线通信是通过天线采用空间辐射的方式传输信号，根据电磁波理论，辐射信号的天线尺寸约为信号波长的十分之一。低频信号的波长较长，若直接传输低频信号，则所需的天线尺寸可达数十千米。因此，需要将低频信号调制为高频信号，由合理的天线尺寸辐射出去，实现低频信号的无线传输。

连续时间信号的幅度调制是通信系统中常用的调制方式，其利用傅里叶变换的频移特性实现信号的调制。信号的幅度调制方式主要有抑制载波幅度调制和含有载波的幅度调制，相应的解调方式为同步解调与非同步解调。本书简要介绍抑制载波幅度调制和同步解调。

6.6.1　抑制载波幅度调制

连续时间信号的抑制载波幅度调制（amplitude modulation suppressed carrier，AMSC）是通过调制信号 $f(t)$ 与高频载波信号 $c(t)$ 的乘积，得到已调信号 $y(t)$，实现将低频的调制信号调制到较高的频率范围，如图 6-21 所示。

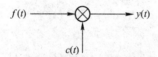

图 6-21　抑制载波幅度调制框图

下面分别从时域和频域分析连续时间信号抑制载波幅度调制的基本原理。

在信号的幅度调制中，存在多种载波信号，其中比较广泛使用的一类载波信号为正弦载波信号 $c(t)$，其数学描述为

$$c(t) = \cos(\omega_c t + \theta) \tag{6-53}$$

其中，ω_c 称为载频，θ 称为初相角。为分析方便起见，在以下分析中取载波信号中的初相角 $\theta = 0$。

载波信号 $c(t)$ 的连续时间傅里叶变换（CTFT）为

$$C(\omega) = \mathscr{F}[\cos(\omega_c t)] = \pi[\delta(\omega + \omega_c) + \delta(\omega - \omega_c)] \tag{6-54}$$

调制信号 $f(t)$ 一般为窄带的低频信号（也称基带信号），其频谱 $F(\mathrm{j}\omega)$ 位于 $(-\omega_m, \omega_m)$ 有限频带内。已调信号 $y(t)$ 为载波信号 $c(t)$ 与调制信号 $f(t)$ 的乘积，其数学描述为

$$y(t) = f(t) \cdot \cos(\omega_c t) \tag{6-55}$$

根据傅里叶变换的乘积特性，两信号在时域的乘积对应其频谱在频域的卷积。已调信号 $y(t)$ 的频谱为

$$
\begin{aligned}
Y(\mathrm{j}\omega) &= \mathscr{F}[y(t)] = \mathscr{F}[f(t) \cdot \cos(\omega_c t)] \\
&= \frac{1}{2\pi} F(\mathrm{j}\omega) * \pi[\delta(\omega + \omega_c) + \delta(\omega - \omega_c)] \\
&= \frac{1}{2}\{F[\mathrm{j}(\omega + \omega_c)] + F[\mathrm{j}(\omega - \omega_c)]\}
\end{aligned}
\tag{6-56}
$$

调制信号、载波信号及已调信号的频谱示意图如图 6-22 所示。

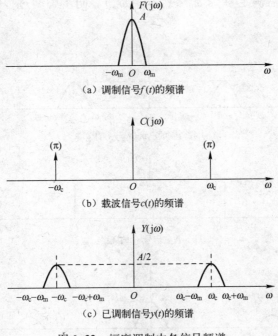

（a）调制信号 $f(t)$ 的频谱

（b）载波信号 $c(t)$ 的频谱

（c）已调制信号 $y(t)$ 的频谱

图 6-22　幅度调制中各信号频谱

可见，低频的调制信号 $f(t)$ 经过高频载波信号 $c(t)$ 的调制后，其频谱被搬移到载频 $\pm\omega_c$ 附近而成为高频的已调信号 $y(t)$。在已调信号的频谱中，其频谱分为对称的两部分，其频谱的带宽为 $2\omega_m$，是调制信号 $f(t)$ 带宽的 2 倍。

6.6.2　同步解调

调制信号 $f(t)$ 经抑制载波幅度调制产生的已调信号通过信道传输后，在接收端可以得到已调信号，通过解调实现从已调信号 $y(t)$ 中恢复调制信号 $f(t)$。

从信号频域分析的角度，信号幅度调制的过程就是将调制信号的频谱搬移到高频范围，与之对应的信号解调则是将已调信号的频谱从高频范围移回原调制信号的频谱位置。实现信号解调的方法有多种形式，主要分为同步解调与非同步解调，图 6-23 所示为同步解调的原理框图。

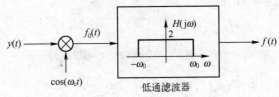

图 6-23　同步解调原理框图

其中，信号 $y(t)$ 是接收到的已调信号，信号 $\cos(\omega_c t)$ 是接收端为解调而产生的本地载波信号，它必须与发送端调制过程中的载波信号同频同相，才能准确地解调接收的已调信号。因此，这种解调被称为同步解调。$H(j\omega)$ 是低通滤波器，用来从信号 $f_0(t)$ 中提取所需信号，其截止频率 ω_0 需满足 $\omega_m < \omega_0 < (2\omega_c - \omega_m)$。同步解调过程的频谱分析如图 6-24 所示。

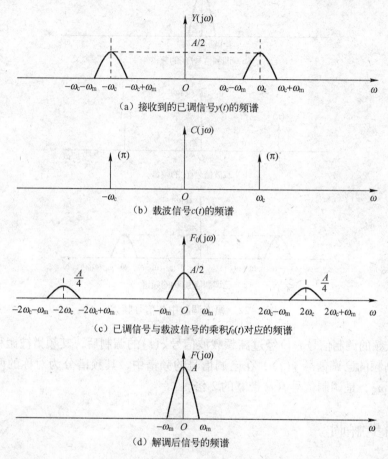

（a）接收到的已调信号 $y(t)$ 的频谱

（b）载波信号 $c(t)$ 的频谱

（c）已调信号与载波信号的乘积 $f_0(t)$ 对应的频谱

（d）解调后信号的频谱

图 6-24　同步解调中各信号频谱

　　以上在频域分析了信号幅度调制与解调的全部过程，信号在发送端经过调制成为已调信号，已调信号经信道传输后，在接收端通过解调，恢复为原信号。实际上，信号幅度调制与解调的过程也可以从时域进行推导

$$f_0(t) = y(t) \cdot \cos(\omega_c t) \tag{6-57}$$

将式（6-55）代入式（6-57）得

$$
\begin{aligned}
f_0(t) &= f(t) \cdot \cos(\omega_c t) \cdot \cos(\omega_c t) \\
&= \frac{1}{2}f(t) + \frac{1}{2}f(t) \cdot \cos(2\omega_c t)
\end{aligned}
\tag{6-58}
$$

　　由式（6-58）可见，信号 $f_0(t)$ 有两项组成，第一项为原调制信号 $f(t)$，其幅度降低一半；第二项为信号 $f(t)$ 与 $\cos(2\omega_c t)/2$ 的乘积。只要信号 $f(t)$ 的最高频率 ω_m 与载波信号的载频 ω_c 之间满足 $2\omega_c - \omega_m > \omega_m$，即 $\omega_c > \omega_m$，信号 $f_0(t)$ 表达式中的两项对应的频谱就不会重叠，将信号 $f_0(t)$ 通过一个低通滤波器就可以提取原调制信号 $f(t)$。为更清楚地说明信号 $f_0(t)$ 通过低通滤波器后，可以得到原信号 $f(t)$，对信号 $f_0(t)$ 进行傅里叶变换，即得到其频

谱为

$$F_0(\omega) = \mathscr{F}[f_0(t)] = \frac{1}{2}F(j\omega) + \frac{1}{4}\{F[j(\omega+2\omega_c)] + F[j(\omega-2\omega_c)]\} \quad (6-59)$$

频谱示意图如图 6-24（c）所示。显然，信号 $f_0(t)$ 通过一个低通滤波器后，即可提取原信号 $f(t)$。该低通滤波器的增益应为 2，截止频率 ω_0 应满足 $\omega_m < \omega_0 < (2\omega_c - \omega_m)$。

[**例6-14**] 如图 6-25 所示系统中，已知输入信号 $f(t)$ 的频谱 $F(j\omega)$，试分析系统中 A、B、C、D 各点及 $y(t)$ 的频谱并画出频谱图，求出 $y(t)$ 与 $f(t)$ 的关系。

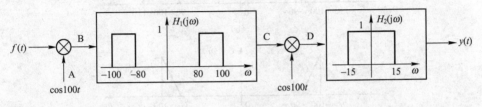

图 6-25　例 6-14 图

解：系统中 A 点载波信号 $\cos100t$ 的频谱为

$$F_A(j\omega) = \mathscr{F}[\cos(100t)] = \pi[\delta(\omega-100)+\delta(\omega+100)]$$

频谱图如图 6-26（a）所示。利用傅里叶变换的调制原理可得 B 点信号的频谱为

$$F_B(j\omega) = \frac{1}{2\pi}F(j\omega) * F_A(j\omega) = \frac{1}{2}\{X[j(\omega-100)]+X[j(\omega+100)]\}$$

频谱图如图 6-26（b）所示。B 点信号通过频率响应为 $H_1(j\omega)$ 的带通滤波器所得输出就是 C 点信号，其频谱为

$$F_C(j\omega) = F_B(j\omega)H_1(j\omega)$$

频谱图如图 6-26（c）所示。再利用傅里叶变换的调制定理可得 D 点信号的频谱为

$$F_D(j\omega) = \frac{1}{2}\{F_C[j(\omega+100)]+F_C[j(\omega-100)]\}$$

频谱图如图 6-26（d）所示。系统输出 $y(t)$ 是 D 点信号通过频率响应为 $H_2(j\omega)$ 的低通滤波器的响应，其频谱为

$$Y(j\omega) = F_D(j\omega)H_2(j\omega)$$

频谱图如图 6-26（e）所示。

比较图 6-26（e）和图 6-25 中的 $F(j\omega)$，可以看出

$$Y(j\omega) = \frac{1}{4}F(j\omega)$$

由此可得 $y(t)$ 与 $f(t)$ 的关系为

$$y(t) = \frac{1}{4}f(t)$$

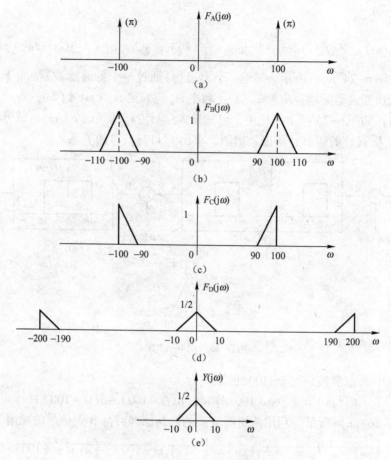

图 6-26   例 6-14 解答图

6.7   利用 MATLAB 进行系统的频域分析

当系统的频率响应 $H(\mathrm{j}\omega)$ 是 $\mathrm{j}\omega$ 的有理多项式时，即

$$H(\mathrm{j}\omega) = \frac{B(\omega)}{A(\omega)} = \frac{b(1)(\mathrm{j}\omega)^m + b(2)(\mathrm{j}\omega)^{m-1} + \cdots + b(m+1)}{a(1)(\mathrm{j}\omega)^n + a(2)(\mathrm{j}\omega)^{n-1} + \cdots + b(n+1)} \tag{6-60}$$

MATLAB 信号处理工具箱提供的 freqs 函数可直接计算系统的频率响应。freqs 的调用形式为

$$H = \mathrm{freqs}(b, a, w)$$

其中 b 是式（6-60）中分子多项式的系数向量，a 为分母多项式系数向量，w 为需计算的 $H(\mathrm{j}\omega)$ 的抽样点（数组 w 中最少需包含两个 ω 的抽样点）。

［例 6-15］已知三阶 Butterworth 低通滤波器的频率响应为

$$H(\mathrm{j}\omega) = \frac{1}{(\mathrm{j}\omega)^3 + 2(\mathrm{j}\omega)^2 + 2(\mathrm{j}\omega) + 1}$$

试画出系统的幅度响应 $|H(\mathrm{j}\omega)|$ 和相位响应 $\varphi(\omega)$。

解：

```
% Program6_1
w = linspace(0,5,200);
b = [1];
a = [1 2 2 1];
H = freqs(b,a,w);
subplot(2,1,1);
plot(w,abs(H));
set(gca,'xtick',[0 1 2 3 4 5]);
set(gca,'ytick',[0 0.4 0.707 1]);grid;
xlabel('\omega');
ylabel('|H(j\omega)|')
subplot(2,1,2);
plot(w,angle(H));
set(gca,'xtick',[0 1 2 3 4 5]);grid;
xlabel('\omega');
ylabel('\phi(\omega)');
```

运行结果如图 6-27 所示。

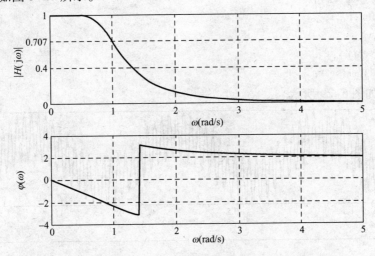

图 6-27　三阶 Butterworth 低通滤波器的幅度响应和相位响应

[**例 6-16**] 已知某 RC 电路如图 6-28 所示，系统的输入电压信号为 $f(t)$，输出信号为电阻两端的电压 $y(t)$。当 $RC = 0.04$，$f(t) = \cos(5t) + \cos(100t)$，$-\infty < t < \infty$。试求该系统的响应 $y(t)$。

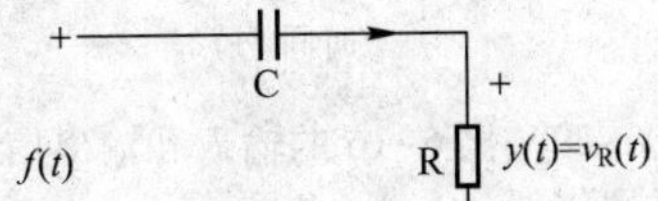

图 6-28　RC 电路

解：

由图 6-28 可求出该系统的频率响应为

$$H(j\omega) = \frac{R}{R + 1/j\omega C} = \frac{j\omega}{1/RC + j\omega} \tag{6-61}$$

已知余弦信号 $\cos(\omega_0 t)$，$-\infty < t < \infty$，通过 LTI 系统的响应为

$$y(t) = |H(j\omega_0)|\cos(\omega_0 t + \varphi(\omega_0)) \tag{6-62}$$

由式（6-61）和式（6-62）即可编程计算出系统的响应。

```
% Program6_2
RC = 0.04;
t = linspace( -2,2,1024);
w1 = 5;w2 = 100;
H1 = j * w1/(j * w1 + 1/RC);
H2 = j * w2/(j * w2 + 1/RC);
f = cos(5 * t) + cos(100 * t);
y = abs(H1) * cos(w1 * t + angle(H1)) + abs(H2) * cos(w2 * t + angle(H2));
subplot(2,1,1);
plot(t,f);
ylabel('f(t)');
xlabel('Time(s)');
subplot(2,1,2);
plot(t,y);
ylabel('y(t)');
xlabel('Time(s)');
```

运行结果如图 6-29 所示。

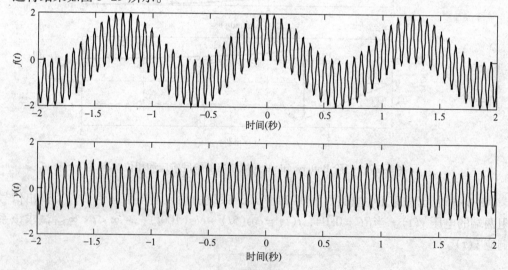

图 6-29　例 6-16 的输入和输出信号

MATLAB 信号处理工具箱为信号的调制与解调提供了相应的函数 modulate 和 demod，从而极大地简化了通信仿真和信号的调制与解调的分析过程。

调制信号函数 modulate 用于离散调制，其使用格式为

```
y = modulate( x,Fc,Fs,'method',opt)
```

其中：x 为调制信号；Fc 为载波信号的载频；Fs 为信号的采样频率；method 为所需的调制方式；opt 为选择项，只有某些调制方法才应用此项；y 为已调信号。

解调函数 demod 的使用格式为

$$X = demod(Y, Fc, Fs, 'method', opt)$$

其中的参数与 modulate 函数中的参数完全一致。

[**例 6-17**] 若调制信号为一正弦信号，其频率为 10 Hz，试利用 MATLAB 分析幅度调制（AM）产生的信号频谱，比较信号调制前后的频谱。设载波信号的频率为 100 Hz。

```
% Amplitude Modulation Program
% Generate modualte signal x
Fm = 10;
Fc = 100;
Fs = 1000;
N = 1000;
k = 0:N-1;
t = k/Fs;
x = sin(2.0 * pi * Fm * t);
subplot(2,2,1);
plot(t(1:200), x(1:200));
axis([0,0.2,-1,1]);
xlabel('Time(s)');
title('Modulate Signal');
% Calculate the spectrum of modulate signal x
Xf = abs(fft(x,N));
subplot(2,2,2);
stem(Xf(1:200));
xlabel('Frequency(Hz)');
title('Modulate Signal');
% Get the amplitude - modulated signal y
y = modulate(x, Fc, Fs, 'am');
subplot(2,2,3);
plot(t(1:200), y(1:200));
xlabel('Time(s)');
axis([0,0.2,-1,1]);
title('Modulated Signal (AM)');
% Calculate the spectrum of modulated signal y
Xf = abs(fft(y,N));
subplot(2,2,4);
stem(Xf(1:200));
xlabel('Frequency(Hz)');
title('Modulated Signal (AM)');
```

从图 6-30 可见，已调信号的频谱是调制信号频谱的搬移，频移到以载波信号的载频为中心。

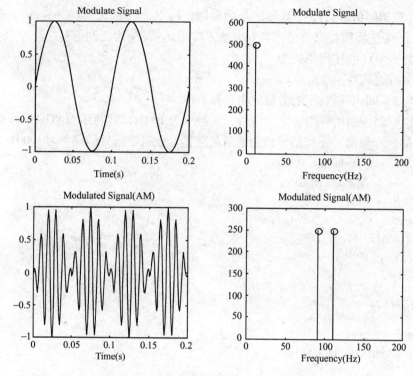

图 6-30　信号的抑制载波双边带幅度调制

习题

6-1　已知描述稳定的连续 LTI 系统的微分方程如下，试求系统的频率响应 $H(j\omega)$ 和冲激响应 $h(t)$。

（1）$y'(t) + 3y(t) = 2f(t)$，　$t > 0$

（2）$y''(t) + 5y'(t) + 6y(t) = 3f'(t) + 5f(t)$，　$t > 0$

6-2　已知某稳定的连续 LTI 系统的频率响应为

$$H(j\omega) = \frac{j4\omega}{(j\omega)^2 + j6\omega + 8}$$

求描述该系统的微分方程，并计算在输入 $f(t) = \cos(3t)$ 激励下系统的稳态响应 $y(t)$。

6-3　已知描述某稳定的连续 LTI 系统的微分方程为

$$y'(t) + 3y(t) = f(t)$$

若输入信号 $f(t)$ 是如图 6-31 所示的周期矩形波，求系统的输出 $y(t)$。

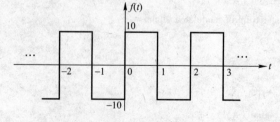

图 6-31　题 6-3 图

6-4　已知某稳定的连续 LTI 系统的频率响应为

$$H(j\omega) = \frac{1}{j\omega + 2}$$

求在输入 $f(t) = u(t)$ 的激励下系统的零状态响应 $y(t)$。

6-5　根据给定的输入信号 $f(t)$ 与输出信号 $y(t)$，判断下列系统是否为无失真传输系统?

(1) $f(t) = u(t)$,　$y(t) = -2u(t+2)$

(2) $f(t) = u(t-t_0) + \delta(t)$,　$y(t) = 3u(t-t_0-10) + 3\delta(t-10)$

6-6　已知理想低通滤波器的频率响应为

$$H(j\omega) = \begin{cases} e^{-j2\omega}, & |\omega| < 2\pi \\ 0, & |\omega| > 2\pi \end{cases}$$

(1) 求该滤波器的单位冲激响应 $h(t)$。

(2) 输入 $f(t) = Sa(\pi t)$,　$-\infty < t < \infty$，求输出 $y(t)$。

(3) 输入 $f(t) = Sa(3\pi t)$,　$-\infty < t < \infty$，求输出 $y(t)$。

(4) 若滤波器的输入为图 6-31 所示的周期矩形波信号，求输出 $y(t)$。

6-7　已知理想高通滤波器的频率响应为

$$H(j\omega) = \begin{cases} e^{-j2\omega}, & |\omega| > 4\pi \\ 0, & |\omega| < 4\pi \end{cases}$$

(1) 试求该滤波器的单位冲激响应 $h(t)$。

(2) 输入 $f(t) = Sa(6\pi t)$,　$-\infty < t < \infty$，求输出 $y(t)$。

(3) 若滤波器的输入为图 6-31 所示的周期矩形波信号，求输出 $y(t)$。

6-8　理想 90 度相移器的频率响应定义为

$$H(j\omega) = \begin{cases} e^{-j\frac{\pi}{2}}, & \omega > 0 \\ e^{j\frac{\pi}{2}}, & \omega < 0 \end{cases}$$

(1) 试求系统的单位冲激响应 $h(t)$。

(2) 若输入为 $f(t) = \sin(\omega_0 t)$,　$-\infty < t < \infty$，求系统的输出 $y(t)$。

(3) 试求系统对任意输入 $f(t)$ 的输出 $y(t)$。

6-9　某线性相位低通滤波器的频率响应如图 6-32 所示，试求:

(1) 滤波器的单位冲激响应 $h(t)$。

(2) 输入 $f(t) = Sa(t)\cos(4t)$,　$-\infty < t < \infty$ 时，输出响应的频谱 $Y(j\omega)$。

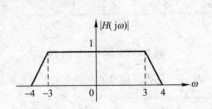 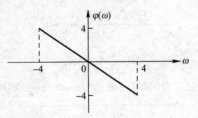

图 6-32　题 6-9 图

6-10　已知理想低通滤波器的频率响应为

$$H(j\omega) = \begin{cases} e^{-j\omega}, & |\omega| < \omega_c \\ 0, & |\omega| > \omega_c \end{cases}$$

试求滤波器的截频 ω_c，使得系统输出信号的能量为输入信号 $f(t) = e^{-at}u(t)$，$a > 0$ 的一半。

6-11　已知信号 $f(t) = \dfrac{\sin(4\pi t)}{\pi t}$，$-\infty < t < \infty$。当对该信号进行抽样时，试求能恢复原信号的最大抽样间隔 T_{max}。

6-12　对 $\cos(100\pi t)$ 和 $\cos(750\pi t)$ 二信号以（$1/400$）s 的间隔抽样时，哪个信号在信号重建时不出现混叠误差，分别画出抽样后离散序列的频谱 $F(e^{j\Omega})$。

6-13　已知信号 $f(t)$ 最高角频率为 ω_m（rad/s），若对下列信号进行时域抽样，试求其频谱不混叠的最大抽样间隔 T_{max}

（1）$f(4t)$；　　　　（2）$f(t) \cdot f(4t)$；　　　　（3）$f(t) * f(4t)$；　　　　（4）$f(t) + f(t/4)$。

6-14　已知高频窄带信号 $f(t)$ 的频谱如图 6-33 所示，其带宽 $\omega_B = 8 \times 10^3$ rad/s，中心角频率 $\omega_0 = 20 \times 10^3$ rad/s，对 $f(t)$ 以抽样角频率 $\omega_{sam} = 8 \times 10^3$ rad/s 进行抽样得序列 $f[k]$，试画出序列 $f[k]$ 的频谱 $F(e^{j\Omega})$，并对所得结果进行解释。

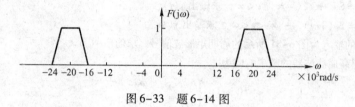

图 6-33　题 6-14 图

6-15　某复信号 $f(t)$ 的频谱如图 6-34 所示，试画出以抽样角频率 $\omega_{sam} = \omega_m$ 抽样后信号的频谱 $F(e^{j\Omega})$。

6-16　已知描述某稳定离散时间 LTI 系统的差分方程如下，试求系统的频率响应 $H(e^{j\Omega})$ 和单位脉冲响应 $h[k]$。

（1）$y[k] = f[k] + 2f[k-1] + f[k-2]$

（2）$6y[k] + 5y[k-1] + y[k-2] = f[k] + f[k-1]$

6-17　已知离散时间 LTI 系统的单位脉冲响应为 $h[k] = (\delta[k] - \delta[k-1])/2$，试计算该系统的频率响应 $H(e^{j\Omega})$。当系统的输入信号为 $x[k] = 2 - \cos(\pi k)$ 时，试求系统的输出响应。

6-18　已知某理想离散带通滤波器的频率响应 $H(e^{j\Omega})$ 如图 6-35 所示，试求该滤波器的单位脉冲响应 $h[k]$。若滤波器的输入 $f[k] = 3\cos(0.2\pi k) + 2\sin(0.5\pi k) - 4\sin(0.8\pi k)$，试求滤波器的输出响应 $y[k]$。

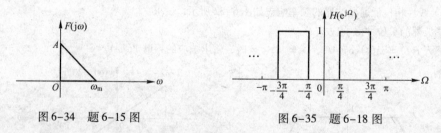

图 6-34　题 6-15 图　　　　　　　　　　图 6-35　题 6-18 图

6-19　已知调制解调系统如图 6-36 所示，试画出 A、B、C、D 各点信号的频谱及输出信号频谱 $Y(\omega)$。

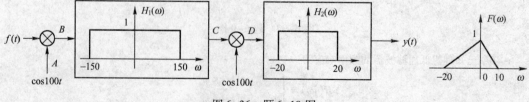

图 6-36　题 6-19 图

6-20　在图 6-37 所示系统中，已知输入信号 $f(t)$ 的频谱 $F(\omega)$，试分析系统中 A、B、C、D、E 各点

信号的频谱，并画出其频谱图，求出 $y(t)$ 与 $f(t)$ 的关系。

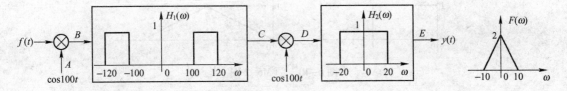

图 6-37　题 6-20 图

6-21　在图 6-38 所示系统中，已知输入信号 $f(t)$ 的频谱 $F(\omega)$，试画出系统中 A、B、C、D 各处信号及输出信号 $y(t)$ 的频谱图，并求出 $y(t)$ 与 $f(t)$ 的关系。

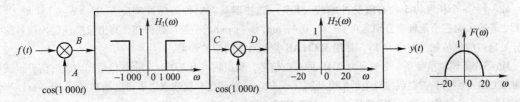

图 6-38　题 6-21 图

MATLAB 习题

M6-1　某 RC 电路如图 6-39 所示

（1）对不同的 RC 值，用 freqs 函数画出系统的幅度响应 $|H(\mathrm{j}\omega)|$。

（2）信号 $f(t) = \cos(100t) + \cos(3000t)$ 包含了一个低频分量和一个高频分量。试确定适当的 RC 值，滤除信号 $f(t)$ 中的高频分量并画出信号 $f(t)$ 和滤波后的信号 $y(t)$ 在 $t = 0 \sim 0.2$ 秒范围内的波形。

（3）50 Hz 的交流信号经过全波整流后可表示为

$$f(t) = 10 \,|\sin(100\pi t)\,|$$

试取不同的 RC 值，计算并画出 $f(t)$ 通过系统的响应 $y(t)$。利用 sum 函数，计算 $f(t)$ 和 $y(t)$ 的直流分量。

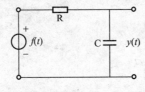

图 6-39　题 M6-1 图

M6-2　信号 $f_1(t)$ 和 $f_2(t)$ 如图 6-40 所示

（1）取 $t = 0:0.05:2.5$；计算信号 $f(t) = f_1(t) + f_2(t)\cos(50t)$ 的值并画出波形。

（2）一可实现的实际系统的 $H(\mathrm{j}\omega)$ 为

$$H(\mathrm{j}\omega) = \frac{10^4}{(\mathrm{j}\omega)^4 + 26.131\,(\mathrm{j}\omega)^3 + 3.4142 \times 10^2\,(\mathrm{j}\omega)^2 + 2.6131 \times 10^3 (\mathrm{j}\omega) + 10^4}$$

用 freqs 画出 $H(\mathrm{j}\omega)$ 的幅度响应和相位响应。

（3）用 lsim 函数求出信号 $f(t)$ 和 $f(t)\cos(50t)$ 通过系统 $H(\mathrm{j}\omega)$ 的响应 $y_1(t)$ 和 $y_2(t)$。并根据理论知识解释所得的结果。

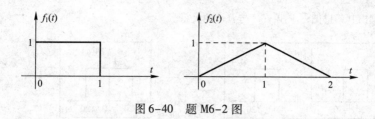

图 6-40 题 M6-2 图

M6-3 （1）设计一个长度为 5 的低通滤波器，此滤波器具有对称的脉冲响应。即 $h[k] = h[4-k]$，$k = 0$，1，2，3，4，且满足如下条件，

$$|H(e^{j0})| = 1, \quad |H(e^{j0.5\pi})| = 0.5, \quad |H(e^{j\pi})| = 0$$

（2）求出所设计的滤波器的频率响应表达式，并用 MATLAB 画出它的幅度响应和相位响应。

M6-4 一个长度为 5 的有限脉冲响应（FIR）滤波器具有对称的脉冲响应 $h[0] = h[4]$ 且 $h[1] = h[3]$，若输入为三个角频率分别为 $0.1\pi\,\text{rad}$，$0.4\pi\,\text{rad}$，$0.7\pi\,\text{rad}$ 的余弦序列的和，写出只能使输入信号的中频分量通过的单位脉冲响应 $h[k]$，并用 MATLAB 验证系统的滤波效果。

M6-5 若调制信号是一个频率为 20 Hz 的正弦信号，利用频率为 200 Hz 的余弦信号作为载波信号，试利用 MATLAB 分别分析抑制载波双边带幅度调制（amdsb-sc）和含有载波双边带幅度调制（amdsb-tc）产生的信号频谱，比较信号调制前后的频谱，并解调各已调信号。

第7章 连续时间信号与系统的复频域分析

内容提要： 本章首先介绍了利用拉普拉斯（Laplace）变换进行连续时间信号和连续时间系统的复频域分析。在此基础上分析了系统函数及其与系统特性的关系，给出了连续时间 LTI 系统的复频域描述，最后介绍了利用 MATLAB 实现连续时间系统的复频域分析方法。

连续时间信号与系统的频域分析，揭示了信号与系统的内在频率特性，是信号与系统分析的重要方法。但频域分析也存在一些不足。其一，某些信号不存在傅里叶变换，因而无法利用频域分析法；其二，只有稳定的系统才可由系统的频率响应 $H(j\omega)$ 进行描述。为此，本章介绍另一种连续时间信号与系统分析方法，这种方法是以拉普拉斯变换为工具，将时间域映射到复频域（s 域），在复频域实现连续时间系统的描述。复频域分析是频域分析的推广，更具有一般性。

7.1 连续时间信号的复频域分析

7.1.1 拉普拉斯变换

在信号的频域分析中，狄利克雷条件是信号傅里叶变换存在的充分条件，信号若满足狄利克雷条件，则其傅里叶变换一定存在。有些信号如单位阶跃信号不满足狄利克雷条件，傅里叶变换虽然存在却很难从傅里叶变换定义式直接求出。而另一些常用信号，例如指数增长信号 $f(t) = e^{\alpha t}u(t)(\alpha > 0)$，傅里叶变换则不存在。究其原因在于 $t \to \infty$ 时信号不衰减，甚至增长。若将指数增长信号 $e^{\alpha t}u(t)$ 乘以衰减因子 $e^{-\sigma t}$，当 $\sigma > \alpha$ 时，$e^{\alpha t}u(t) \cdot e^{-\sigma t}$ 就成为指数衰减信号，傅里叶变换存在，即

$$\mathscr{F}[f(t)e^{-\sigma t}] = \int_{-\infty}^{\infty} f(t)e^{-\sigma t}e^{j\omega t}dt = \int_{0}^{\infty} e^{\alpha t}e^{-(\sigma + j\omega)t}dt$$

定义复频率 $s = \sigma + j\omega$，则上式可写成

$$\mathscr{F}[f(t)e^{-\sigma t}] = \int_{0}^{\infty} e^{-(s-\alpha)t}dt = \frac{1}{s - \alpha}$$

推广到一般情况，用衰减因子 $e^{-\sigma t}$ 乘以信号 $f(t)$，根据信号的不同特征，选取合适的 σ 值，使乘积信号 $f(t)e^{-\sigma t}$，当 $t \to \infty$ 时，信号幅度衰减，从而使下面积分

$$\mathscr{F}[f(t)e^{-\sigma t}] = \int_{-\infty}^{\infty} f(t)e^{-\sigma t}e^{-j\omega t}dt = \int_{-\infty}^{\infty} f(t)e^{-(\sigma + j\omega)t}dt$$

收敛。令 $s = \sigma + j\omega$，上式可写成

$$\mathscr{F}[f(t)e^{-\sigma t}] = \int_{-\infty}^{\infty} f(t)e^{-st}dt = F(s) \tag{7-1}$$

式（7-1）即为信号的拉普拉斯正变换，表示为

$$\mathscr{L}[f(t)] = F(s) = \int_{-\infty}^{\infty} f(t) e^{-st} dt \qquad (7-2)$$

$F(s)$ 是复频率 $s = \sigma + j\omega$ 的函数。

信号 $f(t) e^{-\sigma t}$ 的傅里叶反变换为

$$f(t) e^{-\sigma t} = \frac{1}{2\pi} \int_{-\infty}^{\infty} F(s) e^{j\omega t} d\omega$$

上式两边同乘以 $e^{\sigma t}$ 可得

$$f(t) = \frac{1}{2\pi} \int_{-\infty}^{\infty} F(s) e^{(\sigma + j\omega)t} d\omega \qquad (7-3)$$

根据 $s = \sigma + j\omega$，则有 $d\omega = ds/j$，将它们代入式（7-3）中，将积分变量改为 s，即得拉普拉斯反变换为

$$\mathscr{L}^{-1}[F(s)] = f(t) = \frac{1}{2\pi j} \int_{\sigma - j\infty}^{\sigma + j\infty} F(s) e^{st} ds \qquad (7-4)$$

式（7-4）表明信号 $f(t)$ 可分解成复指数 $e^{st} = e^{\sigma t} e^{j\omega t}$ 的线性组合。由于 σ 可正、可负也可为零，所以复指数信号 e^{st} 可能是增幅、减幅或等幅的振荡信号，它较傅里叶反变换式中作为基本信号的等幅振荡信号 $e^{j\omega t}$ 更具普遍性。式（7-2）与式（7-4）构成拉普拉斯变换对，常表示为

$$\mathscr{L}[f(t)] = F(s)$$
$$\mathscr{L}^{-1}[F(s)] = f(t)$$

或

$$f(t) \xleftarrow{\quad \mathscr{L} \quad} F(s)$$

实际中遇到的信号或者是因果信号，即 $t < 0$ 时，$f(t) = 0$；或者信号虽不是起始于 $t = 0$，而问题的讨论只需要考虑信号 $t \geq 0$ 部分。鉴于这两种情况，式（7-2）可以表示为

$$F(s) = \int_{0^-}^{\infty} f(t) e^{-st} dt \qquad (7-5)$$

为了区别于在 $-\infty < t < \infty$ 范围内存在的信号 $f(t)$ 的拉普拉斯变换，式（7-5）称为单边拉普拉斯变换，而式（7-2）则称为双边拉普拉斯变换。单边拉普拉斯反变换仍是式（7-4）。式（7-5）中将积分下限定义成 0^- 是为了可以从 s 域分析在 0 时刻包含冲激的信号，以及由 s 域分析系统的零输入响应。

7.1.2 单边拉普拉斯变换的收敛域

从前面分析可以看出，拉普拉斯变换是信号 $f(t)$ 乘以衰减因子 $e^{-\sigma t}$ 后再进行傅里叶变换，即对信号 $f(t) e^{-\sigma t}$ 求傅里叶变换，因此拉普拉斯变换也有存在条件问题。由傅里叶变换存在条件可知，拉普拉斯变换存在的充分条件是 $f(t) e^{-\sigma t}$ 绝对可积，即

$$\int_{-\infty}^{\infty} |f(t) e^{-\sigma t}| dt < \infty, \quad \sigma \in \mathbf{R} \qquad (7-6)$$

对于单边信号 $f(t)$，当 $t \to \infty$ 时，若存在一个 σ_0 值使得 $\sigma > \sigma_0$ 时，$f(t) e^{-\sigma t}$ 的极限等于零，则 $f(t) e^{-\sigma t}$ 在 $\sigma > \sigma_0$ 的全部范围内满足绝对可积，拉普拉斯变换存在。此关系可表示为

$$\lim_{t \to \infty} f(t) e^{-\sigma t} = 0, \quad \sigma > \sigma_0 \qquad (7-7)$$

σ_0 与信号 $f(t)$ 的特性有关，它给出了单边拉普拉斯变换存在条件。通常将 σ_0 值在以 σ 为横

坐标、$j\omega$ 为纵坐标的 s 平面绘出，如图 7-1 所示。它是通过 σ_0 点垂直于 σ 轴的一条直线，称为收敛轴，σ_0 点称为收敛坐标。使（7-6）式成立的 σ 取值范围称为收敛域（region of convergence，ROC）。对于单边信号，收敛域为 s 平面收敛轴右侧 $\sigma > \sigma_0$ 区域，通常以阴影表示。下面举例说明一些典型单边信号的收敛域。

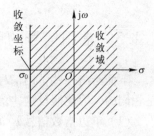

图 7-1　单边拉普拉斯
变换的收敛域

[例 7-1] 计算下列信号单边拉普拉斯变换的收敛域。

(1) $u(t) - u(t-2)$　　　　　(2) $u(t)$

(3) $\sin(\omega_0 t)u(t)$　　　　　(4) $tu(t)$，$t^n u(t)$

(5) $\mathrm{e}^{3t}u(t)$　　　　　　(6) $t^t u(t)$，$\mathrm{e}^{t^2}u(t)$

解：

(1) $u(t) - u(t-2)$ 只在 $0 < t < 2$ 时间范围内有非零值，σ_0 取任何值时，式（7-7）均成立，故收敛域为全 s 平面，写成 $\sigma > -\infty$ 或 $\mathrm{Re}(s) > -\infty$。

(2) 对于单位阶跃信号 $u(t)$，当 $\sigma > 0$ 时

$$\lim_{t \to \infty} u(t)\mathrm{e}^{-\sigma t} = 0$$

故收敛域为 s 平面 $\sigma > 0$ 的区域，即 s 右半平面。

(3) 对于因果的正弦信号 $\sin(\omega_0 t)u(t)$，当 $\sigma > 0$ 时

$$\lim_{t \to \infty} \sin(\omega_0 t)u(t)\mathrm{e}^{-\sigma t} = 0$$

故收敛域为 s 右半平面。

(4) 对于 t 的正幂次信号 $tu(t)$，$t^n u(t)$，当 $\sigma > 0$ 时

$$\lim_{t \to \infty} tu(t)\mathrm{e}^{-\sigma t} = 0$$
$$\lim_{t \to \infty} t^n u(t)\mathrm{e}^{-\sigma t} = 0$$

故收敛域为 s 右半平面。

(5) 对于指数信号 $\mathrm{e}^{3t}u(t)$，当 $\sigma > 3$ 时

$$\lim_{t \to \infty} \mathrm{e}^{3t}u(t)\mathrm{e}^{-\sigma t} = \lim_{t \to \infty} \mathrm{e}^{-(\sigma-3)t}u(t) = 0$$

故收敛域为 s 平面 $\sigma > 3$ 的区域，或表示为 $\mathrm{Re}(s) > 3$ 的区域。

(6) 由于 $t^t u(t)$，$\mathrm{e}^{t^2}u(t)$ 增长比指数函数要快，不存在合适的 σ_0 值使得 $\sigma > \sigma_0$ 时，式（7-7）成立，因此它们的拉普拉斯变换不存在。

从以上例题可以看出，凡是只在有限区间上存在非零值的能量信号，如例题中的矩形信号，不管 σ_0 取何值，都能使信号的单边拉普拉斯变换存在，其收敛域为全 s 平面。如果信号是等幅信号或是等幅振荡信号，如例题中的阶跃信号、正弦信号，只要乘以衰减因子 $\mathrm{e}^{-\sigma t}$（$\sigma > 0$）就可使之收敛，因此其收敛域往往为 s 右半平面区域。对于任何随时间成正比增长的 t 的正幂次信号，如例题中的 $tu(t)$，$t^n u(t)$ 信号，其增长速度比指数信号要慢得多，对其乘以衰减因子 $\mathrm{e}^{-\sigma t}$（$\sigma > 0$）也可收敛，因此其收敛域也是 s 右半平面区域。对于指数信号 $\mathrm{e}^{at}u(t)$，在 s 平面 $\sigma > a$ 区域均能收敛。满足式（7-7）的函数称为指数阶函数。由此可见，指数阶函数若具有发散性，可借助衰减因子 $\mathrm{e}^{-\sigma t}$ 使之成为收敛函数，因此指数阶函数的单边拉普拉斯变换存在。而对于一些比指数函数增长快的非指数阶函数，如例题中的 $t^t u(t)$，$\mathrm{e}^{t^2}u(t)$ 信号，不存在相应的衰减因子 $\mathrm{e}^{-\sigma t}$，故其单边拉普拉斯变换不存在。

7.1.3 常用信号的单边拉普拉斯变换

下面给出一些常用信号的单边拉普拉斯变换。因为 $f(t)$ 和 $f(t)u(t)$ 的单边拉普拉斯变换是相同的，因此假设这些信号都是因果信号。

（1）单边指数信号 $e^{\lambda t}u(t)$，λ 为实数

$$\mathscr{L}[e^{\lambda t}u(t)] = \int_{0-}^{\infty} e^{\lambda t} e^{-st} dt = \int_{0-}^{\infty} e^{-(s-\lambda)t} dt = \frac{1}{s-\lambda}, \quad \mathrm{Re}(s) > \lambda$$

即

$$e^{\lambda t}u(t) \xleftarrow{\mathscr{L}} \frac{1}{s-\lambda}, \quad \mathrm{Re}(s) > \lambda \tag{7-8}$$

同理可得

$$e^{j\omega_0 t}u(t) \xleftarrow{\mathscr{L}} \frac{1}{s-j\omega_0}, \quad \mathrm{Re}(s) > 0 \tag{7-9}$$

$$e^{(\sigma_0 + j\omega_0)t}u(t) \xleftarrow{\mathscr{L}} \frac{1}{s-(\sigma_0 + j\omega_0)}, \quad \mathrm{Re}(s) > \sigma_0 \tag{7-10}$$

（2）正弦型信号 $\cos(\omega_0 t)u(t)$，$\sin(\omega_0 t)u(t)$

$$\mathscr{L}[\cos(\omega_0 t)u(t)] = \mathscr{L}\left[\frac{e^{j\omega_0 t} + e^{-j\omega_0 t}}{2}u(t)\right]$$

$$= \frac{1}{2}\left(\frac{1}{s-j\omega_0} + \frac{1}{s+j\omega_0}\right)$$

$$= \frac{s}{s^2 + \omega_0^2}, \quad \mathrm{Re}(s) > 0$$

即

$$\cos(\omega_0 t)u(t) \xleftarrow{\mathscr{L}} \frac{s}{s^2 + \omega_0^2}, \quad \mathrm{Re}(s) > 0 \tag{7-11}$$

同理可得

$$\sin(\omega_0 t)u(t) \xleftarrow{\mathscr{L}} \frac{\omega_0}{s^2 + \omega_0^2}, \quad \mathrm{Re}(s) > 0 \tag{7-12}$$

（3）单位阶跃信号 $u(t)$

单位阶跃信号实际上就是单边指数信号 $e^{\lambda t}u(t)$ 在 $\lambda = 0$ 时的特殊情况，因此有

$$\mathscr{L}[u(t)] = \lim_{\lambda \to 0}\mathscr{L}[e^{\lambda t}u(t)] = \frac{1}{s}, \quad \mathrm{Re}(s) > 0 \tag{7-13}$$

（4）单位冲激信号 $\delta(t)$ 及其导数 $\delta'(t)$

根据式（7-5）以及冲激信号的性质可求得

$$\mathscr{L}[\delta(t)] = \int_{0-}^{\infty} \delta(t) e^{-st} dt = 1, \quad \mathrm{Re}(s) > -\infty \tag{7-14}$$

$$\mathscr{L}[\delta'(t)] = \int_{0-}^{\infty} \delta'(t) e^{-st} dt = -\frac{d}{ds}(e^{-st})\Big|_{0-}^{\infty} = s, \quad \mathrm{Re}(s) > -\infty \tag{7-15}$$

（5）t 的正幂次信号 $t^n u(t)$（n 为正整数）

$$\mathscr{L}[t^n u(t)] = \int_{0-}^{\infty} (t^n) e^{-st} dt = -\frac{t^n}{s}(e^{-st})\Big|_{0-}^{\infty} + \frac{n}{s}\int_{0-}^{\infty} t^{n-1} e^{-st} dt$$

$$= \frac{n}{s}\int_{0-}^{\infty} t^{n-1} e^{-st} dt = \frac{n}{s}\mathscr{L}[t^{n-1} u(t)]$$

根据以上推理，可得

$$\mathscr{L}[t^n u(t)] = \frac{n}{s}\mathscr{L}[t^{n-1}u(t)] = \frac{n}{s}\times\frac{n-1}{s}\mathscr{L}[t^{n-2}u(t)]$$

$$= \frac{n}{s}\times\frac{n-1}{s}\times\cdots\times\frac{1}{s}\mathscr{L}[t^0 u(t)]$$

即
$$t^n u(t) \overset{\mathscr{L}}{\longleftrightarrow} \frac{n!}{s^{n+1}}, \quad \mathrm{Re}(s)>0 \tag{7-16}$$

当 $n=1$ 时，即为斜坡信号 $f(t)=tu(t)$，其单边拉普拉斯变换为

$$\mathscr{L}[tu(t)] = \frac{1}{s^2}, \quad \mathrm{Re}(s)>0 \tag{7-17}$$

实际常见的许多信号，大多可以用这些基本信号的线性组合表示。现将这些常用信号的单边拉普拉斯变换列于表 7-1 中，以便查阅。

表 7-1 常用信号的单边拉普拉斯变换

	单边信号 $f(t)$	拉普拉斯变换 $F(s)$	收 敛 域
1	$e^{-\lambda t}u(t)$	$\dfrac{1}{s+\lambda}$	$\mathrm{Re}(s)>-\lambda$
2	$e^{j\omega_0 t}u(t)$	$\dfrac{1}{s-j\omega_0}$	$\mathrm{Re}(s)>0$
3	$\cos(\omega_0 t)u(t)$	$\dfrac{s}{s^2+\omega_0^2}$	$\mathrm{Re}(s)>0$
4	$\sin(\omega_0 t)u(t)$	$\dfrac{\omega_0}{s^2+\omega_0^2}$	$\mathrm{Re}(s)>0$
5	$e^{-\sigma_0 t}\cos(\omega_0 t)u(t)$	$\dfrac{s+\sigma_0}{(s+\sigma_0)^2+\omega_0^2}$	$\mathrm{Re}(s)>-\sigma_0$
6	$e^{-\sigma_0 t}\sin(\omega_0 t)u(t)$	$\dfrac{\omega_0}{(s+\sigma_0)^2+\omega_0^2}$	$\mathrm{Re}(s)>-\sigma_0$
7	$\delta(t)$	1	$\mathrm{Re}(s)>-\infty$
8	$\delta^{(n)}(t)$	$s^n(n=1,2,\cdots)$	$\mathrm{Re}(s)>-\infty$
9	$u(t)$	$\dfrac{1}{s}$	$\mathrm{Re}(s)>0$
10	$tu(t)$	$\dfrac{1}{s^2}$	$\mathrm{Re}(s)>0$
11	$t^n u(t)$	$\dfrac{n!}{s^{n+1}}$	$\mathrm{Re}(s)>0$
12	$te^{-\lambda t}u(t)$	$\dfrac{1}{(s+\lambda)^2}$	$\mathrm{Re}(s)>-\lambda$

7.1.4　单边拉普拉斯变换的性质

拉普拉斯变换建立了信号时域描述和复频域描述之间的关系，当信号在时域有所变化时，在 s 域必然也有相应的体现，拉普拉斯变换的性质真实地反映这些变化的规律。由于拉普拉斯变换是傅里叶变换的推广，所以两种变换的性质存在许多相似性。下面介绍单边拉普拉斯变换的一些基本性质。

1. 线性特性

若
$$f_1(t) \overset{\mathscr{L}}{\longleftrightarrow} F_1(s), \quad \mathrm{Re}(s)>\sigma_1$$

$$f_2(t) \xleftarrow{\mathscr{L}} F_2(s), \quad \text{Re}(s) > \sigma_2$$

则有

$$a_1 f_1(t) + a_2 f_2(t) \xleftarrow{\mathscr{L}} a_1 F_1(s) + a_2 F_2(s), \quad \text{Re}(s) > \max(\sigma_1, \sigma_2) \tag{7-18}$$

式中 a_1 和 a_2 为任意常数，收敛域一般是 $F_1(s)$ 和 $F_2(s)$ 收敛域的重叠部分，或者说收敛坐标为 σ_1 和 σ_2 中较大者。值得注意的是，若两个信号经过线性运算得到的信号是一个时限信号，则其收敛域为整个 s 平面。

2. 展缩特性

若

$$f(t) \xleftarrow{\mathscr{L}} F(s), \quad \text{Re}(s) > \sigma_0$$

则有

$$f(at) \xleftarrow{\mathscr{L}} \frac{1}{a} F\left(\frac{s}{a}\right), \quad a > 0, \quad \text{Re}(s) > a\sigma_0 \tag{7-19}$$

式中，$a > 0$ 是为了保证 $f(at)$ 仍为因果信号。

3. 时移特性

若

$$f(t) \xleftarrow{\mathscr{L}} F(s), \quad \text{Re}(s) > \sigma_0$$

则有

$$f(t - t_0) u(t - t_0) \xleftarrow{\mathscr{L}} e^{-st_0} F(s), \quad t_0 \geq 0, \quad \text{Re}(s) > \sigma_0 \tag{7-20}$$

上式说明，信号在时域右移时，其拉普拉斯变换为原信号的拉普拉斯变换乘以指数 e^{-st_0}。

证明： 由单边拉普拉斯变换的定义，有

$$\mathscr{L}[f(t - t_0) u(t - t_0)] = \int_{0^-}^{\infty} f(t - t_0) u(t - t_0) e^{-st} dt$$

由于 $t_0 \geq 0$，上式可写成

$$\mathscr{L}[f(t - t_0) u(t - t_0)] = \int_{t_0}^{\infty} f(t - t_0) e^{-st} dt$$

令 $t - t_0 = x$，则有 $t = x + t_0$，$dt = dx$，积分上、下限分别为 0 和 ∞，因此

$$\mathscr{L}[f(t - t_0) u(t - t_0)] = \int_{0^-}^{\infty} f(x) e^{-s(x + t_0)} dx$$

$$= e^{-st_0} \int_{0^-}^{\infty} f(x) e^{-sx} dx$$

$$= e^{-st_0} F(s)$$

从上面的证明可以看出，式（7-20）中 $t_0 \geq 0$ 的规定对于单边拉普拉斯变换是必要的。因为若 $t_0 < 0$，信号的波形有可能左移超过坐标原点，导致原点以左部分不能包含在积分区间 $(0^-, +\infty)$ 中，如图 7-2 所示。下面举例说明时移特性的应用。

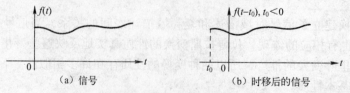

$$\text{(a) 信号} \qquad\qquad \text{(b) 时移后的信号}$$

图 7-2　信号左移对单边拉普拉斯变换的影响

［例 7-2］ 求图 7-3 所示三角脉冲信号的单边拉普拉斯变换。

解： 先写出三角脉冲信号的函数表示式

$$f(t) = 2(t-1)[u(t-1) - u(t-2)] + (4-t)[u(t-2) - u(t-4)]$$

整理上式，将其写成基本信号（斜坡信号）线性组合的
形式

$$f(t) = 2(t-1)u(t-1) - 3(t-2)u(t-2) + (t-4)u(t-4)$$

因为　　　　　　$\mathscr{L}[tu(t)] = \dfrac{1}{s^2}$,　　$\mathrm{Re}(s) > 0$

利用时移特性和线性特性，可得

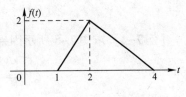

图 7-3　例 7-2 图

$$\mathscr{L}[f(t)] = \frac{2\mathrm{e}^{-s} - 3\mathrm{e}^{-2s} + \mathrm{e}^{-4s}}{s^2},\quad \mathrm{Re}(s) > -\infty$$

三角脉冲是在有限区间上有非零值的信号，所以其收敛域为全 s 平面。

[**例 7-3**]　已知信号 $f(t) = \sin(\omega_0 t)$，求信号 $f_1(t) = \sin[\omega_0(t-t_0)]u(t)$ 和 $f_2(t) = \sin[\omega_0(t-t_0)]u(t-t_0)$ 的单边拉普拉斯变换。

解：

$$f_1(t) = \sin[\omega_0(t-t_0)]u(t) = [\sin(\omega_0 t)\cos(\omega_0 t_0) - \cos(\omega_0 t)\sin(\omega_0 t_0)]u(t)$$

利用　　　　　　$\sin(\omega_0 t)u(t) \xleftrightarrow{\ \mathscr{L}\ } \dfrac{\omega_0}{s^2 + \omega_0^2}$,　　$\mathrm{Re}(s) > 0$

$$\cos(\omega_0 t)u(t) \xleftrightarrow{\ \mathscr{L}\ } \frac{s}{s^2 + \omega_0^2},\quad \mathrm{Re}(s) > 0$$

可得　　　　$F_1(s) = \mathscr{L}[f_1(t)] = \dfrac{\omega_0\cos(\omega_0 t_0) - s\sin(\omega_0 t_0)}{s^2 + \omega_0^2}$,　　$\mathrm{Re}(s) > 0$

直接应用时移特性，有

$$F_2(s) = \mathscr{L}[f_2(t)] = \mathrm{e}^{-st_0}\frac{\omega_0}{s^2 + \omega_0^2},\quad \mathrm{Re}(s) > 0$$

从此例可以看出，如果 $f(t)$ 是非因果信号，则右移信号 $f(t-t_0)u(t-t_0)$ 和 $f(t-t_0)u(t)$ 的波形不同，因而其单边拉普拉斯变换也不同。由式（7-20）知

$$f(t-t_0)u(t-t_0) \xleftrightarrow{\ \mathscr{L}\ } \mathrm{e}^{-st_0}F(s)$$

而

$$\begin{aligned}
\mathscr{L}[f(t-t_0)u(t)] &= \int_0^\infty f(t-t_0)\mathrm{e}^{-st}\mathrm{d}t \\
&= \mathrm{e}^{-st_0}\int_0^\infty f(t-t_0)\mathrm{e}^{-s(t-t_0)}\mathrm{d}(t-t_0) \\
&= \mathrm{e}^{-st_0}\int_{-t_0}^\infty f(x)\mathrm{e}^{-sx}\mathrm{d}x \\
&= \mathrm{e}^{-st_0}\left[F(s) + \int_{-t_0}^0 f(t)\mathrm{e}^{-st}\mathrm{d}t\right]
\end{aligned}$$

时移特性还有一个重要应用，就是求因果周期信号的单边拉普拉斯变换。图 7-4 为因果周期信号的示意图。

若设　　　　　　　$f_1(t) = \begin{cases} f(t), & 0 \leqslant t \leqslant T \\ 0, & \text{其他} \end{cases}$

则因果周期信号 $f(t)$ 可用 $f_1(t)$ 表示为

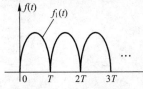

图 7-4　因果周期信号

$$f(t) = \sum_{k=0}^{\infty} f_1(t-kT)u(t-kT)$$

利用时移特性，其单边拉普拉斯变换为

$$\mathscr{L}[f(t)] = \sum_{k=0}^{\infty} e^{-skT} F_1(s) = \frac{F_1(s)}{1 - e^{-sT}}, \quad \mathrm{Re}(s) > 0 \qquad (7\text{-}21)$$

[**例7-4**] 求图7-5所示因果周期矩形脉冲的单边拉普拉斯变换。

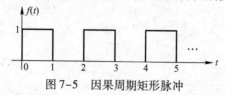

图7-5 因果周期矩形脉冲

解：图7-5所示因果周期矩形脉冲可以看成是单个脉冲 $f_1(t) = u(t) - u(t-1)$ 及其延时构成的信号，即

$$f(t) = \sum_{k=0}^{\infty} f_1(t - kT)$$

先求出

$$\mathscr{L}[u(t) - u(t-1)] = \frac{1 - e^{-s}}{s}$$

再利用式（7-21），可得

$$F(s) = \frac{1 - e^{-s}}{s} \frac{1}{1 - e^{-2s}} = \frac{1}{s(1 + e^{-s})}, \quad \mathrm{Re}(s) > 0$$

4. 卷积特性

若

$$f_1(t) \xleftrightarrow{\ \mathscr{L}\ } F_1(s), \quad \mathrm{Re}(s) > \sigma_1$$

$$f_2(t) \xleftrightarrow{\ \mathscr{L}\ } F_2(s), \quad \mathrm{Re}(s) > \sigma_2$$

则有

$$f_1(t) * f_2(t) \xleftrightarrow{\ \mathscr{L}\ } F_1(s) F_2(s), \quad \mathrm{Re}(s) > \max(\sigma_1, \sigma_2) \qquad (7\text{-}22)$$

这说明两个信号卷积的单边拉普拉斯变换等于两个信号各自单边拉普拉斯变换的乘积，其收敛域为 $F_1(s)$ 和 $F_2(s)$ 收敛域的重叠部分。利用卷积特性可以更方便地通过 s 域求解系统的零状态响应。

[**例7-5**] 已知 $f_1(t) = e^{-\lambda t} u(t)$，$f_2(t) = u(t)$，试求 $f_1(t) * f_2(t)$ 的单边拉普拉斯变换。

解：先求出两信号对应的单边拉普拉斯变换

$$F_1(s) = \mathscr{L}[e^{-\lambda t} u(t)] = \frac{1}{s + \lambda}, \quad \mathrm{Re}(s) > -\lambda$$

$$F_2(s) = \mathscr{L}[u(t)] = \frac{1}{s}, \quad \mathrm{Re}(s) > 0$$

根据卷积特性可得

$$\mathscr{L}[f_1(t) * f_2(t)] = F_1(s) F_2(s) = \frac{1}{s(s + \lambda)}, \quad \mathrm{Re}(s) > \max(0, -\lambda)$$

5. 乘积特性

若

$$f_1(t) \xleftrightarrow{\ \mathscr{L}\ } F_1(s), \quad \mathrm{Re}(s) > \sigma_1$$

$$f_2(t) \xleftrightarrow{\ \mathscr{L}\ } F_2(s), \quad \mathrm{Re}(s) > \sigma_2$$

则有

$$f_1(t) f_2(t) \xleftrightarrow{\ \mathscr{L}\ } \frac{1}{2\pi \mathrm{j}} F_1(s) * F_2(s), \quad \mathrm{Re}(s) > \sigma_1 + \sigma_2 \qquad (7\text{-}23)$$

上式说明两个信号乘积的单边拉普拉斯变换等于两个信号各自单边拉普拉斯变换的卷积，再乘以 $\dfrac{1}{2\pi \mathrm{j}}$。

6. 指数加权特性

若
$$f(t) \overset{\mathscr{L}}{\longleftrightarrow} F(s), \quad \operatorname{Re}(s) > \sigma_0$$

则有
$$\mathrm{e}^{-\lambda t} f(t) \overset{\mathscr{L}}{\longleftrightarrow} F(s + \lambda), \quad \operatorname{Re}(s) > \sigma_0 - \lambda \tag{7-24}$$

上式说明时间函数乘以指数 $\mathrm{e}^{-\lambda t}$，相当于其变换式在 s 域内的平移，因此又称为 s 域平移特性。

　　[例 7-6]　计算 $\mathrm{e}^{-\lambda t} \cos(\omega_0 t) u(t)$ 的单边拉普拉斯变换。

　　解：

由于
$$\mathscr{L}\left[\cos(\omega_0 t) u(t)\right] = \frac{s}{s^2 + \omega_0^2}, \quad \operatorname{Re}(s) > 0$$

利用指数加权特性可求得
$$\mathscr{L}\left[\mathrm{e}^{-\lambda t} \cos(\omega_0 t) u(t)\right] = \frac{s + \lambda}{(s + \lambda)^2 + \omega_0^2}, \quad \operatorname{Re}(s) > -\lambda \tag{7-25}$$

7. 线性加权特性

若
$$f(t) \overset{\mathscr{L}}{\longleftrightarrow} F(s), \quad \operatorname{Re}(s) \geqslant \sigma_0$$

则有
$$-tf(t) \overset{\mathscr{L}}{\longleftrightarrow} \frac{\mathrm{d}F(s)}{\mathrm{d}s}, \quad \operatorname{Re}(s) > \sigma_0 \tag{7-26}$$

上式说明时域信号的线性加权对应复频域的微分，故又称为复频域微分特性。

　　[例 7-7]　已知 $\mathscr{L}[u(t)] = \dfrac{1}{s}$，$\operatorname{Re}(s) > 0$，求 $\mathscr{L}[tu(t)]$，$\mathscr{L}[t^2 u(t)]$，$\mathscr{L}[t^n u(t)]$，$\mathscr{L}[t^n \mathrm{e}^{-\lambda t} u(t)]$。

　　解：利用线性加权性质可得
$$\mathscr{L}[tu(t)] = -\frac{\mathrm{d}}{\mathrm{d}s}\left(\frac{1}{s}\right) = \frac{1}{s^2}, \quad \operatorname{Re}(s) > 0$$

$$\mathscr{L}[t^2 u(t)] = -\frac{\mathrm{d}}{\mathrm{d}s}\left(\frac{1}{s^2}\right) = \frac{2}{s^3}, \quad \operatorname{Re}(s) > 0$$

依此类推，可得
$$\mathscr{L}[t^n u(t)] = \frac{n!}{s^{n+1}}, \quad \operatorname{Re}(s) > 0$$

再由指数加权性质得
$$\mathscr{L}[t^n \mathrm{e}^{-\lambda t} u(t)] = \frac{n!}{(s + \lambda)^{n+1}}, \quad \operatorname{Re}(s) > -\lambda \tag{7-27}$$

8. 微分特性

若
$$f(t) \overset{\mathscr{L}}{\longleftrightarrow} F(s), \quad \operatorname{Re}(s) > \sigma_0$$

则有
$$\frac{\mathrm{d}f(t)}{\mathrm{d}t} \overset{\mathscr{L}}{\longleftrightarrow} sF(s) - f(0^-), \quad \operatorname{Re}(s) > \sigma_0 \tag{7-28}$$

　　证明：由单边拉普拉斯变换的定义，有

$$\mathscr{L}\left[\frac{\mathrm{d}f(t)}{\mathrm{d}t}\right]=\int_{0-}^{\infty}\frac{\mathrm{d}(t)}{\mathrm{d}t}\mathrm{e}^{-st}\mathrm{d}t$$

应用分部积分法，有

$$\mathscr{L}\left[\frac{\mathrm{d}f(t)}{\mathrm{d}t}\right]=f(t)\mathrm{e}^{-st}\big|_{0-}^{\infty}-\int_{0-}^{\infty}f(t)(-s\mathrm{e}^{-st})\mathrm{d}t=-f(0^{-})+sF(s)$$

重复应用微分特性，可得高阶导数的单边拉普拉斯变换

$$\mathscr{L}\left[\frac{\mathrm{d}^2f(t)}{\mathrm{d}t^2}\right]=\mathscr{L}\left[(f'(t))'\right]=s(sF(s)-f(0^{-}))-f'(0^{-})$$

$$=s^2F(s)-sf(0^{-})-f'(0^{-}) \tag{7-29}$$

$$\mathscr{L}\left[\frac{\mathrm{d}^nf(t)}{\mathrm{d}t^n}\right]=s^nF(s)-s^{n-1}f(0^{-})-s^{n-2}f'(0^{-})-\cdots-f^{(n-1)}(0^{-}) \tag{7-30}$$

[例7-8] 已知 $\mathscr{L}[u(t)]=1/s$，$\mathrm{Re}(s)>0$，利用时域微分特性求 $\mathscr{L}[\delta(t)]$，$\mathscr{L}[\delta'(t)]$。

解： $\mathscr{L}[\delta(t)]=\mathscr{L}[u'(t)]=s\mathscr{L}[u(t)]-u(0^{-})=1$，　$\mathrm{Re}(s)>-\infty$

$$\mathscr{L}[\delta'(t)]=s\mathscr{L}[\delta(t)]-\delta(0^{-})=s,\quad \mathrm{Re}(s)>-\infty$$

[例7-9] 利用时域微分特性重新计算图7-3三角脉冲的单边拉普拉斯变换。

解： 对 $f(t)$ 求一阶导数，波形如图7-6（a）所示。再对 $f(t)$ 求二阶导数得冲激信号，如图7-6（b）所示。

因为　　　　　　　　　　　　$\delta(t)\xleftrightarrow{\mathscr{L}}1,\quad \mathrm{Re}(s)>-\infty$

又因为 $f(t)$ 是因果信号，有 $f(0^{-})=0,f'(0^{-})=0$，所以

$$\frac{\mathrm{d}^2f(t)}{\mathrm{d}t^2}\xleftrightarrow{\mathscr{L}}s^2F(s)=2\mathrm{e}^{-s}-3\mathrm{e}^{-2s}+\mathrm{e}^{-4s}$$

故　　　　　　　　　$F(s)=\frac{2\mathrm{e}^{-s}-3\mathrm{e}^{-2s}+\mathrm{e}^{-4s}}{s^2},\quad \mathrm{Re}(s)>-\infty$

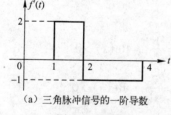
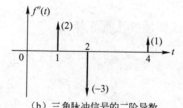

（a）三角脉冲信号的一阶导数　　　　　（b）三角脉冲信号的二阶导数

图7-6　图7-3三角脉冲信号的一阶导数和二阶导数

　　时域微分特性可以将时域描述连续时间 LTI 系统的微分方程转化为复频域描述连续时间 LTI 系统的代数方程，可以方便地从复频域求解系统的零输入响应和零状态响应，因而其在连续时间 LTI 系统描述和分析中十分有用。

9. 积分特性

若　　　　　　　　　　　　$f(t)\xleftrightarrow{\mathscr{L}}F(s),\quad \mathrm{Re}(s)>\sigma_0$

则有　　　　　　　$\int_{0-}^{t}f(\tau)\mathrm{d}\tau\xleftrightarrow{\mathscr{L}}\frac{F(s)}{s},\quad \mathrm{Re}(s)>\max(\sigma_0,0) \tag{7-31}$

$$\int_{-\infty}^{t}f(\tau)\mathrm{d}\tau\xleftrightarrow{\mathscr{L}}\frac{f^{(-1)}(0^{-})}{s}+\frac{F(s)}{s},\quad \mathrm{Re}(s)>\max(\sigma_0,0) \tag{7-32}$$

式中 $f^{(-1)}(0^-) = \int_{-\infty}^{0^-} f(\tau)\mathrm{d}\tau$。

证明： 利用卷积积分的性质

$$f(t) * u(t) = \int_0^t f(\tau)\mathrm{d}\tau$$

以及卷积定理，可得

$$\mathscr{L}\Big[\int_{0^-}^t f(\tau)\mathrm{d}\tau\Big] = \mathscr{L}[f(t) * u(t)] = \mathscr{L}[f(t)]\mathscr{L}[u(t)] = \frac{F(s)}{s}$$

若积分下限由 $-\infty$ 开始，则有

$$\mathscr{L}\Big[\int_{-\infty}^t f(\tau)\mathrm{d}\tau\Big] = \mathscr{L}\Big[\int_{-\infty}^{0^-} f(\tau)\mathrm{d}\tau + \int_{0^-}^t f(\tau)\mathrm{d}\tau\Big] = \mathscr{L}\Big[f^{(-1)}(0^-) + \int_{0^-}^t f(\tau)\mathrm{d}\tau\Big]$$

$$= \frac{f^{(-1)}(0^-)}{s} + \frac{F(s)}{s}$$

[例 7-10] 已知 $\mathscr{L}[u(t)] = \dfrac{1}{s}$，$\mathrm{Re}(s) > 0$，利用时域积分特性求 $\mathscr{L}[r(t)]$。

解：

因为

$$r(t) = \int_0^t u(\tau)\mathrm{d}\tau, \mathscr{L}[u(t)] = \frac{1}{s}, \quad \mathrm{Re}(s) > 0$$

利用时域积分特性，可得

$$\mathscr{L}[r(t)] = \frac{\mathscr{L}[u(t)]}{s} = \frac{1}{s^2}, \quad \mathrm{Re}(s) > 0$$

10. 初值定理和终值定理

设

$$f(t) \xleftrightarrow{\ \mathscr{L}\ } F(s), \quad \mathrm{Re}(s) > \sigma_0$$

若 $f(t)$ 在 $t=0$ 不包含冲激及其各阶导数

则

$$\lim_{t \to 0^+} f(t) = f(0^+) = \lim_{s \to \infty} sF(s) \tag{7-33}$$

若 $sF(s)$ 的收敛域包含 $\mathrm{j}\omega$ 轴

则

$$\lim_{t \to \infty} f(t) = f(\infty) = \lim_{s \to 0} sF(s) \tag{7-34}$$

上两式表明，信号时域的初值 $f(0^+)$ 和终值 $f(\infty)$，可以通过复频域中的 $sF(s)$ 取极限得到。

证明： 由微分性质，有

$$sF(s) - f(0^-) = \int_{0^-}^{\infty} f'(t)\mathrm{e}^{-st}\mathrm{d}t = \int_{0^-}^{0^+} f'(t)\mathrm{e}^{-st}\mathrm{d}t + \int_{0^+}^{\infty} f'(t)\mathrm{e}^{-st}\mathrm{d}t$$

由于 $f(t)$ 在 $t=0$ 不包含冲激及其各阶导数，故

$$sF(s) - f(0^-) = f(0^+) - f(0^-) + \int_{0^+}^{\infty} f'(t)\mathrm{e}^{-st}\mathrm{d}t$$

$$sF(s) = f(0^+) + \int_{0^+}^{\infty} f'(t)\mathrm{e}^{-st}\mathrm{d}t \tag{7-35}$$

对上式两边取极限，若令 $s \to \infty$，则右边积分项将消失，故有

$$\lim_{s \to \infty} sF(s) = f(0^+)$$

若 $sF(s)$ 的收敛域包含 $\mathrm{j}\omega$ 轴，则令 $s \to 0$，可得

$$\lim_{s \to 0} sF(s) = f(0^+) + \int_{0^+}^{\infty} f'(t) \, dt = f(0^+) + f(\infty) - f(0^+) = f(\infty)$$

[**例 7-11**] 已知 $F(s) = \dfrac{1}{s(s+2)}$，$\mathrm{Re}(s) > 0$，求 $f(t)$ 的初值 $f(0^+)$ 和终值 $f(\infty)$。

解：由于 $F(s)$ 为真分式，$f(t)$ 在 $t = 0$ 无冲激及其导数，根据初值定理，有

$$f(0^+) = \lim_{s \to \infty} sF(s) = \lim_{s \to \infty} \frac{1}{s(s+2)} = 0$$

由于 $sF(s)$ 的收敛域 $\mathrm{Re}(s) > -2$，收敛域包含 $j\omega$ 轴，故利用终值定理，有

$$f(\infty) = \lim_{s \to 0} sF(s) = \lim_{s \to 0} \frac{1}{s(s+2)} = \frac{1}{2}$$

[**例 7-12**] 已知 $F(s) = \dfrac{s}{s+1}$，$\mathrm{Re}(s) > -1$，求 $f(t)$ 的初值 $f(0^+)$。

解：

$F(s)$ 不是真分式，不能直接应用初值定理，可以将 $F(s)$ 展开成多项式与真分式之和，即

$$F(s) = \frac{s}{s+1} = 1 - \frac{1}{s+1} = 1 + F_1(s)$$

对真分式 $F_1(s)$ 应用初值定理，可得

$$f(0^+) = \lim_{s \to \infty} sF_1(s) = \lim_{s \to \infty} -\frac{s}{s+1} = -1$$

从时域来看，由于 $$f(t) = \mathscr{L}^{-1}\left[\frac{s}{s+1}\right] = \delta(t) - \mathrm{e}^{-t}u(t)$$

故 $$f(0^+) = \lim_{t \to 0^+} \left[\delta(t) - \mathrm{e}^{-t}u(t)\right] = \delta(0^+) - \mathrm{e}^{-t}u(t)\Big|_{t=0^+} = -1$$

与由 s 域真分式求得的初值一致。

一般，若 $F(s)$ 不是真分式，可以将其展开成多项式与真分式之和。由于 s 域多项式对应时域冲激信号及其各阶导数，它们在 0^+ 的值均为零，故对 s 域的真分式部分应用初值定理即可获得 $f(0^+)$ 的值。

表 7-2 列出了单边拉普拉斯变换的性质。表中 $f_1(t) \overset{\mathscr{L}}{\longleftrightarrow} F_1(s)$，$\mathrm{Re}(s) > \sigma_1$，$f_2(t) \overset{\mathscr{L}}{\longleftrightarrow} F_2(s)$，$\mathrm{Re}(s) > \sigma_2$，$f(t) \overset{\mathscr{L}}{\longleftrightarrow} F(s)$，$\mathrm{Re}(s) > \sigma_0$，$f^{(-1)}(0^-) = \int_{-\infty}^{0^-} f(\tau) \, d\tau$。

表 7-2 单边拉普拉斯变换的性质

性质名称	时　　域	复频域（s 域）	收　敛　域
线性特性	$a_1 f_1(t) + a_2 f_2(t)$	$a_1 F_1(s) + a_2 F_2(s)$	$\mathrm{Re}(s) > \max(\sigma_1, \sigma_2)$
展缩特性	$f(at), a > 0$	$\dfrac{1}{a} F\left(\dfrac{s}{a}\right)$	$\mathrm{Re}(s) > a\sigma_0$
时移特性	$f(t - t_0)u(t - t_0), t_0 \geqslant 0$	$\mathrm{e}^{-st_0} F(s)$	$\mathrm{Re}(s) > \sigma_0$
卷积特性	$f_1(t) * f_2(t)$	$F_1(s) F_2(s)$	$\mathrm{Re}(s) > \max(\sigma_1, \sigma_2)$
乘积特性	$f_1(t) f_2(t)$	$\dfrac{1}{2\pi j} F_1(s) * F_2(s)$	$\mathrm{Re}(s) > \sigma_1 + \sigma_2$
指数加权特性	$\mathrm{e}^{-\lambda t} f(t)$	$F(s + \lambda)$	$\mathrm{Re}(s) > \sigma_0 - \lambda$

续表

性质名称	时 域	复频域（s 域）	收 敛 域
线性加权特性	$-tf(t)$	$\dfrac{\mathrm{d}F(s)}{\mathrm{d}s}$	$\mathrm{Re}(s) > \sigma_0$
微分特性	$\dfrac{\mathrm{d}f(t)}{\mathrm{d}t}$	$sF(s) - f(0^-)$	$\mathrm{Re}(s) > \sigma_0$
	$\dfrac{\mathrm{d}^2 f(t)}{\mathrm{d}t^2}$	$s^2 F(s) - sf(0^-) - f'(0^-)$	$\mathrm{Re}(s) > \sigma_0$
积分特性	$\displaystyle\int_{0^-}^{t} f(\tau)\,\mathrm{d}\tau$	$\dfrac{F(s)}{s}$	$\mathrm{Re}(s) > \max(\sigma_0, 0)$
	$\displaystyle\int_{-\infty}^{t} f(\tau)\,\mathrm{d}\tau$	$\dfrac{f^{(-1)}(0^-)}{s} + \dfrac{F(s)}{s}$	$\mathrm{Re}(s) > \max(\sigma_0, 0)$
初值定理	$f(0^+)$	$\displaystyle\lim_{s\to\infty} sF(s)$	
终值定理	$f(\infty)$	$\displaystyle\lim_{s\to 0} sF(s)$	

7.1.5　单边拉普拉斯反变换

无论是信号分析还是系统分析，经常需要从信号的拉普拉斯变换 $F(s)$ 求解信号的时域表示式 $f(t)$，这就是拉普拉斯反变换问题。

由于时域和 s 域是一一对应的关系，对于简单的 s 域表示式，可以应用常用信号拉普拉斯变换和拉普拉斯变换性质得到相应的时间函数。对于复杂的 s 域表示式，常用的计算拉普拉斯反变换方法有两种：部分分式展开法和留数法（围线积分法）。前者是将复杂的 s 域表示式分解成许多简单的表示式之和，然后得到原时域信号。后者直接由拉普拉斯反变换的定义入手，利用复变函数中的留数定理得到时域信号。本书只讨论部分分式展开法。

由于单边拉普拉斯正变换和反变换具有唯一性，故将 $F(s)$ 展开成部分分式的形式，通过各部分分式对应的时域表示式求得 $f(t)$，再叠加起来。这种方法叫作部分分式法。

$F(s)$ 一般为有理分式，通常表示为

$$F(s) = \frac{N(s)}{D(s)} = \frac{b_m s^m + b_{m-1} s^{m-1} + \cdots + b_1 s + b_0}{s^n + a_{n-1} s^{n-1} + \cdots + a_1 s + a_0} \tag{7-36}$$

部分分式的展开方法，就是赫维赛德（Heaviside）展开定理。由 $F(s)$ 是否为真分式以及它的极点情况，部分分式的展开有以下几种形式。

① 若 $F(s)$ 为有理真分式（$m < n$），且极点为一阶极点，则 $F(s)$ 可分解为

$$F(s) = \frac{N(s)}{D(s)} = \frac{N(s)}{(s-p_1)(s-p_2)\cdots(s-p_n)}$$

$$= \frac{k_1}{s-p_1} + \frac{k_2}{s-p_2} + \cdots + \frac{k_i}{s-p_i} + \cdots + \frac{k_n}{s-p_n} \tag{7-37}$$

$k_i, i = 1, 2, \cdots, n$。k_i 可采用下述方法计算，将式（7-37）的两端同时乘以 $s - p_i$，并令 $s = p_i$，有

$$F(s)(s-p_i)\,\big|_{s=p_i} = k_1 \frac{s-p_i}{s-p_1}\bigg|_{s=p_i} + k_2 \frac{s-p_i}{s-p_2}\bigg|_{s=p_i} + \cdots + k_i + \cdots + k_n \frac{s-p_i}{s-p_n}\bigg|_{s=p_i}$$

由此即得

$$k_i = (s - p_i) F(s) \big|_{s=p_i}, \quad i = 1, 2, \cdots, n \tag{7-38}$$

其反变换为

$$f(t) = (k_1 e^{p_1 t} + k_2 e^{p_2 t} + \cdots + k_n e^{p_n t}) u(t)$$

② 若 $F(s)$ 为有理真分式（$m < n$），且极点为 r 阶重极点，则 $F(s)$ 可分解为

$$F(s) = \frac{N(s)}{D(s)} = \frac{N(s)}{(s - p_1)^r (s - p_{r+1}) \cdots (s - p_n)}$$

$$= \frac{k_1}{s - p_1} + \frac{k_2}{(s - p_1)^2} + \cdots + \frac{k_r}{(s - p_1)^r} + \frac{k_{r+1}}{s - p_{r+1}} + \cdots + \frac{k_n}{s - p_n} \tag{7-39}$$

式中单阶极点对应的系数 $k_{r+1}, \cdots, k_n$ 可利用式（7-38）计算。式中重阶极点对应的系数 k_1，$k_2, \cdots, k_r$ 的计算可采用下述方法，将式（7-39）的两端同时乘以 $(s - p_1)^r$，有

$$F(s)(s - p_1)^r = k_1 (s - p_1)^{r-1} + k_2 (s - p_1)^{r-2} + \cdots + k_{r-1}(s - p_1)^1 + k_r + \cdots + \frac{k_n (s - p_1)^r}{s - p_n}$$

$$\tag{7-40}$$

令 $s = p_1$，代入上式，可得

$$k_r = (s - p_1)^r F(s) \big|_{s=p_1}$$

对式（7-40）求一阶导数，再令 $s = p_1$，可得

$$k_{r-1} = \frac{\mathrm{d}}{\mathrm{d}s} \left[(s - p_1)^r F(s) \right] \Big|_{s=p_1}$$

对式（7-40）求二、三阶直至 $r-1$ 阶导数，再令 $s = p_1$，可得

$$k_{r-2} = \frac{1}{2!} \frac{\mathrm{d}^2}{\mathrm{d}s^2} \left[(s - p_1)^r F(s) \right] \Big|_{s=p_1}$$

$$\vdots$$

$$k_j = k_{r-(r-j)} = \frac{1}{(r-j)!} \frac{\mathrm{d}^{r-j}}{\mathrm{d}s^{r-j}} \left[(s - p_1)^r F(s) \right] \Big|_{s=p_1}, \quad j = 1, 2, \cdots, r$$

其反变换为

$$f(t) = k_1 e^{p_1 t} + \left[\sum_{j=2}^{r} \frac{k_j}{(j-1)!} t^{j-1} e^{p_1 t} \right] u(t) + \left(\sum_{i=r+1}^{n} k_i e^{p_i t} \right) u(t)$$

③ $F(s)$ 为有理假分式（$m \geqslant n$），此时先将 $F(s)$ 分解为 s 的多项式与有理真分式两部分，即

$$F(s) = \frac{N(s)}{D(s)} = B_0 + B_1 s + \cdots + B_{m-n} s^{m-n} + \frac{N_1(s)}{D(s)} \tag{7-41}$$

式中 $\frac{N_1(s)}{D(s)}$ 为真分式，可根据极点情况按①或②展开。多项式部分对应冲激和冲激的高阶导数，即

$$B_0 \xleftarrow{\ \mathscr{L}\ } B_0 \delta(t)$$

$$B_1 s \xleftarrow{\ \mathscr{L}\ } B_1 \delta'(t)$$

$$B_{m-n} s^{m-n} \xleftarrow{\ \mathscr{L}\ } B_{m-n} \delta^{(m-n)}(t)$$

下面举例说明利用部分分式展开法求单边拉普拉斯反变换。

[例 7-13] 采用部分分式展开法求下列 $F(s)$，$\mathrm{Re}(s) > 0$ 的单边拉普拉斯反变换。

(1) $F(s) = \dfrac{s+2}{s^3 + 4s^2 + 3s}$ 　　(2) $F(s) = \dfrac{s-2}{s(s+1)^3}$ 　　(3) $F(s) = \dfrac{s^4 - 13s^2 - 11s + 2}{s^3 + 4s^2 + 3s}$

解：

（1）$F(s)$为有理真分式，极点为一阶极点。

$$F(s) = \frac{s+2}{s^3+4s^2+3s} = \frac{s+2}{s(s+1)(s+3)} = \frac{k_1}{s} + \frac{k_2}{s+1} + \frac{k_3}{s+3}$$

其中

$$k_1 = (s)F(s)\Big|_{s=0} = \frac{s+2}{(s+1)(s+3)}\Big|_{s=0} = \frac{2}{3}$$

$$k_2 = (s+1)F(s)\Big|_{s=-1} = \frac{s+2}{s(s+3)}\Big|_{s=-1} = -\frac{1}{2}$$

$$k_3 = (s+3)F(s)\Big|_{s=-3} = \frac{s+2}{s(s+1)}\Big|_{s=-3} = -\frac{1}{6}$$

故反变换为

$$f(t) = \frac{2}{3}u(t) - \frac{1}{2}e^{-t}u(t) - \frac{1}{6}e^{-3t}u(t)$$

（2）$F(s)$为有理真分式（$m < n$），极点为 3 阶极点

$$F(s) = \frac{k_1}{s} + \frac{k_2}{(s+1)} + \frac{k_3}{(s+1)^2} + \frac{k_4}{(s+1)^3}$$

其中

$$k_1 = sF(s)\Big|_{s=0} = \frac{s-2}{(s+1)^3}\Big|_{s=0} = -2$$

$$k_4 = (s+1)^3 F(s)\Big|_{s=-1} = \frac{s-2}{s}\Big|_{s=-1} = 3$$

$$k_3 = \frac{d(s+1)^3 F(s)}{ds}\Big|_{s=-1} = \frac{d}{ds}\left(\frac{s-2}{s}\right)\Big|_{s=-1} = 2$$

$$k_2 = \frac{d^2(s+1)^3 F(s)}{2!\ ds^2}\Big|_{s=-1} = \frac{d^2}{2ds^2}\left(\frac{s-2}{s}\right)\Big|_{s=-1} = 2$$

故反变换为

$$f(t) = \left(-2 + 2e^{-t} + 2te^{-t} + \frac{3}{2}t^2 e^{-t}\right)u(t)$$

（3）$F(s)$为有理假分式

将$F(s)$化为有理真分式

$$F(s) = s - 4 + \frac{s+2}{s^3+4s^2+3s}$$

故反变换为

$$f(t) = \delta'(t) - 4\delta(t) + \mathscr{L}^{-1}\left[\frac{s+2}{s^3+4s^2+3s}\right]$$

即

$$f(t) = \delta'(t) - 4\delta(t) + \frac{2}{3}u(t) - \frac{1}{2}e^{-t}u(t) - \frac{1}{6}e^{-3t}u(t)$$

　　采用部分分式进行单边拉普拉斯反变换的指导思想是将复杂信号的 s 域表示式，分解成常用的基本信号的 s 域表示式之和，从而得到所要求的复杂信号。因此，在进行部分分式展开时，应根据具体情况灵活处理。

[例 7-14] 求 $F(s) = \dfrac{1}{3s^2(s^2+4)}$，$\mathrm{Re}(s) > 0$ 的单边反变换。

解： 上式中有一个二重极点和一对共轭极点，直接展开计算量较大。因为分母两个因子中均有 s^2，所以可以令 $s^2 = q$，则原式分母就转换为两个一阶因子相乘，这时再做部分分式展开，即

$$F(s) = F(q) \mid_{q=s^2} = \frac{1}{3q(q+4)} = \frac{1}{3}\left(\frac{k_1}{q} + \frac{k_2}{(q+4)}\right)$$

$$k_1 = q \cdot \frac{1}{q(q+4)}\bigg|_{q=0} = \frac{1}{4}$$

$$k_2 = (q+4) \cdot \frac{1}{q(q+4)}\bigg|_{q=-4} = -\frac{1}{4}$$

于是

$$F(s) = \frac{1}{3}\left(\frac{1}{4s^2} - \frac{1}{4(s^2+4)}\right)$$

故

$$f(t) = \frac{1}{12}\left(t - \frac{1}{2}\sin 2t\right)u(t)$$

在进行部分分式展开时，$F(s)$ 应是有理分式。此外，若 $F(s)$ 中含有指数项 e^{-st_0}，它虽不是有理分式，仍可采用部分分式法并结合拉普拉斯变换的时移特性，求出其反变换。

7.2 连续时间 LTI 系统响应的复频域分析

7.2.1 微分方程的复频域求解

单边拉普拉斯变换不仅可以将描述因果的连续时间 LTI 系统的时域微分方程变换成 s 域代数方程，而且在此代数方程中同时体现了系统的初始状态。解此代数方程，即可分别求得系统零输入响应 $y_x(t)$、零状态响应 $y_f(t)$，以及完全响应 $y(t)$。

描述因果的连续时间 LTI 系统的 n 阶微分方程为

$$a_n y^{(n)}(t) + a_{n-1}y^{(n-1)}(t) + \cdots + a_1 y'(t) + a_0 y(t)$$
$$= b_m f^{(m)}(t) + b_{m-1}f^{(m-1)}(t) + \cdots + b_1 f'(t) + b_0 f(t) \tag{7-42}$$

$y(0^-), y'(0^-), \cdots, y^{(n-1)}(0^-)$ 为系统的 n 个初始状态。式（7-50）可表示为

$$\sum_{i=0}^{n} a_i y^{(i)}(t) = \sum_{j=0}^{m} b_j f^{(j)}(t) \tag{7-43}$$

根据时域微分特性，有

$$\mathscr{L}[y^{(i)}(t)] = s^i Y(s) - s^{i-1}y(0^-) - s^{i-2}y'(0^-) - \cdots - y^{(i-1)}(0^-)$$
$$\mathscr{L}[f^{(j)}(t)] = s^j F(s)$$

对式（7-43）的两边进行单边拉普拉斯变换可得

$$\sum_{i=1}^{n} a_i [s^i Y(s) - s^{i-1}y(0^-) - s^{i-2}y'(0^-) - \cdots - y^{(i-1)}(0^-)] + a_0 Y(s) = \sum_{j=0}^{m} b_j s^j F(s)$$

$$Y(s) = \frac{\sum_{i=1}^{n} a_i [s^{i-1}y(0^-) + s^{i-2}y'(0^-) + \cdots + y^{(i-1)}(0^-)]}{\sum_{i=0}^{n} a_i s^i} + \frac{\sum_{j=0}^{m} b_j s^j}{\sum_{i=0}^{n} a_i s^i} F(s)$$

零输入响应的 s 域表示式为

$$Y_x(s) = \frac{\sum_{i=1}^{n} a_i [s^{i-1}y(0^-) + s^{i-2}y'(0^-) + \cdots + y^{(i-1)}(0^-)]}{\sum_{i=0}^{n} a_i s^i}$$

零状态响应的 s 域表示式为

$$Y_f(s) = \frac{\sum_{j=0}^{m} b_j s^j}{\sum_{i=0}^{n} a_i s^i} F(s)$$

对 $Y_x(s)$ 和 $Y_f(s)$ 进行单边拉普拉斯反变换，可得零输入响应和零状态响应的时域表示式，即

$$y_x(t) = \mathscr{L}^{-1}[Y_x(s)], y_f(t) = \mathscr{L}^{-1}[Y_f(s)]$$

[例 7-15] 描述某因果的连续时间 LTI 系统的微分方程为

$$y'' + 3y'(t) + 2y(t) = 4f'(t) + 3f(t), \quad t \geq 0$$

已知 $y(0^-) = -2, y'(0^-) = 3, f(t) = u(t)$，求系统的零输入响应 $y_x(t)$，零状态响应 $y_f(t)$ 和完全响应 $y(t)$。

解： 对微分方程两边进行单边拉普拉斯变换得

$$s^2 Y(s) - sy(0^-) - y'(0^-) + 3[sY(s) - y(0^-)] + 2Y(s) = (4s + 3)F(s)$$

整理后得

$$Y(s) = \frac{sy(0^-) + y'(0^-) + 3y(0^-)}{s^2 + 3s + 2} + \frac{4s + 3}{s^2 + 3s + 2}F(s)$$

零输入响应的 s 域表示式为

$$Y_x(s) = \frac{sy(0^-) + y'(0^-) + 3y(0^-)}{s^2 + 3s + 2} = \frac{-2s - 3}{(s+1)(s+2)} = \frac{-1}{s+1} + \frac{-1}{s+2}$$

对上式进行单边拉普拉斯反变换得

$$y_x(t) = -e^{-t} - e^{-2t}, \quad t \geq 0$$

因为

$$f(t) = u(t) \overset{\mathscr{L}}{\longleftrightarrow} F(s) = \frac{1}{s}$$

所以零状态响应的 s 域表示式为

$$Y_f(s) = \frac{4s + 3}{(s+1)(s+2)}F(s) = \frac{4s + 3}{s(s+1)(s+2)} = \frac{1.5}{s} + \frac{1}{s+1} - \frac{2.5}{s+2}$$

对上式进行单边拉普拉斯反变换得

$$y_f(t) = (1.5 + e^{-t} - 2.5e^{-2t})u(t)$$

系统的完全响应为

$$y(t) = y_x(t) + y_f(t) = 1.5 - 3.5e^{-2t}, \quad t \geqslant 0$$

7.2.2　电路的复频域模型

研究电路问题的基本依据是基尔霍夫电压定律（KVL）和基尔霍夫电流定律（KCL），以及电路元件的伏安关系（VCR）。下面讨论其在复频域的形式。

基尔霍夫电压定律和基尔霍夫电流定律的时域描述为

$$\sum v(t) = 0$$

$$\sum i(t) = 0$$

对以上两式进行拉普拉斯变换即得 KVL 和 KCL 的复频域（s 域）描述

$$\sum V(s) = 0$$

$$\sum I(s) = 0$$

R、L、C 元件的时域伏安关系为

$$v_R(t) = Ri_R(t) \tag{7-44}$$

$$v_L(t) = L\frac{di_L(t)}{dt} \tag{7-45}$$

$$v_C(t) = \frac{1}{C}\int_{-\infty}^{t} i_C(\tau)d\tau \tag{7-46}$$

对式（7-44）~（7-46）进行单边拉普拉斯变换，得 R、L、C 元件的 s 域关系为

$$V_R(s) = RI_R(s) \tag{7-47}$$

$$V_L(s) = sLI_L(s) - Li_L(0^-) \tag{7-48}$$

$$V_C(s) = \frac{1}{sC}I_C(s) + \frac{1}{s}v_C(0^-) \tag{7-49}$$

根据式（7-47）~（7-49）可画出 R、L、C 元件的 s 域模型，式中由初始状态 $i_L(0^-)$ 和 $v_C(0^-)$ 引起的附加项以串联的电压源表示，如图 7-7 所示。

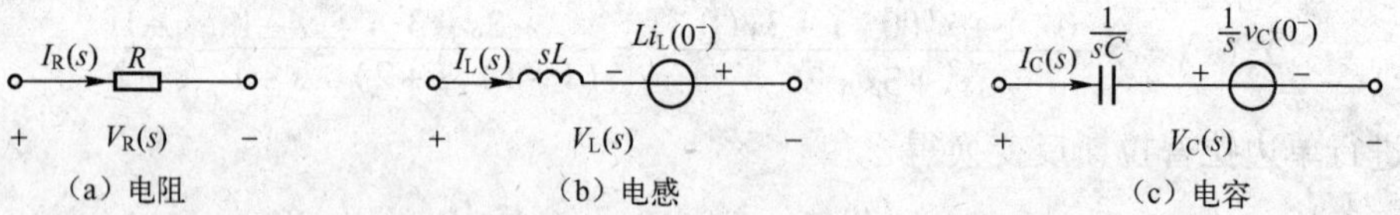

$$
\begin{array}{ccc}
\text{(a)} \ \text{电阻} & \text{(b)} \ \text{电感} & \text{(c)} \ \text{电容}
\end{array}
$$

图 7-7　R、L、C 串联形式的 s 域模型

图 7-7 的模型并非唯一，通过式（7-47）~（7-49）对电流求解，得到

$$I_R(s) = \frac{1}{R}V_R(s) \tag{7-50}$$

$$I_L(s) = \frac{1}{sL}V_L(s) + \frac{1}{s}i_L(0^-) \tag{7-51}$$

$$I_C(s) = sCV_C(s) - Cv_C(0^-) \tag{7-52}$$

与此对应的 s 域模型如图 7-8 所示。

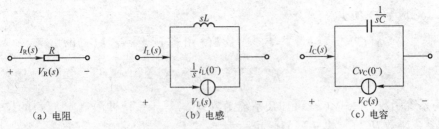

图 7-8　R、L、C 并联形式的 s 域模型

[**例 7-16**] 在图 7-9（a）所示电路中，电容的初始储能为 $v_C(0^-) = -E$，画出该电路的 s 域模型，并计算 $v_C(t)$。

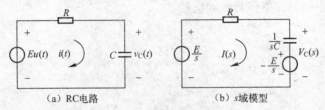

图 7-9　RC 电路及其 s 域模型

解：利用图 7-7 所示 R、C 元件的 s 域模型可得图 7-9（a）电路的 s 域模型，如图 7-9（b）所示。根据图 7-9（b）可以写出回路方程为

$$\left(R + \frac{1}{sC} \right) I(s) = \frac{E}{s} + \frac{E}{s}$$

求出回路电流

$$I(s) = \frac{2E}{s\left(R + \dfrac{1}{sC} \right)}$$

再求电容两端的电压 $V_C(s)$

$$V_C(s) = \frac{I(s)}{sC} - \frac{E}{s} = \frac{2E}{s(sCR+1)} - \frac{E}{s} = \frac{E\left(\dfrac{1}{RC} - s \right)}{s\left(s + \dfrac{1}{RC} \right)} = E\left(\frac{1}{s} - \frac{2}{s + \dfrac{1}{RC}} \right)$$

对 $V_C(s)$ 求反变换得

$$v_C(t) = E\left(1 - 2e^{-\frac{1}{RC}t} \right), t \geqslant 0$$

7.3　连续时间 LTI 系统的系统函数与系统特性

系统函数 $H(s)$ 是连续时间系统的复频域描述。通过分析 $H(s)$ 在 s 平面零极点分布，可以了解系统的时域特性、频域特性以及稳定性等诸多特性。

7.3.1　系统函数

当连续时间 LTI 系统的输入是复频率为 s 的复指数信号 $f(t) = e^{st}(-\infty < t < \infty)$ 时，系

统的零状态响应 $y(t)$ 为

$$y(t) = e^{st} * h(t) = \int_{-\infty}^{\infty} e^{s(t-\tau)} h(\tau) d\tau = e^{st} \int_{-\infty}^{\infty} e^{-s\tau} h(\tau) d\tau \qquad (7-53)$$

定义

$$H(s) = \int_{-\infty}^{\infty} e^{-s\tau} h(\tau) d\tau \qquad (7-54)$$

称 $H(s)$ 为系统函数。由式（7-54）知系统函数 $H(s)$ 等于系统冲激响应 $h(t)$ 的拉普拉斯变换。根据系统函数 $H(s)$，式（7-53）可写为

$$y(t) = e^{st} H(s) \qquad (7-55)$$

式（7-55）说明，复指数信号 e^{st}（$-\infty < t < \infty$）作用于 LTI 系统时，系统的零状态响应仍为相同复频率的复指数信号，复指数信号幅度是输入信号的 $H(s)$ 倍。所以系统函数 $H(s)$ 描述了连续 LTI 系统对不同复频率信号的响应特性。

由于

$$y_f(t) = f(t) * h(t)$$

根据拉普拉斯变换时域卷积特性可得

$$H(s) = \frac{\mathscr{L}[y_f(t)]}{\mathscr{L}[f(t)]} = \frac{Y_f(s)}{F(s)} \qquad (7-56)$$

可见系统函数 $H(s)$ 也可表示为零状态响应的拉普拉斯变换与输入激励的拉普拉斯变换之比。

［例 7-17］ 已知某因果的连续 LTI 系统满足的微分方程为

$$y''(t) + 3y'(t) + 2y(t) = 3f(t) + 2f'(t), \quad t \geq 0$$

试求该系统的系统函数 $H(s)$ 和冲激响应 $h(t)$。

解：对微分方程两边进行拉普拉斯变换得

$$(s^2 + 3s + 2) Y_f(s) = (2s + 3) F(s)$$

根据式（7-56）及系统的因果性有

$$H(s) = \frac{Y_f(s)}{F(s)} = \frac{2s + 3}{s^2 + 3s + 2} = \frac{1}{s+1} + \frac{1}{s+2}, \quad \text{Re}(s) > -2$$

对上式进行拉普拉斯反变换得

$$h(t) = (e^{-t} + e^{-2t}) u(t)$$

［例 7-18］ 试求零初始状态的理想积分器和理想微分器的系统函数 $H(s)$。

解：

（1）具有零初始状态的理想积分器的输入输出关系为

$$y(t) = \int_0^t f(\tau) d\tau$$

两边取拉普拉斯变换，可得

$$Y(s) = \frac{1}{s} F(s)$$

所以理想积分器的系统函数为

$$H(s) = \frac{Y(s)}{F(s)} = \frac{1}{s}, \quad \text{Re}(s) > 0$$

（2）理想微分器的输入输出关系为

$$y(t) = \frac{df(t)}{dt}$$

系统的冲激响应为

$$h(t) = \frac{\mathrm{d}\delta(t)}{\mathrm{d}t}$$

两边取拉普拉斯变换，可得 $H(s) = s - \delta(0^-)$。因为 $\delta(0^-) = 0$，所以理想微分器的系统函数为

$$H(s) = s, \quad \mathrm{Re}(s) > -\infty$$

[**例 7-19**] 已知某平滑系统的输入输出关系为

$$y(t) = \frac{1}{T_0} \int_{t-T_0}^{t} f(\tau) \mathrm{d}\tau$$

T_0 是非负的实数，求该系统的系统函数 $H(s)$ 和冲激响应 $h(t)$。

解： 当输入为复指数信号 e^{st} 时，其输出响应为

$$y(t) = \frac{1}{T_0} \int_{t-T_0}^{t} f(\tau) \mathrm{d}\tau = \frac{1 - \mathrm{e}^{-sT_0}}{sT_0} \mathrm{e}^{st}$$

故系统函数为

$$H(s) = \frac{1}{T_0} \frac{1 - \mathrm{e}^{-sT_0}}{s}, \quad \mathrm{Re}(s) > -\infty$$

利用 $u(t) \xleftarrow{\mathscr{L}} \frac{1}{s}$ 和拉普拉斯变换的时移特性，可求出系统的冲激响应为

$$h(t) = \mathscr{L}^{-1}[H(s)] = \frac{1}{T_0}[u(t) - u(t - T_0)]$$

7.3.2　系统函数的零极点分布

对于一个连续时间 LTI 系统，可以用 n 阶常系数的线性微分方程表示为

$$y^{(n)}(t) + a_{n-1} y^{(n-1)}(t) + \cdots + a_1 y'(t) + a_0 y(t)$$
$$= b_m f^{(m)}(t) + b_{m-1} f^{(m-1)}(t) + \cdots + b_1 f'(t) + b_0 f(t) \tag{7-57}$$

设系统初始状态为零，对微分方程两边进行拉普拉斯变换，可得

$$(s^n + a_{n-1} s^{n-1} + \cdots + a_1 s + a_0) Y_f(s) = (b_m s^m + b_{m-1} s^{m-1} + \cdots + b_1 s + b_0) F(s) \tag{7-58}$$

根据式 (7-56)，系统函数 $H(s)$ 为

$$H(s) = \frac{Y_f(s)}{F(s)} = \frac{b_m s^m + b_{m-1} s^{m-1} + \cdots + b_1 s + b_0}{s^n + a_{n-1} s^{n-1} + \cdots a_1 s + a_0} = \frac{N(s)}{D(s)} \tag{7-59}$$

系统函数分母多项式 $D(s) = 0$ 的根，称为 $H(s)$ 的极点，系统函数分子多项式 $N(s) = 0$ 的根，称为 $H(s)$ 的零点。极点使系统函数的值无穷大，而零点使系统函数的值为零。

$D(s)$ 和 $N(s)$ 都可以分解成一阶因子的乘积，即

$$H(s) = \frac{N(s)}{D(s)} = K \frac{(s - z_1)(s - z_2) \cdots (s - z_m)}{(s - p_1)(s - p_2) \cdots (s - p_n)} = K \frac{\prod_{j=1}^{m} (s - z_j)}{\prod_{i=1}^{n} (s - p_i)} \tag{7-60}$$

式中 $z_1, z_2, \cdots, z_m$ 是系统函数的零点，$p_1, p_2, \cdots, p_n$ 是系统函数的极点。$(s - z_j)$ 是零点因子，$(s - p_i)$ 是极点因子，K 是系统的增益，因此式 (7-60) 称为系统函数的零极增益形式。

为了直观地观察系统函数的零极点，通常将系统函数的零极点绘在 s 平面上，零点用 ○ 表示，极点用 × 表示，这样得到的图形称为系统函数的零极点分布图。系统函数的零极点可能是重阶的，在画零极点分布图时，若遇到 n 阶重零点或重极点，则在相应的零极点旁标注（n）。

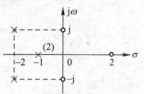

图 7-10　系统函数的
零极点分布图

例如，某连续时间 LTI 系统的系统函数为

$$H(s) = \frac{(s^2 + 1)(s - 2)}{(s + 1)^2(s + 2 - j)(s + 2 + j)}$$

表明该系统在虚轴有一对共轭零点 $\pm j1$，在 $s = 2$ 处有一个零点，而在 $s = -1$ 处有二阶重极点，还有一对共轭极点 $s = -2 \pm j$，该系统函数的零极点分布如图 7-10 所示。

研究系统函数的零极点分布，不仅可以了解连续时间 LTI 系统冲激响应的形式，还可以了解稳定的连续时间 LTI 系统的频率响应特性，以及系统的稳定性。下面将分别讨论。

7.3.3　系统函数与系统特性的关系

1. 零极点分布与系统的冲激响应

在根据系统函数 $H(s)$ 求解系统冲激响应 $h(t)$ 时，一般是将 $H(s)$ 展开成部分分式。若 $H(s)$ 为有理真分式，且所有极点均为单极点，则 $H(s)$ 可以展开为

$$H(s) = \frac{N(s)}{D(s)} = K \frac{(s - z_1)(s - z_2) \cdots (s - z_m)}{(s - p_1)(s - p_2) \cdots (s - p_n)} = \sum_{i=1}^{n} \frac{A_i}{s - p_i} \tag{7-61}$$

对每个分式进行拉普拉斯反变换，可得

$$h(t) = \mathscr{L}^{-1}[H(s)] = \mathscr{L}^{-1}\left[\sum_{i=1}^{n} \frac{A_i}{s - p_i}\right] = \sum_{i=1}^{n} A_i e^{p_i t} u(t) \tag{7-62}$$

从上式可以看出，系统函数 $H(s)$ 的极点 p_i 决定了冲激响应 $h(t)$ 的基本特性。下面讨论 $H(s)$ 的典型极点分布与 $h(t)$ 基本特性的关系。

① $H(s)$ 具有位于左半 s 平面 σ 轴上的单极点 $p = -\sigma_0(\sigma_0 > 0)$，则

$$H(s) = \frac{A}{s + \sigma_0} \overset{\mathscr{L}}{\longleftarrow} h(t) = A e^{-\sigma_0 t} u(t) \tag{7-63}$$

显然，冲激响应 $h(t)$ 为衰减的指数信号。

若单极点位于原点 $p = 0$，则

$$H(s) = \frac{A}{s} \overset{\mathscr{L}}{\longleftarrow} h(t) = A u(t) \tag{7-64}$$

可见，原点上的单极点对应的冲激响应是阶跃信号。

② $H(s)$ 具有位于左半 s 平面的共轭单极点 $p = -\sigma_0 + j\omega_0, p^* = -\sigma_0 - j\omega_0 (\sigma_0 > 0)$，则

$$H(s) = \frac{A}{(s + \sigma_0 - j\omega_0)(s + \sigma_0 + j\omega_0)} \overset{\mathscr{L}}{\longrightarrow} h(t) = \frac{A}{\omega_0} e^{-\sigma_0 t} \sin(\omega_0 t)$$

可见，冲激响应 $h(t)$ 为按衰减指数信号变化的正弦信号。

③ $H(s)$ 具有位于左半 s 平面 σ 轴上的 r 阶重极点 $p = -\sigma_0(\sigma_0 > 0)$，则

$$H(s) = \frac{A}{(s + \sigma_0)^r} \xleftarrow{\mathscr{L}} h(t) = \frac{A}{(r-1)!} t^{r-1} e^{-\sigma_0 t} u(t) \tag{7-65}$$

由于指数 $e^{-\sigma_0 t}$ 的衰减可以控制 t^{r-1} 的增长，因此冲激响应 $h(t)$ 仍为衰减信号。

④ $H(s)$ 具有位于 s 平面 $j\omega$ 轴上的共轭极点 $p = j\omega_0, p^* = -j\omega_0$，则

$$H(s) = \frac{A}{(s - j\omega_0)(s + j\omega_0)} \xleftarrow{\mathscr{L}} h(t) = \frac{A}{\omega_0} \sin(\omega_0 t) \tag{7-66}$$

可见，冲激响应是正弦信号。

⑤ 若 $H(s)$ 具有位于右半 s 平面的极点，则冲激响应 $h(t)$ 为增幅信号。以右半 s 平面 σ 轴上的单极点 $p = \sigma_0 (\sigma_0 > 0)$ 为例，有

$$H(s) = \frac{A}{s - \sigma_0} \xleftarrow{} h(t) = A e^{\sigma_0 t} u(t) \tag{7-67}$$

即 $h(t)$ 为增幅的指数信号。

2. 零极点与系统的频率响应

系统的频率响应由 $H(j\omega)$ 表示，其模 $|H(j\omega)|$ 是系统的幅度响应，相角 $\varphi(j\omega)$ 是系统的相位响应。如前所述，系统在频率为 ω_0 的正弦信号激励之下的稳态响应仍为同频率的正弦信号，但幅度乘以 $|H(j\omega_0)|$，相位附加 $\varphi(j\omega_0)$，$|H(j\omega_0)|$ 和 $\varphi(j\omega_0)$ 分别是 $|H(j\omega)|$ 和 $\varphi(j\omega)$ 在 ω_0 点的值。当正弦信号的频率 ω 改变时，稳态响应的幅度和相位将分别随 $|H(j\omega)|$ 和 $\varphi(j\omega)$ 变化，$H(j\omega)$ 反映了系统对信号中不同频率分量的传输特性，故称为系统的频率响应。

对于因果系统，当 $H(s)$ 的极点全部位于左半 s 平面时，系统的频率响应 $H(j\omega)$ 可由 $H(s)$ 求出，即

$$H(j\omega) = H(s) \big|_{s = j\omega} = |H(j\omega)| e^{j\varphi(\omega)} \tag{7-68}$$

也就是说，系统函数 $H(s)$ 在 s 平面中令 s 沿虚轴变化，即得系统的频率响应 $H(j\omega)$。对于零极增益表示的系统函数

$$H(s) = K \frac{\prod_{j=1}^{m} (s - z_j)}{\prod_{i=1}^{n} (s - p_i)}$$

令 $s = j\omega$，则得

$$H(j\omega) = K \frac{\prod_{j=1}^{m} (j\omega - z_j)}{\prod_{i=1}^{n} (j\omega - p_i)} \tag{7-69}$$

可以看出，频率响应取决于系统的零极点分布。根据系统函数 $H(s)$ 的零极点分布情况可以绘出系统的频率响应，包括幅度响应 $|H(j\omega)|$ 和相位响应 $\varphi(\omega)$。下面简要介绍利用向量法绘制系统频率响应曲线。

复数在复平面内可以用原点到复数坐标点的向量表示，例如复数 a 和 b 可以分别用图 7-11 (a) 所示的两条向量表示。而复数之差 $a - b$ 则可通过向量运算得到，是由复数 b 指向复数 a 的向量，这个向量可用模和相角表示为 $a - b = |a - b| e^{j\varphi}$，如图 7-11 (b) 所示。

式 (7-69)中 $j\omega, p_i, z_j$ 均为复数，因此因子 $(j\omega - p_i)$ 可以用 p_i 点指向 $j\omega$ 点的向量表示，$(j\omega - z_j)$ 可以用 z_j 点指向 $j\omega$ 点的向量表示，如图 7-12 所示。这两个向量可用模和相角表示为

$$(j\omega - z_j) = N_j e^{j\psi_j}, \quad (j\omega - p_i) = D_i e^{j\theta_i}$$

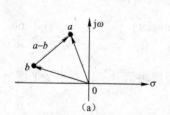 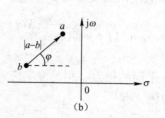 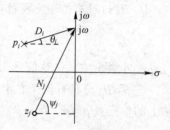

图 7-11　复数的向量表示　　　　　图 7-12　系统函数的向量表示

所以 $H(j\omega)$ 可改写成

$$H(j\omega) = K \frac{N_1 N_2 \cdots N_m}{D_1 D_2 \cdots D_n} e^{j[(\psi_1 + \psi_2 + \cdots + \psi_m) - (\theta_1 + \theta_2 + \cdots + \theta_n)]}$$

$$= |H(j\omega)| e^{j\varphi(\omega)} \tag{7-70}$$

式中

$$|H(j\omega)| = K \frac{N_1 N_2 \cdots N_m}{D_1 D_2 \cdots D_n} \tag{7-71}$$

$$\varphi(\omega) = (\psi_1 + \psi_2 + \cdots + \psi_m) - (\theta_1 + \theta_2 + \cdots + \theta_n) \tag{7-72}$$

当 ω 自 $-\infty$ 沿虚轴运动并趋于 $+\infty$ 时，各零点向量和极点向量的模和相角都随之改变，于是得出系统的幅度响应和相位响应。物理可实现系统的频率响应具有幅度响应偶对称，相位响应奇对称的特点，因此绘制频率响应曲线时仅绘出 ω 从 $0 \sim \infty$ 即可。

[例 7-20] 已知某因果的连续时间 LTI 系统的系统函数 $H(s) = \dfrac{1}{s+1}$，试绘出系统的频率响应 $H(j\omega)$。

解：

$H(s)$ 在 -1 处有一个单极点，位于左半 s 平面，令 $s = j\omega$，得系统的频率响应

$$H(j\omega) = H(s)\Big|_{s=j\omega} = \frac{1}{j\omega + 1}$$

在 s 平面，从极点 -1 点向 $j\omega$ 轴做向量，ω 由 $0 \sim \infty$ 变化，即可求得 $|H(j\omega)|$ 和 $\varphi(j\omega)$。为计算方便，取 $\omega = 0$，1，ω_a 几个典型的值，如图 7-13 (a) 所示，计算结果如下

$$|H(j\omega)|\Big|_{\omega=0} = \frac{1}{D_0} = 1, \quad \varphi(\omega)\Big|_{\omega=0} = 0 - \theta_0 = 0$$

$$|H(j\omega)|\Big|_{\omega=1} = \frac{1}{D_1} = \frac{1}{\sqrt{2}}, \quad \varphi(\omega)\Big|_{\omega=1} = 0 - \theta_1 = -\arctan 1 = -45°$$

$$|H(j\omega)|\Big|_{\omega=\omega_a} = \frac{1}{D_{\omega_a}} = \frac{1}{\sqrt{1 + \omega_a^2}}, \quad \varphi(\omega)\Big|_{\omega=\omega_a} = 0 - \theta_{\omega_a} = -\arctan \omega_a$$

当 ω_a 增大时，$|H(j\omega)|$ 减小，$\varphi(\omega)$ 也减小。当 ω_a 增大到无穷时，有

$$|H(j\omega)|\Big|_{\omega\to\infty} = \frac{1}{D_\infty} = 0, \quad \varphi(\omega)\Big|_{\omega\to\infty} = 0 - \theta_\infty = -90°$$

由上面的计算，可画出幅度响应 $|H(\mathrm{j}\omega)|$ 和相位响应 $\varphi(\omega)$，如图 7-13（b）、（c）所示。从幅度响应来看，ω 越小，$|H(\mathrm{j}\omega)|$ 的值越大；ω 越大，$|H(\mathrm{j}\omega)|$ 的值越小。显然，该系统具有低通特性。

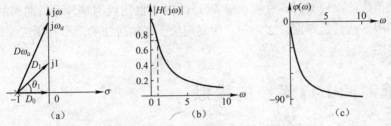

图 7-13　例 7-20 系统的频率响应

以上介绍了通过向量方式如何绘制系统的频率响应，增强系统频率响应的感性认识。很明显，对于零极点较多的高阶系统其系统频率响应的绘制会愈加复杂，在实际应用中，一般都是利用 MATLAB 提供的函数绘制系统的频率响应。

3. 系统的稳定性

对于连续时间 LTI 系统，从时域判断其是否为 BIBO 稳定系统，需判断该系统的冲激响应 $h(t)$ 是否绝对可积，即若

$$\int_{-\infty}^{\infty} |h(\tau)| \,\mathrm{d}\tau < \infty \tag{7-73}$$

则系统为 BIBO 稳定系统。式（7-81）是系统稳定的充要条件，但该式是一个积分式，由此来判断系统的稳定性有时比较困难。

因为系统函数 $H(s)$ 的收敛域是使 $h(t)\mathrm{e}^{-\sigma t}$ 绝对可积的 σ 取值范围，当 $\sigma = 0$ 时 $h(t)\mathrm{e}^{-\sigma t}$ 绝对可积等效于系统稳定，所以也可以从 $H(s)$ 的收敛域或极点分布来判断连续 LTI 系统的稳定性。对于连续时间 LTI 系统，当系统函数 $H(s)$ 的收敛域包括 $\mathrm{j}\omega$ 轴时，系统稳定。对于因果的连续时间 LTI 系统，$H(s)$ 的收敛域在其所有极点的右侧，若系统稳定，收敛域包括 $\mathrm{j}\omega$ 轴，则 $H(s)$ 的所有极点必在 s 平面的左半平面。由此可以得出，因果的连续时间 LTI 系统 BIBO 稳定的充要条件是系统函数 $H(s)$ 的全部极点位于 s 平面的左半平面。

[例 7-21] 判断下述因果的连续时间 LTI 系统是否稳定。

（1）$H_1(s) = \dfrac{s+3}{(s+1)(s+2)}$，　$\mathrm{Re}(s) > -1$　　（2）$H_2(s) = \dfrac{s}{s^2 + \omega_0^2}$，　$\mathrm{Re}(s) > 0$

（3）$H_3(s) = \dfrac{1}{s}$，　$\mathrm{Re}(s) > 0$　　（4）$H_4(s) = \dfrac{1}{s-2}$，　$\mathrm{Re}(s) > 2$

解：由于该连续时间 LTI 系统为因果系统，因此可以根据系统函数的极点位置来判断系统稳定性。

（1）$H_1(s)$ 的极点为 $s = -1$ 和 $s = -2$，都在 s 左半平面，所以系统稳定。

（2）$H_2(s)$ 的极点为 $s = \pm\mathrm{j}\omega_0$，不在 s 左半平面，是虚轴上的一对共轭极点，所以系统不稳定。

（3）$H_3(s)$ 的极点为 $s = 0$，不在 s 左半平面，是位于坐标原点的单极点，所以系统不稳定。

（4）$H_4(s)$ 的极点为 $s = 2$，在 s 右半平面，所以系统不稳定。

从上面的例题可以看出，就 BIBO 稳定而言，若因果的连续时间 LTI 系统的系统函数 $H(s)$ 含有虚轴上的极点或右半平面的极点，则系统都是不稳定的；只有 $H(s)$ 的全部极点位于 s 平面的左半平面，系统才是稳定的。利用上述方法判断系统的稳定性，必须了解系统的极点位置。当系统阶次较高时，直接求解 $H(s)$ 的极点也比较困难，可借助 MATLAB 进行计算，也可以利用一些其他判别方法，如罗斯判别法、根轨迹法和图形判别法等较为方便地判断系统的稳定性。

7.4　连续时间 LTI 系统的模拟

7.4.1　连续系统的联结

系统是某些元件或部件以特定方式联结而成的整体。显然，由某些元件或部件组成的单元，都可看作一个子系统。如果掌握了每一个子系统的性能，再分析由这些子系统联结起来的大系统就比较清晰。事实上人们总是把大问题分解为小问题，并分别在一定边界条件下求解这些小问题，然后再相互联结起来分析、计算，从而求解大问题。系统联结的基本方式主要有级联、并联、反馈环路三种，下面分别讨论。

1. 系统的级联

系统的级联如图 7-14（a）所示。若两个子系统的系统函数分别为

$$H_1(s) = \frac{X(s)}{F(s)}, \quad H_2(s) = \frac{Y(s)}{X(s)}$$

则信号通过级联系统的响应为

$$Y(s) = H_2(s)X(s) = H_2(s)H_1(s)F(s)$$

根据系统函数的定义，级联系统的系统函数为

$$H(s) = \frac{Y(s)}{F(s)} = H_1(s)H_2(s) \tag{7-74}$$

显然，级联系统的系统函数是各个子系统的系统函数的乘积，如图 7-14（b）所示。

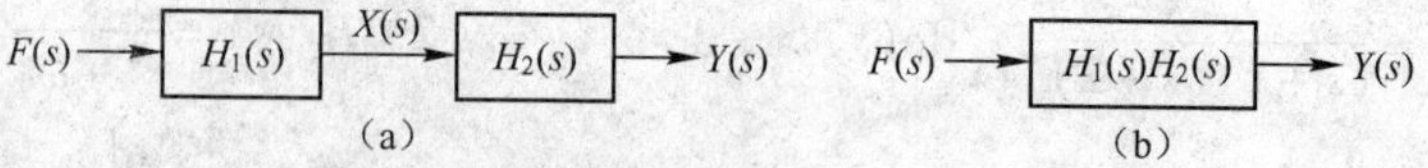

图 7-14　两个子系统的级联

2. 系统的并联

系统的并联如图 7-15（a）所示。由图可见

$$Y(s) = H_1(s)F(s) + H_2(s)F(s) = [H_1(s) + H_2(s)]F(s)$$

并联系统的系统函数为

$$H(s) = \frac{Y(s)}{F(s)} = H_1(s) + H_2(s) \tag{7-75}$$

可见，并联系统的系统函数是各个子系统的系统函数之和，如图 7-15（b）所示。

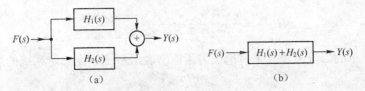

图 7-15　两个子系统的并联

3. 反馈环路

反馈环路如图 7-16 所示。这种系统由两个子系统组成，其特点是输出量的一部分，返回到输入端与输入量进行比较，形成反馈。

图 7-16 中 $H_1(s)$ 称为前向通路的系统函数，$H_2(s)$ 称为反馈通路的系统函数。从图中可看出

$$Y(s) = E(s)H_1(s)$$

$$E(s) = F(s) - H_2(s)Y(s)$$

$$Y(s) = \frac{H_1(s)}{1 + H_1(s)H_2(s)} F(s)$$

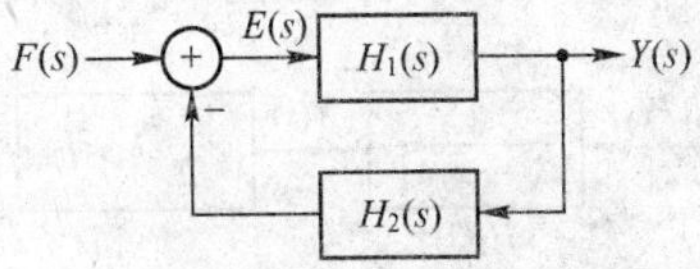

反馈环路的系统函数（也称闭环增益）为

$$H(s) = \frac{Y(s)}{F(s)} = \frac{H_1(s)}{1 + H_1(s)H_2(s)} \tag{7-76}$$

图 7-16　反馈环路

7.4.2　连续系统的模拟

系统模拟不是仿制原系统，而是数学意义上的模拟，即用一定的部件，如积分器、乘法器、加法器等来模仿实际系统，使模拟系统的数学模型与实际系统一样，即在相同的输入时，模拟系统具有相同的输出。这种系统模拟的实际意义在于，对于一个复杂的物理系统的输入输出特性，除了可以进行数学上的描述、分析外，还可以借助简单和易于实现的模拟装置，通过实验手段进行分析，并观察系统参数变化所引起的系统特性的变化情况，以便在一定工作条件下确定最佳系统参数。

系统模拟可以直接通过微分方程模拟，也可以通过系统函数模拟。对同一系统函数，通过不同的运算，可以得到多种形式的实现方案。常用的有直接型、级联型和并联型等。

1. 直接型

描述连续时间 LTI 系统的微分方程的一般形式为

$$y^{(n)}(t) + a_{n-1}y^{(n-1)}(t) + \cdots + a_1 y'(t) + a_0 y(t)$$

$$= b_m f^{(m)}(t) + b_{m-1}f^{(m-1)}(t) + \cdots + b_1 f'(t) + b_0 f(t)$$

相应系统的系统函数为

$$H(s) = \frac{b_m s^m + b_{m-1}s^{m-1} + \cdots + b_1 s + b_0}{s^n + a_{n-1}s^{n-1} + \cdots a_1 s + a_0}$$

对于物理可实现系统，一般要求 $m \leqslant n$，为了使分析更具普遍性，令 $m = n$，$H(s)$ 可表示成

$$H(s) = \frac{b_n s^n + b_{n-1} s^{n-1} + \cdots + b_1 s + b_0}{s^n + a_{n-1} s^{n-1} + \cdots a_1 s + a_0} \tag{7-77}$$

下面先从简单的二阶系统入手讨论如何用框图表示系统。设二阶系统的系统函数为

$$H(s) = \frac{b_2 s^2 + b_1 s + b_0}{s^2 + a_1 s + a_0} \tag{7-78}$$

为了使框图表示方便、简单，将系统函数改写为

$$H(s) = \frac{1}{s^2 + a_1 s + a_0}(b_2 s^2 + b_1 s + b_0) = H_1(s) H_2(s)$$

其中 $H_1(s) = \dfrac{1}{s^2 + a_1 s + a_0}$，$H_2(s) = b_2 s^2 + b_1 s + b_0$。即系统 $H(s)$ 可以看成两个子系统 $H_1(s)$ 和 $H_2(s)$ 的级联，如图 7-17 所示。从图中可得出

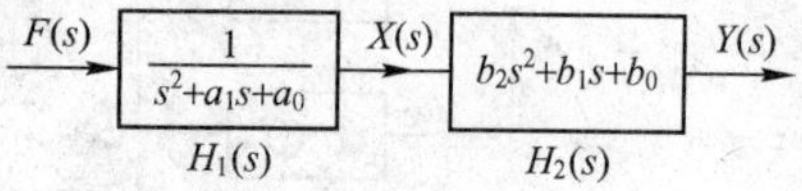

图 7-17 两个子系统的级联

$$X(s) = F(s) H_1(s) = \frac{1}{s^2 + a_1 s + a_0} F(s) \tag{7-79}$$

$$Y(s) = X(s) H_2(s) = (b_2 s^2 + b_1 s + b_0) X(s) \tag{7-80}$$

对上两式进行拉普拉斯反变换，可写出描述 $H_1(s)$ 和 $H_2(s)$ 两个子系统的微分方程

$$x''(t) + a_1 x'(t) + a_0 x(t) = f(t) \tag{7-81}$$

$$y(t) = b_2 x''(t) + b_1 x'(t) + b_0 x(t) \tag{7-82}$$

上述方程涉及相加、标量乘法和微分三种运算，在实际实现时，很少直接采用这种形式，因为微分器不仅实现困难，并且对误差和噪声又极为敏感。而积分器不仅可以抑制高频噪声，也易于实现，因此在实际实现时被普遍采用。下面介绍如何用积分器实现方程（7-81）和方程（7-82）。

假设已知 $x''(t)$，通过两个积分器可分别得到 $x'(t)$ 和 $x(t)$，如图 7-18（a）所示。将式（7-81）改写为

$$x''(t) = f(t) - a_1 x'(t) - a_0 x(t) \tag{7-83}$$

即可获得 $x''(t)$，也就是说，$x''(t)$ 可以由输入信号 $f(t)$ 及 $x'(t)$、$x(t)$ 负反馈连接到输入端的信号之和得到，如图 7-18（b）所示。根据式（7-82），将 $x''(t)$、$x'(t)$ 和 $x(t)$ 分别乘以相应的系数，再送入加法器，加法器的输出就是系统的输出 $y(t)$，如图 7-18（c）所示。图 7-18（c）即是式（7-78）二阶系统的时域框图表示，由例 7-18 可知，积分器的系统函数为 $1/s$，由此可得系统的 s 域框图表示，如图 7-18（d）所示。图中 $F(s)$、$s^2 X(s)$、$s X(s)$ 和 $X(s)$ 分别是 $f(t)$、$x''(t)$、$x'(t)$ 和 $x(t)$ 的 s 域表示式。

根据上面的分析可以推出式（7-77）所描述的 n 阶连续时间 LTI 系统的模拟框图，如图 7-19 所示。由于模拟框图通常是用积分器实现的，所以可以将式（7-77）的系统函数改写为

$$H(s) = \frac{b_n + b_{n-1} s^{-1} + b_{n-2} s^{-2} + \cdots + b_1 s^{-(n-1)} + b_0 s^{-n}}{1 + a_{n-1} s^{-1} + a_{n-2} s^{-2} + \cdots + a_1 s^{-(n-1)} + a_0 s^{-n}} \tag{7-84}$$

比较式（7-84）和图 7-19，可以看出绘制 n 阶连续时间 LTI 系统的模拟框图的一般规律。首先画出 n 个级联的积分器，再将各积分器的输出反馈连接到输入端的加法器形成反馈回

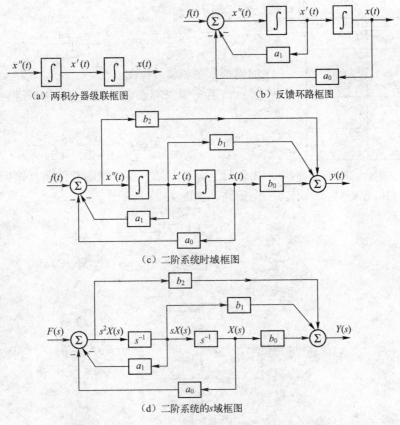

（a）两积分器级联框图　　　　（b）反馈环路框图

（c）二阶系统时域框图

（d）二阶系统的s域框图

图 7-18　用积分器实现的二阶系统直接型模拟框图

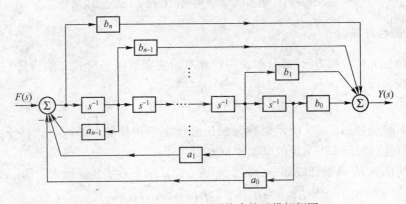

图 7-19　连续时间 LTI 系统直接型模拟框图

路，这些反馈回路的系统函数分别为 $-a_{n-1}s^{-1}$，$-a_{n-2}s^{-2}$，$\cdots$，$-a_{1}s^{-(n-1)}$，$-a_{0}s^{-n}$，负号可以标注在输入端加法器的输入，最后将输入端加法器的输出和各积分器的输出正向连接到输出端的加法器构成前向通路，各条前向通路的系统函数分别为 b_{n}，$b_{n-1}s^{-1}$，$b_{n-2}s^{-2}$，$\cdots$，$b_{1}s^{-(n-1)}$，$b_{0}s^{-n}$。显然，$H(s)$ 的分母对应模拟框图中的反馈回路，$H(s)$ 的分子对应模拟框图中的前向通路。

　　为了绘图方便，模拟框图中的方框可以用带有信号流向的直线表示，加法器可以用点表示。因此，图 7-19 所示的模拟框图则可用图 7-20 所示点线结构的信号流图表示。

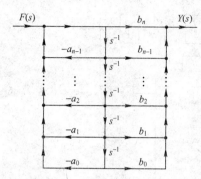

图 7-20　连续时间系统直接型信号流图

[例 7-22] 画出系统

$$H(s) = \frac{5s + 4}{s^2 + 2s + 5}$$

的模拟框图和信号流图。

解： 该系统为二阶系统，需要两个积分器。将 $H(s)$ 改写为

$$H(s) = \frac{5s^{-1} + 4s^{-2}}{1 + 2s^{-1} + 5s^{-2}}$$

由分母、分子可知，模拟框图有两条反馈回路、两条前向通路，如图 7-21 所示。

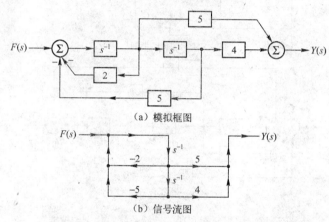

（a）模拟框图

（b）信号流图

图 7-21　例 7-22 系统的模拟框图和信号流图

2. 级联型与并联型

若将 $H(s)$ 的 $N(s)$ 和 $D(s)$ 都分解成一阶和二阶实系数因子形式，然后将它们组成一阶和二阶子系统，即

$$H(s) = H_1(s)H_2(s)\cdots H_i(s) \tag{7-85}$$

对每一个子系统按照图 7-19 所示规律，画出直接型结构框图，最后将这些子系统级联起来，便可得到连续时间 LIT 系统级联型模拟框图。

若将系统函数 $H(s)$ 展开成部分分式，形成一、二阶子系统并联形式，即

$$H(s) = H_1(s) + H_2(s) + \cdots + H_j(s) \tag{7-86}$$

按照直接型结构，画出各子系统的模拟框图，然后将它们并联起来，即可得到连续时间 LIT 系统并联型结构的模拟框图。

[例 7-23] 已知某连续时间 LTI 系统的系统函数 $H(s) = \dfrac{5s + 13}{s(s^2 + 4s + 13)}$，试画出该系统级联型、并联型模拟框图。

解： 该系统有一对共轭复数极点 $-2 + 3j$ 和 $-2 - 3j$。对实际的系统，希望其系统函数的系数为实数。为了保证级联和并联的各子系统系数为实数，可以将具有共轭复数极点的两个一阶系统合并为一个二阶系统。因此系统采用级联型模拟时，可以将系统函数表示成

$$H(s) = \frac{1}{s} \cdot \frac{5s+13}{s^2+4s+13}$$

级联型模拟框图如图 7-22（a）所示。系统采用并联型模拟时，则将系统函数展开成

$$H(s) = \frac{1}{s} + \frac{-s+1}{s^2+4s+13}$$

并联型模拟框图如图 7-22（b）所示。

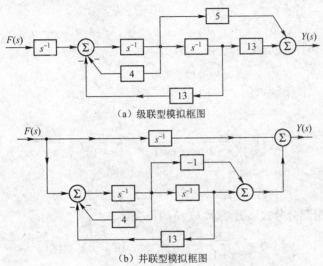

(a) 级联型模拟框图

(b) 并联型模拟框图

图 7-22 系统的级联型、并联型模拟框图

[**例 7-24**] 已知某连续时间 LTI 系统的系统函数 $H(s) = \dfrac{2s+3}{(s+1)(s+2)^2}$，试画出该系统并联型模拟框图。

解： 将系统函数展开成

$$H(s) = \frac{1}{s+1} + \frac{-1}{s+2} + \frac{1}{(s+2)^2}$$

上式出现了重极点，而重极点的各项可组成级联形式，再与其他项组成并联形式，其模拟框图如图 7-23 所示。

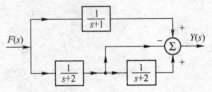

图 7-23 重极点系统的模拟框图

7.5　利用 MATLAB 进行连续系统的复频域分析

7.5.1　利用 MATLAB 实现部分分式展开

用 MATLAB 函数 residue 可以得到复杂 s 域表示式 $F(s)$ 的部分分式展开式，其调用形式为

[r,p,k] = residue(num,den)

其中 num,den 分别为 $F(s)$ 分子多项式和分母多项式的系数向量，r 为部分分式的系数向量，

p 为极点向量，k 为多项式的系数向量，若 $F(s)$ 为真分式，则 k 为空。

[**例 7–25**] 用部分分式展开法求 $F(s)$ 的反变换。

$$F(s) = \frac{s-2}{s^4 + 3s^3 + 3s^2 + s}, \ \text{Re}(s) > 0$$

解：

```
% program7_1
num = [1   -2];
den = [1  3  3  1  0];
[r,p] = residue(num,den)
```

运行结果为

r = 2   2   3 −2,   p = −1   −1   −1   0

即

$$F(s) = \frac{2}{(s+1)} + \frac{2}{(s+1)^2} + \frac{3}{(s+1)^3} + \frac{-2}{s}$$

故原函数为

$$f(t) = (2e^{-t} + 2te^{-t} + 1.5t^2e^{-t} - 2)u(t)$$

[**例 7–26**] 利用部分分式展开法求 $F(s)$ 的反变换。

$$F(s) = \frac{2s^3 + 3s^2 + 5}{(s+1)(s^2 + s + 2)}, \ \text{Re}(s) > -1/2$$

解： $F(s)$ 的分母是多项式相乘，可利用为 conv 函数将因子相乘的形式转换成多项式的形式。因此将 $F(s)$ 展成部分分式的程序可写成

```
% program7_2
num = [2  3  0  5];
den = conv([1  1],[1  1  2]);
[r,p,k] = residue(num,den)
```

运行结果为

```
r =
    −2.0000 + 1.1339i,   −2.0000 − 1.1339i,   3.0000
p =
    −0.5000 + 1.3229i,   −0.5000 − 1.3229i,   −1.0000
k =
    2
```

由于留数 r 中有一对共轭复数，因此求取时域表示式的计算较复杂。为了便于得到简洁的时域表示式，可以应用 cart2pol 函数把共轭复数表示成模和相角形式，其调用形式为

```
[TH,R] = cart2pol(X,Y)
```

表示将笛卡尔坐标转换成极坐标。X、Y 为笛卡尔坐标的横纵坐标，TH 是极坐标的相角，单位为弧度，R 是极坐标的模。

在例题程序中增加下面语句，即可得到留数 r 的极坐标形式。

```
[angle,mag] = cart2pol(real(r),imag(r))
```

运行结果为

```
angle =
    2.6258,   -2.6258,   0
mag =
    2.2991,   2.2991,   3.0000
```

由此可得

$$F(s) = 2 + \frac{3}{s+1} + \frac{2.2991e^{-j2.6258}}{s+0.5+j1.3229} + \frac{2.2991e^{j2.6258}}{s+0.5-j1.3229}$$

所以

$$f(t) = 2\delta(t) + 3e^{-t}u(t) + 1.1495e^{-0.5t}\cos(1.3229t + 2.6258)u(t)$$

7.5.2　$H(s)$ 的零极点与系统特性的 MATLAB 计算

系统函数 $H(s)$ 通常是一个有理分式，其分子和分母均为多项式。计算 $H(s)$ 的零极点可以应用 MATLAB 中的 roots 函数，求出分子和分母多项式的根即可。例如多项式 $N(s) = s^4 + 2s^2 + 4s + 5$ 的根，可由下面语句求出

```
N = [1 0 2 4 5];
r = roots(N)
```

运行结果为

```
r =
    0.8701 + 1.7048i
    0.8701 - 1.7048i
   -0.8701 + 0.7796i
   -0.8701 - 0.7796i
```

注意：由于 $N(s)$ 中 3 次幂的系数为零，在 $N(s)$ 的表达式可不写 3 次幂的项。但在计算机表示时一定要将零写出。如果写成 $f = [1\ \ 2\ \ 4\ \ 5]$，那么计算机将认为所表示的多项式为 $s^3 + 2s^2 + 4s + 5$。

绘制系统的零极点分布图可以根据已求出的零极点，利用 plot 语句画图，还可以由 $H(s)$ 直接应用 pzmap 函数画图。pzmap 函数的调用形式为

```
pzmap(sys)
```

表示画出 sys 所描述系统的零极点图。LTI 系统模型 sys 要借助 tf 函数获得，其调用方式为

```
sys = tf(b,a)
```

式中 b 和 a 分别为系统函数 $H(s)$ 分子多项式和分母多项式的系数向量。

如果已知系统函数 $H(s)$，求系统的冲激响应 $h(t)$ 和系统的频率响应 $H(j\omega)$ 可以应用前面讲过的 impulse 函数和 freqs 函数。下面举例说明。

[例 7-27] 已知某因果的连续时间 LTI 系统的系统函数为

$$H(s) = \frac{1}{s^3 + 2s^2 + 2s + 1}, \quad \text{Re}(s) > 0.5$$

试画出其零极点分布图，求系统的单位冲激响应 $h(t)$ 和系统的频率响应 $H(j\omega)$，并判断系统是否稳定。

```
% program7_3
```

```
num = [1];
den = [1 2 2 1];
sys = tf(num,den);
poles = roots(den)
figure(1);pzmap(sys);
t = 0:0.02:10;
h = impulse(num,den,t);
figure(2);plot(t,h)
title('Impulse Respone')
[H,w] = freqs(num,den);
figure(3);plot(w,abs(H))
xlabel('\omega')
title('Magnitude Respone')
```

运行结果为

```
poles =
    -1.0000
    -0.5000 + 0.8660i
    -0.5000 - 0.8660I
```

零极点分布图、系统的单位冲激响应和系统的频率响应分别如图7-24（a）、（b）、（c）所示。从图7-24（a）可以看出，系统的极点位于 s 左半平面，故该因果系统稳定。

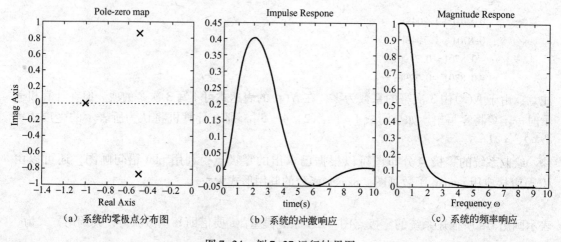

（a）系统的零极点分布图　　　（b）系统的冲激响应　　　（c）系统的频率响应

图7-24　例7-27运行结果图

习题

7-1　试求下列信号的单边拉普拉斯变换及其收敛域。

（1）$\cos(\omega_0 t + \theta)u(t)$

（2）$e^{-\lambda t}\cos(\omega_0 t + \theta)u(t)$

（3）$\dfrac{1}{\omega_0^2}(1 - \cos\omega_0 t)u(t)$

（4）$t^{\frac{1}{2}}u(t)$

（5）$t^5 e^{-2t}u(t)$

（6）$A[u(t) - u(t-2)]$

（7）$t[u(t) - u(t-T)]$

（8）$\cos t[u(t) - u(t-\pi)]$

7-2　试求下列信号的单边拉普拉斯变换。

(1) $e^{-2t}u(t)$

(2) $e^{-2(t-1)}u(t-1)$

(3) $e^{-2t}u(t-1)$

(4) $e^{-2(t-1)}u(t)$

(5) $e^{-2t}u(t+1)$

(6) $e^{-2(t+1)}u(t+1)$

7-3　试求图 7-25 所示因果周期信号的单边拉普拉斯变换。

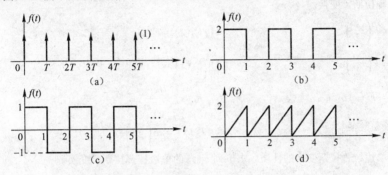

图 7-25　题 7-3 图

7-4　已知 $f_1(t) = \sin(t)u(t) - \sin(t)u(t-\pi)$，若 $f_2(t) = f_1\left(\dfrac{t\pi}{T}\right)$，试计算 $F_2(s)$。

7-5　试求图 7-26 所示信号的单边拉普拉斯变换。

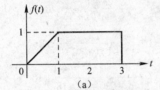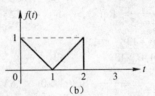

图 7-26　题 7-5 图

7-6　试利用单边拉普拉斯变换的性质求下列函数的单边拉普拉斯变换。

(1) $\delta(at+b)$

(2) $\dfrac{d}{dt}\left[e^{-t}u(t)\right]$

(3) $te^{\lambda t}\cos(\omega_0 t)u(t)$

(4) $\displaystyle\int_0^t e^{-\lambda(t-\tau)}\sin(\omega_0\tau)\,d\tau$

7-7　已知 $\mathscr{L}[f(t)] = F(s) = \dfrac{s}{(s+4)^2}$，$\mathrm{Re}(s) > -4$，利用单边拉普拉斯变换的性质求下列各式的单边拉普拉斯变换。

(1) $f_1(t) = f(t-1)$

(2) $f_2(t) = f(2t)$

(3) $f_3(t) = f(2t-2)$

(4) $f_4(t) = e^{-t}f(t)$

(5) $f_5(t) = f'(t)$

(6) $f_6(t) = tf(t)$

(7) $f_7(t) = f'(2t-2)$

(8) $f_8(t) = e^{-t}f(2t-2)$

7-8　利用单边拉普拉斯变换的性质，求下列各式的单边拉普拉斯变换。

(1) $e^{-at}u(t)$

(2) $te^{-at}u(t)$

(3) $\cos(\omega_0 t)u(t)$

(4) $e^{-at}\cos(\omega_0 t)u(t)$

7-9　根据下列 $F(s)$ 计算信号 $f(t)$ 的初值 $f(0^+)$ 和终值 $f(\infty)$。

(1) $F(s) = \dfrac{2s+1}{s(s+2)}$，$\mathrm{Re}(s) > 0$

(2) $F(s) = \dfrac{3s}{(s+1)(s+2)(s+3)}$，$\mathrm{Re}(s) > -1$

(3) $F(s) = \dfrac{s^2 + 2s + 3}{s(s+2)(s^2+4)}$，$\mathrm{Re}(s) > 0$　　(4) $F(s) = \dfrac{2s^2 + 1}{s(s+2)}$，$\mathrm{Re}(s) > 0$

7-10　已知 $F(s) = \dfrac{s^3}{s^4 - 1}$，$\mathrm{Re}(s) > 1$，利用初值定理求 $f(0^+)$，$f'(0^+)$，$f''(0^+)$。

7-11　已知 $F(s) = \mathscr{L}[f(t)]$，$f(t) = \mathrm{e}^{-t}u(t)$，不计算 $F(s)$，利用单边拉普拉斯变换的性质直接求下列各式的单边拉普拉斯反变换。

(1) $F_1(s) = F\left(\dfrac{s}{2}\right)$　　　　　　　(2) $F_2(s) = F(s)\mathrm{e}^{-s}$

(3) $F_3(s) = F\left(\dfrac{s}{2}\right)\mathrm{e}^{-s}$　　　　　(4) $F_4(s) = F'(s)$

(5) $F_5(s) = sF'(s)$　　　　　　　(6) $F_6(s) = \dfrac{F(s)}{s}$

(7) $F_7(s) = \dfrac{F'(s/2)}{s}$　　　　　　(8) $F_8(s) = sF\left(\dfrac{s}{2}\right)\mathrm{e}^{-s}$

7-12　利用单边拉普拉斯变换的性质，求下列 $F(s)$ 的单边拉普拉斯反变换。

(1) $F(s) = \dfrac{s}{(s^2+1)^2}$，$\mathrm{Re}(s) > 0$　　(2) $F(s) = \dfrac{s}{(s^2-1)^2}$，$\mathrm{Re}(s) > 1$

(3) $F(s) = \dfrac{s^2}{(s^2+1)^2}$，$\mathrm{Re}(s) > 0$　　(4) $F(s) = \dfrac{\mathrm{e}^{-2s}}{(s+1)^2}$，$\mathrm{Re}(s) > -1$

7-13　试用部分分式法，求下列 $F(s)$ 的单边拉普拉斯反变换。

(1) $F(s) = \dfrac{3s+1}{s^2+4s+3}$，$\mathrm{Re}(s) > -1$　　(2) $F(s) = \dfrac{2s+1}{s(s+1)(s+3)}$，$\mathrm{Re}(s) > 0$

(3) $F(s) = \dfrac{5s+13}{s(s^2+4s+13)}$，$\mathrm{Re}(s) > -2$　　(4) $F(s) = \dfrac{1}{(s+1)(s+2)^2}$，$\mathrm{Re}(s) > -1$

(5) $F(s) = \dfrac{3s}{(s^2+1)(s^2+4)}$，$\mathrm{Re}(s) > 0$　　(6) $F(s) = \dfrac{13s}{s^3+2s^2+9s+18}$，$\mathrm{Re}(s) > 0$

7-14　试用部分分式法，求下列 $F(s)$ 的单边拉普拉斯反变换。

(1) $F(s) = \dfrac{s^2+7s}{s^2+6s+8}$，$\mathrm{Re}(s) > -2$　　(2) $F(s) = \dfrac{s^3+6s^2+6}{s^2+6s}$，$\mathrm{Re}(s) > 0$

(3) $F(s) = \dfrac{1+2\mathrm{e}^{-4s}}{(s+1)(s+2)^2}$，$\mathrm{Re}(s) > -1$　　(4) $F(s) = \dfrac{s\mathrm{e}^{-2s}}{(s+1)(s+2)^2}$，$\mathrm{Re}(s) > -1$

7-15　试由 s 域求下列连续时间 LTI 系统的系统函数、零状态响应、零输入响应及其完全响应。

(1) $y''(t) + 5y'(t) + 4y(t) = 2f'(t) + 5f(t)$，$t > 0$；
　　$f(t) = \mathrm{e}^{-2t}u(t)$，$y(0^-) = 2$，$y'(0^-) = 5$

(2) $y''(t) + 3y(t) + 2y(t) = 4f'(t) + 3f(t)$，$t > 0$；
　　$f(t) = \mathrm{e}^{-2t}u(t)$，$y(0^-) = 3$，$y'(0^-) = 2$

(3) $y''(t) + 4y'(t) + 4y(t) = 3f'(t) + 2f(t)$，$t > 0$；
　　$f(t) = 4u(t)$，$y(0^-) = -2$，$y'(0^-) = 3$

(4) $y''(t) + 4y'(t) + 8y(t) = 3f'(t) + f(t)$，$t > 0$；
　　$f(t) = \mathrm{e}^{-t}u(t)$，$y(0^-) = 5$，$y'(0^-) = 3$

7-16　由 s 域求图 7-27 所示电路的回路电流，已知电容上的初始储能 $v_C(0^-) = v_0$，电感上的初始储能 $i_L(0^-) = i_0$，激励信号 $f(t) = u(t)$，$L = 1\,\mathrm{H}$，$R = 2\,\Omega$，$C = 1\,\mathrm{F}$。

7-17　已知某连续时间 LTI 系统在阶跃信号 $u(t)$ 激励下产生的阶跃响应为 $y_1(t) = \mathrm{e}^{-2t}u(t)$，试由 s 域求系统在 $f_2(t) = \mathrm{e}^{-3t}u(t)$ 激励下产生的零状态响应 $y_2(t)$。

7-18　已知某连续时间 LTI 系统对 $\delta'(t)$ 的零状态响应为 $y_f(t) = 3\mathrm{e}^{-2t}u(t)$，试由 s 域求：

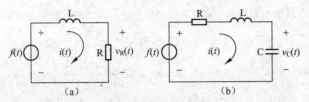

图 7-27　题 7-16 图

（1）系统的冲激响应 $h(t)$；

（2）系统对输入激励 $f(t) = 2[u(t) - u(t-2)]$ 产生的零状态响应。

7-19　已知某连续时间 LTI 系统在 $f_1(t)$ 激励下产生的零状态响应为 $y_1(t)$，如图 7-28 所示，试由 s 域求：

（1）系统的冲激响应 $h(t)$；

（2）系统在 $f_2(t)$ 激励下产生的零状态响应 $y_2(t)$。

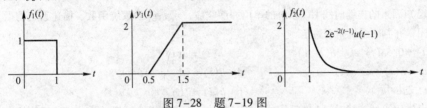

图 7-28　题 7-19 图

7-20　已知某连续时间 LTI 系统在阶跃信号 $u(t)$ 激励下产生的阶跃响应为 $g(t) = (1 - e^{-2t})u(t)$，现观测到系统在输入信号 $f(t)$ 激励下的零状态响应为 $y(t) = (e^{-2t} + e^{-3t})u(t)$，试确定输入信号 $f(t)$。

7-21　求图 7-29 所示系统的系统函数 $H(s)$ 及单位冲激响应 $h(t)$，图中 $H_1(s) = \dfrac{1}{s}$，$H_2(s) = \dfrac{1}{s+2}$，$H_3(s) = e^{-s}$。

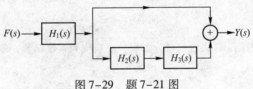

图 7-29　题 7-21 图

7-22　某级联系统如图 7-30 所示，已知 $H_1(s) = e^{-s}$，$x(t) = e^{-2(t-1)}u(t-1)$，$y(t) = (t-1)x(t)$，试求 $f(t)$、$H_2(s)$ 和级联系统的系统函数 $H(s)$。

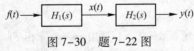

图 7-30　题 7-22 图

7-23　根据图 7-31 所示的零极点分布图，试定性画出各图对应的幅度响应和相位响应，假设所有系统的增益常数 $K = 1$。

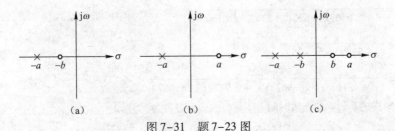

图 7-31　题 7-23 图

7-24 试用直接型、级联型和并联型模拟下列因果系统，并判断系统是否稳定？

(1) $H(s) = \dfrac{5(s+1)}{(s+2)(s+5)}$

(2) $H(s) = \dfrac{s^2+2s-3}{(s+2)(s+5)}$

(3) $H(s) = \dfrac{s-3}{s(s+1)(s+2)}$

(4) $H(s) = \dfrac{2s-4}{(s^2-s+1)(s^2+2s+1)}$

7-25 求图 7-32 所示因果的连续时间 LTI 系统的系统函数，并确定使系统稳定的常数 β。

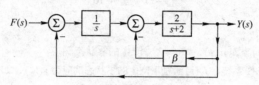

图 7-32　题 7-25 图

7-26 已知因果的连续时间 LTI 系统的单位冲激响应，求系统的系统函数、描述系统的微分方程、系统的模拟框图，并判断系统是否稳定。

(1) $h(t) = 0.5\delta(t) + 0.5\delta(t-1)$

(2) $h(t) = u(t)$

(3) $h(t) = \delta(t) - e^{-t}u(t)$

(4) $h(t) = (1 - e^{-t})u(t)$

(5) $h(t) = te^{-t}u(t)$

(6) $h(t) = 2(e^{-t} - e^{-2t})u(t)$

7-27 已知因果的连续时间 LTI 系统的系统函数，求系统的单位冲激响应、描述系统的微分方程、系统的模拟框图，并判断系统是否稳定。

(1) $H(s) = \dfrac{1}{s+2}$

(2) $H(s) = \dfrac{s}{s+2}$

(3) $H(s) = \dfrac{e^{-2s}}{s+2}$

(4) $H(s) = \dfrac{1}{s^2+2s+2}$

(5) $H(s) = \dfrac{s+1}{s^2+2s+2}$

(6) $H(s) = \dfrac{s^2+1}{s^2+2s+2}$

7-28 已知因果的连续时间 LTI 系统的微分方程，求系统的系统函数、单位冲激响应、系统的模拟框图，并判断系统是否稳定。

(1) $y'(t) + y(t) = f'(t)$

(2) $y'(t) + y(t) = 2f'(t) + f(t)$

(3) $y''(t) - 5y'(t) + 4y(t) = 2f(t)$

(4) $y''(t) - 5y'(t) + 4y(t) = f'(t) + 2f(t)$

MATLAB 习题

M7-1 已知连续时间信号的 s 域表示式如下，试用 residue 求出 $F(s)$ 的部分分式展开式，并写出 $f(t)$ 的表达式（$f(t)$ 要写成实系数形式）。

(1) $F(s) = \dfrac{41.6667}{s^3 + 3.7444s^2 + 25.7604s + 41.6667}$

(2) $F(s) = \dfrac{16s^2}{s^4 + 5.6569s^3 + 816s^2 + 2262.7s + 160000}$

(3) $F(s) = \dfrac{s^3}{(s+5)(s^2+5s+25)}$

(4) $F(s) = \dfrac{833.3025}{(s^2 + 4.1123s + 28.867)(s^2 + 9.9279s + 28.867)}$

M7-2 已知描述某因果的连续时间 LTI 系统的微分方程为

$$y''(t) + 4y'(t) + 3y(t) = 2f'(t) + f(t)$$

$f(t) = u(t)$，$y(0^-) = 1$，$y'(0^-) = 2$，试求系统的零输入响应、零状态响应和完全响应，并画出相应的时域波形。

M7-3　已知 4 阶归一化的 Butterworth 滤波器的系统函数为

$$H(s) = \frac{1}{\left(s^2 + 2\sin\frac{\pi}{8}s + 1\right)} \frac{1}{\left(s^2 + 2\sin\frac{3\pi}{8}s + 1\right)}$$

（1）用 residue 求出 $H(s)$ 的部分分式展开，然后得出 $h(t)$ 的表达式（$h(t)$ 要写成实系数形式）。

（2）试利用 impulse(sys,t) 求出 4 阶归一化的 Butterworth 滤波器的 $h(t)$，并和（1）中求得的冲激响应进行比较。

M7-4　已知某因果的连续时间 LTI 系统的系统函数为

$$H(s) = \frac{1}{s^2 + 2\alpha s + 1}$$

试分别画出 $\alpha = 0, 1/4, 1, 2$ 时系统的零极点图。如果系统是稳定的，画出系统的幅度响应。系统极点的位置对系统幅度响应有何影响？

M7-5　已知某因果连续时间 LTI 系统的系统函数 $H(s) = \dfrac{s+2}{s^3 + 2s^2 + 2s + 1}$，画出该系统的零极点分布图，求出系统的冲激响应、阶跃响应和频率响应。

M7-6　已知 2 阶归一化的 Butterworth 低通滤波器的系统函数为

$$H_{L0}(\bar{s}) = \frac{1}{s^2 + \sqrt{2}\bar{s} + 1}$$

画出该系统的幅度响应，并验证经过下述 s 域变换可分别得到高通、带通和带阻系统。

（1）$H_{HP}(s) = H_{L0}(\bar{s})\,|_{\bar{s} = 1/s}$。

（2）$H_{BP}(s) = H_{L0}(\bar{s})\,|_{\bar{s} = \frac{s^2 + \omega_0^2}{Bs}}$，其中 $B = 600\ \text{rad/s}$ 为通频带宽度，$\omega_0 = 1000\ \text{rad/s}$ 为通带中心频率。

（3）$H_{BS}(s) = H_{L0}(\bar{s})\,|_{\bar{s} = \frac{Bs}{s^2 + \omega_0^2}}$，其中 $B = 600\ \text{rad/s}$ 为阻带宽度，$\omega_0 = 1000\ \text{rad/s}$ 为阻带中心频率。

第8章 离散时间信号与系统的z域分析

> **内容提要**：本章首先介绍了利用z变换进行离散时间信号和离散时间系统的复频域分析。在此基础上分析了系统函数及其与系统特性的关系，给出了离散时间LTI系统的复频域描述，最后介绍了利用MATLAB实现离散时间LTI系统的复频域分析。

在连续时间信号与系统的分析中，信号拉普拉斯变换起着重要的作用。与此相对应，序列z变换在离散时间信号与系统分析中起着同样重要的作用。本章介绍离散时间序列的z变换，并从z域描述离散时间LTI系统和分析系统特性。

8.1 离散时间信号的z域分析

8.1.1 单边z变换

离散时间傅里叶变换（DTFT）为离散时间信号和离散时间系统的频域表示提供了途径。由于一些序列不满足离散时间傅里叶变换存在的条件，其离散时间傅里叶变换不存在，因此无法进行序列的频域表示，例如$2^k u[k]$。为此，可以参照连续时间信号拉普拉斯变换的定义，将离散序列$2^k u[k]$乘以一个衰减的指数序列r^{-k}，当$r>2$时，序列$2^k u[k] \cdot r^{-k}$成为衰减序列，满足绝对可和的条件，该序列的离散时间傅里叶变换存在，即

$$\text{DTFT}\{2^k u[k] r^{-k}\} = \sum_{k=0}^{\infty} (2^k r^{-k}) e^{-j\Omega k} = \sum_{k=0}^{\infty} (2r^{-1})^k e^{-j\Omega k}$$

$$= \frac{1}{1-2r^{-1}e^{-j\Omega}}, \quad r>2$$

定义复频率$z = re^{j\Omega}$，其中$|z| = r$，则上式可以写成复变量z的函数形式

$$\text{DTFT}\{2^k u[k] r^{-k}\} = \sum_{k=0}^{\infty} 2^k z^{-k} = \frac{1}{1-2z^{-1}}, \quad |z|>2$$

推广到一般情况，利用衰减因子r^{-k}乘以任意序列$f[k]$，根据序列的不同特征，选取合适的r或$|z|$值，使乘积序列$f[k]r^{-k}$幅度衰减，从而使下式收敛，即

$$\text{DTFT}\{f[k]r^{-k}\} = \sum_{k=-\infty}^{\infty} f[k] r^{-k} e^{-j\Omega k} \overset{z=re^{j\Omega}}{=} \sum_{k=-\infty}^{\infty} f[k] z^{-k} = F(z)$$

这种由序列$f[k]$求$F(z)$的变换称为z变换，显然，z变换是DTFT的推广，许多DTFT不存在的序列却存在z变换。因此，z变换是离散时间信号与系统分析的一个重要工具。

给定一个序列$f[k]$，其单边z变换定义为

$$F(z) = \sum_{k=0}^{\infty} f[k] z^{-k} \tag{8-1}$$

一般将 $f[k]$ 的单边 z 变换用符号表示为 $\mathscr{Z}\{f[k]\}$。由于 $f[k]$ 与 $F(z)$ 一一对应，两者之间的关系简记为

$$f[k] \xleftarrow{\ \mathscr{Z}\ } F(z)$$

式（8-1）表明 $F(z)$ 是复变量 z^{-1} 的幂级数，若使 $F(z)$ 存在，级数和必须收敛。通常把使级数收敛的所有 z 值范围称作 $F(z)$ 的收敛域（ROC）。下面通过一些简单的例子来说明不同类型序列的收敛域。

[**例 8-1**] 求有限长因果序列 $f[k] = \begin{cases} 1, & 0 \le k \le N-1 \\ 0, & \text{其他} \end{cases}$ 的单边 z 变换及其收敛域。

解：
$$F(z) = \sum_{k=0}^{N-1} z^{-k} = 1 + z^{-1} + z^{-2} + \cdots + z^{-(N-1)}$$

此为公比是 z^{-1} 的有限项等比级数的和，当满足 $|z| > 0$ 时，级数收敛。

$$F(z) = \sum_{k=0}^{N-1} z^{-k} = 1 + z^{-1} + z^{-2} + \cdots + z^{-(N-1)} = \frac{1 - z^{-N}}{1 - z^{-1}}, \quad |z| > 0$$

一般若 $f[k]$ 为有限长的因果序列，其单边 z 变换式

$$F(z) = \sum_{k=N_1}^{N_2} f[k] z^{-k}, \quad N_1 \ge 0$$

当 $|z| \ne 0$ 时，该有限项的和必为有限值。故有限长序列的单边 z 变换 $F(z)$ 的收敛域为 $|z| > 0$。

[**例 8-2**] 求因果序列 $f[k] = a^k u[k]$ 的单边 z 变换及其收敛域。

解：
$$F(z) = \sum_{k=0}^{\infty} a^k z^{-k} = \sum_{k=0}^{\infty} (a/z)^k$$

此为无限项等比级数的和，公比为 a/z。当 $|z| > |a|$ 时，此为公比 $|a/z| < 1$ 的等比级数的和，因此有

$$F(z) = \sum_{k=0}^{\infty} a^k z^{-k} = \frac{1}{1 - az^{-1}}, \quad |z| > |a|$$

收敛域可以在以 z 的实部为横坐标，z 的虚部为纵坐标的 z 平面绘出，如图 8-1 所示。图 8-1（a）为 $|a| < 1$ 时的收敛域，图 8-1（b）为 $|a| > 1$ 时的收敛域。图中 $|z| = 1$ 的圆称为单位圆。可见对于因果序列，其 z 变换的收敛域为一圆外区域，即

$$|z| > R_f$$

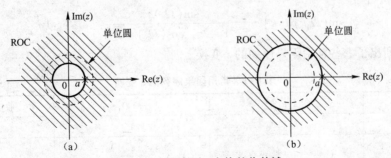

图 8-1　右边序列 z 变换的收敛域

8.1.2　常用因果序列的单边 z 变换

1. 单位脉冲序列 $\delta[k]$

$$\mathscr{Z}\{\delta[k]\} = \sum_{k=0}^{\infty} \delta[k]z^{-k} = 1, \quad |z| \geqslant 0 \tag{8-2}$$

2. 指数序列 $a^k u[k]$

$$\mathscr{Z}\{a^k u[k]\} = \frac{1}{1-az^{-1}}, \quad |z| > |a| \tag{8-3}$$

3. 单位阶跃序列 $u[k]$

令式（8-3）中 $a=1$，即得

$$\mathscr{Z}\{u[k]\} = \frac{1}{1-z^{-1}}, \quad |z| > 1 \tag{8-4}$$

4. 复指数序列 $e^{j\Omega_0 k}u[k]$

令式（8-3）中 $a = e^{j\Omega_0}$，即得

$$\mathscr{Z}\{e^{j\Omega_0 k}u[k]\} = \frac{1}{1-e^{j\Omega_0}z^{-1}}, \quad |z| > 1 \tag{8-5}$$

5. 正弦型序列 $\cos(\Omega_0 k)u[k]$ 和 $\sin(\Omega_0 k)u[k]$

根据欧拉公式有

$$\mathscr{Z}\{e^{j\Omega_0 k}u[k]\} = \mathscr{Z}\{\cos(\Omega_0 k)u[k]\} + j\mathscr{Z}\{\sin(\Omega_0 k)u[k]\}$$

由于

$$\frac{1}{1-e^{j\Omega_0}z^{-1}} = \frac{1-\cos(\Omega_0)z^{-1} + j\sin(\Omega_0)z^{-1}}{1-2z^{-1}\cos(\Omega_0) + z^{-2}}$$

因而可得

$$\cos(\Omega_0 k)u[k] \longleftrightarrow \frac{1-\cos(\Omega_0)z^{-1}}{1-2z^{-1}\cos(\Omega_0) + z^{-2}}, \quad |z| > 1 \tag{8-6}$$

$$\sin(\Omega_0 k)u[k] \longleftrightarrow \frac{\sin(\Omega_0)z^{-1}}{1-2z^{-1}\cos(\Omega_0) + z^{-2}}, \quad |z| > 1 \tag{8-7}$$

表 8-1 列出了一些常用因果序列的 z 变换。

表 8-1　常用因果序列的 z 变换

序　号	$f[k]u[k]$	$F(z)$	收 敛 域
1	$\delta[k]$	1	$|z| \geqslant 0$
2	$u[k]$	$\dfrac{1}{1-z^{-1}}$	$|z| > 1$

续表

序　号	$f[k]u[k]$	$F(z)$	收　敛　域
3	$a^k u[k]$	$\dfrac{1}{1-az^{-1}}$	$\lvert z\rvert > \lvert a\rvert$
4	$(k+1)a^k u[k]$	$\dfrac{1}{(1-az^{-1})^2}$	$\lvert z\rvert > \lvert a\rvert$
5	$ku[k]$	$\dfrac{z^{-1}}{(1-z^{-1})^2}$	$\lvert z\rvert > 1$
7	$\cos(\Omega_0 k)u[k]$	$\dfrac{1-z^{-1}\cos(\Omega_0)}{1-2z^{-1}\cos(\Omega_0)+z^{-2}}$	$\lvert z\rvert > 1$
8	$\sin(\Omega_0 k)u[k]$	$\dfrac{z^{-1}\sin(\Omega_0)}{1-2z^{-1}\cos(\Omega_0)+z^{-2}}$	$\lvert z\rvert > 1$

8.1.3　单边 z 变换的主要性质

序列在时域中进行诸如序列相加、平移、相乘、卷积等运算时，其 z 变换将具有相应的运算。将这些对应关系称为 z 变换的性质。

1. 线性特性

若
$$f_1[k]u[k] \xleftrightarrow{\ \mathscr{Z}\ } F_1(z),\quad \lvert z\rvert > R_{f1}$$
$$f_2[k]u[k] \xleftrightarrow{\ \mathscr{Z}\ } F_2(z),\quad \lvert z\rvert > R_{f2}$$

则
$$af_1[k]u[k]+bf_2[k]u[k] \xleftrightarrow{\ \mathscr{Z}\ } aF_1(z)+bF_2(z),\quad \lvert z\rvert > \max(R_{f1},R_{f2}) \tag{8-8}$$

此性质说明，时域两序列线性加权组成的新序列，其 z 变换等于两个时域序列各自的 z 变换的线性加权，其收敛域是两个时域序列各自 z 变换收敛域的重叠部分。但在某些情况下，其收敛域也可能会扩大。

2. 位移特性

若
$$f[k]u[k] \xleftrightarrow{\ \mathscr{Z}\ } F(z),\quad \lvert z\rvert > R_f$$

则
$$f[k-n]u[k-n] \xleftrightarrow{\ \mathscr{Z}\ } z^{-n}F(z) \tag{8-9}$$

$$\mathscr{Z}\{f[k-n]u[k]\}=z^{-n}\left[F(z)+\sum_{k=-n}^{-1}f[k]z^{-k}\right] \tag{8-10}$$

$$\mathscr{Z}\{f[k+n]u[k]\}=z^{n}\left[F(z)-\sum_{k=0}^{n-1}f[k]z^{-k}\right] \tag{8-11}$$

收敛域均为 $\lvert z\rvert > R_f$。

证明：

$$\mathscr{Z}\{[f[k-n]u[k-n]]\}=\sum_{k=n}^{\infty}f[k-n]z^{-k}$$

$$\xlongequal{k-n=i}\sum_{i=0}^{\infty}f[i]z^{-(i+n)}$$

$$=z^{-n}\sum_{i=0}^{\infty}f[i]z^{-i}=z^{-n}F(z)$$

式（8-9）成立。位移特性表明，因果序列延时 n 个样本，其相应的 z 变换是原来的 z 变换乘以 z^{-n}。

图8-2（b）画出了任意序列向右平移1的图形，从图中可以看出向右平移序列的单边 z 变换为

$$
\begin{aligned}
\mathscr{Z}\{f[k-1]u[k]\} &= \mathscr{Z}\{f[k-1]u[k-1]+f[-1]\delta[k]\} \\
&= z^{-1}F(z)+f[-1] = z^{-1}[F(z)+zf[-1]]
\end{aligned}
\tag{8-12}
$$

$$
\begin{aligned}
\mathscr{Z}\{f[k-2]u[k]\} &= \mathscr{Z}\{f[k-2]u[k-2]+f[-1]\delta[n-1]+f[-2]\delta[k]\} \\
&= z^{-2}F(z)+z^{-1}f[-1]+f[-2] = z^{-2}[F(z)+zf[-1]+z^2f[-2]]
\end{aligned}
\tag{8-13}
$$

依此类推

$$
\mathscr{Z}\{f[k-n]u[k]\} = z^{-n}\Big[F(z)+\sum_{k=-n}^{-1}f[k]z^{-k}\Big]
$$

式（8-10）成立。该式表明非因果序列延时 n 个样本，其相应的 z 变换是原来的 z 变换与由左边移到右边部分的 z 变换之和乘以 z^{-n}。因为非因果序列左端的值可以看成 n 阶离散系统响应的初始状态，所以式（8-10）常用于离散系统响应的求解。

同理可证式（8-11）成立。该式表明，序列超前 n 个样本，其相应的 z 变换是原来的 z 变换与超前部分的 z 变换之差乘以 z^n。

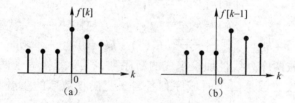

图8-2　单边 z 变换的位移

[例8-3] 求有限长序列 $R_N[k]=u[k]-u[k-N]$ 的单边 z 变换。

解：

已知

$$
\mathscr{Z}\{u[k]\} = \frac{1}{1-z^{-1}}, \quad |z|>1
$$

根据因果序列的位移特性有

$$
\mathscr{Z}\{u[k-N]\} = \frac{z^{-N}}{1-z^{-1}}, \quad |z|>1
$$

再利用线性特性即得

$$
F(z) = \frac{1}{1-z^{-1}} - \frac{z^{-N}}{1-z^{-1}} = \frac{1-z^{-N}}{1-z^{-1}}
$$

由于矩形序列 $R_N[k]$ 是有限长序列，所以其收敛域为 $|z|>0$。可见，线性加权后序列 z 变换的收敛域扩大了。

位移特性可以用来计算因果周期序列 $f_N[k]u[k]$ 的 z 变换。图8-3所示为一因果周期序列 $f_N[k]u[k]$ 的波形，图中 $f_1[k]$ 为周期序列第一个周期的波形，因果周期序列可以看成是 $f_1[k]$ 及其延时构成的信号，即

$$f_N[k]u[k] = f_1[k] + f_1[k-N] + f_1[k-2N] + \cdots$$

$$= \sum_{l=0}^{\infty} f_1[k-lN]$$

设 $$\mathscr{Z}\{f_1[k]\} = F_1(z)$$

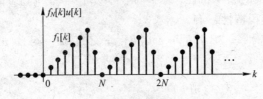

图 8-3 因果周期序列

根据序列的位移特性可得

$$\mathscr{Z}\{f_N[k]u[k]\} = \sum_{l=0}^{\infty} F_1(z)z^{-Nl} = F_1(z)\sum_{l=0}^{\infty} z^{-Nl}$$

此为公比是 z^{-N} 的无穷等比级数之和。当 $|z|>1$ 时，该级数收敛，所以

$$\mathscr{Z}\{f_N[k]u[k]\} = \frac{F_1(z)}{1-z^{-N}}, \quad |z|>1 \tag{8-14}$$

[**例 8-4**] 试求图 8-4 所示因果周期单位脉冲序列 $\delta_N[k]u[k]$ 的单边 z 变换。

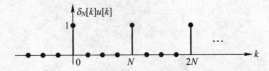

图 8-4 周期为 N 的因果单位脉冲序列

解： 因为 $$\delta_N[k]u[k] = \sum_{m=0}^{\infty} \delta[k-mN]$$

其第一个周期的波形为 $f_1[k] = \delta[k]$，相应的 z 变换为 $F_1(z)=1$，$|z| \geq 0$。由式（8-14）可得

$$\delta_N[k]u[k] \xleftrightarrow{\mathscr{Z}} \frac{1}{1-z^{-N}}, \quad |z|>1$$

3. 卷积特性

若
$$f_1[k]u[k] \xleftrightarrow{\mathscr{Z}} F_1(z), \quad |z|>R_{f1}$$
$$f_2[k]u[k] \xleftrightarrow{\mathscr{Z}} F_2(z), \quad |z|>R_{f2}$$

则
$$f_1[k]u[k] * f_2[k]u[k] \xleftrightarrow{\mathscr{Z}} F_1(z)F_2(z), \quad |z|>\max(R_{f1},R_{f2}) \tag{8-15}$$

证明：
$$\mathscr{Z}\{f_1[k]u[k] * f_2[k]u[k]\} = \sum_{k=0}^{\infty} \left\{ \sum_{n=0}^{\infty} f_1[n]f_2[k-n] \right\} z^{-k}$$

$$= \sum_{n=0}^{\infty} f_1[n] \left\{ \sum_{k=0}^{\infty} f_2[k-n]z^{-k} \right\}$$

$$= \sum_{n=0}^{\infty} f_1[n]z^{-n} \left\{ \sum_{k=0}^{\infty} f_2[k-n]z^{-(k-n)} \right\}$$

$$= F_2(z) \sum_{n=0}^{\infty} f_1[n] z^{-n} = F_1(z) F_2(z)$$

此性质说明，时域两序列卷积和的 z 变换等于原两个时域序列各自 z 变换的乘积，其收敛域是原两个时域序列各自 z 变换收敛域的交集。

[**例 8-5**] 利用 z 变换的卷积特性，求 $f[k] = u[k] * a^k u[k]$，$a \neq 1$。

解：根据 z 变换的卷积特性，有

$$\mathscr{Z}\{f[k]\} = \mathscr{Z}\{u[k] * a^k u[k]\} = \mathscr{Z}\{u[k]\} \mathscr{Z}\{a^k u[k]\}$$

因为

$$\mathscr{Z}\{u[k]\} = \frac{1}{1 - z^{-1}}, \quad |z| > 1$$

$$\mathscr{Z}\{a^k u[k]\} = \frac{1}{1 - az^{-1}}, \quad |z| > |a|$$

所以

$$F(z) = \mathscr{Z}\{f[k]\} = \frac{1}{(1 - z^{-1})(1 - az^{-1})}, \quad |z| > \max(1, |a|)$$

将上式展开成部分分式，得

$$F(z) = \frac{1}{1 - a}\left(\frac{1}{1 - z^{-1}} - \frac{a}{1 - az^{-1}}\right), \quad |z| > \max(1, |a|)$$

因此

$$f[k] = \frac{1}{1 - a}(u[k] - a^{k+1} u[k])$$

4. 指数加权特性

若

$$f[k]u[k] \overset{\mathscr{Z}}{\longleftrightarrow} F(z), \quad |z| > R_f$$

则

$$a^k f[k]u[k] \overset{\mathscr{Z}}{\longleftrightarrow} F(z/a), \quad |z| > |a| R_f \tag{8-16}$$

该性质说明，若序列被指数 a^k 加权，则加权序列的 z 变换展缩 a 倍，因此也称为 z 域尺度变换特性。

[**例 8-6**] 试求指数加权的因果正弦序列 $a^k \sin(\Omega_0 k) u[k]$ 的单边 z 变换。

解：因为

$$\sin(\Omega_0 k) u[k] \overset{\mathscr{Z}}{\longleftrightarrow} \frac{\sin(\Omega_0) z^{-1}}{1 - 2z^{-1} \cos(\Omega_0) + z^{-2}}, \quad |z| > 1$$

根据指数加权特性可得

$$a^k \sin(\Omega_0 k) u[k] \overset{\mathscr{Z}}{\longleftrightarrow} \frac{\sin(\Omega_0)(z/a)^{-1}}{1 - 2(z/a)^{-1}\cos(\Omega_0) + (z/a)^{-2}}$$

$$\tag{8-17}$$

$$= \frac{a\sin(\Omega_0) z^{-1}}{1 - 2az^{-1}\cos\Omega_0 + a^2 z^{-2}}, \quad |z| > |a|$$

5. z 域微分（时域线性加权）特性

若

$$f[k]u[k] \overset{\mathscr{Z}}{\longleftrightarrow} F(z), \quad |z| > R_f$$

则

$$kf[k]u[k] \overset{\mathscr{Z}}{\longleftrightarrow} -z\frac{\mathrm{d}F(z)}{\mathrm{d}z}, \quad |z| > R_f \tag{8-18}$$

[例 8-7] 试求因果序列 $(k+1)a^k u[k]$ 的单边 z 变换。

解： 因为

$$a^k u[k] \xleftrightarrow{\mathscr{Z}} \frac{1}{1-az^{-1}}, \quad |z|>|a|$$

根据 z 域微分特性可得

$$ka^k u[k] \xleftrightarrow{\mathscr{Z}} -z\frac{\mathrm{d}}{\mathrm{d}z}\left(\frac{1}{1-az^{-1}}\right) = \frac{az^{-1}}{(1-az^{-1})^2}, \quad |z|>|a|$$

再由线性特性即得

$$(k+1)a^k u[k] \xleftrightarrow{\mathscr{Z}} \frac{1}{1-az^{-1}}+\frac{az^{-1}}{(1-az^{-1})^2} = \frac{1}{(1-az^{-1})^2}, \quad |z|>|a|$$

6. 因果序列的求和特性

若

$$f[k]u[k] \xleftrightarrow{\mathscr{Z}} F(z), \quad |z|>R_f$$

则

$$\sum_{i=0}^{k} f[i] \xleftrightarrow{\mathscr{Z}} \frac{1}{1-z^{-1}}F(z), \quad |z|>\max(R_f,1) \tag{8-19}$$

证明：

因为任意序列 $f[k]$ 与单位阶跃序列 $u[k]$ 的卷积等于对此序列的求和，

$$\sum_{i=-\infty}^{k} f[i] = f[k]*u[k]$$

对于因果序列，则有

$$\mathscr{Z}\left\{\sum_{i=0}^{k} f[i]\right\} = \mathscr{Z}\{f[k]*u[k]\}$$

而

$$\mathscr{Z}\{u[k]\} = \frac{1}{1-z^{-1}}, \quad |z|>1$$

根据卷积特性即证

$$\mathscr{Z}\left\{\sum_{i=0}^{k} f[i]\right\} = \frac{1}{1-z^{-1}}F(z)$$

其收敛域是序列 $f[k]$ 和单位阶跃序列 $u[k]$ 各自 z 变换收敛域的重叠部分。

[例 8-8] 试求序列 $f[k]=\displaystyle\sum_{i=0}^{k}\delta[i]$ 的单边 z 变换。

解： 因为

$$\delta[k] \xleftrightarrow{\mathscr{Z}} 1, \quad |z|\geqslant 0$$

根据式 (8-19) 可得

$$\mathscr{Z}\left\{\sum_{i=0}^{k}\delta[i]\right\} = \frac{1}{1-z^{-1}}, \quad |z|>1$$

由单位脉冲序列和单位阶跃序列的关系可知

$$u[k]=\sum_{i=0}^{k}\delta[i]$$

因此

$$u[k] \xleftrightarrow{\mathscr{Z}} \frac{1}{1-z^{-1}}, \quad |z|>1$$

7. 序列的初值与终值

若
$$f[k]u[k] \overset{\mathscr{Z}}{\longleftrightarrow} F(z), \quad \text{ROC} = R_f$$

则
$$f[0] = \lim_{z \to \infty} F(z) \tag{8-20}$$
$$f[\infty] = \lim_{z \to 1}(z-1)F(z) \tag{8-21}$$

证明： 由 z 变换的定义
$$F(z) = \sum_{k=0}^{\infty} f[k]z^{-k} = f[0] + f[1]z^{-1} + f[2]z^{-2} + \cdots$$

可见，当 $z \to \infty$ 时，上式右边只剩下一项，故有
$$f[0] = \lim_{z \to \infty} F(z)$$

由 z 变换的定义
$$\mathscr{Z}\{f[k+1] - f[k]\} = \sum_{k=0}^{\infty}(f[k+1] - f[k])z^{-k}$$

根据位移特性
$$\mathscr{Z}\{f[k+1] - f[k]\} = z(F(z) - f[0]) - F(z)$$

因此，有
$$\sum_{k=0}^{\infty}(f[k+1] - f[k])z^{-k} = (z-1)F(z) - zf[0]$$

若 $(z-1)F(z)$ 的 ROC 包含单位圆，则式中 $z \to 1$，可得
$$f[\infty] - f[0] = \lim_{z \to 1}(z-1)F(z) - f[0]$$

即
$$f[\infty] = \lim_{z \to 1}(z-1)F(z)$$

式（8-20）和式（8-21）分别称为初值定理和终值定理。当序列的 z 变换已知时，可以直接从 z 域求其初值和终值。但在应用终值定理时，只有序列终值存在，终值定理才适用。

［例 8-9］ 已知某因果序列的 z 变换 $F(z) = \dfrac{1}{1 - az^{-1}}$，$|z| > |a|$，式中 a 为实数，求序列的初值 $f[0]$、$f[1]$ 和终值 $f[\infty]$。

解：

由初值定理，有
$$f[0] = \lim_{z \to \infty} F(z) = \lim_{z \to \infty} \frac{1}{1 - az^{-1}} = \lim_{z \to \infty} \frac{z}{z-a} = 1$$

根据位移特性有
$$f[k+1]u[k] \overset{\mathscr{Z}}{\longleftrightarrow} z(F(z) - f[0])$$

对上式应用初值定理，即得
$$f[1] = \lim_{z \to \infty} z(F(z) - f[0])$$
$$= \lim_{z \to \infty}\left(\frac{z}{1 - az^{-1}} - z\right)$$
$$= \lim_{z \to \infty} \frac{az}{z-a} = a$$

由终值定理，有

$$f[\infty] = \lim_{z \to 1}(z-1)F(z)$$

$$= \lim_{z \to 1}(z-1)\frac{1}{1-az^{-1}} = \begin{cases} 1, & a=1 \\ 0, & |a|<1 \end{cases}$$

当 $|a|>1$ 或 $a=-1$ 时，$(z-1)F(z)$ 的 ROC 不包含单位圆，终值定理不适用。

8. 帕塞瓦尔定理

若

$$f[k]u[k] \xleftarrow{\ \mathscr{Z}\ } F(z), \quad \mathrm{ROC}=R_f$$

则

$$\sum_{k=0}^{\infty}|f[k]|^2 = \frac{1}{2\pi \mathrm{j}}\oint_C F(z)F^*(1/z^*)z^{-1}\mathrm{d}z \tag{8-22}$$

式（8-22）称为离散序列的帕塞瓦尔定理，表明序列 $f[k]$ 的能量也可以通过它的 z 变换 $F(z)$ 求出。

表 8-2 列出了单边 z 变换的性质。表中：$f_1[k]u[k] \xleftarrow{\ \mathscr{Z}\ } F_1(z)$，$|z|>R_{f1}$，$f_2[k]u[k] \xleftarrow{\ \mathscr{Z}\ } F_2(z)$，$|z|>R_{f2}$，$f[k]u[k] \xleftarrow{\ \mathscr{Z}\ } F(z)$，$|z|>R_f$。

表 8-2　单边 z 变换的性质

	时　域	z 域	收　敛　域
1. 线性特性	$af_1[k]u[k]+bf_2[k]u[k]$	$aF_1(z)+bF_2(z)$	$|z|>\max(R_{f1},R_{f2})$
2. 位移特性	$f[k-n]u[k-n]$	$z^{-n}F(z)$	$|z|>R_f$
	$f[k-n]u[k]$	$z^{-n}\left[F(z)+\sum_{k=-n}^{-1}f[k]z^{-k}\right]$	$|z|>R_f$
	$f[k+n]u[k]$	$z^{n}\left[F(z)-\sum_{k=0}^{n-1}f[k]z^{-k}\right]$	$|z|>R_f$
3. 卷积特性	$f_1[k]u[k]*f_2[k]u[k]$	$F_1(z)F_2(z)$	$|z|>\max(R_{f1},R_{f2})$
4. 指数加权特性	$a^k f[k]u[k]$	$F(z/a)$	$|z|>|a|R_f$
5. z 域微分特性	$kf[k]u[k]$	$-z\dfrac{\mathrm{d}F(z)}{\mathrm{d}z}$	$|z|>R_f$
6. 求和特性	$\sum_{i=0}^{k}f[i]$	$\dfrac{1}{1-z^{-1}}F(z)$	$|z|>\max(R_f,1)$
7. 初值定理	$f[0]$（$f[k]$ 为因果序列）	$\lim_{z \to \infty}F(z)$	
8. 终值定理	$f[\infty]$（$f[k]$ 为因果序列）	$\lim_{z \to 1}(z-1)F(z)$	
9. 帕塞瓦尔定理	$\sum_{k=0}^{\infty}|f[k]|^2$	$\dfrac{1}{2\pi \mathrm{j}}\oint_C F(z)F^*(1/z^*)z^{-1}\mathrm{d}z$	

8.1.4　单边 z 反变换

无论是信号分析还是系统分析，经常需要从信号的 z 变换 $F(z)$ 求解信号的时域表示式

$f[k]$，这就是 z 反变换问题。若已知序列 $f[k]$ 的 z 变换为

$$F(z) = \sum_{k=-\infty}^{\infty} f[k] z^{-k} \tag{8-23}$$

则 $F(z)$ 的 z 反变换记作 $\mathscr{Z}^{-1}\{F(z)\}$，并由以下围线积分给出

$$f[k] = \mathscr{Z}^{-1}\{F(z)\} = \frac{1}{2\pi j} \oint_C F(z) z^{k-1} dz \tag{8-24}$$

式中，C 为 $F(z)$ 的收敛域中的一条环绕 z 平面原点的逆时针方向的闭合围线。

　　由于时域和 z 域是一一对应的关系，对于简单的 z 域表示式，可以应用常用信号 z 变换和 z 变换的性质得到相应的时域序列。对于复杂的 z 域表示式，常用的计算 z 反变换方法有三种：对式（8-24）进行围线积分法，即留数法；部分分式展开法，将复杂的 z 域表示式分解成许多简单的表示式之和，然后得到原时域序列；此外，还可借助长除法将 $F(z)$ 展开成幂级数得到 $f[k]$。本书重点讨论部分分式展开法，并简要介绍幂级数展开法。

1. 部分分式展开法

　　将 $F(z) = B(z)/A(z)$ 的真分式部分展开成部分分式之和，然后根据各部分分式得到原序列。再将这些序列相加便可求得整个原序列 $f[k]$。

　　有理多项式 $F(z)$ 可表示为

$$F(z) = \frac{B(z)}{A(z)} = \frac{\sum_{j=1}^{m} b_j z^{-j}}{1 + \sum_{i=1}^{n} a_i z^{-i}} \tag{8-25}$$

其中 $A(z)$ 和 $B(z)$ 是 z^{-1} 的多项式。

　　① 如果分母多项式无重根，且分母多项式阶数高于分子多项式（$m < n$）时，则式（8-25）可展开为

$$F(z) = \sum_{i=1}^{n} \frac{r_i}{1 - p_i z^{-1}} \tag{8-26}$$

$\{p_i\}$ 是分母多项式的根。展开的各部分分式的系数 r_i 为

$$r_i = (1 - p_i z^{-1}) F(z) \big|_{z=p_i} \tag{8-27}$$

　　② 当 $F(z)$ 在 $z = u$ 处有 l 阶重极点，且分母多项式阶数高于分子多项式（$m < n$）时，部分分式展开的一般形式为

$$F(z) = \sum_{i=1}^{n-l} \frac{r_i}{1 - p_i z^{-1}} + \sum_{i=1}^{l} \frac{q_i}{(1 - u z^{-1})^i} \tag{8-28}$$

系数 r_i 由式（8-27）得到，系数 q_i 可由下式确定

$$q_i = \frac{1}{(-u)^{l-i}(l-i)!} \frac{d^{l-i}}{d(z^{-1})^{l-i}} \left[(1 - u z^{-1})^l F(z) \right] \big|_{z=u}, \quad i = 1, \cdots, l \tag{8-29}$$

　　③ 当 $m \geq n$，即分子多项式阶数高于分母多项式时，则式（8-25）可展开为

$$F(z) = \sum_{i=0}^{m-n} k_i z^{-i} + \sum_{i=1}^{n-l} \frac{r_i}{1 - p_i z^{-1}} + \sum_{i=1}^{l} \frac{q_i}{(1 - u z^{-1})^i} \tag{8-30}$$

式中多项式系数 $\{k_i\}$ 可由长除法确定，r_i 和 q_i 可分别由式（8-27）和式（8-29）计算。

[例 8-10] 已知 $F(z) = \dfrac{2z^2 - 0.5z}{z^2 - 0.5z - 0.5}$，$|z| > 1$，试用部分分式法求 $f[k]$。

解：
$$F(z) = \frac{2 - 0.5z^{-1}}{1 - 0.5z^{-1} - 0.5z^{-2}} = \frac{A}{1 - z^{-1}} + \frac{B}{1 + 0.5z^{-1}}$$

$$A = (1 - z^{-1})F(z)\Big|_{z=1} = \frac{2 - 0.5z^{-1}}{1 + 0.5z^{-1}}\Big|_{z=1} = 1$$

$$B = (1 + 0.5z^{-1})F(z)\Big|_{z=-0.5} = \frac{2 - 0.5z^{-1}}{1 - z^{-1}}\Big|_{z=-0.5} = 1$$

$$F(z) = \frac{1}{1 - z^{-1}} + \frac{1}{1 + 0.5z^{-1}}$$

所以

$$f[k] = u[k] + (-0.5)^k u[k]$$

[例 8-11] 已知 $F(z) = \dfrac{1}{(1 - 2z^{-1})^2 (1 - 4z^{-1})}$，$|z| > 4$，试求 $f[k]$。

解： $F(z)$ 具有重极点，可将 $F(z)$ 分解为

$$F(z) = \frac{A}{1 - 2z^{-1}} + \frac{B}{(1 - 2z^{-1})^2} + \frac{C}{1 - 4z^{-1}}$$

$$A = \frac{1}{(-2)} \frac{\mathrm{d}}{\mathrm{d}z^{-1}} \big[F(z)(1 - 2z^{-1})^2 \big]\Big|_{z=2} = -\frac{1}{2} \frac{\mathrm{d}}{\mathrm{d}z^{-1}} \left(\frac{1}{1 - 4z^{-1}} \right)\Big|_{z=2} = -2$$

$$B = (1 - 2z^{-1})^2 F(z)\Big|_{z=2} = \frac{1}{1 - 4z^{-1}}\Big|_{z=2} = -1$$

$$C = (1 - 4z^{-1})F(z)\Big|_{z=4} = \frac{1}{(1 - 2z^{-1})^2}\Big|_{z=4} = 4$$

所以

$$f[k] = (-2 \cdot 2^k - (k+1)2^k + 4 \cdot 4^k)u[k] = (-3 \cdot 2^k - k \cdot 2^k + 4^{k+1})u[k]$$

2. 幂级数展开法（长除法）

由单边 z 变换的定义有

$$F(z) = \sum_{k=0}^{\infty} f[k]z^{-k} = f[0] + f[1]z^{-1} + f[2]z^{-2} + \cdots$$

因此，若能将 $F(z)$ 在收敛域内展开为 z^{-1} 的幂级数，则级数的系数就是序列 $f[k]$。

[例 8-12] 已知 $F(z) = \dfrac{2z^2 - 0.5z}{z^2 - 0.5z - 0.5}$，$|z| > 1$，试用幂级数展开法求 $f[k]$。

解： 利用长除法将 $F(z)$ 展成 z^{-1} 的幂级数，

$$
\begin{array}{r}
2 + 0.5z^{-1} + 1.25z^{-2} + \cdots \\
z^2 - 0.5z - 0.5 \overline{\smash{)}\, 2z^2 - 0.5z\ \ 2z^2 - z - 1} \\
\underline{0.5z + 1} \\
\underline{0.5z - 0.25 - 0.25z^{-1}} \\
1.25 + 0.25z^{-1} \\
\underline{1.25 - 0.625z^{-1} - 0.625z^{-2}} \\
\cdots
\end{array}
$$

所以

$$f[k] = \{\overset{\downarrow}{2}, 0.5, 1.25, \cdots\}$$

这种方式比较简便，但一般只能得到 $f[k]$ 的有限项，难以得到 $f[k]$ 的闭合解。

8.2　离散时间 LTI 系统响应的 z 域分析

离散时间 LTI 系统响应的 z 域分析是利用单边 z 变换将描述因果的离散时间 LTI 系统的时域差分方程变换成 z 域的代数方程，然后解此代数方程，再经 z 反变换求得系统响应的一种方法。

描述因果的离散时间 LTI 系统的 n 阶差分方程为

$$\sum_{i=0}^{n} a_i y[k-i] = \sum_{j=0}^{m} b_j f[k-j] \tag{8-31}$$

$y[-1] \sim y[-n]$ 为系统的 n 个初始状态，利用单边 z 变换的位移特性有

$$\mathscr{Z}\{y[k-i]u[k]\} = z^{-i}\{Y(z) + \sum_{l=-i}^{-1} y[l]z^{-l}\}$$

$$\mathscr{Z}\{f[k-j]u[k]\} = z^{-j}\left[F(z) + \sum_{l=-j}^{-1} f[l]z^{-l}\right] = z^{-j}F(z)$$

n 阶差分方程的 z 域表示式为

$$\sum_{i=0}^{n} a_i z^{-i} Y(z) + \sum_{i=1}^{n} a_i z^{-i}\left\{\sum_{l=-i}^{-1} y[l]z^{-l}\right\} = \sum_{j=0}^{m} b_j z^{-j} F(z)$$

即

$$Y(z)\sum_{i=0}^{n} a_i z^{-i} = -\sum_{i=1}^{n} a_i z^{-i}\left\{\sum_{l=-i}^{-1} y[l]z^{-l}\right\} + \sum_{j=0}^{m} b_j z^{-j} F(z)$$

由上式可解出系统完全响应的 z 域表示式

$$Y(z) = \frac{-\sum_{i=1}^{n} a_i z^{-i}\left\{\sum_{l=-i}^{-1} y[l]z^{-l}\right\}}{\sum_{i=0}^{n} a_i z^{-i}} + \frac{\sum_{j=0}^{m} b_j z^{-j} F(z)}{\sum_{i=0}^{n} a_i z^{-i}} \tag{8-32}$$

其中

$$Y_x(z) = \frac{-\sum_{i=1}^{n} a_i z^{-i}\left\{\sum_{l=-i}^{-1} y[l]z^{-l}\right\}}{\sum_{i=0}^{n} a_i z^{-i}}, \quad Y_f(z) = \frac{\sum_{j=0}^{m} b_j z^{-j} F(z)}{\sum_{i=0}^{n} a_i z^{-i}}$$

对 $Y_x(z)$、$Y_f(z)$ 和 $Y(z)$ 进行 z 反变换，即可得系统的零输入响应、零状态响应和完全响应的时域表示式，即

$$y_x[k] = \mathscr{Z}^{-1}\{Y_x(z)\}, \quad y_f[k] = \mathscr{Z}^{-1}[Y_f(z)]$$

$$y[k] = \mathscr{Z}^{-1}\{Y(z)\} = \mathscr{Z}^{-1}\{Y_x(z)\} + \mathscr{Z}^{-1}\{Y_f(z)\} = y_x[k] + y_f[k]$$

[例8-13] 已知某因果离散时间 LTI 系统满足差分方程

$$y[k] - 5y[k-1] + 6y[k-2] = 2f[k] - f[k-1]$$

其初始状态 $y[-1]=1$，$y[-2]=0$，激励信号 $f[k]=u[k]$，由 z 域求解系统的零输入响应 $y_x[k]$，零状态响应 $y_f[k]$ 和完全响应 $y[k]$。

解： 对差分方程两边进行单边 z 变换得

$$Y(z)-5\{z^{-1}Y(z)+y[-1]\}+6\{z^{-2}Y(z)+z^{-1}y[-1]+y[-2]\}=(2-z^{-1})F(z)$$

可见，经过单边 z 变换后，差分方程变换成为代数方程。求解上面的代数方程得到系统完全响应的 z 域表示式为

$$Y(z)=\underbrace{\frac{5y[-1]-6z^{-1}y[-1]-6y[-2]}{1-5z^{-1}+6z^{-2}}}_{Y_x(z)}+\underbrace{\frac{2-z^{-1}}{1-5z^{-1}+6z^{-2}}F(z)}_{Y_f(z)}$$

上式中第一项为零输入响应 $y_x[k]$ 的 z 域表示式，第二项为零状态响应 $y_f[k]$ 的 z 域表示式。代入系统的初始状态，可得

$$Y_x(z)=\frac{5y[-1]-6z^{-1}y[-1]-6y[-2]}{1-5z^{-1}+6z^{-2}}=\frac{5-6z^{-1}}{(1-3z^{-1})(1-2z^{-1})},\quad |z|>3$$

由于

$$f[k]=u[k]\xleftarrow{\ \mathscr{Z}\ }F(z)=\frac{1}{1-z^{-1}},\quad |z|>1$$

所以

$$Y_f(z)=\frac{2-z^{-1}}{1-5z^{-1}+6z^{-2}}F(z)=\frac{2-z^{-1}}{(1-3z^{-1})(1-2z^{-1})(1-z^{-1})},\quad |z|>3$$

分别对 $Y_x(z)$ 和 $Y_f(z)$ 进行部分分式展开，可得

$$Y_x(z)=\frac{9}{1-3z^{-1}}+\frac{-4}{1-2z^{-1}},\quad |z|>3$$

$$Y_f(z)=\frac{7.5}{1-3z^{-1}}+\frac{-6}{1-2z^{-1}}+\frac{0.5}{1-z^{-1}},\quad |z|>3$$

对 $Y_x(z)$ 和 $Y_f(z)$ 进行 z 反变换，即可求出系统零输入响应和零状态响应分别为

$$y_x[k]=9\times3^k-4\times2^k,k\geqslant0$$

$$y_f[k]=[7.5\times3^k-6\times2^k+0.5]u[k]$$

系统的完全响应

$$y[k]=y_x[k]+y_f[k]=16.5\times3^k-10\times2^k+0.5,\quad k\geqslant0$$

8.3　离散时间 LTI 系统的系统函数与系统特性

8.3.1　系统函数

当离散时间 LTI 系统的输入是复指数序列 $f[k]=z^k(-\infty<k<\infty)$ 时，系统的零状态响应 $y[k]$ 为

$$y[k]=z^k*h[k]=\sum_n z^{(k-n)}h[n]=z^k\sum_n h[n]z^{-n} \tag{8-33}$$

定义

$$H(z)=\sum_n h[n]z^{-n} \tag{8-34}$$

称 $H(z)$ 为离散 LTI 系统的系统函数。由式（8-34）可知，系统函数 $H(z)$ 等于系统单位脉冲

响应 $h[k]$ 的 z 变换。根据系统函数 $H(z)$，式（8-33）可写为

$$y[k] = z^k H(z) \tag{8-35}$$

式（8-35）说明，复指数序列 $z^k(-\infty < k < \infty)$ 作用于离散时间 LTI 系统时，系统的零状态响应仍为相同底的复指数信号，复指数信号幅度是输入信号的 $H(z)$ 倍。所以系统函数 $H(z)$ 描述了离散时间 LTI 系统对不同复指数信号的响应特性。

由于

$$y_f[k] = f[k] * h[k]$$

根据 z 变换时域卷积特性可得

$$H(z) = \frac{\mathscr{Z}[y_f[k]]}{\mathscr{Z}[f[k]]} = \frac{Y_f(z)}{F(z)} \tag{8-36}$$

可见系统函数 $H(z)$ 也可表示为零状态响应的 z 变换与输入激励的 z 变换之比。

若描述因果的离散时间 LTI 系统的 n 阶差分方程为

$$\sum_{i=0}^{n} a_i y[k-i] = \sum_{j=0}^{m} b_j f[k-j]$$

对上式进行单边 z 变换，可得

$$\sum_{i=0}^{n} a_i z^{-i} Y_f(z) = \sum_{j=0}^{m} b_j z^{-j} F(z)$$

根据式（8-36），该 n 阶离散时间 LTI 系统的系统函数为

$$H(z) = \frac{Y_f(z)}{F(z)} = \frac{\displaystyle\sum_{j=0}^{m} b_j z^{-j}}{\displaystyle\sum_{i=0}^{n} a_i z^{-i}} \tag{8-37}$$

[例 8-14] 求单位延时器 $y[k] = f[k-1]$ 的系统函数 $H(z)$。

解：由 z 变换位移特性有

$$Y_f(z) = \mathscr{Z}\{f[k-1]\} = z^{-1} F(z)$$

所以

$$H(z) = \frac{Y_f(z)}{F(z)} = \frac{z^{-1} F(z)}{F(z)} = z^{-1}$$

由式（8-37）可以看出，系统函数 $H(z)$ 一般是两个 z 变量的多项式之比，可表示为

$$H(z) = \frac{N(z)}{D(z)} \tag{8-38}$$

$D(z) = 0$ 的根称为 $H(z)$ 的极点，$N(z) = 0$ 的根称为 $H(z)$ 的零点。将 $D(z)$ 和 $N(z)$ 分解成线性因子的乘积，可以得到零极增益形式的系统函数，即

$$H(z) = \frac{N(z)}{D(z)} = K \frac{(z-z_1)(z-z_2)\cdots(z-z_m)}{(z-p_1)(z-p_2)\cdots(z-p_n)} = K \frac{\displaystyle\prod_{j=1}^{m}(z-z_j)}{\displaystyle\prod_{i=1}^{n}(z-p_i)} \tag{8-39}$$

式中 $z_1, z_2, \cdots, z_m$ 是系统函数的零点，$p_1, p_2, \cdots, p_n$ 是系统函数的极点，K 是系统的增益。

离散时间 LTI 系统的系统函数 $H(z)$ 也可以用零极点分布图表示，即将系统函数的零极

点绘在 z 平面上，零点用。表示，极点用 × 表示，若是 n 阶重零点或重极点，则在相应的零极点旁标注（n）。

例如离散时间 LTI 系统的系统函数为

$$H(z) = \frac{z^3(z-1-\mathrm{j})(z-1+\mathrm{j})}{(z+0.5)(z+1)^2(z-0.5-\mathrm{j}0.5)(z-0.5+\mathrm{j}0.5)}$$

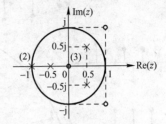

图 8-5　离散系统函数的
零极点分布图

表明该离散系统在单位圆外有一对共轭零点 $z=1\pm\mathrm{j}$，在 $z=0$ 处有一个三重零点，而在 $z=-0.5$ 处有一个单极点，在 $z=-1$ 处有二重极点，还有一对共轭极点 $z=0.5\pm\mathrm{j}0.5$，该系统函数的零极点分布如图 8-5 所示。

系统函数是描述系统的重要物理量，研究系统函数的零极点分布不仅可以了解系统单位脉冲响应的变化规律，还可以了解稳定的离散 LTI 系统的频率响应特性，以及判断系统的稳定性。

8.3.2　系统函数的零极点分布与系统时域特性的关系

由离散时间 LTI 系统的系统函数 $H(z)$ 求其单位脉冲响应 $h[k]$ 时，一般是将 $H(z)$ 展开成部分分式。若 $H(z)$ 为有理真分式，且所有极点均为单极点，则 $H(z)$ 可以展开为

$$H(z) = \frac{\sum\limits_{n=0}^{M} b_n z^{-n}}{\sum\limits_{n=0}^{N} a_n z^{-n}} = \sum\limits_{i=1}^{n} \frac{A_i}{1 - p_i z^{-1}}$$

然后对每个分式取 z 反变换求得 $h[k]$。显然，$H(z)$ 的极点决定了 $h[k]$ 的波形。下面讨论 $H(z)$ 的极点分布与 $h[k]$ 波形的关系。

（1）单实数极点 $p=r$

$$h[k] = (r)^k u[k]$$

若 $r>1$，极点在单位圆外，$h[k]$ 为增幅指数序列；若 $r<1$，极点在单位圆内，$h[k]$ 为衰减指数序列；若 $r=1$，极点在单位圆上，$h[k]$ 为等幅序列。如图 8-6 所示。

（2）共轭极点 $p_1 = re^{\mathrm{j}\theta}$，$p_2 = re^{-\mathrm{j}\theta}$

$$H(z) = \frac{A}{1 - re^{\mathrm{j}\theta}z^{-1}} + \frac{A^*}{1 - re^{-\mathrm{j}\theta}z^{-1}}$$

为分析方便起见，令 $A=1$，可得对应系统的单位脉冲响应为

$$h[k] = 2(r)^k \cos(\theta k) u[k]$$

若 $r=1$，极点在单位圆上，$h[k]$ 为等幅振荡序列；若 $r>1$，极点在单位圆外，$h[k]$ 为增幅振荡序列；若 $r<1$，极点在单位圆内，$h[k]$ 为衰减振荡序列。如图 8-6 所示。

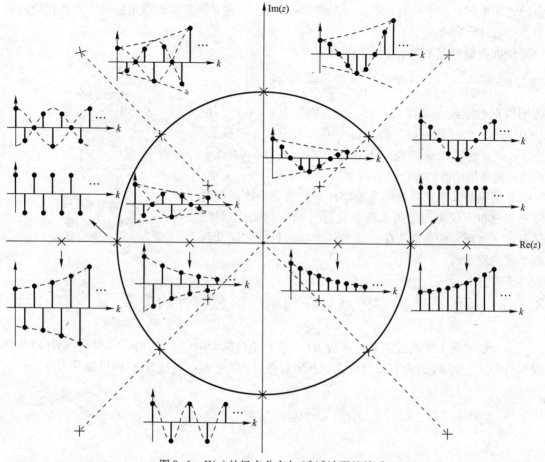

图 8-6　$H(z)$ 的极点分布与 $h[k]$ 波形的关系

8.3.3　系统函数的零极点分布与系统频率响应的关系

　　离散时间 LTI 系统的频率响应 $H(\mathrm{e}^{\mathrm{j}\Omega})$，其模 $|H(\mathrm{e}^{\mathrm{j}\Omega})|$ 是系统的幅度响应，相角 $\varphi(\Omega)$ 是系统的相位响应。同连续时间系统相似，离散时间系统在频率为 Ω_0 的正弦信号激励下的稳态响应仍为同频率的正弦信号，但幅度乘以 $|H(\mathrm{e}^{\mathrm{j}\Omega_0})|$，相位附加 $\varphi(\Omega_0)$。当正弦信号的频率 Ω 改变时，稳态响应的幅度和相位将分别随 $|H(\mathrm{e}^{\mathrm{j}\Omega})|$ 和 $\varphi(\Omega)$ 而改变，$H(\mathrm{e}^{\mathrm{j}\Omega})$ 反映了系统对信号中不同频率分量的传输特性，故称为离散时间系统的频率响应。

　　对于稳定的离散时间 LTI 系统，系统的频率响应 $H(\mathrm{e}^{\mathrm{j}\Omega})$ 可由 $H(z)$ 求出，即

$$H(\mathrm{e}^{\mathrm{j}\Omega}) = H(z)\Big|_{z=\mathrm{e}^{\mathrm{j}\Omega}} = |H(\mathrm{e}^{\mathrm{j}\Omega})|\,\mathrm{e}^{\mathrm{j}\varphi(\Omega)} \tag{8-40}$$

$z = \mathrm{e}^{\mathrm{j}\Omega}$ 在 z 平面是单位圆，也就是说，系统函数 $H(z)$ 在 z 平面中令 z 沿单位圆变化即得系统的频率响应 $H(\mathrm{e}^{\mathrm{j}\Omega})$。对于零极增益表示的系统函数

$$H(z) = K\frac{\displaystyle\prod_{j=1}^{m}(z - z_j)}{\displaystyle\prod_{i=1}^{n}(z - p_i)}$$

令 $z = e^{j\Omega}$，则得

$$H(e^{j\Omega}) = K \frac{\prod_{j=1}^{m} (e^{j\Omega} - z_j)}{\prod_{i=1}^{n} (e^{j\Omega} - p_i)} \tag{8-41}$$

可以看出，系统的频率响应取决于系统函数的零极点。根据系统函数 $H(z)$ 的零极点分布情况可以定性地描绘系统的频率响应，包括幅度响应 $|H(e^{j\Omega})|$ 和相位响应 $\varphi(\Omega)$。同连续时间系统类似，离散时间系统的频率响应也可以通过向量法求得。

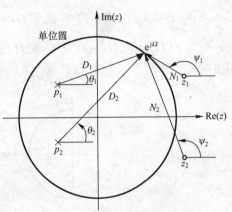

利用向量的概念，因子 $(e^{j\Omega} - p_i)$ 可以用 z 平面 p_i 点指向单位圆上 $e^{j\Omega}$ 点的向量表示，$(e^{j\Omega} - z_j)$ 可以用 z_j 点指向单位圆上 $e^{j\Omega}$ 点的向量表示，如图 8-7 所示。这两个向量可表示为

$$(e^{j\Omega} - z_j) = N_j e^{j\psi_j}, \quad (e^{j\Omega} - p_i) = D_i e^{j\theta_i}$$

图 8-7 系统函数的向量表示

式中 N_j 和 ψ_j 为零点到单位圆上 $e^{j\Omega}$ 点所做向量的模和相角，D_i 和 θ_i 为极点到单位圆上 $e^{j\Omega}$ 点所做向量的模和相角。所以 $H(e^{j\Omega})$ 可改写成

$$H(e^{j\Omega}) = K \frac{N_1 N_2 \cdots N_m}{D_1 D_2 \cdots D_n} e^{j[(\psi_1 + \psi_2 + \cdots + \psi_m) - (\theta_1 + \theta_2 + \cdots + \theta_n)]} \tag{8-42}$$

$$= |H(e^{j\Omega})| e^{j\varphi(\Omega)}$$

式中

$$|H(e^{j\Omega})| = K \frac{N_1 N_2 \cdots N_m}{D_1 D_2 \cdots D_n} \tag{8-43}$$

$$\varphi(\Omega) = (\psi_1 + \psi_2 + \cdots + \psi_m) - (\theta_1 + \theta_2 + \cdots + \theta_n) \tag{8-44}$$

当 Ω 沿单位圆移动一周时，可以得出离散系统一个周期的幅度响应和相位响应。可见，离散系统的频率响应是以 2π 为周期的周期谱。当 $h[k]$ 为实序列时，$H(z)$ 的零极点共轭对称，而系统的频率响应关于 π 镜像对称，因此绘制频率响应时仅绘出 Ω 在 $0 \sim \pi$ 区间的特性即可。

[例 8-15] 已知某离散时间 LTI 系统的系统函数 $H(z) = \frac{1}{2}(1 + z^{-1})$，试用向量法定性画出该系统的幅度响应 $|H(e^{j\Omega})|$ 和相位响应 $\varphi(\Omega)$。

解：

根据已知条件可求出系统有一个零点 $z = 1$ 和一个极点 $z = 0$，其零极点分布和向量表示如图 8-8 (a) 和 (b) 所示。由向量法可求出

当 $\Omega = 0$ 时，

$$N = 2, \quad D = 1, \quad |H(e^{j0})| = \frac{1}{2} \frac{N}{D} = 1$$

$$\varphi(0) = \psi(0) - \theta(0) = 0$$

当 $\Omega = \pi$ 时，

$$N = 0, \quad D = 1, \quad |H(e^{j\pi})| = \frac{1}{2}\frac{N}{D} = 0$$

$$\varphi(\pi) = \psi(\pi) - \theta(\pi) = \frac{\pi}{2} - \pi = -\frac{\pi}{2}$$

当 $0 < \Omega < \pi$ 时，$D = 1$，N 随着 Ω 的增大而增大，因而 $|H(e^{j\Omega})| = \frac{N}{D}$ 随着 Ω 的增大而增大，相角 $\varphi(\Omega) = \psi(\Omega) - \theta(\Omega)$ 随着 Ω 的增大而减小。由此可以定性地画出系统的幅度响应相位响应，分别如图 8-8（c）和（d）所示。

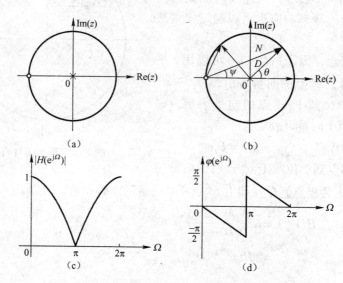

图 8-8　例 8-15 系统的向量表示与频率响应

[**例 8-16**] 图 8-9 所示为某稳定离散时间 LTI 系统的系统函数零极点分布，试分析其对应的系统幅度响应 $|H(e^{j\Omega})|$。

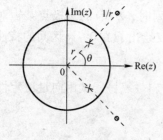

图 8-9　例 8-16 图

解： 根据图 8-9 所示系统函数的零极点分布，其系统函数为

$$H(z) = K\frac{(z-z_1)(z-z_1^*)}{(z-p_1)(z-p_1^*)} \tag{8-45}$$

其中 $z_1 = \frac{1}{r}e^{j\theta}$，$z_1^* = \frac{1}{r}e^{-j\theta}$，$p_1 = re^{j\theta}$，$p_1^* = re^{-j\theta}$。将系统函数整理成多项式形式，有

$$H(z) = K\frac{z^2 - \left(\frac{2}{r}\cos\theta\right)z + \frac{1}{r^2}}{z^2 - (2r\cos\theta)z + r^2} = \frac{K}{a_2}\frac{a_2 + a_1 z^{-1} + z^{-2}}{1 + a_1 z^{-1} + a_2 z^{-2}}$$

式中 $a_1 = -2r\cos\theta$，$a_2 = r^2$。由于系统为稳定系统，所以令 $z = e^{j\Omega}$ 即得系统的频率响应

$$H(e^{j\Omega}) = H(z)\big|_{z=e^{j\Omega}} = \frac{K}{a_2}\frac{a_2 z + a_1 + z^{-1}}{z + a_1 + a_2 z^{-1}}\bigg|_{z=e^{j\Omega}} = \frac{K}{a_2}\frac{a_2 e^{j\Omega} + a_1 + e^{-j\Omega}}{e^{j\Omega} + a_1 + a_2 e^{-j\Omega}}$$

显然

$$|H(\mathrm{e}^{j\Omega})| = \frac{K}{a_2}$$

系统的幅度响应为常数，该系统是一个全通系统。可见，当系统函数的零极点互为共轭倒数关系时，系统为全通系统。

8.3.4　系统函数的零极点分布与系统稳定性的关系

离散时间 LTI 系统稳定的充要条件是单位脉冲响应绝对可和，即

$$\sum_{k=-\infty}^{\infty} |h[k]| < \infty \tag{8-46}$$

式（8-46）等效于 $h[k]$ 的傅里叶变换收敛，亦等效于 $H(z)$ 的收敛域包含单位圆。因此，离散时间 LTI 系统稳定的充要条件是系统函数 $H(z)$ 的收敛域包括单位圆。

对于因果的离散时间 LTI 系统，因为 $h[k]$ 是因果序列，$H(z)$ 的收敛域为一圆外区域，且在收敛域中不能有极点。所以只有当 $H(z)$ 的全部极点位于 z 平面单位圆内时，其收敛域才能够包括单位圆。由此可见，因果的离散时间 LTI 系统稳定的充要条件是 $H(z)$ 的所有极点都在单位圆内。

[例 8-17] 判断因果的二阶全通系统的稳定性。

解：

由例 8-16 可知，二阶全通系统的系统函数为

$$H(z) = \frac{(z - z_1)(z - z_1^*)}{(z - p_1)(z - p_1^*)}$$

其中 $z_1 = \dfrac{1}{r}\mathrm{e}^{j\theta}$，$z_1^* = \dfrac{1}{r}\mathrm{e}^{-j\theta}$，$p_1 = r\mathrm{e}^{j\theta}$，$p_1^* = r\mathrm{e}^{-j\theta}$。因为系统是因果系统，所以 $H(z)$ 的收敛域为 $|z| > r$。当 $r < 1$ 时，收敛域包括单位圆，系统稳定；当 $r > 1$ 时，收敛域不包括单位圆，系统不稳定。

8.4　离散时间 LTI 系统的模拟

8.4.1　离散系统的联结

一个复杂的离散系统可以由一些简单的子系统以特定方式联结而组成。若掌握系统的联结，并知道各子系统的性能，就可以通过这些子系统来分析复杂系统，使复杂系统的分析简单化。同连续时间系统一样，离散系统联结的基本方式有级联、并联、反馈环路三种，下面分别讨论。

1. 系统的级联

系统的级联如图 8-10 所示。若两个子系统的系统函数分别为

$$H_1(z) = \frac{X(z)}{F(z)}, \qquad H_2(z) = \frac{Y(z)}{X(z)}$$

则信号通过级联系统的响应为

$$Y(z) = H_2(z)X(z) = H_2(z)H_1(z)F(z)$$

根据系统函数的定义，级联系统的系统函数为

$$H(z) = \frac{Y(z)}{F(z)} = H_1(z)H_2(z) \tag{8-47}$$

显然，级联系统的系统函数是各个子系统的系统函数的乘积。

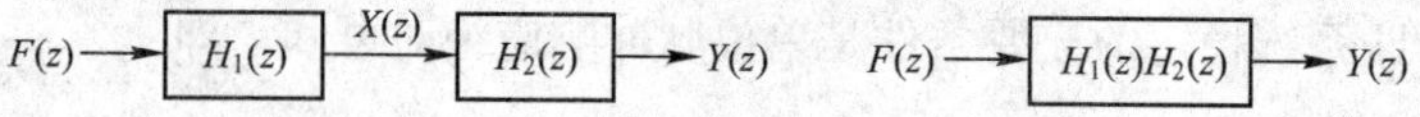

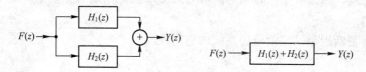

图 8-10　两个子系统的级联

2. 系统的并联

系统的并联如图 8-11 所示。由图可看出

图 8-11　两个子系统的并联

$$Y(z) = H_1(z)F(z) + H_2(z)F(z) = [H_1(z) + H_2(z)]F(z)$$

则并联系统的系统函数为

$$H(z) = \frac{Y(z)}{F(z)} = H_1(z) + H_2(z) \tag{8-48}$$

可见，并联系统的系统函数是各个子系统的系统函数之和。

3. 反馈环路

反馈环路如图 8-12 所示。这种系统由两个子系统组成，其特点是输出量的一部分，返回到输入端与输入量进行比较，形成反馈。

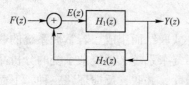

图 8-12　反馈环路

图 8-12 中 $H_1(z)$ 称为前向通路的系统函数，$H_2(z)$ 称为反馈通路的系统函数。从图中可看出：

$$Y(z) = E(z)H_1(z)$$
$$E(z) = F(z) - H_2(z)Y(z)$$
$$Y(z) = \frac{H_1(z)}{1 + H_1(z)H_2(z)}F(z)$$

反馈环路的系统函数（闭环增益）为

$$H(z) = \frac{Y(z)}{F(z)} = \frac{H_1(z)}{1 + H_1(z)H_2(z)} \tag{8-49}$$

8.4.2 离散系统的模拟

离散时间 LTI 系统的模拟是用延时器、加法器、乘法器等基本单元模拟原系统，使其与原系统具有相同的数学模型，以便利用计算机进行模拟实验，研究参数或输入信号对系统响应的影响。

离散时间 LTI 系统模拟可以直接通过差分方程模拟，也可以通过系统函数模拟。对同一系统函数，通过不同的运算，可以得到直接型、级联型、并联型、梯形、格形等多种形式的实现方案。下面仅介绍直接型、级联型、并联型模拟框图。

1. 直接型模拟框图

描述离散时间 LTI 系统的差分方程的一般形式为

$$y[k] + a_1 y[k-1] + \cdots + a_{n-1} y[k-n+1] + a_n y[k-n]$$
$$= b_0 f[k] + b_1 f[k-1] + \cdots + b_{m-1} f[k-m+1] + b_m f[k-m]$$

不失一般性，设 $m = n$，则差分方程可表示成

$$y[k] + \sum_{i=1}^{n} a_i y[k-i] = \sum_{j=0}^{n} b_j f[k-j] \tag{8-50}$$

对上式进行 z 变换，可以得到 n 阶离散时间 LTI 系统的系统函数 $H(z)$ 的一般形式为

$$H(z) = \frac{\displaystyle\sum_{j=0}^{n} b_j z^{-j}}{1 + \displaystyle\sum_{i=1}^{n} a_i z^{-i}} \tag{8-51}$$

由式（8-51）可见，离散时间 LTI 系统的系统函数 $H(z)$ 与连续时间 LTI 系统的系统函数 $H(s)$ 具有相同的结构形式，只需将 $H(s)$ 直接型模拟框图中的积分器 s^{-1} 改变为单位延时器 z^{-1}，即可得到 $H(z)$ 的 z 域直接型模拟框图，如图 8-13（a）所示。若将图 8-13（a）中的单位延时器 z^{-1} 表达为时域延时器 D，就可以得到 $H(z)$ 的时域直接型模拟框图，如图 8-13（b）所示。

比较式（8-51）和图 8-13，可以看出绘制 n 阶离散时间 LTI 系统模拟框图的一般规律。首先画出 n 个级联的延时器，再将各延时器的输出反馈连接到输入端的加法器形成反馈回路，这些反馈回路的系统函数分别为 $-a_1 z^{-1}, -a_2 z^{-2}, \cdots, -a_{n-1} z^{-(n-1)}, -a_n z^{-n}$，负号可以表示在输入加法器的输入端，最后将输入端加法器的输出和各延时器的输出正向连接到输出端的加法器构成前向通路，各条前向通路的系统函数分别为 $b_0, b_1 z^{-1}, b_2 z^{-2}, \cdots, b_{n-1} z^{-(n-1)}$，$b_n z^{-n}$。显然，$H(z)$ 的分母对应模拟框图中的反馈回路，$H(z)$ 的分子对应模拟框图中的前向通路。

图 8-13 所示的模拟框图还可用图 8-14 所示点线结构的信号流图表示。

2. 级联型与并联型模拟框图

若将 $H(z)$ 的 $N(z)$ 和 $D(z)$ 都分解成一阶和二阶实系数因子形式，然后将它们组成一阶

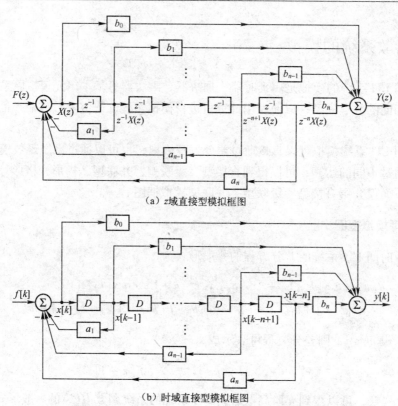

（a）z域直接型模拟框图

（b）时域直接型模拟框图

图 8-13　n 阶离散时间 LTI 系统的直接型模拟框图

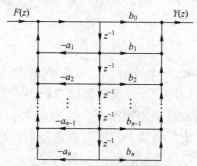

图 8-14　直接型信号流图

和二阶子系统，即

$$H(z) = H_1(z)H_2(z)\cdots H_i(z) \tag{8-52}$$

对每一个子系统按照图 8-13 所示规律，画出直接型结构框图，最后将这些子系统级联起来，便可得到离散时间系统级联型模拟框图。

若将系统函数 $H(z)$ 展开成部分分式，形成一、二阶子系统并联形式，即

$$H(z) = H_1(z) + H_2(z) + \cdots + H_j(z) \tag{8-53}$$

按照直接型结构，画出各子系统的直接型模拟框图，然后将它们并联起来，即可得到离散时间系统并联型结构的模拟框图。

　　[**例 8-18**] 已知 $H(z) = \dfrac{3 + 3.6z^{-1} + 0.6z^{-2}}{1 + 0.1z^{-1} - 0.2z^{-2}}$，试画出其直接型、并联型及级联型的模拟

框图。

解：

由 $H(z)$ 参照图 8-13 即可画出直接型模拟框图，如图 8-15（a）所示。将 $H(z)$ 用部分分式展开为

$$H(z) = 3 + \frac{3.3z^{-1} + 1.2z^{-2}}{1 + 0.1z^{-1} - 0.2z^{-2}} = 3 + \frac{0.5z^{-1}}{1 + 0.5z^{-1}} + \frac{2.8z^{-1}}{1 - 0.4z^{-1}}$$

对每个子系统分别画出其直接型模拟框图，再将它们并联起来即得并联型模拟框图，如图 8-15（b）所示。将 $H(z)$ 改写成

$$H(z) = \frac{3 + 0.6z^{-1}}{1 + 0.5z^{-1}} \cdot \frac{1 + z^{-1}}{1 - 0.4z^{-1}}$$

分别画出这两个一阶子系统的直接型模拟框图，再将它们级联起来即得级联型模拟框图，如图 8-15（c）所示。

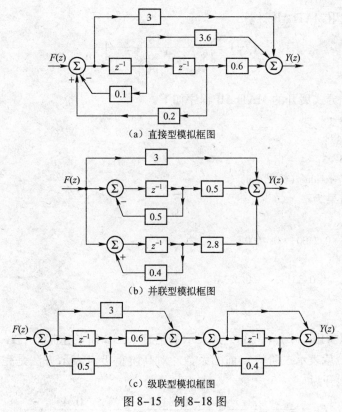

（a）直接型模拟框图

（b）并联型模拟框图

（c）级联型模拟框图

图 8-15　例 8-18 图

8.5　利用 MATLAB 进行离散系统的 z 域分析

8.5.1　部分分式展开的 MATLAB 实现

离散信号的 z 域表示式通常可用下面的有理分式表示

$$F(z) = \frac{b_0 + b_1 z^{-1} + b_2 z^{-1} + \cdots + b_m z^{-m}}{1 + a_1 z^{-1} + a_2 z^{-1} + \cdots + a_n z^{-n}} = \frac{num(z)}{den(z)} \quad (8-54)$$

为了能从 z 域表示式方便地得到时域表示式，可以将 $F(z)$ 展开成部分分式之和的形式，再对其进行 z 反变换。MATLAB 的信号处理工具箱提供了一个对 $F(z)$ 进行部分分式展开的函数 residuez，它的调用形式如下。

$$[r,p,k] = residuez(num,den)$$

其中 num，den 分别表示 $F(z)$ 的分子和分母多项式的系数向量，r 为部分分式的系数向量，p 为极点向量，k 为多项式的系数向量。若 $F(z)$ 为真分式，则 k 为空。也就是说，借助 residuez 函数可以将式（8-54）展开成

$$\frac{num(z)}{den(z)} = \frac{r(1)}{1-p(1)z^{-1}} + \cdots + \frac{r(n)}{1-p(n)z^{-1}} + k(1) + k(2)z^{-1} + \cdots + k(m-n+1)z^{-(m-n)}$$

$$(8-55)$$

[例8-19] 试用 MATLAB 计算

$$F(z) = \frac{18}{18 + 3z^{-1} - 4z^{-2} - z^{-3}}$$

的部分分式展开。

解： 计算部分分式展开的 MATLAB 程序如下：

```
% program8_1
num = [18];
den = [18  3  -4  -1];
[r,p,k] = residuez(num,den)
```

程序运行的结果为

```
r =
  0.3600,  0.2400,  0.4000
p =
  0.5000,  -0.3333,  -0.3333
k =
  [ ]
```

从运行结果中可以看出 p(2) = p(3)，这表示系统有一个 2 阶的重极点，r(2) 表示一阶极点前的系数，而 r(3) 就表示二阶极点前的系数。对高阶重极点表示方法是完全类似的。所以 $F(z)$ 的部分分式展开为

$$F(z) = \frac{0.36}{1-0.5z^{-1}} + \frac{0.24}{1+0.3333z^{-1}} + \frac{0.4}{(1+0.3333z^{-1})^2}$$

8.5.2 MATLAB 计算 $H(z)$ 的零极点与系统特性

如果系统函数 $H(z)$ 的有理函数表示形式为

$$H(z) = \frac{b(1)z^m + b(2)z^{m-1} + \cdots + b(m+1)}{a(1)z^n + a(2)z^{n-1} + \cdots + a(n+1)} \quad (8-56)$$

那么系统函数的零点和极点可以通过 MATLAB 函数 roots 得到，也可以借助函数 tf2zp 得到，

tf2zp 的调用形式为

$$[z, p, k] = \text{tf2zp}(b, a)$$

式中 b 和 a 分别为式（8-56）中 $H(z)$ 分子多项式和分母多项式的系数向量。它的作用是将式（8-56）的有理函数表示转换为零点、极点和增益常数表示，即

$$H(z) = k \frac{(z - z(1))(z - z(2)) \cdots (z - z(m))}{(z - p(1))(z - p(2)) \cdots (z - p(n))} \tag{8-57}$$

[例 8-20] 已知某因果的离散时间 LTI 系统的系统函数为

$$H(z) = \frac{z^{-1} + 2z^{-2} + z^{-3}}{1 - 0.5z^{-1} - 0.005z^{-2} + 0.3z^{-3}}$$

求该系统的零极点。

解：将系统函数改写为

$$H(z) = \frac{z^2 + 2z + 1}{z^3 - 0.5z^2 - 0.005z + 0.3}$$

用 tf2zp 函数求系统的零极点，程序如下

```
% program 8_2
% zeros and poles of the transfer function
b = [1 2 1];
a = [1   -0.5   -0.005   0.3];
[z, p, k] = tf2zp(b, a)
```

程序运行结果为

```
z =
    -1,   -1
p =
   0.5198 + 0.5346i,   0.5198 - 0.5346i,   -0.5396
k =
    1
```

若要获得系统函数 $H(z)$ 的零极点分布图，可以直接应用 zplane 函数，其调用形式为

```
zplane(b, a)
```

式中 b 和 a 分别为以负幂表示的 $H(z)$ 分子多项式和分母多项式的系数向量。它的作用是在 z 平面画出单位圆、零点与极点。

如果已知系统函数 $H(z)$，求系统的单位脉冲响应 $h[k]$ 和系统的频率响应 $H(e^{j\Omega})$ 则可以应用前面讲过的 impz 函数和 freqz 函数。

[例 8-21] 已知某因果的离散时间 LTI 系统的系统函数为

$$H(z) = \frac{z^2 + 2z + 1}{z^3 - 0.5z^2 - 0.005z^{-1} + 0.3}$$

试画出系统的零极点分布，求系统的单位脉冲响应 $h[k]$ 和系统的频率响应 $H(e^{j\Omega})$，并判断系统是否稳定。

解：在调用 zplane 函数、impz 函数和 freqz 函数时，需要将 $H(z)$ 改写成

$$H(z) = \frac{z^{-1} + 2z^{-2} + z^{-3}}{1 - 0.5z^{-1} - 0.005z^{-2} + 0.3z^{-3}}$$

根据上式写出的程序如下

```
% program 8_3
% zeros and poles of the transfer function
num = [0 1 2 1];
den = [1 -0.5 -0.005 0.3];
figure(1);zplane(num,den);
h = impz(num,den,30);
figure(2);stem(0:length(h) -1,h)
xlabel('k')
title('Impulse Respone')
[H,w] = freqz(num,den);
figure(3);plot(w/pi,abs(H))
xlabel('Frequency \Omega')
title('Magnitude Respone')
```

程序运行结果如图8-16所示。图8-16（a）为系统函数的零极点分布图，图中符号。表示零点，符号。旁的数字表示零点的阶数。符号×表示极点。图中的虚线画的是单位圆。由图可知，该因果系统的极点全在 z 平面单位圆内，故该因果系统是稳定系统。

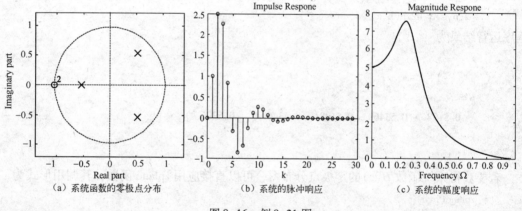

（a）系统函数的零极点分布　　　（b）系统的脉冲响应　　　（c）系统的幅度响应

图8-16　例8-21图

习题

8-1　根据定义求以下序列的单边 z 变换及其收敛域。

(1) $\{1,2,3,4,5\}$

(2) $u[k] - u[k-N]$

(3) $a^k\{u[k] - u[k-N]\}$

(4) $\left(\dfrac{1}{2}\right)^k \cos(\Omega_0 k) u[k]$

8-2　根据单边 z 变换的位移性质，求以下序列的单边 z 变换及其收敛域。

(1) $\delta[k-N]$

(2) $u[k-N]$

(3) $\nabla^2 u[k]$

(4) $a^{k-N} u[k-N]$

(5) $a^{k-N} u[k]$

(6) $a^k u[k-N]$

8-3　根据单边 z 变换的性质，求以下序列的单边 z 变换及其收敛域。

(1) $ka^k u[k]$

(2) $ka^k u[k-1]$

(3) $(k+1)^2 u[k]$

(4) $k\{u[k]-u[k-N]\}$

(5) $\sum_{i=0}^{k} b^i$

(6) $a^k \sum_{i=0}^{k} b^i$

8-4　求以下序列的单边 z 变换。

(1) $f[k] = \begin{cases} 1, & k=2n, \quad n=0,\ 1,\ 2,\ \cdots \\ 0, & k=2n+1, \quad n=0,\ 1,\ 2,\ \cdots \end{cases}$

(2) $y[k] = \sum_{i=0}^{k} (-1)^i f[k-i]$

8-5　已知 $\mathscr{Z}\{f[k]\} = F(z) = \dfrac{z}{(1+z^2)^2}$，$|z|>1$，利用 z 变换的性质，求下列各式的单边 z 变换及其收敛域。

(1) $f_1[k] = f[k-2]$

(2) $f_2[k] = \left(\dfrac{1}{2}\right)^k f[k]$

(3) $f_3[k] = \left(\dfrac{1}{2}\right)^k f[k-2]$

(4) $f_4[k] = kf[k]$

(5) $f_5[k] = (k-2)f[k]$

(6) $f_6[k] = \sum_{i=0}^{k} f[i]$

(7) $f_7[k] = \sum_{i=0}^{k} f[k-i]$

(8) $f_8[k] = \sum_{i=1}^{k} f[k-i]$

8-6　已知因果序列 $f[k]$ 的 z 变换式 $F(z)$，试求 $f[k]$ 的初值和终值 $f[0]$、$f[1]$、$f[\infty]$。

(1) $F(z) = \dfrac{z(z+1)}{(z^2-1)(z+0.5)}$

(2) $F(z) = \dfrac{2z^2}{\left(z-\dfrac{1}{2}\right)\left(z+\dfrac{1}{3}\right)}$

8-7　已知 $F(z) = \mathscr{Z}\{f[k]\}$，$f[k]=a^k u[k]$，不计算 $F(z)$，利用单边 z 变换的性质，求下列各式对应的 $f[k]$。

(1) $F_1(z) = z^{-N} F(z)$

(2) $F_2(z) = F(2z)$

(3) $F_3(z) = zF'(z)$

(4) $F_4(z) = \dfrac{1}{1-z^{-1}} F(z)$

(5) $F_5(z) = z^{-N} F(2z)$

(6) $F_6(z) = F(-z)$

8-8　求以下各式的单边 z 反变换 $f[k]$。

(1) $F(z) = \dfrac{z^{-1}}{1+\dfrac{1}{4} z^{-2}}$

(2) $F(z) = \dfrac{1}{1-\dfrac{1}{4} z^{-2}}$

(3) $F(z) = \dfrac{1}{(1-z^{-1})^2}$

(4) $F(z) = \dfrac{1}{\left(1+\dfrac{1}{4} z^{-2}\right)^2}$

8-9　利用部分分式法求以下各式的单边 z 反变换 $f[k]$。

(1) $F(z) = \dfrac{z^{-2}}{2-z^{-1}-z^{-2}}$

(2) $F(z) = \dfrac{1-z^{-1}}{1+\dfrac{5}{4} z^{-1}+\dfrac{3}{8} z^{-2}}$

(3) $F(z) = \dfrac{1}{(1-z^{-1})(1+z^{-2})}$

(4) $F(z) = \dfrac{1-4z^{-1}}{(1-z^{-1})(1+5z^{-1}+6z^{-2})}$

(5) $F(z) = \dfrac{2z+1}{z^2+3z+2}$

(6) $F(z) = \dfrac{z}{(z-1)^2(z+1)}$

8-10　求下列因果离散时间 LTI 系统的零输入响应、零状态响应和完全响应。

(1) $y[k] - \dfrac{1}{3}y[k-1] = f[k]$，$f[k] = \left(\dfrac{1}{2}\right)^k u[k]$，$y[-1] = 1$

(2) $y[k] - \dfrac{1}{3}y[k-1] = f[k] + f[k-1]$，$f[k] = \left(\dfrac{1}{2}\right)^k u[k]$，$y[-1] = 1$

(3) $y[k] - \dfrac{4}{3}y[k-1] + \dfrac{1}{3}y[k-2] = f[k]$，$f[k] = \left(\dfrac{1}{2}\right)^k u[k]$，$y[-1] = 1$，$y[-2] = 2$

(4) $y[k] + y[k-1] - 2y[k-2] = f[k-1] + 2f[k-2]$，$f[k] = u[k]$，$y[-1] = -0.5$，$y[-2] = 0.25$

8-11　已知某因果的离散时间 LTI 系统在阶跃信号 $u[k]$ 激励下产生的阶跃响应为 $g[k] = \left(\dfrac{1}{2}\right)^k u[k]$，
试求：

(1) 该系统的系统函数 $H(z)$ 和单位脉冲响应 $h[k]$。

(2) 在 $f[k] = \left(\dfrac{1}{3}\right)^k u[k]$ 激励下产生的零状态响应 $y[k]$。

8-12　已知描述某因果的离散时间 LTI 系统的差分方程为

$$y[k] - \dfrac{3}{4}y[k-1] + \dfrac{1}{8}y[k-2] = f[k]$$

求该系统的系统函数 $H(z)$、系统的单位脉冲响应 $h[k]$ 及其阶跃响应 $g[k]$。

8-13　已知某初始状态为零的离散时间 LTI 系统，当输入 $f[k] = u[k]$ 时，测得输出

$$y[k] = [3 - 3(0.5)^k + (1/3)^k]u[k]$$

求该系统的系统函数 $H(z)$。

8-14　已知描述因果的离散时间 LTI 系统的差分方程为

$$y[k] - 2y[k-1] = 2f[k] + 4f[k-1]$$

当该系统的输入序列为 $\{\overset{\downarrow}{1}, 1, 2, 3\}$ 时，求此系统的零状态响应 $y_f[k]$。

8-15　已知描述因果的离散时间 LTI 系统的差分方程为：

$$y[k] - 3y[k-1] + 2y[k-2] = f[k-1] - 2f[k-2]$$

系统的初始状态为 $y[-1] = -\dfrac{1}{2}$，$y[-2] = -\dfrac{3}{4}$，当输入信号序列为 $f[k]$ 时，系统的完全响应为
$y[k] = 2(2^k - 1)$，$k \geqslant 0$，试求 $f[k]$。

8-16　已知某初始状态为零的离散时间 LTI 系统，当输入 $f[k] = u[k]$ 时，测得输出

$$y[k] = \left[\left(\dfrac{1}{2}\right)^k - \left(\dfrac{1}{3}\right)^k + 2\right]u[k]$$

试确定描述该离散时间 LTI 系统的差分方程。

8-17　已知某因果的离散时间 LTI 系统的系统函数 $H(z)$，试画出其零极点分布图，并判断系统的稳定性。

$$H(z) = \dfrac{z+1}{z(z^2 + 2z + 3/4)}$$

8-18　已知某因果的离散时间 LTI 系统的系统函数 $H(z)$ 的零极点分布图，如图 8-17 所示，试定性画出各系统单位脉冲响应 $h[k]$ 的波形和系统的幅度响应。

8-19　试画出下列因果的离散时间 LTI 系统的直接型、级联型和并联型模拟框图。

(1) $H(z) = \dfrac{1 + z^{-2}}{\left(1 + \dfrac{1}{2}z^{-1}\right)\left(1 - \dfrac{1}{3}z^{-1}\right)}$
　　　(2) $H(z) = \dfrac{1 + 2z^{-1}}{\left(1 - z^{-1} + \dfrac{1}{2}z^{-2}\right)\left(1 - \dfrac{1}{2}z^{-1}\right)}$

(3) $H(z) = \dfrac{2z + 1}{z(z-1)(z-0.5)^2}$
　　　(4) $H(z) = \dfrac{z(z+2)}{(z-0.8)(z+0.4)(z-0.6)}$

8-20　已知因果的离散时间 LTI 系统的模拟框图如图 8-18 所示，分别求其系统函数 $H(z)$，并确定系

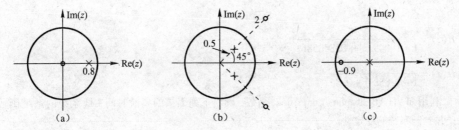

图 8-17　题 8-18 图

统稳定时 K 的范围。

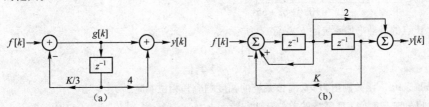

图 8-18　题 8-20 图

8-21　已知离散时间 LTI 系统的单位脉冲响应，求系统的系统函数 $H(z)$、描述系统的差分方程、系统的模拟框图，并判断系统是否稳定。

(1) $h[k] = \{ \overset{\downarrow}{1}, 2, 3, 1, 1 \}$　　　　(2) $h[k] = 2^k u[k]$

(3) $h[k] = \delta[k] - \left(\dfrac{1}{4} \right)^k u[k]$　　　(4) $h[k] = \left(\dfrac{1}{3} \right)^k u[k] - \left(\dfrac{1}{4} \right)^k u[k]$

8-22　已知因果的离散时间 LTI 系统的系统函数，求系统的单位脉冲响应、描述系统的差分方程、系统的模拟框图，并判断系统是否稳定。

(1) $H(z) = \dfrac{1 - z^{-1}}{6 + 5z^{-1} + z^{-2}}$

(2) $H(z) = 3 + 8z^{-1} + 14z^{-2} + 8z^{-3} + 3z^{-4}$

8-23　已知因果的离散时间 LTI 系统的差分方程描述，求系统的系统函数、单位脉冲响应、系统的模拟框图，并判断系统是否稳定。

(1) $y[k] = \nabla^2 f[k]$

(2) $y[k] - \dfrac{3}{2} y[k-1] + \dfrac{1}{2} y[k-2] = f[k] - \dfrac{1}{6} f[k-2]$

MATLAB 习题

M8-1　利用 MATLAB 的 residuez 函数，计算下列各式的部分分式展开式，并求出 $f[k]$。

(1) $F(z) = \dfrac{2z^4 + 16z^3 + 44z^2 + 56z + 32}{3z^4 + 3z^3 - 15z^2 + 18z - 12}$

(2) $F(z) = \dfrac{4z^4 - 8.68z^3 - 17.98z^2 + 26.74z - 8.04}{z^4 - 2z^3 + 10z^2 + 6z + 65}$

M8-2　已知描述某因果的离散时间 LTI 系统的差分方程为

$$2y[k] - y[k-1] - 3y[k-2] = 2f[k] - f[k-1]$$

$f[k] = 0.5^k u[k]$，$y[-1] = 1$，$y[-2] = 3$，试用 filter 函数求系统的零输入响应、零状态响应和完全响应。

M8-3　利用 MATLAB 的 filter 函数，求出下列因果的离散时间 LTI 系统的单位脉冲响应，并由 $h[k]$ 判断系统是否稳定。

(1) $H(z) = \dfrac{1}{1 - 1.845z^{-1} + 0.850586z^{-2}}$

(2) $H(z) = \dfrac{1}{1 - 1.85z^{-1} + 0.85z^{-2}}$

M8-4 利用 MATLAB 的 zplane(num,den) 函数，画出下列因果的离散时间 LTI 系统的系统函数的零极点分布图，并判断系统的稳定性。

(1) $H(z) = \dfrac{2z^4 + 16z^3 + 44z^2 + 56z + 32}{3z^4 + 3z^3 - 15z^2 + 18z - 12}$

(2) $H(z) = \dfrac{4z^4 - 8.68z^3 - 17.98z^2 + 26.74z - 8.04}{z^4 - 2z^3 + 10z^2 + 6z + 65}$

M8-5 M 点的滑动平均系统的 $h[k]$ 定义为

$$h[k] = \begin{cases} 1/M, & 0 \leqslant k \leqslant M-1 \\ 0, & \text{其他} \end{cases}$$

利用 freqz, abs, angle 函数画出 $M = 7$ 时该系统的幅度响应和相位响应。

M8-6 已知离散时间 LTI 系统的单位脉冲响应 $h[k] = a^k \{u[k] - u[k-N]\}, a > 0$，求 $H(z)$，画出系统的零极点分布图，画出系统的幅度响应和相位响应。

M8-7 画出下列因果的离散时间 LTI 系统的幅度响应和相位响应，并由幅度响应判断系统的类型。

(1) $H(z) = \dfrac{0.2449z^{-1}}{1 - 1.1580z^{-1} + 0.4112z^{-2}}$

(2) $H(z) = \dfrac{0.0495\,(1 + z^{-1})^3}{1 - 1.1619z^{-1} + 0.6959z^{-2} - 0.1378z^{-3}}$

(3) $H(z) = \dfrac{0.086\,(1 + z^{-1})^2}{1 - 1.0794z^{-1} + 0.5655z^{-2}}$

(4) $H(z) = \dfrac{(1/6)\,(1 - z^{-1})^3}{1 + (1/3)z^{-2}}$

第 9 章　系统的状态变量分析

内容提要：本章介绍状态和状态变量的基本概念，以及建立系统状态方程的方法，简述状态方程的时域和变换域求解、状态矢量的线性变换、系统的可控制性和可观测性的基本概念，以及利用 MATLAB 计算状态方程数值解的方法。

9.1　引言

在前面的章节中讨论了系统的时域和频域分析，其分析方法都是着眼于寻求系统的激励（输入）与系统的响应（输出）之间的关系，一旦系统的数学模型建立以后，就不再关心系统内部的具体变化情况，而只考虑系统的时间特性以及频率特性对输出物理量的影响。这种研究系统输入和输出物理量随时间或随频率变化规律的方法，通常称为系统外部描述法。

随着系统的复杂化，输入与输出有时是多个的，这时采用系统外部描述法就比较复杂，甚至是困难的。另外，近代控制论的发展，使人们对所控制的系统不再只满足于研究系统输出量的变化，而同时需要研究系统内部的一些变量的变化规律，以便设计和控制这些参数，达到最佳控制的目的。这时，系统外部描述法已难以适应要求，需要有一种能有效地获得系统内部状态描述的方法。这就是系统的状态变量分析法。

在状态变量分析法中，必须选择一组描述系统的关键性变量，称这一组变量为描述系统的状态变量。系统在任意时刻 t 的每一个输出都可由系统在 t 时刻的状态变量和输入信号来表示。这是系统状态变量必须满足的基本特性。系统的状态变量描述一般分为两部分：

① 描述系统状态变量与系统输入的关系（状态方程）；

② 描述系统每一个输出变量与系统状态变量及系统输入的关系（输出方程）。

分析系统的过程就是首先建立描述系统的状态方程和输出方程，再通过求解系统的状态方程获得系统状态变化规律，然后由系统的输出方程和系统的状态得出系统响应。由于系统的状态空间描述可由系统的初始状态和输入来确定系统中的每一个变量，所以状态空间描述是一种系统内部描述的方法。

系统在时刻 t_0 状态是指一组数 $x_1(t_0)$，$x_2(t_0)$，$\cdots$，$x_n(t_0)$，不仅要求这组数的个数是最少的，而且还可由 $x_1(t_0)$，$x_2(t_0)$，$\cdots$，$x_n(t_0)$ 和 $t > t_0$ 时系统输入，求解系统在 $t > t_0$ 所有的状态或输出。这组变量 $x_1(t)$，$x_2(t)$，$\cdots$，$x_n(t)$ 就称为系统的状态变量。状态变量在系统初始时刻的值 $x_1(t_0)$，$x_2(t_0)$，$\cdots$，$x_n(t_0)$ 称为系统的初始状态。

系统的初始状态可以有多种不同取法，所以系统的状态变量也可有多种不同的取法，这就意味着系统的状态变量的选取不是唯一的。系统的状态是一个非常重要的概念。下面通过一个简单的例子来说明状态变量分析法中的一些基本概念。

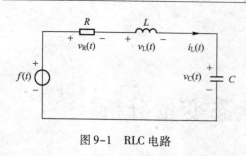

图 9-1　RLC 电路

[例 9-1] 求出描述图 9-1 所示 RLC 电路的状态方程，并验证系统在 t 时刻所有可能的输出可由系统的状态变量和输入线性表示。

解： 由电路理论知，在 RLC 电路中，电感的电流和电容两端的电压是电路变量，其一般不发生突变。所以可以选电容两端的电压 $x_1(t)$ 和电感的电流 $x_2(t)$ 为状态变量，由电路理论列出如下方程

$$R \cdot x_2(t) + L \frac{dx_2(t)}{dt} + x_1(t) = f(t)$$

与

$$C \frac{dx_1(t)}{dt} = x_2(t)$$

因此，系统的状态方程可写为

$$\frac{dx_1(t)}{dt} = \frac{1}{C} x_2(t) \tag{9-1a}$$

$$\frac{dx_2(t)}{dt} = -\frac{R}{L} x_2(t) - \frac{1}{L} x_1(t) + \frac{1}{L} f(t) \tag{9-1b}$$

系统每一个可能的输出都可表示为 $x_1(t)$，$x_2(t)$ 和 $f(t)$ 的线性组合。由图 9-1 可得

$$\begin{aligned}
v_R(t) &= Rx_2(t) \\
i_R(t) &= i_L(t) = i_C(t) = x_2(t) \\
v_L(t) &= f(t) - v_R(t) - v_C(t) = f(t) - Rx_2(t) - x_1(t) \\
v_C(t) &= x_1(t)
\end{aligned} \tag{9-2}$$

这组方程称为系统的输出方程。由此可见，系统在 t 时刻每一个可能的输出都可由系统在 t 时刻的状态变量 $x_1(t)$，$x_2(t)$ 及系统在 t 时刻的输入 $f(t)$ 确定。因此，一旦求得系统的状态方程式，并根据状态方程求出状态变量，就可以由系统的输入 $f(t)$ 及系统的状态变量 $x_1(t)$，$x_2(t)$ 得出系统每个可能的输出。

利用状态变量分析的主要优点在于它不仅能描述系统的内部各变量之间关系，而且还能有效地描述多输入多输出（MIMO）系统。另外，时变和非线性系统也可用状态空间的方法来描述。由于状态方程中都是一阶的微分方程或差分方程，更加适合计算机进行数值计算。

9.2　连续时间 LTI 系统状态方程的建立

9.2.1　连续时间系统状态方程的普遍形式

具有 m 个输入 $f_1(t)$，$f_2(t)$，$\cdots$，$f_m(t)$，p 个输出 $y_1(t)$，$y_2(t)$，$\cdots$，$y_p(t)$ 和 n 个状态变量 $x_1(t)$，$x_2(t)$，$\cdots$，$x_n(t)$ 的连续时间 LTI 系统，如图 9-2 所示，其状态方程由 n 个一阶线性微分方程组成，一般形式为

$$\dot{x}_1(t) = a_{11}x_1(t) + a_{12}x_2(t) + \cdots + a_{1n}x_n(t) + b_{11}f_1(t) + b_{12}f_2(t) + \cdots + b_{1m}f_m(t)$$
$$\dot{x}_2(t) = a_{21}x_1(t) + a_{22}x_2(t) + \cdots + a_{2n}x_n(t) + b_{21}f_1(t) + b_{22}f_2(t) + \cdots + b_{2m}f_m(t)$$
$$\vdots \qquad\qquad\qquad\qquad\qquad\qquad\qquad\qquad\qquad\qquad \tag{9-3}$$
$$\dot{x}_n(t) = a_{n1}x_1(t) + a_{n2}x_2(t) + \cdots + a_{nn}x_n(t) + b_{n1}f_1(t) + b_{n2}f_2(t) + \cdots + b_{nm}f_m(t)$$

式（9-3）称为系统状态方程。

式中
$$\dot{x}_i(t) = \frac{\mathrm{d}x_i(t)}{\mathrm{d}t}$$

由于是时不变系统，系数 $\{a_{kl}\}$ 与 $\{b_{kl}\}$ 是与时间无关的常数。

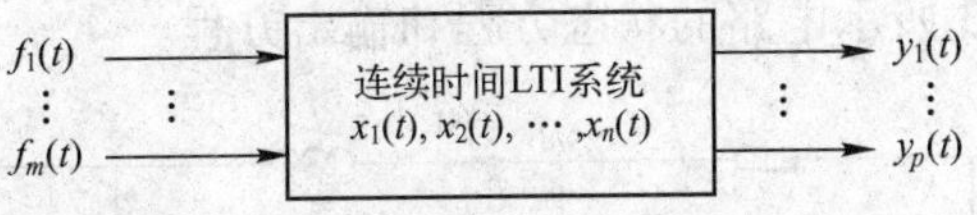

图 9-2 多输入多输出连续时间 LTI 系统

连续时间 LTI 系统的状态方程可用矩阵形式表示为

$$
\underbrace{\begin{bmatrix} \dot{x}_1(t) \\ \dot{x}_2(t) \\ \vdots \\ \dot{x}_n(t) \end{bmatrix}}_{\dot{x}(t)} = \underbrace{\begin{bmatrix} a_{11} & a_{12} & \cdots & a_{1n} \\ a_{21} & a_{22} & \cdots & a_{2n} \\ \vdots & \vdots & & \vdots \\ a_{n1} & a_{n2} & \cdots & a_{nn} \end{bmatrix}}_{A} \underbrace{\begin{bmatrix} x_1(t) \\ x_2(t) \\ \vdots \\ x_n(t) \end{bmatrix}}_{x(t)} + \underbrace{\begin{bmatrix} b_{11} & b_{12} & \cdots & b_{1m} \\ b_{21} & b_{22} & \cdots & b_{2m} \\ \vdots & \vdots & & \vdots \\ b_{n1} & b_{n2} & \cdots & b_{nm} \end{bmatrix}}_{B} \underbrace{\begin{bmatrix} f_1(t) \\ f_2(t) \\ \vdots \\ f_m(t) \end{bmatrix}}_{f(t)} \tag{9-4}
$$

即
$$\dot{x}(t) = Ax(t) + Bf(t) \tag{9-5}$$

$x(t)$ 称为系统的状态矢量，$f(t)$ 称为系统的输入矢量。

连续时间 LTI 系统的输出方程一般形式为

$$y_1(t) = c_{11}x_1(t) + c_{12}x_2(t) + \cdots + c_{1n}x_n(t) + d_{11}f_1(t) + d_{12}f_2(t) + \cdots + d_{1m}f_m(t)$$
$$y_2(t) = c_{21}x_1(t) + c_{22}x_2(t) + \cdots + c_{2n}x_n(t) + d_{21}f_1(t) + d_{22}f_2(t) + \cdots + d_{2m}f_m(t)$$
$$\vdots \tag{9-6}$$
$$y_p(t) = c_{p1}x_1(t) + c_{p2}x_2(t) + \cdots + c_{pn}x_n(t) + d_{p1}f_1(t) + d_{p2}f_2(t) + \cdots + d_{pm}f_m(t)$$

输出方程的矩阵形式为

$$
\underbrace{\begin{bmatrix} y_1(t) \\ y_2(t) \\ \vdots \\ y_p(t) \end{bmatrix}}_{y(t)} = \underbrace{\begin{bmatrix} c_{11} & c_{12} & \cdots & c_{1n} \\ c_{21} & c_{22} & \cdots & c_{2m} \\ \vdots & \vdots & & \vdots \\ c_{p1} & c_{p2} & \cdots & c_{pm} \end{bmatrix}}_{C} \underbrace{\begin{bmatrix} x_1(t) \\ x_2(t) \\ \vdots \\ x_n(t) \end{bmatrix}}_{x(t)} + \underbrace{\begin{bmatrix} d_{11} & d_{12} & \cdots & d_{1m} \\ d_{21} & d_{22} & \cdots & d_{2m} \\ \vdots & \vdots & & \vdots \\ d_{p1} & d_{p2} & \cdots & d_{pm} \end{bmatrix}}_{D} \underbrace{\begin{bmatrix} f_1(t) \\ f_2(t) \\ \vdots \\ f_m(t) \end{bmatrix}}_{f(t)} \tag{9-7}
$$

即
$$y(t) = Cx(t) + Df(t) \tag{9-8}$$

$y(t)$ 称为系统的输出矢量。下面将具体讨论如何建立系统的状态方程和输出方程。

9.2.2　由电路图建立状态方程

在已知系统电路结构和输入的前提下，在建立系统的状态方程时，首先要根据电路确定系统的状态变量的个数，系统状态变量数等于系统中独立动态元件数。然后建立系统的状态方程。一般地说，由电路直接建立状态方程的步骤如下：

① 一般选择电感电流和电容电压作为状态变量；

② 围绕电感电流的导数列写回路电压方程；

③ 围绕电容电压的导数列写节点电流方程；

④ 整理步骤②、③，即可得到状态方程；

⑤ 求解输出与状态变量和输入关系，得到输出方程。

下面举例说明由电路建立系统状态方程的具体过程。

[**例 9-2**] 写出图 9-3 所示电路的状态方程和输出方程。

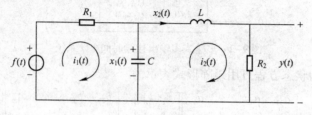

图 9-3　RLC 电路

解：

（1）电路中有一个电容和一个电感，所以系统需要两个状态变量。选择电容的电压 $x_1(t)$ 和电感的电流 $x_2(t)$ 作为系统的状态变量。

（2）由图 9-3 可得回路电流和状态变量的关系为

$$x_2(t) = i_2(t) \tag{9-9}$$

$$C\dot{x}_1(t) = i_1(t) - i_2(t) \tag{9-10}$$

（3）回路方程为

$$R_1 i_1(t) + x_1(t) = f(t) \tag{9-11}$$

$$L\dot{i}_2(t) + R_2 i_2(t) - x_1(t) = 0 \tag{9-12}$$

（4）将式（9-9）和式（9-11）代入式（9-10）得

$$\dot{x}_1(t) = \frac{1}{C}\left(\frac{f(t) - x_1(t)}{R_1} - x_2(t)\right) = -\frac{1}{R_1 C}x_1(t) - \frac{1}{C}x_2(t) + \frac{1}{R_1 C}f(t)$$

将式（9-9）代入式（9-12）

$$\dot{x}_2(t) = \frac{1}{L}(x_1(t) - R_2 x_2(t)) = \frac{1}{L}x_1(t) - \frac{R_2}{L}x_2(t)$$

系统的输出方程为

$$y(t) = R_2 x_2(t)$$

如果用矩阵来表示，则系统的状态方程为

$$\begin{bmatrix} \dot{x}_1(t) \\ \dot{x}_2(t) \end{bmatrix} = \begin{bmatrix} -\dfrac{1}{R_1 C} & -\dfrac{1}{C} \\ \dfrac{1}{L} & -\dfrac{R_2}{L} \end{bmatrix} \begin{bmatrix} x_1(t) \\ x_2(t) \end{bmatrix} + \begin{bmatrix} \dfrac{1}{R_1 C} \\ 0 \end{bmatrix} f(t)$$

系统的输出方程为

$$y(t) = \begin{bmatrix} 0 & R_2 \end{bmatrix} \begin{bmatrix} x_1(t) \\ x_2(t) \end{bmatrix}$$

9.2.3　由微分方程建立状态方程

如果已知描述连续系统的微分方程，则可以直接从微分方程得出系统的状态方程。下面举例说明。

[例 9-3] 已知描述某连续时间 LTI 系统的微分方程式为

$$\frac{\mathrm{d}^2 y(t)}{\mathrm{d}t^2} + 3\frac{\mathrm{d}y(t)}{\mathrm{d}t} + 2y(t) = 4f(t)$$

试写出其状态方程和输出方程。

解：

对于微分方程式，可选 $y(t)$ 和 $\dot{y}(t)$ 作为系统的状态变量，即

$$x_1(t) = y(t), \quad x_2(t) = \dot{y}(t)$$

根据微分方程式和系统状态的定义，可得系统的状态方程为

$$\begin{cases} \dot{x}_1(t) = x_2(t) \\ \dot{x}_2(t) = y''(t) = 4f(t) - 2x_1(t) - 3x_2(t) \end{cases}$$

系统的输出方程为

$$y(t) = x_1(t)$$

写成矩阵形式为

$$\begin{bmatrix} \dot{x}_1(t) \\ \dot{x}_2(t) \end{bmatrix} = \begin{bmatrix} 0 & 1 \\ -2 & -3 \end{bmatrix} \begin{bmatrix} x_1(t) \\ x_2(t) \end{bmatrix} + \begin{bmatrix} 0 \\ 4 \end{bmatrix} f(t)$$

$$\begin{bmatrix} y(t) \end{bmatrix} = \begin{bmatrix} 1 & 0 \end{bmatrix} \begin{bmatrix} x_1(t) \\ x_2(t) \end{bmatrix}$$

9.2.4　由系统模拟框图建立状态方程

由模拟框图直接建立状态方程是一种比较直观和简单的方法，其一般规则是：

① 选取积分器的输出端作为系统状态变量；

② 围绕积分器的输入端列写系统状态方程；

③ 围绕连续系统输出端列写系统输出方程。

[例 9-4] 已知某连续时间 LTI 系统的系统函数为

$$H(s) = \frac{2s+5}{s^3 + 9s^2 + 26s + 24} = \left(\frac{2}{s+2}\right)\left(\frac{s+2.5}{s+3}\right)\left(\frac{1}{s+4}\right) = \frac{0.5}{s+2} + \frac{1}{s+3} - \frac{1.5}{s+4}$$

试写出系统直接型、级联型和并联型的状态方程和输出方程。

解：（1）直接型

图 9-4 为该系统直接型模拟框图。选取三个积分器的输出作为系统的状态变量 $x_1(t)$，$x_2(t)$ 和 $x_3(t)$，则有

$$\dot{x}_1(t) = x_2(t)$$

$$\dot{x}_2(t) = x_3(t)$$

$$\dot{x}_3(t) = -24x_1(t) - 26x_2(t) - 9x_3(t) + f(t)$$

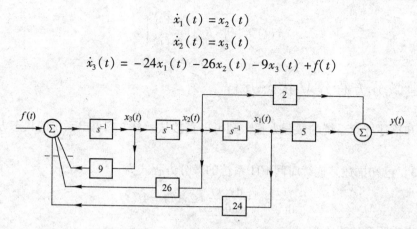

图 9-4　例 9-4 直接型模拟框图

系统的输出方程为

$$y(t) = 5x_1(t) + 2x_2(t)$$

状态方程的矩阵表示式为

$$\begin{bmatrix} \dot{x}_1(t) \\ \dot{x}_2(t) \\ \dot{x}_3(t) \end{bmatrix} = \begin{bmatrix} 0 & 1 & 0 \\ 0 & 0 & 1 \\ -24 & -26 & -9 \end{bmatrix} \begin{bmatrix} x_1(t) \\ x_2(t) \\ x_3(t) \end{bmatrix} + \begin{bmatrix} 0 \\ 0 \\ 1 \end{bmatrix} f(t)$$

$$y(t) = \begin{bmatrix} 5 & 2 & 0 \end{bmatrix} \begin{bmatrix} x_1(t) \\ x_2(t) \\ x_3(t) \end{bmatrix}$$

（2）级联型

系统级联型模拟框图如图 9-5 所示。选三个积分器的输出为状态变量 $x_1(t)$，$x_2(t)$ 和 $x_3(t)$，则有

$$\dot{x}_1(t) = -2x_1(t) + f(t)$$

$$\dot{x}_2(t) = 2x_1(t) - 3x_2(t)$$

$$\dot{x}_3(t) = 2.5x_2(t) + \dot{x}_2(t) - 4x_3(t) = 2x_1(t) - 0.5x_2(t) - 4x_3(t)$$

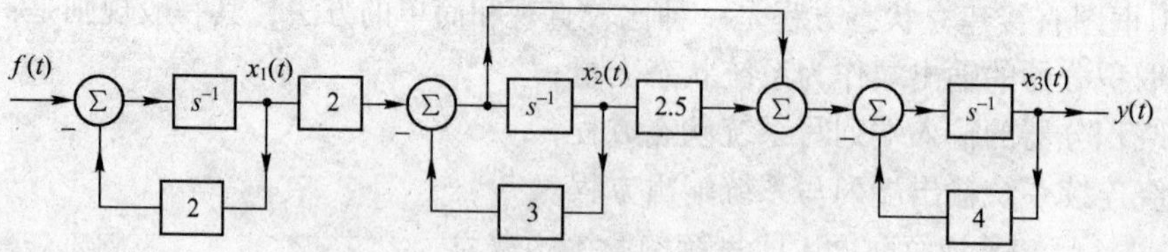

图 9-5　例 9-4 级联型模拟框图

系统的输出方程为

$$y(t) = x_3(t)$$

状态方程的矩阵表示式为

$$\begin{bmatrix} \dot{x}_1(t) \\ \dot{x}_2(t) \\ \dot{x}_3(t) \end{bmatrix} = \begin{bmatrix} -2 & 0 & 0 \\ 2 & -3 & 0 \\ 2 & -0.5 & -4 \end{bmatrix} \begin{bmatrix} x_1(t) \\ x_2(t) \\ x_3(t) \end{bmatrix} + \begin{bmatrix} 1 \\ 0 \\ 0 \end{bmatrix} f(t)$$

$$y(t) = \begin{bmatrix} 0 & 0 & 1 \end{bmatrix} \begin{bmatrix} x_1(t) \\ x_2(t) \\ x_3(t) \end{bmatrix}$$

（3）并联型

系统并联型模拟框图如图 9-6 所示。选三个积分器的输出为状态变量 $x_1(t)$，$x_2(t)$ 和 $x_3(t)$，则有

$$\dot{x}_1(t) = -2x_1(t) + f(t)$$
$$\dot{x}_2(t) = -3x_2(t) + f(t)$$
$$\dot{x}_3(t) = -4x_3(t) + f(t)$$

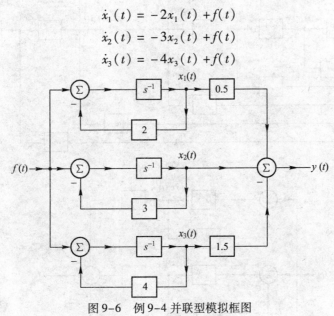

图 9-6　例 9-4 并联型模拟框图

系统的输出方程为

$$y(t) = 0.5x_1(t) + x_2(t) - 1.5x_3(t)$$

状态方程的矩阵表示式为

$$\begin{bmatrix} \dot{x}_1(t) \\ \dot{x}_2(t) \\ \dot{x}_3(t) \end{bmatrix} = \begin{bmatrix} -2 & 0 & 0 \\ 0 & -3 & 0 \\ 0 & 0 & -4 \end{bmatrix} \begin{bmatrix} x_1(t) \\ x_2(t) \\ x_3(t) \end{bmatrix} + \begin{bmatrix} 1 \\ 1 \\ 1 \end{bmatrix} f(t)$$

$$y(t) = \begin{bmatrix} 0.5 & 1 & -1.5 \end{bmatrix} \begin{bmatrix} x_1(t) \\ x_2(t) \\ x_3(t) \end{bmatrix}$$

由此例可见，系统的状态变量和状态方程不是唯一的。对于同一个系统，可以用许多形式不同的状态方程来描述。虽然这些状态方程形式不同，但它们所描述系统的输入和输出关系是等价的。注意并联型的状态方程中的 **A** 矩阵是一对角阵。

可将上例的方法推广到一般的情况。对一般的 n 阶系统的系统函数有

$$H(s) = \frac{b_m s^m + b_{m-1} s^{m-1} + \cdots b_1 s + b_0}{s^n + a_{n-1} s^{n-1} + \cdots + a_1 s + a_0}$$

$$= \frac{k_1}{s - \lambda_1} + \frac{k_2}{s - \lambda_2} + \cdots + \frac{k_n}{s - \lambda_n}$$

$$(9\text{--}13)$$

其中 $n > m$。

由式（9-13），图9-7 分别画出了系统直接型和并联型的模拟框图。

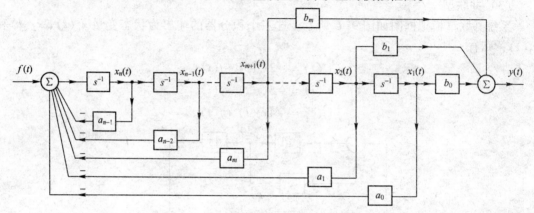

（a）直接型模拟框图

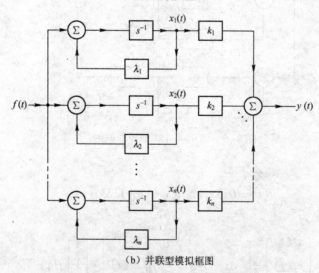

（b）并联型模拟框图

图9-7 n 阶 LTI 系统的模拟框图

选择 n 个积分器的输出 $x_1(t)$，$x_2(t)$，$\cdots$，$x_n(t)$ 为状态变量，则由图9-7（a）可得状态方程

$$\dot{x}_1(t) = x_2(t)$$

$$\dot{x}_2(t) = x_3(t)$$

$$\vdots \qquad\qquad (9\text{--}14)$$

$$\dot{x}_{n-1}(t) = x_n(t)$$

$$\dot{x}_n(t) = -a_{n-1} x_n(t) - a_{n-2} x_{n-1}(t) - \cdots - a_1 x_2(t) - a_0 x_1(t) + f(t)$$

系统的输出方程为

$$y(t) = b_0 x_1(t) + b_1 x_2(t) + \cdots + b_m x_{m+1}(t) \tag{9-15}$$

矩阵形式的状态方程和输出方程分别为

$$\begin{bmatrix} \dot{x}_1(t) \\ \dot{x}_2(t) \\ \vdots \\ \dot{x}_{n-1}(t) \\ \dot{x}_n(t) \end{bmatrix} = \begin{bmatrix} 0 & 1 & 0 & \cdots & 0 & 0 \\ 0 & 0 & 1 & \cdots & 0 & 0 \\ \vdots & \vdots & \vdots & & \vdots & \vdots \\ 0 & 0 & 0 & \cdots & 0 & 1 \\ -a_0 & -a_1 & -a_2 & \cdots & -a_{n-2} & -a_{n-1} \end{bmatrix} \begin{bmatrix} x_1(t) \\ x_2(t) \\ \vdots \\ x_{n-1}(t) \\ x_n(t) \end{bmatrix} + \begin{bmatrix} 0 \\ 0 \\ \vdots \\ 0 \\ 1 \end{bmatrix} f(t) \tag{9-16}$$

$$y(t) = \begin{bmatrix} b_0 & b_1 & \cdots & b_m & 0 & \cdots & 0 \end{bmatrix} \begin{bmatrix} x_1(t) \\ x_2(t) \\ \vdots \\ x_{m+1}(t) \\ x_{m+2}(t) \\ \vdots \\ x_n(t) \end{bmatrix} \tag{9-17}$$

由图 9-7（b），系统的状态方程可写为

$$\begin{aligned} \dot{x}_1(t) &= \lambda_1 x_1(t) + f(t) \\ \dot{x}_2(t) &= \lambda_2 x_2(t) + f(t) \\ &\vdots \\ \dot{x}_n(t) &= \lambda_n x_n(t) + f(t) \end{aligned} \tag{9-18}$$

系统的输出方程为

$$y(t) = k_1 x_1(t) + k_2 x_2(t) + \cdots + k_n x_n(t) \tag{9-19}$$

矩阵形式的状态方程和输出方程分别为

$$\begin{bmatrix} \dot{x}_1(t) \\ \dot{x}_2(t) \\ \vdots \\ \dot{x}_{n-1}(t) \\ \dot{x}_n(t) \end{bmatrix} = \begin{bmatrix} \lambda_1 & 0 & \cdots & 0 & 0 \\ 0 & \lambda_2 & \cdots & 0 & 0 \\ \vdots & \vdots & \ddots & \vdots & \vdots \\ 0 & 0 & \cdots & \lambda_{n-1} & 0 \\ 0 & 0 & \cdots & 0 & \lambda_n \end{bmatrix} \begin{bmatrix} x_1(t) \\ x_2(t) \\ \vdots \\ x_{n-1}(t) \\ x_n(t) \end{bmatrix} + \begin{bmatrix} 1 \\ 1 \\ \vdots \\ 1 \\ 1 \end{bmatrix} f(t) \tag{9-20}$$

$$y(t) = \begin{bmatrix} k_1 & k_2 & \cdots & k_{n-1} & k_n \end{bmatrix} \begin{bmatrix} x_1(t) \\ x_2(t) \\ \vdots \\ x_{n-1}(t) \\ x_n(t) \end{bmatrix} \tag{9-21}$$

9.3　连续时间 LTI 系统状态方程的求解

9.3.1　状态方程的时域求解

连续时间 LTI 系统状态方程的一般形式可写成

$$\dot{\boldsymbol{x}}(t) = \boldsymbol{A}\boldsymbol{x}(t) + \boldsymbol{B}\boldsymbol{f}(t) \tag{9-22}$$

状态方程的初始状态为

$$\boldsymbol{x}(0^-) = \begin{bmatrix} x_1(0^-) & x_2(0^-) & \cdots & x_n(0^-) \end{bmatrix}^{\mathrm{T}}$$

为求出状态方程解的一般表示式，定义矩阵指数 e^{At} 为

$$\mathrm{e}^{At} = \boldsymbol{I} + \boldsymbol{A}t + \frac{1}{2!}\boldsymbol{A}^2 t^2 + \cdots + \frac{1}{k!}\boldsymbol{A}^k t^k + \cdots = \sum_{k=0}^{\infty} \frac{1}{k!}\boldsymbol{A}^k t^k \tag{9-23}$$

其中 $\boldsymbol{I}$ 是 n 阶单位矩阵。由定义式（9-23）可知矩阵指数 e^{At} 是一个 $n \times n$ 矩阵函数。由矩阵指数 e^{At} 的定义式（9-23）易证得，对任意实数 t 和 τ

$$\mathrm{e}^{A(t+\tau)} = \mathrm{e}^{At}\mathrm{e}^{A\tau} \tag{9-24}$$

取 $\tau = -t$，则由式（9-24）

$$\mathrm{e}^{At}\mathrm{e}^{-At} = \mathrm{e}^{A(t-\tau)} = \boldsymbol{I} \tag{9-25}$$

式（9-25）表明矩阵 e^{At} 是可逆的，e^{At} 的逆阵为 e^{-At}。对矩阵函数的求导定义为对矩阵函数中的每一个元素求导，由式（9-23）可得矩阵指数 e^{At} 的导数为

$$\begin{aligned} \frac{\mathrm{d}}{\mathrm{d}t}\mathrm{e}^{At} &= \boldsymbol{A} + \boldsymbol{A}^2 t + \frac{1}{2!}\boldsymbol{A}^3 t^2 + \frac{1}{3!}\boldsymbol{A}^4 t^3 + \cdots \\ &= \boldsymbol{A}\left(\boldsymbol{I} + \boldsymbol{A}t + \frac{1}{2!}\boldsymbol{A}^2 t^2 + \frac{1}{3!}\boldsymbol{A}^3 t^3 + \cdots\right) \\ &= \left(\boldsymbol{I} + \boldsymbol{A}t + \frac{1}{2!}\boldsymbol{A}^2 t^2 + \frac{1}{3!}\boldsymbol{A}^3 t^3 + \cdots\right)\boldsymbol{A} \end{aligned}$$

即

$$\frac{\mathrm{d}}{\mathrm{d}t}\mathrm{e}^{At} = \boldsymbol{A}\mathrm{e}^{At} = \mathrm{e}^{At}\boldsymbol{A} \tag{9-26}$$

由矩阵函数的求导公式

$$\frac{\mathrm{d}}{\mathrm{d}t}(\boldsymbol{P}\boldsymbol{Q}) = \frac{\mathrm{d}\boldsymbol{P}}{\mathrm{d}t}\boldsymbol{Q} + \boldsymbol{P}\frac{\mathrm{d}\boldsymbol{Q}}{\mathrm{d}t} \tag{9-27}$$

可得

$$\begin{aligned} \frac{\mathrm{d}}{\mathrm{d}t}(\mathrm{e}^{-At}\boldsymbol{x}(t)) &= \left(\frac{\mathrm{d}}{\mathrm{d}t}\mathrm{e}^{-At}\right)\boldsymbol{x}(t) + \mathrm{e}^{-At}\dot{\boldsymbol{x}}(t) \\ &= -\mathrm{e}^{-At}\boldsymbol{A}\boldsymbol{x}(t) + \mathrm{e}^{-At}\dot{\boldsymbol{x}}(t) \end{aligned} \tag{9-28}$$

将式（9-22）两边同乘以 e^{-At}，并移项得

$$\mathrm{e}^{-At}\dot{\boldsymbol{x}}(t) - \mathrm{e}^{-At}\boldsymbol{A}\boldsymbol{x}(t) = \mathrm{e}^{-At}\boldsymbol{B}\boldsymbol{f}(t) \tag{9-29}$$

比较式（9-28）和式（9-29）得

$$\frac{\mathrm{d}}{\mathrm{d}t}(\mathrm{e}^{-At}\boldsymbol{x}(t)) = \mathrm{e}^{-At}\boldsymbol{B}\boldsymbol{f}(t) \tag{9-30}$$

对上式两边从 0^- 到 t 积分，得

$$e^{-At}\boldsymbol{x}(t) - \boldsymbol{x}(0^-) = \int_{0^-}^{t} e^{-A\tau}\boldsymbol{B}\boldsymbol{f}(\tau)\mathrm{d}\tau$$

再将上式两边同乘以矩阵指数 e^{At}，并利用式（9-25），可得状态方程的一般解为

$$\boldsymbol{x}(t) = e^{At}\boldsymbol{x}(0^-) + \int_{0^-}^{t} e^{-A(\tau-t)}\boldsymbol{B}\boldsymbol{f}(\tau)\mathrm{d}\tau \tag{9-31}$$

式（9-31）中的第一项是输入矢量 $\boldsymbol{f}(t)$ 为零时系统的响应，称为状态矢量的零输入响应；而式（9-31）中的第二项称为状态矢量的零状态响应。

矩阵卷积的定义和矩阵乘法的定义类似，只需将矩阵乘法中两个元素相乘的符号用卷积符号替换即可。例如两个 2×2 矩阵的卷积可写为

$$\begin{bmatrix} f_1(t) & f_2(t) \\ f_3(t) & f_4(t) \end{bmatrix} * \begin{bmatrix} g_1(t) & g_2(t) \\ g_3(t) & g_4(t) \end{bmatrix} = \begin{bmatrix} f_1(t)*g_1(t)+f_2(t)*g_3(t) & f_1(t)*g_2(t)+f_2(t)*g_4(t) \\ f_3(t)*g_1(t)+f_4(t)*g_3(t) & f_3(t)*g_2(t)+f_4(t)*g_4(t) \end{bmatrix}$$

状态转移矩阵（state transition matrix）$\boldsymbol{\phi}(t)$ 定义为

$$\boldsymbol{\phi}(t) = e^{At}$$

利用上述定义，可将式（9-31）表示为

$$\boldsymbol{x}(t) = \boldsymbol{\phi}(t)\boldsymbol{x}(0^-) + \boldsymbol{\phi}(t)\boldsymbol{B} * \boldsymbol{f}(t) \tag{9-32}$$

将上述结果代入输出方程得

$$\boldsymbol{y}(t) = \boldsymbol{C}\boldsymbol{x}(t) + \boldsymbol{D}\boldsymbol{f}(t)$$
$$= \boldsymbol{C}\boldsymbol{\phi}(t)\boldsymbol{x}(0^-) + \boldsymbol{C}\boldsymbol{\phi}(t)\boldsymbol{B} * \boldsymbol{f}(t) + \boldsymbol{D}\boldsymbol{f}(t)$$

定义 $m \times m$ 的对角阵 $\boldsymbol{\delta}(t)$，即

$$\boldsymbol{\delta}(t) = \begin{bmatrix} \delta(t) & 0 & \cdots & 0 \\ 0 & \delta(t) & \cdots & 0 \\ \vdots & \vdots & \ddots & \vdots \\ 0 & 0 & \cdots & \delta(t) \end{bmatrix}$$

由 $\boldsymbol{\delta}(t)$ 的定义可得

$$\boldsymbol{\delta}(t) * \boldsymbol{f}(t) = \boldsymbol{f}(t)$$

故系统输出方程可写为

$$\boldsymbol{y}(t) = \boldsymbol{C}\boldsymbol{\phi}(t)\boldsymbol{x}(0^-) + \boldsymbol{C}\boldsymbol{\phi}(t)\boldsymbol{B} * \boldsymbol{f}(t) + \boldsymbol{D}\boldsymbol{\delta}(t) * \boldsymbol{f}(t)$$
$$= \boldsymbol{C}\boldsymbol{\phi}(t)\boldsymbol{x}(0^-) + [\boldsymbol{C}\boldsymbol{\phi}(t)\boldsymbol{B} + \boldsymbol{D}\boldsymbol{\delta}(t)] * \boldsymbol{f}(t) \tag{9-33}$$

当 $\boldsymbol{x}(0^-) = 0$，由上式可知系统的零状态响应为

$$\boldsymbol{y}_f(t) = [\boldsymbol{C}\boldsymbol{\phi}(t)\boldsymbol{B} + \boldsymbol{D}\boldsymbol{\delta}(t)] * \boldsymbol{f}(t)$$
$$= \boldsymbol{h}(t) * \boldsymbol{f}(t) \tag{9-34}$$

其中

$$\boldsymbol{h}(t) = \boldsymbol{C}\boldsymbol{\phi}(t)\boldsymbol{B} + \boldsymbol{D}\boldsymbol{\delta}(t) \tag{9-35}$$

式（9-35）中 $p \times m$ 的矩阵 $\boldsymbol{h}(t)$ 称为系统的单位冲激矩阵。当系统的第 k 个输入 $f_k(t) = \delta(t)$，其他输入为零时，由式（9-34）系统的第 l 个输出 $y_l(t)$ 为

$$y_l(t) = h_{lk}(t)$$

$h_{lk}(t)$ 是矩阵 $\boldsymbol{h}(t)$ 的第 l 行第 k 列元素。

9.3.2 状态方程的变换域求解

连续时间 LTI 系统矩阵形式的状态方程为

$$\dot{\boldsymbol{x}}(t) = \boldsymbol{Ax}(t) + \boldsymbol{Bf}(t) \tag{9-36}$$

对上式两边进行单边拉普拉斯变换得

$$s\boldsymbol{X}(s) - \boldsymbol{x}(0^-) = \boldsymbol{AX}(s) + \boldsymbol{BF}(s)$$

经整理得

$$(s\boldsymbol{I} - \boldsymbol{A})\boldsymbol{X}(s) = \boldsymbol{x}(0^-) + \boldsymbol{BF}(s)$$

其中 $\boldsymbol{I}$ 是 n 阶单位矩阵。若 $(s\boldsymbol{I} - \boldsymbol{A})$ 是可逆，则有

$$\begin{aligned} \boldsymbol{X}(s) &= (s\boldsymbol{I} - \boldsymbol{A})^{-1}(\boldsymbol{x}(0^-) + \boldsymbol{BF}(s)) \\ &= \boldsymbol{\Phi}(s)(\boldsymbol{x}(0^-) + \boldsymbol{BF}(s)) \end{aligned} \tag{9-37}$$

其中

$$\boldsymbol{\Phi}(s) = (s\boldsymbol{I} - \boldsymbol{A})^{-1} \tag{9-38}$$

由式（9-37）得

$$\boldsymbol{X}(s) = \boldsymbol{\Phi}(s)\boldsymbol{x}(0^-) + \boldsymbol{\Phi}(s)\boldsymbol{BF}(s) \tag{9-39}$$

对式（9-39）进行拉普拉斯反变换得

$$\boldsymbol{x}(t) = \mathscr{L}^{-1}\{\boldsymbol{\Phi}(s)\}\boldsymbol{x}(0^-) + \mathscr{L}^{-1}\{\boldsymbol{\Phi}(s)\boldsymbol{BF}(s)\} \tag{9-40}$$

式（9-40）给出了状态矢量的解。上式中的第一项为状态矢量的零输入响应。第二项为状态矢量的零状态响应。

比较式（9-32）和式（9-40）可得

$$\mathrm{e}^{\boldsymbol{A}t} = \mathscr{L}^{-1}\{\boldsymbol{\Phi}(s)\} = \mathscr{L}^{-1}\{(s\boldsymbol{I} - \boldsymbol{A})\} \tag{9-41}$$

输出方程的一般形式为

$$\boldsymbol{y}(t) = \boldsymbol{Cx}(t) + \boldsymbol{Df}(t) \tag{9-42}$$

对输出方程两边进行拉普拉斯变换得

$$\boldsymbol{Y}(s) = \boldsymbol{CX}(s) + \boldsymbol{DF}(s) \tag{9-43}$$

将式（9-39）代入式（9-43）得

$$\begin{aligned} \boldsymbol{Y}(s) &= \boldsymbol{C}[\boldsymbol{\Phi}(s)\boldsymbol{x}(0^-) + \boldsymbol{\Phi}(s)\boldsymbol{BF}(s)] + \boldsymbol{DF}(s) \\ &= \boldsymbol{C}\boldsymbol{\Phi}(s)\boldsymbol{x}(0^-) + [\boldsymbol{C}\boldsymbol{\Phi}(s)\boldsymbol{B} + \boldsymbol{D}]\boldsymbol{F}(s) \end{aligned} \tag{9-44}$$

当 $\boldsymbol{x}(0^-) = 0$，由上式可知系统的零状态响应的拉普拉斯变换为

$$\boldsymbol{Y}_f(s) = [\boldsymbol{C}\boldsymbol{\Phi}(s)\boldsymbol{B} + \boldsymbol{D}]\boldsymbol{F}(s) \tag{9-45}$$

所以系统函数矩阵 $\boldsymbol{H}(s)$ 为

$$\boldsymbol{H}(s) = \boldsymbol{C}\boldsymbol{\Phi}(s)\boldsymbol{B} + \boldsymbol{D} = \boldsymbol{C}(s\boldsymbol{I} - \boldsymbol{A})^{-1}\boldsymbol{B} + \boldsymbol{D} \tag{9-46}$$

$\boldsymbol{H}(s)$ 是 $p \times m$ 的矩阵。矩阵 $\boldsymbol{H}(s)$ 第 l 行第 k 列元素 $H_{lk}(s)$ 确定了系统第 k 个输入对第 l 个输出的贡献。

[**例 9-5**] 已知某连续时间 LTI 系统的状态方程和输出方程为

$$\begin{bmatrix} \dot{x}_1(t) \\ \dot{x}_2(t) \end{bmatrix} = \begin{bmatrix} 2 & 3 \\ 0 & -1 \end{bmatrix} \begin{bmatrix} x_1(t) \\ x_2(t) \end{bmatrix} + \begin{bmatrix} 0 & 1 \\ 1 & 0 \end{bmatrix} \begin{bmatrix} f_1(t) \\ f_2(t) \end{bmatrix}$$

$$\begin{bmatrix} y_1(t) \\ y_2(t) \end{bmatrix} = \begin{bmatrix} 1 & 1 \\ 0 & -1 \end{bmatrix} \begin{bmatrix} x_1(t) \\ x_2(t) \end{bmatrix} + \begin{bmatrix} 1 & 0 \\ 1 & 0 \end{bmatrix} \begin{bmatrix} f_1(t) \\ f_2(t) \end{bmatrix}$$

其初始状态和输入分别为

$$\begin{bmatrix} x_1(0^-) \\ x_2(0^-) \end{bmatrix} = \begin{bmatrix} 2 \\ -1 \end{bmatrix}, \quad \begin{bmatrix} f_1(t) \\ f_2(t) \end{bmatrix} = \begin{bmatrix} u(t) \\ e^{-3t}u(t) \end{bmatrix}$$

求解该系统的状态变量和输出。

解： 根据给定条件求得

$$\boldsymbol{\Phi}(s) = (s\boldsymbol{I} - \boldsymbol{A})^{-1} = \begin{bmatrix} s-2 & -3 \\ 0 & s+1 \end{bmatrix}^{-1} = \frac{1}{(s-2)(s+1)} \begin{bmatrix} s+1 & 3 \\ 0 & s-2 \end{bmatrix}$$

$$= \begin{bmatrix} \dfrac{1}{(s-2)} & \dfrac{3}{(s-2)(s+1)} \\ 0 & \dfrac{1}{(s+1)} \end{bmatrix} \tag{9-47}$$

$$\boldsymbol{F}(s) = \begin{bmatrix} 1/s \\ 1/(s+3) \end{bmatrix} \tag{9-48}$$

将式（9-47）和式（9-48）代入式（9-39）得

$$\begin{bmatrix} X_1(s) \\ X_2(s) \end{bmatrix} = \boldsymbol{\Phi}(s)\boldsymbol{x}(0^-) + \boldsymbol{\Phi}(s)\boldsymbol{B}\boldsymbol{F}(s)$$

$$= \begin{bmatrix} \dfrac{1}{(s-2)} & \dfrac{3}{(s-2)(s+1)} \\ 0 & \dfrac{1}{(s+1)} \end{bmatrix} \begin{bmatrix} 2 \\ -1 \end{bmatrix} + \begin{bmatrix} \dfrac{1}{(s-2)} & \dfrac{3}{(s-2)(s+1)} \\ 0 & \dfrac{1}{(s+1)} \end{bmatrix} \begin{bmatrix} 0 & 1 \\ 1 & 0 \end{bmatrix} \begin{bmatrix} 1/s \\ 1/(s+3) \end{bmatrix}$$

$$= \begin{bmatrix} \dfrac{1}{s-2} + \dfrac{1}{s+1} \\ -\dfrac{1}{s+1} \end{bmatrix} + \begin{bmatrix} \dfrac{0.7}{s-2} - \dfrac{1.5}{s} + \dfrac{1}{s+1} - \dfrac{0.2}{s+3} \\ \dfrac{1}{s} - \dfrac{1}{s+1} \end{bmatrix}$$

$$\begin{bmatrix} Y_1(s) \\ Y_2(s) \end{bmatrix} = \begin{bmatrix} 1 & 1 \\ 0 & -1 \end{bmatrix} \begin{bmatrix} X_1(s) \\ X_2(s) \end{bmatrix} + \begin{bmatrix} 1 & 0 \\ 1 & 0 \end{bmatrix} \begin{bmatrix} 1/s \\ 1/(s+3) \end{bmatrix}$$

$$= \begin{bmatrix} \dfrac{1}{s-2} \\ \dfrac{1}{s+1} \end{bmatrix} + \begin{bmatrix} \dfrac{0.7}{s-2} + \dfrac{0.5}{s} - \dfrac{0.2}{s+3} \\ \dfrac{1}{s+1} \end{bmatrix}$$

对以上两式进行单边拉普拉斯变换，最后求得该系统的状态与输出响应分别为

$$\begin{bmatrix} x_1(t) \\ x_2(t) \end{bmatrix} = \begin{bmatrix} e^{2t} + e^{-t} \\ -e^{-t} \end{bmatrix} + \begin{bmatrix} 0.7e^{2t} + e^{-t} - 0.2e^{-3t} - 1.5 \\ 1 - e^{-t} \end{bmatrix}$$

$$= \begin{bmatrix} 1.7e^{2t} + 2e^{-t} - 0.2e^{-3t} - 1.5 \\ 1 - 2e^{-t} \end{bmatrix}, \quad t > 0$$

$$\begin{bmatrix} y_1(t) \\ y_2(t) \end{bmatrix} = \underbrace{\begin{bmatrix} e^{2t} \\ e^{-t} \end{bmatrix}}_{y_x(t)} + \underbrace{\begin{bmatrix} 0.7e^{2t} - 0.2e^{-3t} + 0.5 \\ e^{-t} \end{bmatrix}}_{y_f(t)} = \begin{bmatrix} 1.7e^{2t} - 0.2e^{-3t} + 0.5 \\ 2e^{-t} \end{bmatrix}, \quad t > 0$$

9.4 状态矢量的线性变换

由于描述同一线性系统的状态变量可以有多种选择方案，所以对同一个系统可以列出许多不同的状态方程。由于这些不同的状态方程描述的是同一线性系统，因而这些状态矢量间存在线性关系。设 $x_1(t)$, $x_2(t)$, $\cdots$, $x_n(t)$ 和 $w_1(t)$, $w_2(t)$, $\cdots$, $w_n(t)$ 是描述同一系统的两组状态变量，它们之间的关系为

$$\begin{aligned} w_1(t) &= p_{11}x_1(t) + p_{12}x_2(t) + \cdots + p_{1n}x_n(t) \\ w_2(t) &= p_{21}x_1(t) + p_{22}x_2(t) + \cdots + p_{2n}x_n(t) \\ &\vdots \\ w_n(t) &= p_{n1}x_1(t) + p_{n2}x_2(t) + \cdots + p_{nn}x_n(t) \end{aligned}$$

(9-49)

定义状态矢量 $x(t) = [x_1(t), x_2(t), \cdots, x_n(t)]^T$, $w(t) = [w_1(t), w_2(t), \cdots, w_n(t)]^T$, 则式（9-49）可用矩阵表示为

$$w(t) = Px(t)$$

(9-50)

P 是 $n \times n$ 的矩阵。当式（9-49）的 n 个方程是线性独立时，即式（9-49）中的任何一个方程不能表示为其他 $n-1$ 个方程的线性组合时，矩阵 P 是可逆的。所以由式（9-50）可得

$$x(t) = P^{-1}w(t)$$

(9-51)

设状态矢量 $x(t)$ 的状态方程为

$$\dot{x}(t) = Ax(t) + Bf(t)$$

(9-52)

由式（9-51）有

$$\dot{x}(t) = P^{-1}\dot{w}(t)$$

(9-53)

将式（9-53）代入式（9-52）得

$$P^{-1}\dot{w}(t) = AP^{-1}w(t) + Bf(t)$$

(9-54)

即

$$\begin{aligned} \dot{w}(t) &= PAP^{-1}w(t) + PBf(t) \\ &= \overline{A}w(t) + \overline{B}f(t) \end{aligned}$$

(9-55)

其中

$$\overline{A} = PAP^{-1}$$

(9-56)

$$\overline{B} = PB$$

(9-57)

式（9-55）就是由状态矢量 $w(t)$ 表示的系统状态方程。

当描述系统的状态矢量改变时，系统的输出方程也要发生变化。设状态矢量 $x(t)$ 的输出方程为

$$y(t) = Cx(t) + Df(t)$$

(9-58)

由状态矢量 $w(t)$ 描述系统时，输出方程就变为

$$y(t) = C(P^{-1}w(t)) + Df(t)$$

$$= \overline{C}w(t) + \overline{D}f(t)$$

(9-59)

其中

$$\overline{C} = CP^{-1}, \quad \overline{D} = D$$

(9-60)

[例 9-6] 若描述某连续时间 LTI 系统的状态方程为

$$\begin{bmatrix} \dot{x}_1(t) \\ \dot{x}_2(t) \end{bmatrix} = \begin{bmatrix} 0 & 1 \\ -2 & -3 \end{bmatrix} \begin{bmatrix} x_1(t) \\ x_2(t) \end{bmatrix} + \begin{bmatrix} 1 \\ 2 \end{bmatrix} f(t)$$

求在线性变换

$$\begin{bmatrix} w_1(t) \\ w_2(t) \end{bmatrix} = \begin{bmatrix} 1 & 1 \\ 1 & -1 \end{bmatrix} \begin{bmatrix} x_1(t) \\ x_2(t) \end{bmatrix}$$

(9-61)

下新的状态方程。

解：

由式（9-56）得

$$\overline{A} = PAP^{-1} = \begin{bmatrix} 1 & 1 \\ 1 & -1 \end{bmatrix} \begin{bmatrix} 0 & 1 \\ -2 & -3 \end{bmatrix} \begin{bmatrix} 1 & 1 \\ 1 & -1 \end{bmatrix}^{-1}$$

$$= \begin{bmatrix} 1 & 1 \\ 1 & -1 \end{bmatrix} \begin{bmatrix} 0 & 1 \\ -2 & -3 \end{bmatrix} \begin{bmatrix} 1/2 & 1/2 \\ -1/2 & -1/2 \end{bmatrix}$$

$$= \begin{bmatrix} -2 & 0 \\ 3 & -1 \end{bmatrix}$$

由式（9-57）得

$$\overline{B} = PB = \begin{bmatrix} 1 & 1 \\ 1 & -1 \end{bmatrix} \begin{bmatrix} 1 \\ 2 \end{bmatrix} = \begin{bmatrix} 3 \\ 1 \end{bmatrix}$$

线性变换后的状态方程为

$$\begin{bmatrix} \dot{w}_1(t) \\ \dot{w}_2(t) \end{bmatrix} = \begin{bmatrix} -2 & 0 \\ 3 & -1 \end{bmatrix} \begin{bmatrix} w_1(t) \\ w_2(t) \end{bmatrix} + \begin{bmatrix} 3 \\ 1 \end{bmatrix} f(t)$$

这就是状态矢量 $w(t)$ 对应的状态方程。求解此方程需知系统的初始状态 $w(0^-)$。此可由原始给定的状态 $x(0^-)$ 通过式（9-61）获得。

系统函数只描述了系统的外部特性，无论怎样选取系统内部的状态变量，系统函数都应该相同，现证明如下。由式（9-46）知，利用状态矢量 $w(t)$ 描述系统时的系统函数矩阵为

$$\overline{H}(s) = \overline{C}(sI - \overline{A})^{-1}\overline{B} + \overline{D}$$

将式（9-56）、式（9-57）和式（9-60）代入上式得

$$\overline{H}(s) = CP^{-1}(sI - PAP^{-1})^{-1}PB + D$$

$$= CP^{-1}(P(sI - A)P^{-1})^{-1}PB + D$$

$$= CP^{-1}(P(sI - A)^{-1}P^{-1})PB + D$$

$$= C(sI - A)^{-1}B + D = H(s)$$

(9-62)

　　当矩阵 A 是对角阵时，状态方程的结构显得特别简洁。状态变量之间相互独立，这种简洁的结构有利于进一步研究系统的特性；当矩阵 A 不是对角阵时，可利用线性变换将其对角化。

　　设矩阵 A 有 n 个互不相同的特征值 λ_1，λ_1，$\cdots$，λ_n，即当 $k \neq l$ 时有 $\lambda_l \neq \lambda_k$。由特征值构成的对角矩阵 Λ 定义为

$$\Lambda = \begin{bmatrix} \lambda_1 & 0 & \cdots & 0 \\ 0 & \lambda_2 & \cdots & 0 \\ \vdots & \vdots & \ddots & \vdots \\ 0 & 0 & \cdots & \lambda_n \end{bmatrix}$$

特征值 λ_k 对应的特征矢量为 $\boldsymbol{q}_k$，即

$$A\boldsymbol{q}_k = \lambda_k \boldsymbol{q}_k \tag{9-63}$$

定义 $n \times n$ 的方阵 $\boldsymbol{Q}$ 为

$$\boldsymbol{Q} = \begin{bmatrix} \boldsymbol{q}_1 & \boldsymbol{q}_2 & \cdots & \boldsymbol{q}_n \end{bmatrix}$$

由分块阵的乘法公式及式（9-63）可得

$$\begin{aligned} A\boldsymbol{Q} &= A\begin{bmatrix} \boldsymbol{q}_1 & \boldsymbol{q}_2 & \cdots & \boldsymbol{q}_n \end{bmatrix} \\ &= \begin{bmatrix} A\boldsymbol{q}_1 & A\boldsymbol{q}_2 & \cdots & A\boldsymbol{q}_n \end{bmatrix} \\ &= \begin{bmatrix} \lambda_1 \boldsymbol{q}_1 & \lambda_2 \boldsymbol{q}_2 & \cdots & \lambda_n \boldsymbol{q}_n \end{bmatrix} \\ &= \begin{bmatrix} \boldsymbol{q}_1 & \boldsymbol{q}_2 & \cdots & \boldsymbol{q}_n \end{bmatrix} \begin{bmatrix} \lambda_1 & 0 & \cdots & 0 \\ 0 & \lambda_2 & \cdots & 0 \\ \vdots & \vdots & \ddots & \vdots \\ 0 & 0 & \cdots & \lambda_n \end{bmatrix} = \boldsymbol{Q}\Lambda \end{aligned}$$

所以

$$\boldsymbol{Q}^{-1}A\boldsymbol{Q} = \Lambda \tag{9-64}$$

选取线性变换的矩阵 $\boldsymbol{P} = \boldsymbol{Q}^{-1}$，即

$$\boldsymbol{w}(t) = \boldsymbol{Q}^{-1}\boldsymbol{x}(t)$$

则由式（9-55）线性变换后的状态方程为

$$\begin{aligned} \dot{\boldsymbol{w}}(t) &= \boldsymbol{Q}^{-1}A\boldsymbol{Q}\boldsymbol{w}(t) + \boldsymbol{Q}^{-1}\boldsymbol{B}\boldsymbol{f}(t) \\ &= \Lambda\boldsymbol{w}(t) + \boldsymbol{Q}^{-1}\boldsymbol{B}\boldsymbol{f}(t) \end{aligned} \tag{9-65}$$

　　[例 9-7] 已知描述某连续时间 LTI 系统的状态方程为

$$\begin{bmatrix} \dot{x}_1(t) \\ \dot{x}_2(t) \end{bmatrix} = \begin{bmatrix} 0 & 1 \\ -2 & -3 \end{bmatrix} \begin{bmatrix} x_1(t) \\ x_2(t) \end{bmatrix} + \begin{bmatrix} 1 \\ 2 \end{bmatrix} f(t)$$

试将矩阵 A 对角化，并写出相应的状态方程。

　　解：

　　矩阵 A 的特征值为

$$|s\boldsymbol{I} - A| = \begin{vmatrix} s & -1 \\ 2 & s+3 \end{vmatrix} = (s+1)(s+2) = 0$$

所以
$$\lambda_1 = -1, \quad \lambda_2 = -2$$

设对应于特征值 $\lambda_1 = -1$ 的特征矢量为
$$\boldsymbol{q}_1 = \begin{bmatrix} q_{11} \\ q_{21} \end{bmatrix}$$

则特征矢量 $\boldsymbol{q}_1$ 满足的方程为
$$(\boldsymbol{A} - \lambda_1 \boldsymbol{I})\boldsymbol{q}_1 = \begin{bmatrix} 1 & 1 \\ -2 & -2 \end{bmatrix}\begin{bmatrix} q_{11} \\ q_{21} \end{bmatrix} = 0$$

属于 $\lambda_1 = -1$ 的特征矢量是多解的，其中之一可表示为
$$\boldsymbol{q}_1 = \begin{bmatrix} 1 \\ -1 \end{bmatrix}$$

类似地，设对应于特征值 $\lambda_2 = -2$ 的特征矢量为
$$\boldsymbol{q}_2 = \begin{bmatrix} q_{12} \\ q_{22} \end{bmatrix}$$

则特征矢量 $\boldsymbol{q}_2$ 满足的方程为
$$(\boldsymbol{A} - \lambda_2 \boldsymbol{I})\boldsymbol{q}_2 = \begin{bmatrix} 2 & 1 \\ -2 & -1 \end{bmatrix}\begin{bmatrix} q_{12} \\ q_{22} \end{bmatrix} = 0$$

属于 $\lambda_2 = -2$ 的一个特征矢量为
$$\boldsymbol{q}_2 = \begin{bmatrix} 1 \\ -2 \end{bmatrix}$$

所以变换矩阵 $\boldsymbol{P}$ 为
$$\boldsymbol{P} = \boldsymbol{Q}^{-1} = \begin{bmatrix} 1 & 1 \\ -1 & -2 \end{bmatrix}^{-1} = \begin{bmatrix} 2 & 1 \\ -1 & -1 \end{bmatrix}$$

所以有
$$\overline{\boldsymbol{A}} = \boldsymbol{P}\boldsymbol{A}\boldsymbol{P}^{-1} = \begin{bmatrix} 2 & 1 \\ -1 & -1 \end{bmatrix}\begin{bmatrix} 0 & 1 \\ -2 & -3 \end{bmatrix}\begin{bmatrix} 1 & 1 \\ -1 & -2 \end{bmatrix}$$
$$= \begin{bmatrix} -1 & 0 \\ 0 & -2 \end{bmatrix}$$
$$\overline{\boldsymbol{B}} = \boldsymbol{P}\boldsymbol{B} = \begin{bmatrix} 2 & 1 \\ -1 & -1 \end{bmatrix}\begin{bmatrix} 1 \\ 2 \end{bmatrix} = \begin{bmatrix} 4 \\ -3 \end{bmatrix}$$

所以变换后的状态方程为
$$\begin{bmatrix} \dot{w}_1(t) \\ \dot{w}_2(t) \end{bmatrix} = \begin{bmatrix} -1 & 0 \\ 0 & -2 \end{bmatrix}\begin{bmatrix} w_1(t) \\ w_2(t) \end{bmatrix} + \begin{bmatrix} 4 \\ -3 \end{bmatrix}f(t)$$

由此可见矩阵对角化后的状态方程是由 n 个独立的一阶微分方程组成的，每个微分方程可以单独求解。图 9-8（a）画出了原始状态方程的模拟框图，图 9-8（b）画出了对角化后的状态方程的模拟框图，由图 9-8（b）可知状

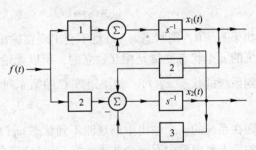

（a）原始状态方程的模拟框图

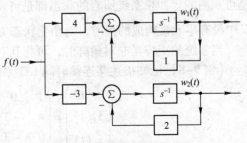

（b）对角化后的状态方程的模拟框图

图 9-8　例 9-7 的两种模拟框图

态 $w_1(t)$ 和 $w_2(t)$ 是完全独立的。

9.5　系统的可控制性和可观测性

设状态方程的矩阵 $\boldsymbol{A}$ 的 n 个特征值 λ_1，λ_2，$\cdots$，λ_n 各不相同，则可用线性变换将状态方程对角化为

$$\dot{\boldsymbol{w}}(t) = \boldsymbol{\Lambda}\boldsymbol{w}(t) + \overline{\boldsymbol{B}}\boldsymbol{f}(t) \tag{9-66}$$

和

$$\boldsymbol{y}(t) = \overline{\boldsymbol{C}}\boldsymbol{w}(t) + \boldsymbol{D}\boldsymbol{f}(t) \tag{9-67}$$

式 (9-66) 的状态方程可以写为

$$w_k(t) = \lambda_k w_k(t) + \overline{b}_{k1} f_1(t) + \overline{b}_{k2} f_2(t) + \cdots + \overline{b}_{km} f_m(t)，\quad k = 1,2,\cdots,n \tag{9-68}$$

如果 $\overline{\boldsymbol{B}}$ 矩阵的第 k 行全部为零，即

$$\overline{b}_{kl} = 0，\quad l = 1,2,\cdots,m$$

则状态方程可以写为

$$w_k(t) = \lambda_k w_k(t) \tag{9-69}$$

由式 (9-69) 可知状态 $w_k(t)$ 和系统的任何输入都没有关系，又由于状态方程的矩阵 $\boldsymbol{\Lambda}$ 是对角的，状态方程的 n 个状态变量是相互独立的，所以状态变量 $w_k(t)$ 和输入没有直接的或间接的任何关系，故状态 $w_k(t)$ 是不可控制的。如果矩阵 $\overline{\boldsymbol{B}}$ 的第 k 行至少有一个非零元素，则状态变量 $w_k(t)$ 至少和一个输入有关，这时状态 $w_k(t)$ 是可控制的。如果所有的状态都是可控制的，则称系统是完全可控制的。当且仅当矩阵 $\overline{\boldsymbol{B}}$ 中没有零元素构成的行时，对角化状态方程描述的系统是完全可控制的。

式 (9-67) 的输出方程可以写为

$$y_l(t) = \overline{c}_{l1} w_1(t) + \overline{c}_{l2} w_2(t) \cdots + \overline{c}_{ln} w_n(t) + \sum_{k=1}^{m} d_{lk} f_k(t) \tag{9-70}$$

如果 $\overline{c}_{lk} = 0$，则状态 $w_k(t)$ 将不会出现在输出 $y_l(t)$ 中。由于状态方程的矩阵 $\boldsymbol{\Lambda}$ 是对角的，系统的 n 个状态变量是相互独立的，所以无论是直接的还是间接的，都不能由输出 $y_l(t)$ 观测到系统的状态 $w_k(t)$。如果矩阵 $\overline{\boldsymbol{C}}$ 的第 k 列全为零，即

$$\overline{c}_{lk} = 0，\quad l = 1,2,\cdots,p$$

则在系统的 p 个输出中都观测不到状态 $w_k(t)$，所以状态 $w_k(t)$ 是不可观测的。如果矩阵 $\overline{\boldsymbol{C}}$ 的第 k 列中至少有一个非零元素，$w_k(t)$ 将会至少出现在系统的一个输出中，所以状态 $w_k(t)$ 是可观测的。如果系统所有的状态都是可观测的，则称系统是完全可观测的。当且仅当矩阵 $\overline{\boldsymbol{C}}$ 中没有零元素构成的列时，对角化状态方程描述的系统是完全可观测的。

当系统的矩阵是非对角阵时，可将其对角化后再判别系统的可控性和可测性。

[例 9-8] 已知描述某连续时间 LTI 系统的状态方程和输出方程为

$$\begin{bmatrix} \dot{x}_1(t) \\ \dot{x}_2(t) \\ \dot{x}_3(t) \end{bmatrix} = \begin{bmatrix} 1 & 0 & 0 \\ 4 & -3 & 0 \\ 0 & -3 & -2 \end{bmatrix} \begin{bmatrix} x_1(t) \\ x_2(t) \\ x_3(t) \end{bmatrix} + \begin{bmatrix} 1 \\ 1 \\ 0 \end{bmatrix} f(t)$$

$$y(t) = \begin{bmatrix} 3 & -2 & 1 \end{bmatrix} \begin{bmatrix} x_1(t) \\ x_2(t) \\ x_3(t) \end{bmatrix}$$

（1）检查系统的可控性和可观测性；

（2）求系统函数矩阵 $H(s)$。

解：

（1）A 矩阵的特征多项式为

$$|\lambda I - A| = \begin{vmatrix} \lambda - 1 & 0 & 0 \\ -4 & \lambda + 3 & 0 \\ 0 & 3 & \lambda + 2 \end{vmatrix} = (\lambda - 1)(\lambda + 2)(\lambda + 3)$$

特征根为 $\lambda_1 = -2$，$\lambda_2 = -3$，$\lambda_3 = 1$。

特征值 $\lambda_i (i = 1, 2, 3)$ 对应的特征矢量 $q_i = \begin{bmatrix} q_{1i} & q_{2i} & q_{3i} \end{bmatrix}^{\mathrm{T}}$ 满足的方程为

$$[\lambda_i I - A] \begin{bmatrix} q_{1i} \\ q_{2i} \\ q_{3i} \end{bmatrix} = 0$$

对 $\lambda_1 = -2$，有

$$\begin{bmatrix} -3 & 0 & 0 \\ -4 & 1 & 0 \\ 0 & 3 & 0 \end{bmatrix} \begin{bmatrix} q_{11} \\ q_{21} \\ q_{31} \end{bmatrix} = 0$$

故有 $q_{11} = 0$，$q_{21} = 0$，选 $q_{31} = 1$。

对 $\lambda_2 = -3$，有

$$\begin{bmatrix} -4 & 0 & 0 \\ -4 & 0 & 0 \\ 0 & 3 & -1 \end{bmatrix} \begin{bmatrix} q_{12} \\ q_{22} \\ q_{32} \end{bmatrix} = 0$$

故有 $q_{12} = 0$，$3q_{22} - q_{32} = 0$，选 $q_{22} = 1$，$q_{32} = 3$。

对 $\lambda_3 = 1$，有

$$\begin{bmatrix} 0 & 0 & 0 \\ -4 & 4 & 0 \\ 0 & 3 & 3 \end{bmatrix} \begin{bmatrix} q_{13} \\ q_{23} \\ q_{33} \end{bmatrix} = 0$$

故有 $q_{23} = q_{13}$，$q_{33} = -q_{13}$，选 $q_{13} = 1$，则有 $q_{23} = 1$，$q_{33} = -1$。所以 Q 矩阵为

$$Q = \begin{bmatrix} q_1 & q_2 & q_3 \end{bmatrix} = \begin{bmatrix} 0 & 0 & 1 \\ 0 & 1 & 1 \\ 1 & 3 & -1 \end{bmatrix}$$

Q 矩阵的逆阵 P 为

$$P = Q^{-1} = \begin{bmatrix} 0 & 0 & 1 \\ 0 & 1 & 1 \\ 1 & 3 & -1 \end{bmatrix}^{-1} = \begin{bmatrix} 4 & -3 & 1 \\ -1 & 1 & 0 \\ 1 & 0 & 0 \end{bmatrix}$$

线性变换 $w(t) = Px(t)$ 后，状态方程的矩阵分别为

$$\overline{A} = PAP^{-1} = \begin{bmatrix} 4 & -3 & 1 \\ -1 & 1 & 0 \\ 1 & 0 & 0 \end{bmatrix}\begin{bmatrix} 1 & 0 & 0 \\ 4 & -3 & 0 \\ 0 & -3 & -2 \end{bmatrix}\begin{bmatrix} 0 & 0 & 1 \\ 0 & 1 & 1 \\ 1 & 3 & -1 \end{bmatrix} = \begin{bmatrix} -2 & 0 & 0 \\ 0 & -3 & 0 \\ 0 & 0 & 1 \end{bmatrix}$$

$$\overline{B} = PB = \begin{bmatrix} 4 & -3 & 1 \\ -1 & 1 & 0 \\ 1 & 0 & 0 \end{bmatrix}\begin{bmatrix} 1 \\ 1 \\ 0 \end{bmatrix} = \begin{bmatrix} 1 \\ 0 \\ 1 \end{bmatrix}$$

$$\overline{C} = CP^{-1} = \begin{bmatrix} 3 & -2 & 1 \end{bmatrix}\begin{bmatrix} 0 & 0 & 1 \\ 0 & 1 & 1 \\ 1 & 3 & -1 \end{bmatrix} = \begin{bmatrix} 1 & 1 & 0 \end{bmatrix}$$

$$\overline{D} = D = 0$$

对角化的状态方程为

$$\begin{bmatrix} \dot{w}_1(t) \\ \dot{w}_2(t) \\ \dot{w}_3(t) \end{bmatrix} = \begin{bmatrix} -2 & 0 & 0 \\ 0 & -3 & 0 \\ 0 & 0 & 1 \end{bmatrix}\begin{bmatrix} w_1(t) \\ w_2(t) \\ w_3(t) \end{bmatrix} + \begin{bmatrix} 1 \\ 0 \\ 1 \end{bmatrix}f(t) \tag{9-71}$$

$$y(t) = \begin{bmatrix} 1 & 1 & 0 \end{bmatrix}\begin{bmatrix} w_1(t) \\ w_2(t) \\ w_3(t) \end{bmatrix} \tag{9-72}$$

按式（9-71）和式（9-72）画出的系统的模拟框图如图9-9所示。由图可以看出，状态 $w_2(t)$ 是不可控制的，状态 $w_3(t)$ 是不可观测的。

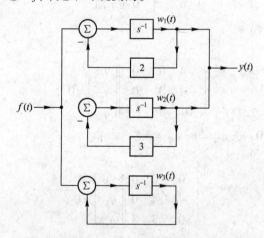

图9-9　例9-8系统对角化后的模拟框图

（2）由式（9-62）得

$$H(s) = \overline{C}(sI - \overline{A})^{-1}\overline{B} + \overline{D}$$

$$= \begin{bmatrix} 1 & 1 & 0 \end{bmatrix}\begin{bmatrix} s+2 & 0 & 0 \\ 0 & s+3 & 0 \\ 0 & 0 & s-1 \end{bmatrix}^{-1}\begin{bmatrix} 1 \\ 0 \\ 1 \end{bmatrix}$$

$$= \frac{\begin{bmatrix} 1 & 1 & 0 \end{bmatrix} \begin{bmatrix} (s+3)(s-1) & 0 & 0 \\ 0 & (s+2)(s-1) & 0 \\ 0 & 0 & (s+2)(s+3) \end{bmatrix} \begin{bmatrix} 1 \\ 0 \\ 1 \end{bmatrix}}{(s+2)(s+3)(s-1)}$$

$$= \frac{(s+3)(s-1)}{(s+2)(s+3)(s-1)} = \frac{1}{s+2}$$

由系统函数可知，系统有唯一的极点 $s = -2$，这表明系统是稳定的。由图 9-9 可知系统内部隐藏着不稳定因素，而这种情况仅从系统的输出是观测不到的；所以系统函数不能完全地描述系统的状态。

系统函数描述的是系统的外部特性，故只能给出连接输入和输出系统的部分特性。由图 9-9 可知，在本例中系统函数只描述了系统中既可控制又可观测的部分，所以整个系统的系统函数为 $H(s) = 1/(s+2)$。

由于状态方程给出了系统内部状态的描述，所以状态方程完全描述了系统的全部信息。可以证明，如果一个系统既是可控制的又是可观测的，系统的内部描述和外部描述才是等价的。

9.6 离散时间 LTI 系统的状态方程

9.6.1 离散时间系统的状态方程的一般形式

离散时间 LTI 系统的状态方程具有与连续时间系统状态方程相似的形式，对于一个具有 m 个输入 $f_1[k]$，$f_2[k]$，$\cdots$，$f_m[k]$，p 个输出 $y_1[k]$，$y_2[k]$，$\cdots$，$y_p[k]$ 的离散时间 LTI 系统，如图 9-10 所示。其以 $x_1[k]$，$x_2[k]$，$\cdots$，$x_n[k]$ 为状态变量的状态方程和输出方程可写成

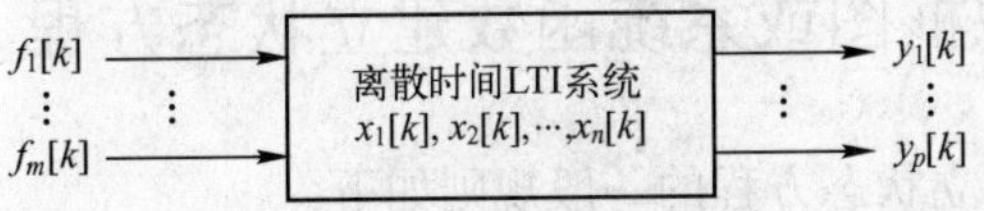

图 9-10 多输入多输出离散时间 LTI 系统

$$x[k+1] = Ax[k] + Bf[k] \tag{9-73}$$

$$y[k] = Cx[k] + Df[k] \tag{9-74}$$

其中
$$A = \begin{bmatrix} a_{11} & a_{12} & \cdots & a_{1n} \\ a_{21} & a_{22} & \cdots & a_{2n} \\ \vdots & \vdots & & \vdots \\ a_{n1} & a_{n2} & \cdots & a_{nn} \end{bmatrix}, \quad B = \begin{bmatrix} b_{11} & b_{12} & \cdots & b_{1m} \\ b_{21} & b_{22} & \cdots & b_{2m} \\ \vdots & \vdots & & \vdots \\ b_{n1} & b_{n2} & \cdots & b_{nm} \end{bmatrix}$$

$$C = \begin{bmatrix} c_{11} & c_{12} & \cdots & c_{1n} \\ c_{21} & c_{22} & \cdots & c_{2n} \\ \vdots & \vdots & & \vdots \\ c_{p1} & c_{p2} & \cdots & c_{pn} \end{bmatrix}, \quad D = \begin{bmatrix} d_{11} & d_{12} & \cdots & d_{1m} \\ d_{21} & d_{22} & \cdots & d_{2m} \\ \vdots & \vdots & & \vdots \\ d_{p1} & d_{p2} & \cdots & d_{pm} \end{bmatrix}$$

离散系统状态方程的建立方法也与连续系统相类似，下面给出由系统差分方程和系统模拟框图建立离散系统状态方程的具体过程。

9.6.2　由差分方程建立状态方程

若已知离散时间 LTI 系统的差分方程，可直接将系统的差分方程转换为状态方程，现举例说明。

［例 9–9］ 已知描述某离散时间 LTI 系统的二阶差分方程为

$$y[k+2]+3y[k+1]+2y[k]=4f[k]$$

试写出其状态方程和输出方程。

解： 对于差分方程式，令 $y[k]$ 和 $y[k+1]$ 为系统的状态变量，即

$$x_1[k]=y[k], \quad x_2[k]=y[k+1]$$

则由差分方程式得到系统的状态方程为

$$x_1[k+1]=y[k+1]=x_2[k]$$
$$x_2[k+1]=y[k+2]=4f[k]-2x_1[k]-3x_2[k]$$

系统的输出方程为

$$y[k]=x_1[k]$$

写成矩阵形式为

$$\begin{bmatrix} x_1[k+1] \\ x_2[k+1] \end{bmatrix} = \begin{bmatrix} 0 & 1 \\ -2 & -3 \end{bmatrix} \begin{bmatrix} x_1[k] \\ x_2[k] \end{bmatrix} + \begin{bmatrix} 0 \\ 4 \end{bmatrix} f[k]$$

$$y[k]=[1 \quad 0]\begin{bmatrix} x_1[k] \\ x_2[k] \end{bmatrix}$$

9.6.3　由系统模拟框图或系统函数建立状态方程

由离散系统的框图建立状态方程的一般规则如下。

① 选取延时器的输出端作为状态变量；

② 围绕延时器的输入端列写状态方程；

③ 围绕离散系统的输出列写输出方程。

［例 9–10］ 图 9–11 是一个二输入二输出的离散系统模拟框图，试列写出状态方程和输出方程。

解： 该系统有两个延时器，现分别选取其输出 $x_1[k]$ 及 $x_2[k]$ 作为状态变量，如图 9–11 所示。由延时器的输入端列出状态方程为

$$x_1[k+1]=a_1x_1[k]+f_1[k]$$
$$x_2[k+1]=a_2x_2[k]+f_2[k]$$

由输出端列写输出方程为

$$y_1[k]=x_1[k]+x_2[k]$$
$$y_2[k]=x_2[k]+f_1[k]$$

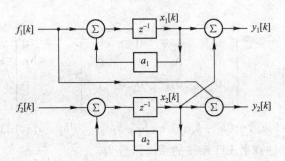

图 9-11　例 9-10 系统模拟框图

写成矩阵表示式为

$$\begin{bmatrix} x_1[k+1] \\ x_2[k+1] \end{bmatrix} = \begin{bmatrix} a_1 & 0 \\ 0 & a_2 \end{bmatrix} \begin{bmatrix} x_1[k] \\ x_2[k] \end{bmatrix} + \begin{bmatrix} 1 & 0 \\ 0 & 1 \end{bmatrix} \begin{bmatrix} f_1[k] \\ f_2[k] \end{bmatrix}$$

$$\begin{bmatrix} y_1[k] \\ y_2[k] \end{bmatrix} = \begin{bmatrix} 1 & 1 \\ 0 & 1 \end{bmatrix} \begin{bmatrix} x_1[k] \\ x_2[k] \end{bmatrix} + \begin{bmatrix} 0 & 0 \\ 1 & 0 \end{bmatrix} \begin{bmatrix} f_1[k] \\ f_2[k] \end{bmatrix}$$

[例 9-11] 已知描述某四阶离散时间 LTI 系统的模拟框图如图 9-12 所示，试建立其状态方程和输出方程。

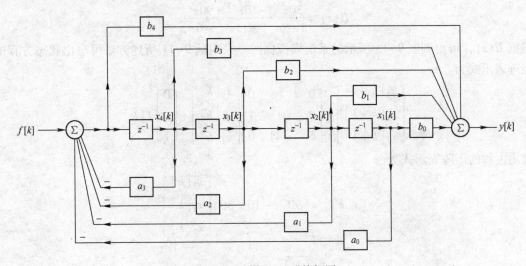

图 9-12　例 9-11 系统框图

解： 选择延迟器的输出为状态变量，从右到左分别取为 $x_1[k]$，$x_2[k]$，$x_3[k]$ 和 $x_4[k]$，如图 9-12 所示。由延时器的输入端可写出系统的状态方程为

$$x_1[k+1] = x_2[k]$$
$$x_2[k+1] = x_3[k]$$
$$x_3[k+1] = x_4[k]$$
$$x_4[k+1] = f[k] - a_0 x_1[k] - a_1 x_2[k] - a_2 x_3[k] - a_3 x_4[k]$$

由输出端可列写输出方程为

$$y[k] = b_0 x_1[k] + b_1 x_2[k] + b_2 x_3[k] + b_3 x_4[k] + b_4 (f[k] - a_0 x_1[k] - a_1 x_2[k] - a_2 x_3[k] - a_3 x_4[k])$$

写成矩阵表示式为

$$\boldsymbol{x}[k+1] = \begin{bmatrix} 0 & 1 & 0 & 0 \\ 0 & 0 & 1 & 0 \\ 0 & 0 & 0 & 1 \\ -a_0 & -a_1 & -a_2 & -a_3 \end{bmatrix} \boldsymbol{x}[k] + \begin{bmatrix} 0 \\ 0 \\ 0 \\ 1 \end{bmatrix} f[k]$$

$$y[k] = [(b_0 - b_4 a_0) \quad (b_1 - b_4 a_1) \quad (b_2 - b_4 a_2) \quad (b_3 - b_4 a_3)] \boldsymbol{x}[k] + b_4 f[k]$$

由系统模拟框图可知，该离散 LTI 系统的系统函数为

$$H(z) = \frac{b_4 + b_3 z^{-1} + b_2 z^{-2} + b_1 z^{-3} + b_0 z^{-4}}{1 + a_3 z^{-1} + a_2 z^{-2} + a_1 z^{-3} + a_0 z^{-4}}$$

与连续系统建立状态方程的方法相类似，若已知离散系统的系统函数 $H(z)$，可先由 $H(z)$ 画出系统的模拟框图，再根据模拟框图建立系统的状态方程。

[**例 9-12**] 已知描述某离散时间 LTI 系统的系统函数为

$$H(z) = \frac{30z^2 - 10z + 90}{z^3 - 6z^2 + 11z - 6}$$

试求该系统的状态方程与输出方程。

解：将 $H(z)$ 改写为如下形式

$$H(z) = \frac{30z^{-1} - 10z^{-2} + 90z^{-3}}{1 - 6z^{-1} + 11z^{-2} - 6z^{-3}}$$

根据 $H(z)$，可得到图 9-13 所示的系统模拟框图。采用例 9-11 所述方法可写出状态方程的矩阵表示式为

$$\begin{bmatrix} x_1[k+1] \\ x_2[k+1] \\ x_3[k+1] \end{bmatrix} = \begin{bmatrix} 0 & 1 & 0 \\ 0 & 0 & 1 \\ 6 & -11 & 6 \end{bmatrix} \begin{bmatrix} x_1[k] \\ x_2[k] \\ x_3[k] \end{bmatrix} + \begin{bmatrix} 0 \\ 0 \\ 1 \end{bmatrix} f[k]$$

输出方程的矩阵表示式为

$$[y[k]] = [90 \quad -10 \quad 30] \begin{bmatrix} x_1[k] \\ x_2[k] \\ x_3[k] \end{bmatrix}$$

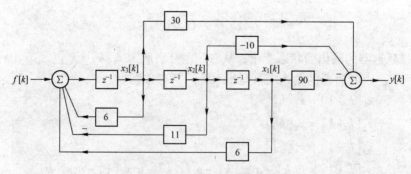

图 9-13　例 9-12 系统模拟框图

9.7 离散时间 LTI 系统状态方程的求解

9.7.1 状态方程的时域求解

已知离散时间 LTI 系统的状态方程为

$$\boldsymbol{x}[k+1] = \boldsymbol{Ax}[k] + \boldsymbol{Bf}[k] \qquad (9\text{--}75)$$

上式为一阶差分方程组，在给定系统的初始状态 $\boldsymbol{x}[k_0]$ 后，可直接利用迭代法计算出方程的数值解，这正是利用状态方程描述离散时间系统的优点。由式（9-75）有

$$\boldsymbol{x}[k_0+1] = \boldsymbol{Ax}[k_0] + \boldsymbol{Bf}[k_0]$$

$$\boldsymbol{x}[k_0+2] = \boldsymbol{Ax}[k_0+1] + \boldsymbol{Bf}[k_0+1]$$

$$= \boldsymbol{A}^2\boldsymbol{x}[k_0] + \boldsymbol{ABf}[k_0] + \boldsymbol{Bf}[k_0+1]$$

$$\vdots \qquad\qquad\qquad (9\text{--}76)$$

$$\boldsymbol{x}[k_0+k] = \boldsymbol{Ax}[k_0+k-1] + \boldsymbol{Bf}[k_0+k-1]$$

$$= \boldsymbol{A}^k\boldsymbol{x}[k_0] + \sum_{i=0}^{k-1} \boldsymbol{A}^{k-1-i}\boldsymbol{Bf}[i], \quad k > k_0$$

若初始时刻 $k_0 = 0$，则有

$$\boldsymbol{x}[k] = \boldsymbol{A}^k\boldsymbol{x}[0] + \left(\sum_{i=0}^{k-1} \boldsymbol{A}^{k-1-i}\boldsymbol{Bf}[i] \right) u[k-1] \qquad (9\text{--}77)$$

将上式代入系统的输出方程得

$$\boldsymbol{y}[k] = \boldsymbol{Cx}[k] + \boldsymbol{Df}[k]$$

$$= \boldsymbol{CA}^k\boldsymbol{x}[0] + \left(\sum_{i=0}^{k-1} \boldsymbol{CA}^{k-1-i}\boldsymbol{Bf}[i] \right) u[k-1] + \boldsymbol{Df}[k]$$

$$\qquad\qquad (9\text{--}78)$$

$$= \underbrace{\boldsymbol{CA}^k\boldsymbol{x}[0]}_{\text{零输入响应}} + \underbrace{\left(\sum_{i=0}^{k-1} \boldsymbol{CA}^{k-1-i}\boldsymbol{Bf}[i] \right) u[k-1] + \boldsymbol{Df}[k]}_{\text{零状态响应}}$$

定义 $m \times m$ 的对角矩阵 $\boldsymbol{\delta}[k]$，即

$$\boldsymbol{\delta}[k] = \begin{bmatrix} \delta[k] & 0 & \cdots & 0 \\ 0 & \delta[k] & \cdots & 0 \\ \vdots & \vdots & \ddots & \vdots \\ 0 & 0 & \cdots & \delta[k] \end{bmatrix}$$

则有

$$\boldsymbol{\delta}[k] * \boldsymbol{f}[k] = \boldsymbol{f}[k]$$

当 $\boldsymbol{x}[k] = \boldsymbol{0}$，由式（9-78）可得系统的零状态响应为

$$\boldsymbol{y}_f[k] = \left(\boldsymbol{CA}^{k-1}\boldsymbol{B}u[k-1] + \boldsymbol{D\delta}[k] \right) * \boldsymbol{f}[k]$$

$$= \boldsymbol{h}[k] * \boldsymbol{f}[k] \qquad\qquad (9\text{--}79)$$

其中

$$h[k] = CA^{k-1}Bu[k-1] + D\delta[k] \tag{9-80}$$

称 $h[k]$ 为系统的单位脉冲响应矩阵。

9.7.2　状态方程的变换域求解

已知离散时间 LTI 系统的状态方程为

$$x[k+1] = Ax[k] + Bf[k] \tag{9-81}$$

将上式两边进行单边 z 变换，得

$$zX(z) - zx[0] = AX(z) + BF(z)$$

经整理得

$$(zI - A)X(z) = zx[0] + BF(z)$$

其中 I 是 n 阶单位矩阵。如 $(zI-A)$ 可逆，则有

$$X(z) = (zI-A)^{-1}zx[0] + (zI-A)^{-1}BF(z) \tag{9-82}$$

对式（9-82）进行单边 z 反变换得

$$x[k] = \mathscr{Z}^{-1}\{(zI-A)^{-1}zx[0]\} + \mathscr{Z}^{-1}\{(zI-A)^{-1}BF(z)\} \tag{9-83}$$

上式中的第一项为状态矢量的零输入响应，第二项为状态矢量的零状态响应。

输出方程的一般形式为

$$y[k] = Cx[k] + Df[k]$$

对输出方程两边进行单边 z 变换得

$$Y(z) = CX(z) + DF(z)$$

将式（9-82）代入上式得

$$Y(z) = C(zI-A)^{-1}zx[0] + (C(zI-A)^{-1}B+D)F(z) \tag{9-84}$$

由上式可知系统的零输入响应的单边 z 变换为

$$Y_x(z) = C(zI-A)^{-1}zx[0] \tag{9-85}$$

当 $x[0]=0$，系统的零状态响应的单边 z 变换为

$$Y_f(z) = (C(zI-A)^{-1}B+D)F(z) \tag{9-86}$$

所以系统函数矩阵 $H(z)$ 为

$$H(z) = C(zI-A)^{-1}B + D \tag{9-87}$$

$H(z)$ 是 $p \times m$ 的矩阵。矩阵 $H(z)$ 第 l 行第 k 列元素 $H_{lk}(z)$ 确定了系统第 k 个输入对第 l 个输出的贡献。

[例9-13] 已知描述某离散时间 LTI 系统的状态方程和输出方程为

$$\begin{bmatrix} x_1[k+1] \\ x_2[k+1] \end{bmatrix} = \begin{bmatrix} 0 & 1 \\ -2 & 3 \end{bmatrix} \begin{bmatrix} x_1[k] \\ x_2[k] \end{bmatrix} + \begin{bmatrix} 0 \\ 1 \end{bmatrix} f[k]$$

和

$$\begin{bmatrix} y_1[k] \\ y_2[k] \end{bmatrix} = \begin{bmatrix} 1 & 1 \\ 2 & -1 \end{bmatrix} \begin{bmatrix} x_1[k] \\ x_2[k] \end{bmatrix}$$

系统的初始状态及输入为

$$\begin{bmatrix} x_1[0] \\ x_2[0] \end{bmatrix} = \begin{bmatrix} 1 \\ -1 \end{bmatrix}, \quad f[k] = u[k]$$

试求解该系统的输出。

解: 由式（9-86）得

$$Y_f(z) = C(zI - A)^{-1}BF(z)$$

$$= \begin{bmatrix} 1 & 1 \\ 2 & -1 \end{bmatrix} \begin{bmatrix} z & -1 \\ 2 & z-3 \end{bmatrix}^{-1} \begin{bmatrix} 0 \\ 1 \end{bmatrix} \frac{1}{(1-z^{-1})}$$

$$= \begin{bmatrix} 1 & 1 \\ 2 & -1 \end{bmatrix} \frac{1}{(z-1)(z-2)} \begin{bmatrix} z-3 & 1 \\ -2 & z \end{bmatrix} \begin{bmatrix} 0 \\ 1 \end{bmatrix} \frac{1}{(1-z^{-1})}$$

$$= \frac{1}{(z-1)(z-2)(1-z^{-1})} \begin{bmatrix} z+1 \\ -z+2 \end{bmatrix}$$

$$= \frac{1}{(1-2z^{-1})(1-z^{-1})^2} \begin{bmatrix} z^{-2}+z^{-1} \\ 2z^{-2}-z^{-1} \end{bmatrix}$$

根据部分分式展开可得

$$Y_f(z) = \begin{bmatrix} \dfrac{3}{1-2z^{-1}} + \dfrac{-1}{1-z^{-1}} + \dfrac{-2}{(1-z^{-1})^2} \\[4mm] \dfrac{-z^{-1}}{(1-z^{-1})^2} \end{bmatrix}$$

所以系统的零状态响应为

$$y_f[k] = \begin{bmatrix} (3 \times 2^k - 3 - 2k)u[k] \\ -ku[k] \end{bmatrix}$$

由式（9-85）得

$$Y_x(z) = C(zI - A)^{-1}zx[0]$$

$$= \begin{bmatrix} 1 & 1 \\ 2 & -1 \end{bmatrix} \begin{bmatrix} z & -1 \\ 2 & z-3 \end{bmatrix}^{-1} \begin{bmatrix} 1 \\ -1 \end{bmatrix} z$$

$$= \begin{bmatrix} 1 & 1 \\ 2 & -1 \end{bmatrix} \frac{1}{(z-1)(z-2)} \begin{bmatrix} z-3 & 1 \\ -2 & z \end{bmatrix} \begin{bmatrix} 1 \\ -1 \end{bmatrix} z$$

$$= \frac{z}{(z-1)(z-2)} \begin{bmatrix} -6 \\ 3z-6 \end{bmatrix}$$

$$= \begin{bmatrix} \dfrac{6}{1-z^{-1}} + \dfrac{-6}{1-2z^{-1}} \\[4mm] \dfrac{3}{1-z^{-1}} \end{bmatrix}$$

所以系统的零输入响应为

$$y_x[k] = \begin{bmatrix} (6 - 6 \times 2^k) \\ 3 \end{bmatrix}, \quad k \geq 0$$

系统的完全响应为

$$y[k] = y_x[k] + y_f[k] = \begin{bmatrix} 3 - 3 \times 2^k - 2k \\ 3 - k \end{bmatrix}, \quad k \geq 0$$

[例9-14] 已知描述某离散时间 LTI 系统的信号流图如图 9-14 所示，求：

（1）该系统的状态方程和输出方程；

（2）系统的系统函数矩阵；

（3）系统的脉冲响应。

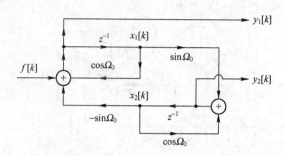

图 9-14　例 9-14 系统的信号流图

解：（1）选延时器的输出为系统状态变量，围绕延时器的输入列出状态方程，由图 9-14 可得

$$x_1[k+1] = \cos(\Omega_0)x_1[k] - \sin(\Omega_0)x_2[k] + f[k]$$
$$x_2[k+1] = \sin(\Omega_0)x_1[k] + \cos(\Omega_0)x_2[k]$$

根据系统的输出列写输出方程得

$$y_1[k] = x_1[k+1] = \cos(\Omega_0)x_1[k] - \sin(\Omega_0)x_2[k] + f[k]$$
$$y_2[k] = x_2[k+1] = \sin(\Omega_0)x_1[k] + \cos(\Omega_0)x_2[k]$$

所以状态方程的 $\boldsymbol{A}$，$\boldsymbol{B}$，$\boldsymbol{C}$，$\boldsymbol{D}$ 矩阵分别为

$$\boldsymbol{A} = \begin{bmatrix} \cos\Omega_0 & -\sin\Omega_0 \\ \sin\Omega_0 & \cos\Omega_0 \end{bmatrix}, \quad \boldsymbol{B} = \begin{bmatrix} 1 \\ 0 \end{bmatrix}$$

$$\boldsymbol{C} = \begin{bmatrix} \cos\Omega_0 & -\sin\Omega_0 \\ \sin\Omega_0 & \cos\Omega_0 \end{bmatrix}, \quad \boldsymbol{D} = \begin{bmatrix} 1 \\ 0 \end{bmatrix}$$

（2）由式（9-87）得

$$
\begin{aligned}
\boldsymbol{H}(z) &= \boldsymbol{C}(z\boldsymbol{I} - \boldsymbol{A})^{-1}\boldsymbol{B} + \boldsymbol{D} \\
&= \begin{bmatrix} \cos\Omega_0 & -\sin\Omega_0 \\ \sin\Omega_0 & \cos\Omega_0 \end{bmatrix} \begin{bmatrix} z - \cos\Omega_0 & \sin\Omega_0 \\ -\sin\Omega_0 & z - \cos\Omega_0 \end{bmatrix}^{-1} \begin{bmatrix} 1 \\ 0 \end{bmatrix} + \begin{bmatrix} 1 \\ 0 \end{bmatrix} \\
&= \begin{bmatrix} \cos\Omega_0 & -\sin\Omega_0 \\ \sin\Omega_0 & \cos\Omega_0 \end{bmatrix} \frac{1}{z^2 - 2\cos\Omega_0 z + 1} \begin{bmatrix} z - \cos\Omega_0 & -\sin\Omega_0 \\ \sin\Omega_0 & z - \cos\Omega_0 \end{bmatrix} \begin{bmatrix} 1 \\ 0 \end{bmatrix} + \begin{bmatrix} 1 \\ 0 \end{bmatrix} \quad (9\text{-}88) \\
&= \frac{1}{1 - 2\cos\Omega_0 z^{-1} + z^{-2}} \begin{bmatrix} 1 - \cos\Omega_0 z^{-1} \\ z^{-1}\sin\Omega_0 \end{bmatrix}
\end{aligned}
$$

（3）对式（9-88）进行 z 反变换，即可得系统的单位脉冲响应为

$$\boldsymbol{h}[k] = \mathcal{Z}^{-1}[\boldsymbol{H}(z)] = \begin{bmatrix} \cos(\Omega_0 k) \\ \sin(\Omega_0 k) \end{bmatrix}, \quad k \geqslant 0$$

9.8 利用 MATLAB 实现系统的状态变量分析

9.8.1 系统函数到状态方程的转换

MATLAB 提供的函数 tf2ss，可将描述系统的系统函数转换为相应的状态方程，调用形式如下

$$[A,B,C,D] = tf2ss(num,den)$$

其中，num，den 分别表示系统函数 $H(s)$ 的分子和分母多项式的系数，A，B，C，D 分别为状态方程的矩阵。

[例 9-15] 已知描述某连续时间 LTI 系统的微分方程为

$$y''(t) + 5y'(t) + 10y(t) = f(t)$$

解： 对微分方程进行拉普拉斯变换，可得该系统的系统函数 $H(s)$ 为

$$H(s) = \frac{1}{s^2 + 5s + 10}$$

由 $[A,B,C,D] = tf2ss([1],[1\ 5\ 10])$，可得

$$A = \begin{bmatrix} -5 & -10 \\ 1 & 0 \end{bmatrix} \quad B = \begin{bmatrix} 1 \\ 0 \end{bmatrix} \quad C = \begin{bmatrix} 0 & 1 \end{bmatrix} \quad D = 0$$

所以系统的状态方程为

$$\begin{bmatrix} \dot{x}_1(t) \\ \dot{x}_2(t) \end{bmatrix} = \begin{bmatrix} -5 & -10 \\ 1 & 0 \end{bmatrix} \begin{bmatrix} x_1(t) \\ x_2(t) \end{bmatrix} + \begin{bmatrix} 1 \\ 0 \end{bmatrix} f(t)$$

$$y(t) = \begin{bmatrix} 0 & 1 \end{bmatrix} \begin{bmatrix} x_1(t) \\ x_2(t) \end{bmatrix}$$

9.8.2 系统函数矩阵的计算

利用 MATLAB 提供的函数 ss2tf，也可以计算出由状态方程所描述系统的系统函数矩阵 $H(s)$，其调用形式如下

$$[num, den] = ss2tf(A,B,C,D,k)$$

其中，A，B，C，D 分别表示状态方程的矩阵；k 表示函数 ss2tf 计算的与第 k 个输入相关的系统函数，即 $H(s)$ 的第 k 列。num 表示 $H(s)$ 第 k 列的 m 个元素的分子多项式，den 表示 $H(s)$ 公共的分母多项式。

[例 9-16] 利用 MATLAB 计算例 9-5 的系统函数矩阵 $H(s)$。

解： 由

```
A = [2 3; 0 -1];B = [0 1; 1 0];
C = [1 1; 0 -1];D = [1 0; 1 0];
[num1,den1] = ss2tf(A,B,C,D,1);
[num2,den2] = ss2tf(A,B,C,D,2);
```

可得

```
num1 =
    1     0    -1
    1    -2     0
den1 =
    1    -1    -2
num2 =
    0     1     1
    0     0     0
den2 =
    1    -1    -2
```

所以系统函数矩阵 $\boldsymbol{H}(s)$ 为

$$\boldsymbol{H}(s) = \frac{1}{s^2 - 2s - 2}\begin{bmatrix} s^2 - 1 & s + 1 \\ s^2 - 2s & 0 \end{bmatrix} = \begin{bmatrix} \dfrac{s+1}{s-2} & \dfrac{1}{s-2} \\ \dfrac{s}{s+1} & 0 \end{bmatrix}$$

9.8.3　利用 MATLAB 求解连续时间 LTI 系统的状态方程

连续时间 LTI 系统的状态方程的一般形式为

$$\dot{\boldsymbol{x}}(t) = \boldsymbol{A}\boldsymbol{x}(t) + \boldsymbol{B}f(t)$$
$$\boldsymbol{y}(t) = \boldsymbol{C}\boldsymbol{x}(t) + \boldsymbol{D}f(t)$$

首先由 sys = ss(A, B, C, D) 获得状态方程的计算机表示模型，然后再由 lsim 获得状态方程的数值解。lsim 的调用形式为

$$[y, to, x] = \mathrm{lsim}(\mathrm{sys}, f, t, x0);$$

sys	由函数 ss 构造的状态方程模型
t	需计算的输出样本点。t = 0:dt:Tfinal
f(:,k)	系统第 k 个输入在 t 上的抽样值
x0	系统的初始状态（可缺省）
y(:,k)	系统的第 k 个输出
to	实际计算时所用的样本点
x	系统的状态

［例 9-17］ 利用 MATLAB 计算例 9-5 的数值解。

解：

```
% Program 9_1
A = [2 3;0 -1];B = [0 1;1 0];
C = [1 1;0 -1];D = [1 0;1 0];
x0 = [2 -1];
dt = 0.01;
t = 0:dt:2;
f(:,1) = ones(length(t),1);
```

```
f(:,2) = exp( - 3 * t)';
sys = ss( A,B,C,D);
y = lsim( sys,f,t,x0);
subplot(2,1,1);
plot(t,y(:,1),'r');ylabel('y1(t)');
xlabel('t');
subplot(2,1,2);
plot(t,y(:,2));ylabel('y2(t)');
xlabel('t');
```

其数值解如图 9-15 所示。

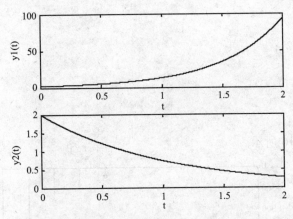

图 9-15　例 9-17 连续时间 LTI 系统状态方程的数值解

9.8.4　利用 MATLAB 求解离散时间 LTI 系统的状态方程

离散时间 LTI 系统的状态方程的一般形式为

$$\boldsymbol{x}[k+1] = \boldsymbol{A}\boldsymbol{x}[k] + \boldsymbol{B}\boldsymbol{f}[k]$$
$$\boldsymbol{y}[k] = \boldsymbol{C}\boldsymbol{x}[k] + \boldsymbol{D}\boldsymbol{f}[k]$$

首先由 sys = ss(A,B,C,D,[ ]) 获得离散时间系统状态方程的计算机表示模型，然后再由 lsim 获得其状态方程的解。lsim 的调用形式为

　　　　$[y,n,x] = \text{lsim}(\text{sys},f,[\ ],x0);$

sys　　　　由函数 ss 构造的状态方程模型

f(:,k)　　　系统第 k 个输入序列

x0　　　　系统的初始状态（可缺省）

y(:,k)　　　系统的第 k 个输出

n　　　　序列的下标

x　　　　系统的状态

[**例 9-18**] 利用 MATLAB 计算例 9-13 的数值解。

解：

　　　　% Program 9_2

```
A = [ 0 1 ; - 2 3 ] ; B = [ 0 ; 1 ] ;
C = [ 1 1 ; 2  - 1 ] ; D = zeros( 2 , 1 ) ;
x0 = [ 1 ; - 1 ] ;
N = 10 ;
f = ones( 1 , N ) ;
sys = ss( A , B , C , D , [ ] ) ;
y = lsim( sys , f , [ ] , x0 ) ;
subplot( 2 , 1 , 1 ) ;
y1 = y( : , 1 )' ;
stem( ( 0 : N - 1 ) , y1 ) ;
xlabel( 'k' ) ;
ylabel( 'y1' ) ;
subplot( 2 , 1 , 2 ) ;
y2 = y( : , 2 )' ;
stem( ( 0 : N - 1 ) , y2 ) ;
xlabel( 'k' ) ;
ylabel( 'y2' ) ;
```

其数值解如图 9-16 所示。

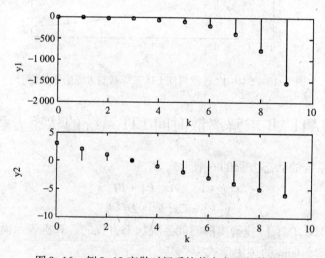

图 9-16　例 9-18 离散时间系统状态方程的数值解

习题

9-1　已知某 RL 电路如图 9-17 所示，输入电压为 $v_i(t)$，电路的输出为电阻两端的电压 $v_R(t)$。

(1)选电流 $i(t)$ 为系统状态变量，试写出电路的状态方程。

(2)选电压 $v_R(t)$ 为系统状态变量，试写出电路的状态方程。

9-2　用电容 C 取代图 9-17 电路中的电阻 R，电路的输入是电压 $v_i(t)$。

(1)选电流 $i(t)$ 和电容两端的电压 $v_C(t)$ 为系统状态变量，电路的输出为电压 $v_C(t)$，试写出电路的状态方程和输出方程。

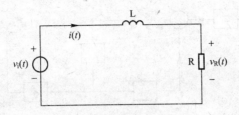

图 9-17　题 9-1 图

（2）选电流 $i(t)$ 和电容两端的电压 $v_C(t)$ 为系统状态变量，电路的输出为电流 $i(t)$，试写出电路的状态方程和输出方程。

9-3　根据图 9-18 所示电路，试写出电路的状态方程。

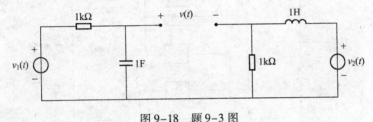

图 9-18　题 9-3 图

9-4　试写出下列微分方程所描述系统的状态方程。

（1）$y'(t) + y(t) = f(t)$

（2）$5y''(t) + 4y'(t) + y(t) = 3f(t)$

（3）$y_1''(t) + 5y_1'(t) + 6y_1(t) - y_2(t) = 4f_1(t) - f_2(t)$
　　　$y_2'(t) + y_2(t) + 8y_1(t) = f_1(t) - 3f_2(t)$

（4）$y_1'(t) + y_1(t) + 2y_2(t) = f_1(t) - 5f_2(t)$
　　　$y_2''(t) - 9y_2'(t) + 16y_2(t) - y_1(t) = 3f_1(t) + f_2(t)$

9-5　已知某连续时间 LTI 系统的系统函数为

$$H(s) = \frac{50s}{s^2 + 3s + 1}$$

（1）写出系统的微分方程；

（2）画出系统的模拟框图；

（3）由模拟框图写出系统的状态方程。

9-6　已知描述某连续时间 LTI 系统的微分方程为

$$\ddot{y}(t) + 8\dot{y}(t) + 12y(t) = 30f(t)$$

（1）画出系统的模拟框图；

（2）由模拟框图写出系统的状态方程；

（3）由状态方程求出系统函数；

（4）利用 MATLAB 验证（3）的结论。

9-7　已知某连续时间 LTI 系统的模拟框图如图 9-19 所示，选积分器的输出 $x(t)$ 为状态变量。

（1）写出系统的状态方程。

（2）由（1）的结论求出系统函数。

（3）利用 MATLAB 验证（2）的结论。

（4）当系统初始状态 $x(0^-) = 2$，系统输入 $f(t) = u(t)$ 时，试求系统的响应 $y(t)$。

（5）利用 MATLAB 验证（4）的结果。

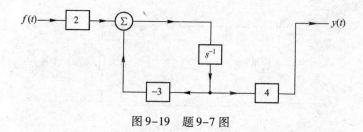

图 9-19　题 9-7 图

9-8　已知某连续时间 LTI 系统的模拟框图如图 9-20 所示，选积分器的输出为状态变量。

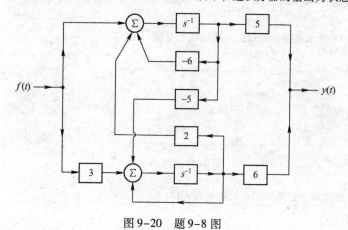

图 9-20　题 9-8 图

（1）写出系统的状态方程。

（2）由（1）的结论求出系统函数。

（3）利用 MATLAB 验证（2）的结论。

（4）当系统初始状态 $x(0^-)=\begin{bmatrix}1 & 0\end{bmatrix}^T$，系统输入 $f(t)=u(t)$ 时，试求系统的响应 $y(t)$。

（5）利用 MATLAB 验证（4）的结果。

9-9　如图 9-21 所示的各系统的模拟框图，试写出系统对应的状态方程。

9-10　已知某连续时间 LTI 系统的状态方程为

$$\dot{x}(t)=\begin{bmatrix}-4 & 5\\ 0 & 1\end{bmatrix}x(t)+\begin{bmatrix}0\\ 1\end{bmatrix}f(t)$$

$$y(t)=\begin{bmatrix}1 & 1\end{bmatrix}x(t)+2f(t)$$

（1）画出系统的模拟框图。

（2）由系统的状态方程求出系统函数。

（3）利用 MATLAB 验证（2）的结论。

（4）当系统初始状态 $x(0^-)=\begin{bmatrix}1 & 0\end{bmatrix}^T$，系统输入 $f(t)=e^{-2t}u(t)$ 时，试求系统的响应 $y(t)$。

（5）利用 MATLAB 验证（4）的结果。

9-11　已知某连续时间 LTI 系统的状态方程和输出方程为

$$\dot{x}(t)=\begin{bmatrix}0 & 1\\ -2 & -3\end{bmatrix}x(t)+\begin{bmatrix}0\\ 2\end{bmatrix}f(t)$$

$$y(t)=\begin{bmatrix}1 & 1\\ -1 & 2\end{bmatrix}x(t)+2f(t)$$

（1）确定一个能使状态方程对角化的新的状态矢量 $w(t)$。

（2）求出由状态矢量 $w(t)$ 表示的状态方程和输出方程。

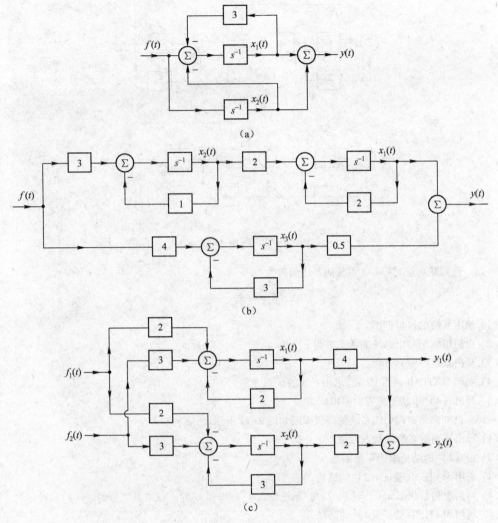

图 9-21　题 9-9 图

9-12　已知描述某连续时间 LTI 系统的状态方程为

$$\dot{\boldsymbol{x}}(t) = \begin{bmatrix} 0 & 1 & 0 \\ 0 & 0 & 1 \\ 0 & -2 & -3 \end{bmatrix} \boldsymbol{x}(t) + \begin{bmatrix} 0 \\ 0 \\ 1 \end{bmatrix} f(t)$$

试确定一个能使状态方程对角化的新的状态矢量 $\boldsymbol{w}(t)$。

9-13　（1）如图 9-22 所示的各系统的模拟框图，试写出系统对应的状态方程。

（2）试确定能使状态方程对角化的新的状态矢量 $\boldsymbol{w}(t)$。

（3）由状态矢量 $\boldsymbol{w}(t)$，写出系统的输出方程，并判断系统是否为可测和可控的。

9-14　已知描述某离散时间 LTI 系统的差分方程为

$$y[k+2] - 1.2y[k+1] + 0.8y[k] = 2f[k]$$

（1）画出离散系统的模拟框图。

（2）由离散模拟框图写出系统的状态方程。

（3）由状态方程求出系统函数。

（4）利用 MATLAB 验证（3）的结论。

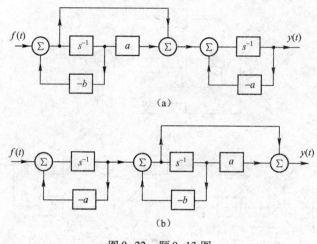

(a)

(b)

图 9-22　题 9-13 图

9-15 已知某离散时间 LTI 系统的系统函数为

$$H(z) = \frac{2z^2 + 3}{z^2 - 1.96z + 0.8}$$

（1）画出系统的模拟框图。

（2）由模拟框图写出系统的状态方程。

（3）写出系统的差分方程。

（4）利用 MATLAB 函数 tf2ss，求出系统的状态方程。

（5）画出（4）中状态方程的模拟框图。

9-16 已知离散时间 LTI 系统的模拟框图如图 9-23 所示。

（1）写出该离散系统的状态方程。

（2）由（1）的结论求出系统函数。

（3）利用 MATLAB 验证（2）的结论。

（4）当系统初始状态 $x[0] = \begin{bmatrix} 1 & 2 \end{bmatrix}^{\mathrm{T}}$，系统输入 $f[k] = u[k]$ 时，试求系统的响应 $y[k]$。

（5）利用 MATLAB 验证（4）的结果。

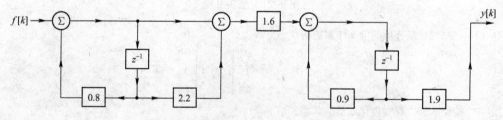

图 9-23　题 9-16 图

9-17 已知某离散时间 LTI 系统的模拟框图如图 9-24 所示。

（1）写出该离散系统的状态方程。

（2）由（1）的结论求出系统函数。

（3）利用 MATLAB 验证（2）的结论。

（4）当系统初始状态 $x[0] = \begin{bmatrix} 1 & 9 \end{bmatrix}^{\mathrm{T}}$，系统输入 $f[k] = u[k]$ 时，试求系统的响应 $y[k]$。

（5）利用 MATLAB 验证（4）的结果。

9-18 已知某离散时间 LTI 系统的状态方程为

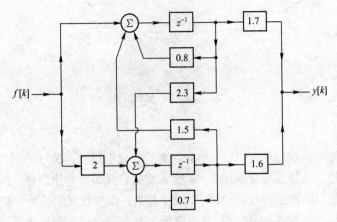

图 9-24　题 9-17 图

$$x[k+1] = \begin{bmatrix} 1.9 & 0.8 \\ -1 & 0 \end{bmatrix} x[k] + \begin{bmatrix} 0 \\ 0.95 \end{bmatrix} f[k]$$

$$y[k] = [\, -1.3\,] x[k] + 2f[k]$$

（1）画出系统的模拟框图。

（2）由系统的状态方程求出系统函数。

（3）利用 MATLAB 验证（2）的结论。

参 考 文 献

[1] 郑君里. 信号与系统[M]. 3版. 北京：高等教育出版社，2011.

[2] 吴大正. 信号与线性系统分析[M]. 4版. 北京：高等教育出版社，2010.

[3] 管致中. 信号与线性系统分析[M]. 5版. 北京：高等教育出版社，2011.

[4] 吴湘淇. 信号、系统与信号处理[M]. 2版. 北京：电子工业出版社，1999.

[5] BLNDFORD D. 数字信号处理及MATLAB仿真[M]. 陈后金，译. 北京：机械工业出版社，2015.

[6] OPPENHEIM A V. 离散时间信号处理[M]. 黄建国，译. 北京：科学出版社，1998.

[7] BUCK J R D. 信号与系统计算机练习：利用MATLAB[M]. 刘树棠，译. 西安：西安交通大学出版社，2000.

[8] AMBARDAR A. 信号、系统与信号处理[M]. 冯博琴，译. 北京：机械工业出版社，2001.

[9] LATHI B P. Signal processing and linear system[M]. Carmichael, California Berkeley – Cambridge Press, 1998.

[10] HAYKIN S, VAN V B. Signals and systems[M]. John Wiley & Sons, Inc. , 1999.

[11] OPPENHEIM A V. Signals and systems[M]. 2版. 北京：清华大学出版社，1998.

[12] DEVASAHAYAM S R. Signals and systems in biomedical engineering[M]. NY：Springer, 2013.

[13] 薛健. 信号时域抽样的教学探索与研究[J]. 电气电子教学学报，2009，31 (6).

[14] 陈后金. 信号处理系列课程的改革与探索[J]. 中国大学教学，2008 (9).

[15] 胡健. 连续时间LTI系统零输入响应的讨论[J]. 电气电子教学学报，2008，30 (5).

[16] 陶丹，胡健，陈后金. "信号与系统"课程案例教学探讨[J]. 电气电子教学学报，2015，37 (5).

[17] 陈后金. 转变教育观念 造就知而有识学而善用的优秀人才[J]. 中国大学教学，2013 (10).